CONTEMPORARY URBAN PLANNING

현대도시계획

김 철 수 지음

기문당

머 리 말

인간이 만든 거대한 역동적인 유기체로 비유되고 있는 도시는 수많은 시민·활동·토지 및 시설 등 다양한 요소로 구성되어 있고, 이 구성요소들은 서로 밀접한 상호관련성을 유지하면서 새로운 사회변화에 대응하기 위해 끊임없이 진화한다.

20세기 말 이후 주류를 이루고 있는 도시계획의 흐름은 물적 계획에서 종합계획으로, 이상적 계획에서 실천적 계획으로, 개발지향 계획에서 성장관리 계획으로, 편리성 위주에서 쾌적성 위주로 전환하였고, 도시경쟁력 향상을 위해 각 도시의 자연·역사·문화를 통한 창조적인 개성(local identity)을 추구하고 있다. 특히 도시계획의 입안 및 집행과정에서 지역주민과 시민사회의 실질적인 참여가 강조되고 있다.

21세기 이후 세계화·지식정보화·민주화·지방화 등으로 인한 인류문명사적 대전환이 이루어지고 있다. 지속가능한 발전(sustainable development)이 도시개발을 위한 새로운 패러다임으로 자리매김하게 됨에 따라 소위 4차 산업혁명으로 대변되는 인공지능(AI)·최첨단 정보통신기술(ICT)의 활용, 에너지 절약과 탄소배출 저감을 통한 기후변화에의 대응 등이 새로운 도시계획의 과제로 부각되었다. 이에 따라 친환경 생태도시, 세계도시와 창조도시, 소프트시티, 콤팩트시티, 스마트시티 등 새로운 개념의 도시계획이 도입되고 있다. 또한 우리 실정에 맞는 계획논리와 설계기법이 개발·적용되고 있으며, 경제적·사회적 여건변화에 부응할 수 있도록 도시개발 및 정비 관련 법제가 제정·정비되고 있다. 그리고 최근에는 인구와 경제성장이 정체·감소하는 저성장 시대에 대응하여 도시민의 삶의 질 향상과 도시경쟁쟁력을 제고하기 위하여 각 도시가 가지고 있는 고유의 자연환경과 역사문화자원을 살리면서 쇠퇴한 도시환경을 개선하고 도시경제를 활성화하기 위한 도시재생이 각 지자체마다 활발하게 추진되고 있다.

이 책은 크게 4개 부문으로 이루어져 있다. 먼저 제1~4장은 도시의 개념과 본질, 도시화와 도시문제, 도시계획의 역사적 전개과정, 계획이론(planning theory), 도시계획의 목표·과정 등 도시계획 관련 이론 및 법제로 구성되어 있다. 제5~12장은 조사분석과 계획지표, 공간구조구상, 토지이용계획, 교통계획, 기반시설계획, 공원녹지계획, 경관계획, 환경·방재계획 등 도시기본계획 상의 주요 부문계획으로 이루어져 있다. 제13~15장은 지구단위계획, 단지계획, 도시개발·정비계획, 도시계획평가, 도시관리 등 도시계획의 시행 및 관련계획을 다루고 있다. 그리고 제16장에서는 20세기 말 이후의 현대 도시계획의 조류를 살펴보고 미래 도시정책의 방향을 제시하고 있다.

이 책의 특징은 개괄적이기는 하지만 도시계획에 대한 전반적인 내용을 독자들이 보다 쉽게 이해할 수 있도록 요점 위주로 간결한 문장과 도표로 표현하였다. 그러나 주지하는 바와 같이 도시계획은 학문적·정책적 영역이 워낙 넓기 때문에 모든 부문을 깊이 있게 다루는 데에는 한계가 있다. 그럼에도 불구하고 이 책이 도시계획 전공자는 물론 토목·건축·조경·부동산 등 도시계획 관련 분야에 종사하는 사람들에게도 도움이 되기를 기대한다.

2020년 12월

저 자

차 례

05 도시조사 · 계획지표

06 공간구조구상

07 토지이용계획

08 교통계획

09 도시시설계획

10 공원 · 녹지계획

15 도시계획평가 · 도시관리

16 현대 도시계획의 조류

PART 01 도시론

1.1 도시의 개념

1.1.1 도시의 개념과 본질

1. 도시의 어원

카우퍼(J. M. Cowper)가 "신은 자연을 만들었고, 인간은 도시를 만들었다"라고 말했듯이 도시는 인류문명의 상징이다. 도시의 어원에서 '도(都)'는 왕이 거주하는 수도(도성)를 뜻하고, '시(市)'는 교역이 행해지는 장소(시장)를 의미하듯이, 도시는 정치·행정의 중심지인 동시에 상업·경제기능이 집중되어 있는 장소를 의미한다.

도시를 영어로는 town·city·urban 등으로 표현하고 있는데, 'town'은 정기적인 시장이 열리는 도시적 집락을 의미하고, 'city'는 라틴어의 civitas(city-state, 도시국가)에서 유래되었듯이 행정적으로 독립된 자치단체를 의미하며, polis도 이와 유사한 뜻으로 사용된다. 또한 'urban'은 흔히 공간적·형태적 측면에서 농촌(rural)과 상대되는 개념으로 이해하고 있다.

2. 도시의 개념과 본질

사회학자 워스(L. Wirth)는 도시란 사회적으로 이질적인 사람들로 구성되어 있고 상대적으로 넓은 면적과 높은 인구밀도를 가진 정주지라고 정의하였다. 경제학자 웨버(M. Weber)는 주민의 대부분이 농업이 아닌 공업 또는 상업으로부터의 수입으로 생활하는 커다란 취락이라고 정의하였다. 또 그는 서양도시의 중심은 경제적 기능인 시장인데 반해, 동양도시의 중심은 정치행정적 기능인 관아(官衙)의 성격을 띤다고 주장하였다.

인간의 생활터전인 도시를 보다 바람직하게 개발·관리하기 위해서는 도시의 본질에 대한 체계적 이해가 필요하다. 미국의 도시문명비평가 멈포드(L. Mumford)는 도시의 결정요인은 사람의 수와 건물이 아니라 예술·문화·종교·민주적 정치형태라고 도시의 문화와 시민권을 강조하였다. 그러나 시대에 따라 급변하는 오늘날의 도시 개념을 단순하게 기능과 규모를 기준으로 정의하는 것은 무리이지만, 몇 가지 관점에서 도시의 본질과 모습을 규정하면 다음과 같다.

첫째는 인구적 측면으로서, 도시란 많은 정착인구와 높은 인구밀도를 가지고 있다. 도시로 규정하는 최소 인구규모는 국가마다 다르다. 예를 들어 미국은 2,500명, 네덜란드·인도는 5,000명, 영국·스페인은 1만 명, 한국과 일본은 5만 명을 기준으로 하고 있다.

둘째는 사회적·문화적 측면으로서, 소로킨과 짐메르만(P.A.Sorokin & C.C.Zimmermman)은 도시는 농촌에 비해 전문적 직업의 종사자가 많고 인공환경이 우세하며 인구구성의 이질성, 사회계층분화의 심화, 그리고 사회적 이동성과 익명성(匿名性)이 강하다고 주장하였다. 이러한 사회학적 입장에서 도시의 본질에 대한 규정은 널리 이용되고 있다.

셋째는 기능적 측면으로서, 도시는 정치·행정의 중심이자 경제 및 교통의 중심지 기능을 담당한다. 그리고 메이어(R. Meier)가 도시는 정보의 중심지라고 정의했듯이, 오늘날 도시의 가장 중요한 기능은 정보센터로서의 역할이다. 이러한 정보중심지로서 기능성은 앞으로 더욱 중요해질 것으로 전망된다.

끝으로는 시설·환경적 측면으로서, 도시는 상업업무용 고층건물 군과 도로·상하수도 등 기반 시설이 고도로 집적된 지역이며, 교육·문화·레저 등 생활환경이 잘 정비된 공간이라 할 수 있다.

이를 종합하면, 도시란 2·3차 산업과 기능에 종사하는 사람들이 중심이 되어 많은 사람이 높은 밀도로 모여 사는 정주공간이다. 일본에서는 도시의 조건을 인구 5만 이상, 상공업 및 도시적 업무에 종사하는 인구가 전체의 60% 이상, 중심시가지에 거주하는 인구가 전체의 60% 이상이어야 한다고 규정하고 있다.

1.1.2 도시의 구성요소

도시란 하나의 거대한 유기체(organ)로 비유되듯이 매우 다양한 요소로 구성되어 있지만 크게 사회·문화적 요소로서의 시민과 활동, 물리적 요소로서의 토지와 시설로 구분할 수 있으며, 이들은 매우 밀접한 상호관계를 갖는다. 즉, 도시에서 발생하는 활동을 지원하기 위해서는 적정 규모의 인구와 토지 또는 시설이 필요하며, 다시 토지나 시설의 종류 및 성격에 따라 그에 상응하는 활동이 발생되기도 한다. 따라서

그림 1-1 도시의 다양한 활동 · 기능

도시는 이들 각 구성요소들 간은 물론 주변의 농촌지역과 서로 영향을 주고받는 하나의 개방적 공간체계(open spatial system)로 파악되어야 한다.

첫째, 시민(citizen)은 도시를 구성하는 가장 기본적 요소인 동시에 도시가 존재하는 이유이기도 하다. 일반적으로 도시의 인구수는 도시계획에 있어서 토지와 시설의 규모를 정하는 착수계수(initial factor)로 사용된다. 그러나 여기에서 시민의 의미는 단순히 인구수와 물리적 척도로서만이 아니라 도시의 경제 · 사회 · 문화적 성격을 결정하거나 그 결정에 영향을 미치는 요소로서 인식하는 것이 타당하다.

둘째, 활동(activity)으로서 이는 도시를 구성하는 사람들의 궁극적인 목적이다. 프랑스의 코르뷔지에(Le. Corbusier)가 주도한 근대국제건축회의(CIAM)의 아테네헌장(1933)에서는 도시의 활동기능을 크게 주거 · 생산 · 위락 · 교통의 4가지 요소로 구분하였다. 물론 최근에는 여기에 유통 · 교육 · 공급처리 등을 도시의 주요 활동으로 포함시켜 7가지로 구분하기도 한다.

셋째, 토지 및 시설(land & facility)은 시민들의 활동을 수용하고 지원해 주기 위한 요소로서, 넓은 의미에서 도시를 구성하는 모든 물리적 구조물을 포함한다. 토지는 도시 형성의 근거가 되는 것으로 물리적 도시계획의 기초가 된다. 토지는 그 소유주체에 따라 국공유지와 사유지로 분류된다. 그리고 도시의 인위적 구성요소인 시설은 기능에 따라 주거 · 학교 · 공장 · 상업시설 등의 건축적인 이용시설(superstructure)과 도로 · 철도 · 상하수도 · 전기시설 등의 토목적인 기반시설(infrastructure)로 나누어진다. 그러나 좁은 의미에서 도시시설이란 시민들의 이용에 공공적 성격을 가지며 정부 차원에서 계획 · 관리되는 공공시설을 말한다.

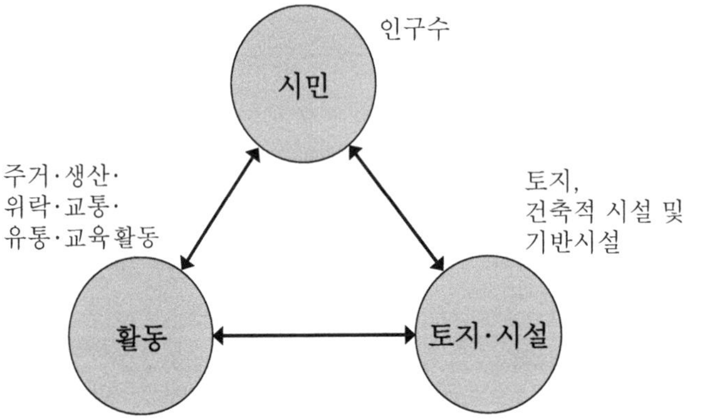

그림 1-2 도시의 구성요소

한편, 도시의 구성요소를 물리적(physical) 요소와 유기적(organic) 요소로 구분하기도 한다. 여기에서 물리적 요소는 인구 · 활동 · 토지 및 시설을 말하며, 유기적 요소는 물리적 요소들을 공간적으로 계획할 때 고려되는 3대 요소로서 밀도 · 동선 · 배치를 지칭한다. 도시는 물리적 요소와 유기적 요소들이 밀접한 상호관계를 유지하면서 형성 · 발전한다.

1.1.3 도시의 범위와 분류

1. 도시의 구역

도시의 구역(경계)을 어디까지로 잡느냐는 것은 도시의 현황 파악이나 계획 대상으로 중요한 의의가 있다. 과거 성곽을 가진 도시에서는 성벽 그 자체가 도시의 구역을 의미하였다. 그러나 오늘날에는 농촌의 공업화와 생산·유통기능의 도시로의 이전, 광역에 걸친 교외 주거지 전개 등에 의해 이른바 광역도시권이 형성됨에 따라 도시의 공간적 범위는 단순히 연속된 시가지뿐만 아니라 주변의 광대한 농업지역까지 포함하게 되었다.

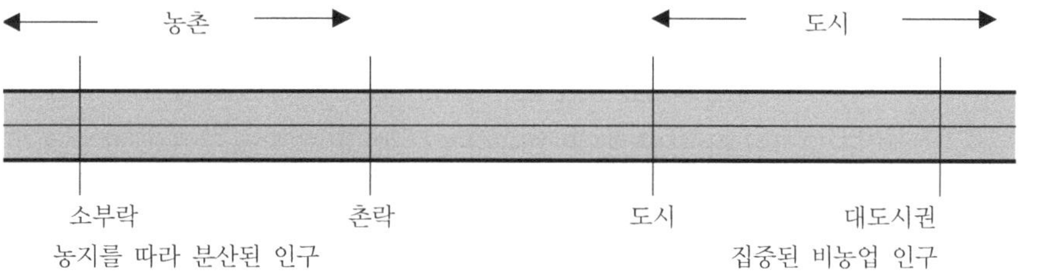

그림 1-3 도시-농촌의 연속체

따라서 오늘날 도시의 구역은 그 설정 목적에 따라 행정관할을 위한 행정구역, 건축행위가 제한되고 도시계획의 공간적 대상이 되는 도시계획구역, 그리고 실제 도로와 주택·상가·공장 등이 형성된 시가화지역(built-up area) 등으로 구분할 수 있다.

2. 대도시권

도시가 인구와 산업이 증가하고 교통이 발달함에 따라 인구 100만 명 이상의 거대도시(metropolis)로 성장하고 기능이 공간적으로 분화되면 도심에는 상업·업무기능만 남고 주거·공업기능은 종래의 도시경계를 뛰어넘어 주변지역으로 확대되어, 이른바 광역도시권(metroplitan area) 또는 대도시권이 형성된다. 대도시권은 중심도시(central city)와 그 주변지역(urban fringe)의 넓은 범위에 도시의 기능과 활동이 전개되는 공간영역이라 정의할 수 있다.

대도시권이 형성되는 가장 근본적인 요인은 대도시의 경제성장과 인구집중에 기인하는 것이지만 대중교통수단의 발달, 주변지역으로의 공장 분산에 의한 취업기회 증대, 중심도시의 과밀화로 인한 주택부족 및 지가상승, 쾌적한 환경에 대한 욕구, 정부의 강력한 인구분산정책 등에 의해 진전되는 현상이라고 볼 수 있다.

대도시권에는 메갈로폴리스(megalopolis) 개념이 있다. 1961년 프랑스의 지리학자 고트만(J. Gottmann)은 미국 동북부 대서양 연안지대의 960km에 걸쳐 전개되는 연담 도시형의 대규모 대도시군을 메갈로폴리스라고 불렀다.

영국의 게데스(P. Geddes)는 연담도시(conurbation) 개념을 제안하였다. 연담도시는 한때 분리되어 있던 취락이 방사형 발달을 통해 하나의 연속적인 시가지로 합쳐지는 현상을 의미한다. 또한 두 도시가 연속적으로 이어져 마치 지붕이 있는 복도로 연계된 것과 같은 형태를 나타내는 경우 도시회랑(urban corridor)이라고도 한다.

1.1.4 도시의 분류

1. 인구의 규모

인구에 의한 도시유형 구분은 인구수뿐만 아니라 산업인구 구성비와 유업률(취업인구/도시인구) 등이 있다. 인구규모에 의한 분류는 국가에 따라 차이가 있을 수 있는데, 일반적으로 인구 및 세력권의 크기에 따라 거대도시 · 대도시 · 중도시 · 소도시 등으로 구분할 수 있다. 우리나라에서는 도시의 위계를 인구수 기준으로 하여 다음과 같이 분류하고 있다.

- 특별시 : 500만 이상(서울)
- 광역시 : 100만 이상(부산 · 대구 · 인천 · 대전 · 광주 · 울산)
- 특별자치시 : 세종특별자치시
- 일반시 : 5만 이상
- 소도읍 : 2만 이상의 읍

2. 도시의 기능

도시의 산업기능은 도시의 활동을 단적으로 표현하기 때문에 도시를 분류하는 지표로 가장 널리 사용되고 있다. 즉, 각 도시의 총 산업인구 중에서 제조업 종사인구가 큰 비중을 차지하는 도시를 공업도시, 도 · 소매업 종사인구가 큰 비중을 차지하는 도시를 상업도시로 인정한다. 정치 · 사회 · 문화 등 다른 기능도 중요하지만 도시의 경제적 관점에서 도시의 기능을 분류하는 것이다.

오로우슈(M. Aurousseau)는 일찍이 도시가 수행하는 탁월한 기능을 기초로 하여 행정도시 · 군사도시 · 문화도시 · 생산도시 · 교통도시 · 휴양도시 등으로 분류하고 있다. 그러나 오늘날에는 도시의 기능이 보다 전문화됨에 따라 연구학원도시나 첨단기술도시(technopolis), 대도시의 주변지역에 입지하면서 주로 주거기능만을 담당하는 주거도시(bed town) 등 새로운 도시유형이 생겨나고 있다.

그런데 일반적으로 규모가 작은 도시나 발생 초기의 도시는 특정기능이 강하지만, 도시가 성장할수록 복합도시의 성격을 띠게 되기 때문에 도시기능을 간단히 분류하는 것은 쉽지 않다.

3. 도시의 구조와 형태

도시의 공간구조는 주거 · 상업 · 공업 · 위락 등 도시기능들의 입지와 상호작용에 따라 형성되는데, 공간구조에 의한 도시유형은 도심의 수, 즉 부도심의 유 · 무에 따라 단핵도시(동심원 도시)와 다핵도시로 구분된다. 또한 시가지의 간선가로망 패턴에 따라 격자형(뉴욕 · 필라델피아) · 방사환상형(서울 · 모스크바) · 대상형(부산 · 마드리드) · 불규칙형(중세 유럽도시) 등으로 분류된다.

4. 도시의 특성

도시는 입지조건에 따라 임해(항구)도시 · 내륙도시 · 산악도시 등으로 구분된다. 도시의 성장추세와 지위에 따라 성장도시 · 안정도시 · 침체도시 · 쇠퇴도시 등으로 분류되기도 하고, 다른 도시와의 관계에 의해 자족형 도시 · 의존형 도시로 구분되며, 국토개발정책에 따라 성장거점도시 · 도농통합도시 등으로 분류된다.

또한 도시의 역사적 조건에 따라 역사도시 · 신흥도시 · 신도시로 구분되고, 도시의 산업특성에 따라 산업이전도시 · 산업도시 · 탈산업도시(post-industrial city)로 분류되며, 도시계획의 여부에 따라 자연발생도시와 계획도시로 구분되기도 한다.

1.2 도시화

1.2.1 도시화의 개념과 요인

1. 도시화의 개념

도시화(urbanization)의 개념은 국가 전체인구의 성장보다 도시인구의 성장이 빠른 현상으로 정의된다. 구체적으로는 도시의 인구집중과 고밀화, 산업구조의 고도화, 생활양식과 의식구조 변화, 토지이용의 변화와 입체화, 그리고 행정구역의 확대 또는 도시로의 승격 등에 따라 도시적인 지역이 더 다양한 형태의 도시적인 지역으로 변해가는 과정 등으로 설명되어진다. 요컨대 도시화란 결과를 뜻하는 것이 아니라 진행중인 과정(urban processing)과 이에 부수되어 나타나는 물리적 · 사회적 · 정치적 · 경제적 · 문화적 변화를 포함한 총체적인 과정과 현상을 의미한다. 미국의 도시사회학자 워스(L.Wirth)는 도시적 생활양식의 특성을 어바니즘(urbanism)이라고 규정하고 어바니즘의 증대 · 진전을 도시화라고 주장하였다. 즉 그는 공간적 응집, 사회적 이동의 증대, 가족의 사회적 중요성 감소, 화이트칼라 증가, 이웃관계의 약화, 익명성 증대, 직업의 분화, 직주 분리, 사회계층 분화 등 농촌생활에서는 볼 수 없는 도시 특유의 인간관계 · 행동양식 · 의식형태로 변화하는 현상을 도시화라고 설명하였다.

2. 도시화의 요인

인구의 도시화 요인에는 두 가지 유형이 있다. 첫 번째는 농촌지역에 살던 인구가 그 거주지를 도시지역으로 옮기게 됨에 따라 농촌인구가 감소하고 도시인구가 증가하는 경우이다. 이는 도시가 농촌에 비해 기대소득이 높고 다양한 고용기회가 있으며, 높은 외부경제(external economy) 효과가 크고 주택 및 생활환경이 양호하기 때문에 발생하는 흡인요인(pulling factor)과 농촌은 도시에 비해 기대소득이 낮고, 교육 및 고용기회가 적으며, 공공서비스 수준이 낮아 생활환경이 열악하기 때문에 생겨나는 압출요인(pushing factor)으로 설명된다.

두 번째는 지금까지 농촌으로 분류되던 어떤 삶터의 인구규모가 일정규모 이상으로 늘어나 어떤 기준을 충족하게 되면, 도시로 분류됨으로써 인구의 이동과는 관계없이 도시부의 인구가 많아지는 경우이다.

한편, 도시화의 원인을 토다로(M. Todaro)가 주장하였듯이, 지역 간의 인구이동은 지역 간의 기대소득 격차에 의해 발생한다. 또한 도시로의 인구이동은 학력이 높을수록, 모험심이 많은 젊은 계층일수록, 전문직업인일수록 활발하게 이루어지는 선별적 성격을 갖는다(Lee). 그리고 인구증가는 도시의 규모에 비례하고 도시(지역) 간의 거리에 반비례하는 상관관계를 가지며, 소 · 중 · 대도시로의 단계적으로 이루어진다(Ravenstein).

3. 도시화의 단계와 수준

도시화의 단계는 일반적으로 도시화의 속도와 도시화율(도시인구 / 전국인구 × 100)에 따라 ① 인구가 전국에 고르게 분포되는 초기단계(도시화율 25% 미만) ② 이촌향도 현상으로 도시인구가 급증하는 가속화 단계(도시화율 25~70%) ③ 도시인구 증가율이 둔화되는 종착단계(도시화율 70% 이상)로 구분한다. 또 베르그(van den Berg)는 도시화의 단계를 인구변화에 따라 ① 도시화 ② 교외화(suburbanization) ③ 역도시화(disurbanization) ④ 재도시화(reurbanization)의 4단계로 구분하였다.

도시화의 수준은 위와 같은 여러 현상들의 종합적인 결과로 나타나기 때문에 단일 지표로 판단하기는 어렵다. 그러나 일반적 인구 · 토지이용 · 도시기능 · 도시적 요소의 증가 · 농촌적 요소의 감소 등과 같은 지표를 활용하여 판단한다.

한편, 도시화의 추세는 처음에는 극심한 인구증가를 보이다가 어느 시기가 되면 증가현상이 둔화되는 S커브 현상을 나타내는데, 도시인구가 국가 전체인구의 80%를 차지하면 일단 도시화가 완결되었다고 보는 견해가 많다.

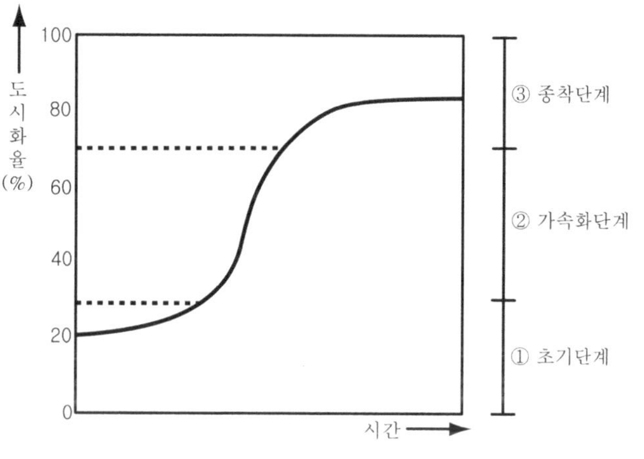

그림 1-4 도시화의 단계(S자곡선)

4. 도시성의 확대 · 심화

도시지역이 아닌 지역에서 도시적 성격을 갖는 지역으로 변화하는 현상은 크게 도시성(urbanity)의 확대와 도시성의 심화 두 가지로 설명할 수 있다. 도시성의 확대는 단순하게 인구만 증가하는 것이 아니라 삶의 성격이나 내용도 점차 농촌적인 것에서 도시적인 것으로 변질되는 것으로서, 지금까지 도시 외곽부에 위치하여 농촌적 사회 · 경제를 바탕으로 생활해 오던 전원적인 농촌의 모습이 도시적인 시가지로 변모하는 경우이다.

도시성의 심화는 시가지의 입체화와 사회 · 경제구조의 고도화를 들 수 있다. 도시의 인구밀도가 높아지고 건축물이 고층화 · 고밀화 · 지하화되면 그곳에서 영위되는 생활양식과도 달라지고 도시의 형태도 농촌과는 현저하게 달라진다. 또한 도시민들의 산업구조 구성이 2차 산업이나 3차 산업으로 기울어지고, 경제활동의 내용도 농촌적 단계의 단순하고 소규모의 것에서 다양하고 대규모의 것으로 바뀌고, 사람들의 생활문화도 도시적으로 변해가는 현상이다.

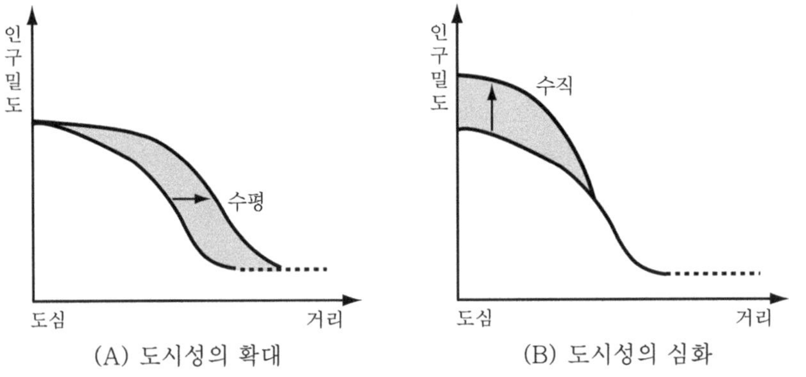

그림 1-5 도시성의 확대와 심화

1.2.2 도시화 현상

1. 도시확산과 도심공동화

도시확산(urban sprawl)은 일반적으로 도시의 외곽지대나 주변지역에서 일어나는 무질서한 개발이라고 정의할 수 있다. 정책분석가 다운스(Dawns, A.)는 도시확산과 관련한 속성으로 제한없는 외곽으로의 확산, 저밀도 주거·상업의 정주형태 형성, 개구리 뜀뛰기식(leapfrog) 개발, 토지이용계획이나 통제가 없는 상태, 여러 곳을 산발적으로 개발하는 방식 등을 지적하고 있다. 도시확산은 난개발이라는 용어와 거의 동일하게 사용되고 있다. 그러나 도시외곽의 난개발 현상을 방지하고 계획적으로 신시가지 개발을 유도한다는 차원에서 이루어지는 다양한 도시개발 사업들도 결과적으로는 도시외곽의 농경지·임야·경관 등 자연환경 잠식과 파괴를 불가피하게 초래하게 된다.

한편, 도시화에 의해 나타나는 중요한 양상은 외곽지대의 발전에 따른 도심공동화(空洞化) 및 기성시가지의 쇠퇴이다. 즉 도시화가 지속적으로 진행되면 도심에 있던 주거 및 상업 업무기능들이 교외지역으로 이전하게 되며, 이는 도심과 기성시가지의 기반시설 부족, 주거 과밀화, 레크리에이션시설의 부족 현상을 야기하게 된다.

2. 가도시화와 종주도시화

가도시화(pseudo urbanization)란 도시의 경제적·사회적 부문의 발전이나 도시기반시설 등이 갖추어지지 않은 상태에서 농촌인구의 도시유입에 의한 도시화로서, 취업기회를 얻지 못한 인구가 도시로 이동하여 인구의 과밀화를 촉진시키며 각종 도시문제를 일으키는 도시화이다. 즉, 도시의 부양능력에 비해 지나치게 많은 인구가 집중되어 수적으로만 비대해진 도시화이다. 가도시화는 동남아시아 · 아프리카 · 라틴 아메리카 등 개발도상국가들에서 흔히 나타나는 도시화현상으로서 종주도시화와 과잉도시화를 유발하게 된다.

종주도시화(primate urbanization)란 한 국가의 가장 큰 도시에 인구와 산업이 과도하게 집중하는 지역편중현상을 말한다. 종주도시화의 수준은 주로 수위도(首位度)와 데이비스(K. Davis)에 의한 종주화지수 등으로 나타낸다.

• 수위도 : 1위 도시인구 / 2위 도시인구
• 종주화지수 : 1위 도시인구 / 2위 · 3위 · 4위 도시인구(0.92)

3. 집중적 도시화와 분산적 도시화

도시화 과정에서 나타나는 대도시권에 있어서의 도심과 교외 간의 공간구조 변화를 설명하는 데는 공간적 순환모델(spatial cycle)을 많이 도입하고 있는데, 그 대표적인 것이 독일의 클라센과 필링크(Klassen & Pealinck)의 대도시권의 공간구조변화단계이론이다. 이들은 대도시권의 발전단계를 크게 성장기와 쇠퇴기로 나누고, 성장기에는 도시화와 교외화, 쇠퇴기에는 역도시화(逆都市化)로 구분하였다. 즉, 대도시권의 변화과정을 ① 집중적 도시화 ② 분산적 교외화 ③ 역도시화의 3단계로 나누어 설명하고 있다.

표 1-1 대도시권의 공간변화 단계

구 분	성장기				쇠퇴기	
	도시화		교외화		역도시화	
	절대적 집중	상대적 집중	상대적 분산	절대적 분산	절대적 분산	상대적 분산
(단계)	(1)	(2)	(3)	(4)	(5)	(6)
중심인구	+	++	+	-	-	- -
교외인구	-	+	++	+	+	- -
도시권 전인구	+	++	+	+	-	- -

주 : +는 증가, ++는 대폭증가, -는 감소, - -는 대폭 감소

인구와 산업이 집적함으로써 발생하는 이익이 불이익보다 커질 경우 도시인구가 증가하는 집중적 도시화가 발생한다. 그러나 집적함으로써 발생하는 불이익이 이익보다 커질 경우 인구의 교외화가 이루어지며, 불이익이 더욱 커지면 역도시화가 발생한다. 역도시화는 도시환경이 불량해져 결국 인구의 도시탈출이 나타나는 현상이다.

한편, 도시화현상에 대하여 울프(I. Wolf)는 대도시로의 인구유입이 증가(집중)하면 할수록 대도시 주변으로의 역작용(확산)도 역시 증가한다고 하면서 도시화현상은 집중과 확산의 양면성이 있다고 주장하였다.

4. 팽창도시화와 성숙도시화

도시화는 인구의 이동, 산업구조의 변화, 도시공간의 개발패턴 등의 변화단계에 따라 크게 팽창도시화와 성숙도시화로 구분된다.

농촌에서 도시로 유입됨으로써 도시인구가 급격히 증가하는 현상을 팽창도시화(expanding urbanization)라 하는데, 이때에 도시산업은 노동집약적 산업이 주류를 이루고, 도시공간은 신개발에 의한 평면적 확대가 나타난다. 그러나 도시화율(도시인구/전국인구 × 100)이 80% 이상이 되는 성숙도시화(mature urbanization) 단계가 되면 도시인구의 증가는 거의 정체상태에 이르는 대신 도시 간의 인구이동이 활발해지고, 도시의 산업은 자본집약적 · 정보집약적 산업이 주류를 이루며, 도시공간은 재개발에 의한 수직적 확대가 나타나게 된다.

1.2.3 도시화와 산업화 · 근대화

일반적으로 한 국가 또는 일정지역에 인구가 증가하고, 생산양식이 발전하며, 주민의 의식구조가 변화하는 것을 뜻하는 도시화는 산업화나 근대화와 같은 의미로 사용되기도 한다. 산업화(industrialization)는 특정지역의 생산양식이 제1차 산업 중심에서 제2 · 3차 산업으로 전환되는 것을 의미하는데, 이러한 전환과정에서 생산방식과 생산관계의 변화, 생산규모의 확대, 노동력의 질적 향상 등이 나타난다.

다음으로 근대화(modernization)는 도시화와 산업화의 결과로 나타나는 개인의 가치체계 변화나 제반 사회제도의 변화를 뜻한다. 결국 도시화 · 산업화 · 근대화는 경제사회의 변동을 각기 다른 관점에서 파악한 것이며, 이들은 인과관계 또는 상호관계에 있다고 할 수 있다.

표 1-2 도시화 · 산업화 · 근대화의 특성 비교

구분	특성	주요내용
도시화	• 인구 • 지역성	- 인구집중과 시가지 확대 - 도시적 사회구조의 확산 - 도시적 문화화, 생활양식의 확산
산업화 (공업화)	• 기술 • 산업구조	- 생산기술의 혁신 · 발전 - 직업의 전문화 - 산업의 고도화 및 생산규모 확대
근대화	• 합리성	- 개인 가치체계의 변화 - 제반 사회제도의 변화

(출처 : 노춘희 · 김일태, 도시학개론, 2008 : 19 일부 조정)

1.3 현대도시의 제문제

1.3.1 현대도시의 성격과 도시문제

1. 탈산업화 · 지식정보화 시대의 도시

현대도시의 형성은 18세기 산업혁명과 그 궤를 같이 하고 있다. 19세기 이후부터는 인구와 산업의 도시집중으로 인해 경제적 능률성과 시민생활의 편의성이 높아지기 시작하면서 산업도시가 출현하게 되었다. 그러나 20세기를 거치면서 벨(Bell)이 지적한 대로 금융 · 비즈니스 · 서비스 · 소매업 · 레저와 여가산업 등 서비스산업의 비중이 높아지면서 그동안 중공업의 중요성이 상대적으로 줄어드는 이른바 후기산업사회(post-industrial society)로 변화되었다.

이에 따라 도시의 경제사회구조와 기능적 세분화로 인해 생산체제와 사람의 역할이 매우 전문화되고 도시의 기능도 복합화되었으며, 이러한 기능분화는 도시의 복잡성을 더욱 높이고 있다. 따라서 오늘날의 대도시는 인구과밀에서 오는 시설 부족, 기계문명에 의한 각종 사고, 사회조직의 비대화에 따른 인간의 몰가치화와 개인주의화, 개인 간의 소득격차, 사회범죄, 주택문제, 교통문제, 공공시설 부족, 환경오염문제, 재해 및 안전문제 등 과거의 도시에서는 찾아볼 수 없던 심각한 도시문제를 나타내고 있다.

현대도시를 논의함에 있어서 가장 중요한 요소는 지식정보화이다. 정보는 측정 · 관찰 · 조사 등을 통하여 수집된 자료를 특정 목적에 맞게 정리한 지식이다. 정보통신기술(ICT : Information and Communication Technologies)의 발전으로 정보가 단일정보에서 융 · 복합정보의 개념으로 진화되었고, 종래의 산업사회와는 다른 정보사회로 변화했다. 이러한 정보혁명은 도시와 농촌의 구분을 의미없게 만들었고, 정보를 수렴하고 관장하는 스마트시티(Smart City)로 발전하고 있다.

그리고 세계화(globalization)에 따른 세계경제구조의 재편과 정보통신기술의 급속한 발달은 국경을 넘나드는 자본과 다국적기업의 집적 양상을 보이면서 전 세계적인 통제 · 조정의 중심지로서 세계도시(World City)를 등장시켰는바, 런던 · 뉴욕 · 도쿄 · 싱가포르 등이 그 좋은 예이다. 세계도시에는 수준 높은 서비스가 발달하면서 고소득층이 집중하게 되고 탈공업화와 새로운 성장산업이 출현하게 된다. 이러한 특징은 도심재활성화와 사회적 양극화를 수반하여 이중도시화를 유발하며, 중심도시와 주변지역의 일체화에 의한 광역적 시너지 네트워크를 구축하여 경쟁력을 강화하게 될 것이다(권용우 외, pp.39~40).

2. 광역도시화 시대의 도시

일반적으로 도시를 언급할 때는 행정구역 내의 지리적 경계에 국한한다. 하지만 도시를 규정하는 잣대는 도시경계의 안과 밖의 지역, 즉 메트로폴리탄지역(metropolitan area)을 포함하게 된다. 현대도시는 경제 · 사회 · 환경 · 교통 및 기반시설망이 도시경계를 뛰어넘어섰고, 또한 서로 복잡하게 얽혀 있는 두 지역 간의 기능적 · 구조적으로 성격을 구분하는 것이 쉽지 않기 때문이다.

이러한 메트로폴리탄혁명은 우리나라에서도 이미 나타나고 있다. 2020년 현재 서울을 비롯한 7개 특별시 · 광역시의 인구는 2,200만 인으로 전국인구의 44%를 차지하고 있다. 그러나 실제 이 도시들과 통근 · 통학 · 노동시장 · 물류 · 레저 등 일상생활이 일체적으로 이루어지고 있는 주변의 도시와 농촌지역을 합친 인구의 비율은 거의 70%에 육박할 것으로 보인다. 따라서 앞으로 광역도시 계획에 있어서는 중심도시와 주변지역 간의 공동개발과 갈등구조 해소가 더욱 중요한 이슈가 될 것이다.

영국에서는 메트로폴리탄 지역을 하나의 동질적인 연속체 또는 공동운명체로 보고 주택공급 · 경제개발 · 일자리 창출 · 환경관리 · 교통인프라 구축 등에 관한 공동의 목표를 달성하기 위하여 이른바 메트로협정(Metro Deal)을 맺고 실행에 옮기고 있다. 이 협정에 따라 도시들은 자체적으로 개발프로젝트를 결정하고 시행할 수 있으며, 국가적 차원에서 행 · 재정적으로 지원하고 있다.

1.3.2 기후변화와 도시환경문제

기후는 30년 정도 장기간에 걸친 평균이나 변동의 특성을 말한다. 우리나라는 지난 약 100년간(1912~2016) 평균기온이 1.8℃ 상승하여 지구의 평균보다 기후가 더 온난화된 것으로 나타났다.

1988년 UN기구인 「기후변화에 관한 정부 간 협의체(IPCC)」의 평가보고서에서는 인류의 에너지수요 급증으로 인한 화석연료의 사용 증가 등 인간활동으로 인해 기후가 변하고 있다고 확인했다. 석탄 · 석유 등 화석연료의 사용, 산림훼손 등으로 인해 이산화탄소, 메탄, 아산화질소, 불소화합물을 비롯한 대기 중의 온실가스가 많아지면서 미세먼지와 온실효과가 증가하여 지구온난화 현상을 보이고 있다.

국제에너지기구(IEA)의 온실가스 배출에 관한 자료(2014)에 의하면, 우리나라는 총 567백만 톤을 배출하여 세계 6위를 기록하였고, 연평균 약 3.8%의 높은 증가율을 보이고 있다. 또한 총 온실가스 배출량 가운데 교통부문이 전체의 15%를 차지하였으며, 교통수단별로는 자동차가 95.7%로 거의 전부를 차지한 것으로 나타났다.

자동차의 연료인 휘발유나 경유 등이 완전연소한다면 산소와 결합하여 수증기와 이산화탄소(CO_2)만 생성한다. 그러나 실제로 완전연소가 되지 않기 때문에 일산화탄소 · 탄화수소 · 질소산화물이 나오고, 디젤차인 경우에는 여기에 매연 · 미세먼지 등이 추가된다. 특히 일산화탄소(CO)는 무색 · 무취의 유독가스로 인체에 흡입할 경우 호흡기질환과 암을 유발하며, 자동차에서 배출된 초미세먼지는 입자의 크기가 매우 작아서 폐에 침투하고 기도에 염증을 유발한다.

이에 따라 20세기 말 이후 세계 대부분의 도시들은 화석연료 사용과 자동차 배출가스 등으로 인한 기후변화에 따른 도시환경문제 해결이 도시계획에서 가장 중요한 핵심과제의 하나로 부각되었다.

1.3.3 도시문제의 원인과 특징

1. 도시문제의 원인

오늘날 국가경제의 성장과 기술혁신, 교통수단의 변화, 그리고 소비형태의 변질은 도시의 입지조건을 변화시켰고, 인구 · 자본 · 기능은 대개의 경우 특정 지역이나 도시로 편중되었다. 이에 따라 성장과 팽창을 거듭하는 도시와 정체 · 쇠퇴하는 도시가 생겨나게 되는바, 현대의 도시문제는 크게 과대 · 과밀도시에서 발생하는 문제와 과소 · 쇠퇴도시가 당면하고 있는 문제로 나누어 볼 수 있다.

먼저, 과대 · 과밀에서 야기되는 문제점은 도시기능이 집중하고 확대되는 변화에 대하여 사회기반시설이 계획적으로 대응하지 못하여 도시공간이 무질서하게 형성되는 현상으로서, 구체적으로는 도로 · 학교 · 공원 등 기반시설 부족에 따른 난개발(sprawl)문제, 보행자 교통문제, 공해 및 재해문제, 과밀주거에서 오는 일조 · 개방감 · 프라이버시 침해, 경관 악화, 문화재 상실 등을 들 수 있다.

다음으로 정체 · 쇠퇴로 인해 발생되는 문제점은 산업의 입지 · 구조 변화와 교통수단의 발달 등과 같은 새로운 시대적 요구에 대하여 도시경제가 능동적으로 적응하지 못하여 도시의 경쟁력이 저하되는 현상으로서, 산업의 정체나 상대적 쇠퇴에 의한 고용감소가 다양한 도시문제의 가장 큰 원인이 된다. 특히 도시인구 감소와 도심공동화에 의해 나타나는 쇠퇴한 기성시가지의 노후 · 불량주거지 형성, 슬럼의 발생, 사회불안 및 범죄 증가, 전통적 사회규범의 와해, 생활공동체(community)의식의 희박, 개인주의의 팽배 등이 이에 해당된다.

2. 도시문제의 특징

오늘날과 같이 도시문제가 심각한 사회문제로 대두되기 시작한 것은 20세기 말 이후부터라고 볼 수 있다. 교통통신기술의 혁신과 보급, 에너지소비량의 급속한 증대, 경제·산업의 체제나 구조의 고도화와 거대화, 그리고 국민소득과 생활수준 향상 및 민주화의 진전에 따른 대중소비사회 출현 등은 도시의 급격한 발전을 가져오게 되었다. 이로 인한 현대의 도시문제는 다음과 같은 특징을 갖고 있다.

첫째, 한정성에서 보편성으로의 전환이다. 과거의 도시문제는 도시라는 한정된 지역에서 발생된 문제였다. 그러나 생산이나 소비에 참여하는 인구가 양적·질적으로 확대됨에 따라 산업과 경제의 발달은 연관 부문을 확대하고 조직화했기 때문에 도시문제는 보다 광역적인 산업 및 인구의 문제로 확대되는 보편성을 갖게 된다.

둘째, 변화의 양과 속도이다. 근대사회가 꾸준히 추구한 민주화와 물질적 풍요는 주민들의 도시에 대한 의식과 욕구를 고도화·다양화시켰으며, 시민생활의 질적 향상과 변화를 가져왔다. 그러나 이러한 시대적 배경 속에서 인구의 유입과 기능의 집중이 단기간에 급격히 일어나는 경우, 이들을 단시일 내에 수용하고 지원할 수 있는 주택을 비롯한 도시시설을 요구하는 양적·질적 수준으로 공급하지 못하여 극심한 진통을 겪게 된다.

셋째, 문제 상호 간의 모순이다. 예컨대, 도시 주변부의 농지나 녹지를 자꾸 잠식하여 시가화하면 할수록 자연환경은 훼손되고 멸실되어 도시를 둘러싸고 있는 자연생태계를 왜곡시키고, 교통혼잡을 줄이기 위해 넓고 빠른 도로를 건설하면 소음·진동이나 교통사고를 일으키기 마련이다. 이렇듯 개인이나 지역은 현대문명이 도시에서 제공하는 편리성과 쾌적성을 향유하는 한편으로 자신과 남에게 위험과 피해를 미치는 자기모순성을 갖고 있다.

끝으로, 개체와 전체 사이의 갈등이다. 도시는 다수의 다양한 개인·기업·공공기관 등을 포함한 조직으로 이루어진 사회이며, 이렇게 다양한 행동주체들은 제각기의 행동양식과 목표를 가지고 활동하기 때문에 공익적 사회실현이라는 도시 전체의 목표와는 상반된 갈등이 발생하게 된다. 지금까지 개체와 전체의 조화문제는 도시재개발사업이나 도시정비사업 등 주로 수익성 차원에서 발생하였지만, 앞으로는 개체와 개체 사이의 갈등인 일조권·조망권·경관·소음 등 쾌적성 차원에서 더욱 심각하게 나타날 것으로 전망된다.

PART

02 도시계획의 역사적 전개

2.1 도시의 기원

2.1.1 도시의 기원

인간이 만들어 온 사회문화의 결정체인 도시(city, civitas)의 성장 · 쇠퇴 과정을 읽고 이해하는 것은 매우 흥미롭다. 도시는 오랫동안 충돌하는 다수의 사회가치와 지배구조를 통해 타협하고, 변화하고, 진화하기 때문이다(한광야, 2018:vii). 멈포드(L. Mumford)는 도시의 기원을 인간의 정주성과 상징성, 경작의 시작과 마을의 형성, 용기의 사용, 사냥꾼들의 역할과 성곽의 등장 등으로 설명하고 있다.

신석기시대 사람들이 동굴에서 나와 나뭇가지와 잎사귀로 지은 집에서 정착하고 경작을 시작하면서부터 이미 도시화의 여명은 일어났다. 인간은 모둠살이를 하는 동물인지라 서로 친근한 가족들이 모여 취락을 구성하였으며, 집락 간의 경쟁에서 이긴 승자에 의해 더 큰 부족을 형성하게 하였다. 또한 부족국가가 커짐에 따라 질서의 유지와 권력의 확장을 위해 강력한 지배자가 나타나게 되었으며, 지배계급의 거주지를 중심으로 농업 및 문명의 발달과 더불어 성곽이 만들어짐으로써 이른바 도시가 형성되었다.

2.1.2 도시의 출현

인류 최초의 도시는 B.C. 3500년경 이후 이른바 4대 문명의 발상지라고 일컬어지는 티그리스와 유프라테스 강 · 나일 강 · 인더스 강 · 황하 강 유역에서 출현하였다. 한편, 모리스(A. E. J. Morris)는 도시문명의 발상지를 모두 7개 지역으로 보고, 이들

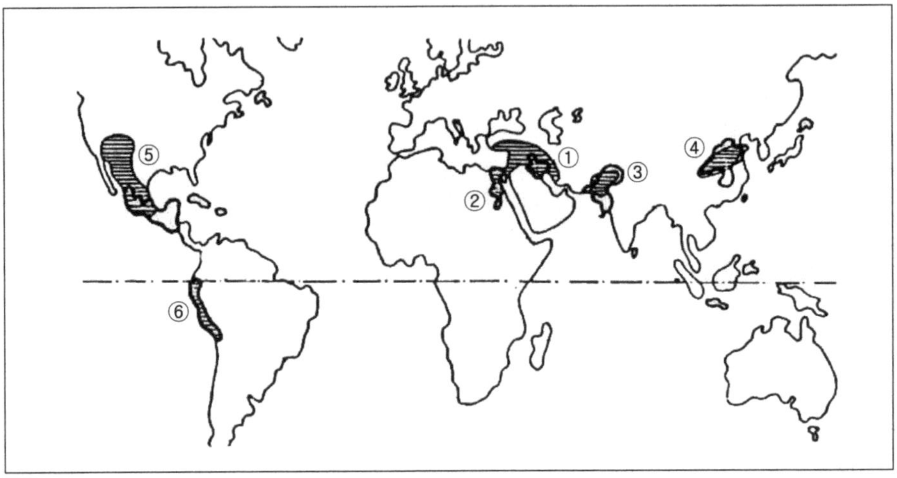

① 메소포타미아 ② 나일계곡 ③ 인더스계곡 ④ 황하강 ⑤ 중남미(Aztec 및 Maya) ⑥ 페루(Inca)

그림 2-1 고대문명 발상지의 분포

을 다시 3시기로 구분하였는데, 제1기는 소위 죽은 문화(dead culture)라고 불리는 메소포타미아 · 이집트 · 인도이고, 제2기는 중국이며, 제3기는 아메리카 문화인 멕시코 · 중앙아메리카(Aztec) · 페루(Inca)이다.

고대 메소포타미아의 티그리스 - 유프라테스 강 유역에 위치한 소위 비옥한 초승달지대(fertile cresent)에 도시가 형성되었는데, 대표적인 도시로는 우르(Ur)와 바빌론(Babylon) 등을 들 수 있다. 특히, B.C. 20세기경에 만들어진 고대 바빌로니아의 수도였던 바빌론에서는 행진가로 · 대성벽 · 기념문 · 공중정원(hanging garden) 등이 건설되었고, 인류 최초의 성문법인 함무라비법전이 편찬되었다.

이집트 나일 강 유역의 삼각주에서도 B.C. 3000년경 파라오(Pharaoh)왕에 의해 도시가 건설되었다. 가장 잘 계획된 것으로 알려진 도시는 B.C. 2500년경 피라미드 건설공사에 종사하던 기술자와 노예들을 수용하기 위해 만들어진 카훈(Kahun)이다. 나일 강 동쪽에 위치한 룩소르(Luxor)에는 지금도 장엄한 신전과 높이 솟은 오벨리스크가 그대로 남아 있다.

인도의 인더스 강 연안에서도 B.C. 2500년경 모헨조다로(Mohenjo-daro) · 하라파(Harapa) 등 도시가 발생하였다. 또한 중국의 황하 강 하류지방에도 B.C. 1500년경 은(殷)이라는 국가가 성립되고, 정주성(鄭州城) · 안양 등 고대도시가 건설되었다.

그리고 A.D. 4세기경에는 현재의 멕시코시(Mexico city) 동북쪽 고원지대에 테오티후아칸(Teotihuacan)이 건설되었는데, 번성기에는 10만 명의 인구를 가졌던 것으로 알려져 있다.

2.2 서양의 도시계획

2.2.1 고대도시(그리스 · 로마)

고대문명 발상지의 도시가 지배자의 권위를 상징하여 그 영광을 누리는 장소였다면, 그리스의 도시(polis)는 많은 시민이 평등한 입장에서 만든 시민의 도시였다. 이러한 고전적 민주체제가 구체화된 도시계획은 집회 · 사교 · 재판 등 시민들의 다목적 공간으로 만들어진 도심광장인 아고라(agora)와 정연한 격자형의 가로망 등에서 잘 나타난다. 그리고 도심과 가까운 구릉 위에는 종교적 중심인 아크로폴리스(acropolis)를 만들었다.

해상무역과 상업이 발달하여 가장 부유했던 밀레투스(Miletus)는 B.C. 5세기경 피타고라스의 제자였던 히포다무스(Hippodamus)에 의해 계획되었는데, 전체 도시는 도심 · 상업지역 · 종교지역으로 나누어졌고, 질서정연한 격자형 가로망으로 구성되었으며, 블록은 52×30m 크기의 모듈이 적용되었다.

이때부터 스포츠와 레크리에이션을 위한 경기장(gymnasium)이 건설되었고, 올리브 숲은 오늘날 대학(academy)의 기원이 되었다.

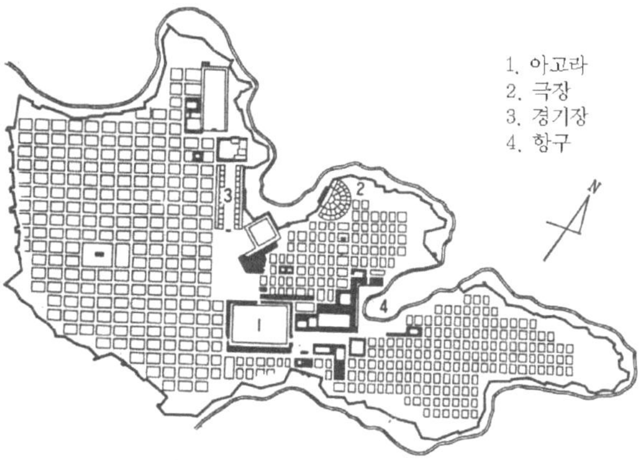

그림 2-2 고대 그리스의 밀레투스(B.C. 5세기)

한편, '로마는 하루아침에 이루어진 것이 아니다'라는 말처럼 고대 로마는 오랜 기간을 통해 놀랄만한 대도시로 건설되어 A.D. 274년 당시 도시면적은 12km^2(외곽의 주거지를 포함하면 20km^2)에 이르렀다. 당시 로마에는 도심광장인 포럼(forum)을 중심으로 신전 · 시장 등 대규모의 공공건축물이 세워져 있었고, 공원 30개소, 도서관 28개소, 대저택 1,790동이 있었으며, 약 1,000개소의 공중욕탕에는 62,800명을 동시에 수용할 수 있었다고 한다. 특히 도로와 하수도는 대규모로 만들어졌기 때문에 그 일부는 2000년이 지난 오늘날까지도 이용되고 있다.

2.2.2 중세도시

중세도시의 구조와 형태는 과학기술적 요인보다는 자연적 · 사회적 요인에 의해 좌우되었다. 즉, 자연적 요인은 급수 · 방위 · 교통 등의 지리적 조건이며, 사회적 요인은 당시의 사회제도와 사상으로서 성직자 · 봉건영주 · 길드 조직을 찬미하기 위하여 교회당 · 시장광장 · 시청사 · 길드거리(guild street) 등을 건설하였는데, 특히 대성당은 대규모로 건설되어 성벽과 함께 도시의 스카이라인(sky line)을 지배하였다.

그러나 도시는 방어를 유리하게 하기 위하여 지형이 불규칙한 구릉이나 섬에 입지하였고, 두꺼운 성벽으로 둘러싸여 있었으며, 교통 및 급수조건의 한계로 인해 도시 규모는 직경 1마일 이내로서 인구는 5만 명 이하였는데, 대표적인 중세도시로는 시에나(Siena) · 까르까송(Carcassone) · 몽파지에(Montpazier) 등이 있다.

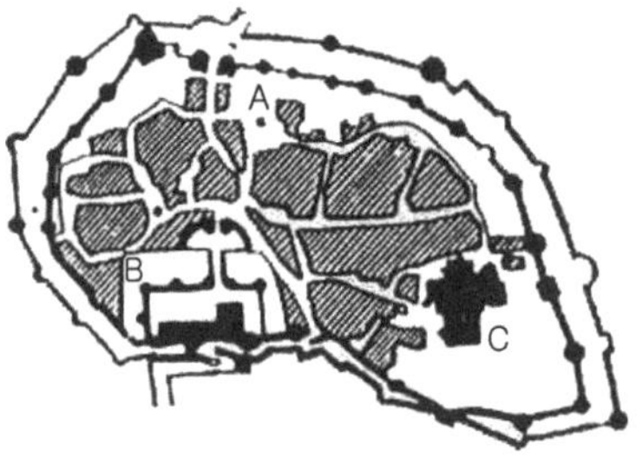

A. Market Square B. Castle
C. Church of St. Nazaire

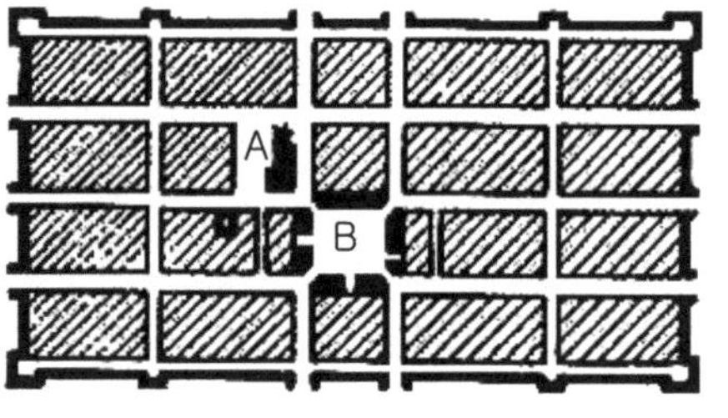

A. Cathedral Square
B. Market Square

그림 2-3 중세도시 : Carcassone(좌)와 Montpazier(우)

2.2.3 근세도시

1. 르네상스도시

근세는 15세기 중엽부터 18세기 말까지를 말하며, 그 전반을 르네상스(Renaissance), 후반을 바로크(Baroque)시대로 구분한다. 르네상스시대를 대표하는 이탈리아의 플로렌스를 중심으로 시작된 문예부흥운동은 문학 · 미술 · 건축뿐만 아니라 자연과학 분야에서도 새로운 이론과 기술이 나타나 도시의 구조와 형태를 크게 바꾸어 놓았다.

르네상스시대에는 여러 건축가에 의해 이상도시안이 제안되었는데, 그 대표적인 건축가로서 알베르티(L. B. Alberti) · 필라레테(B. Filarete) · 스카모치(V. Scamozzi) 등이 있다.

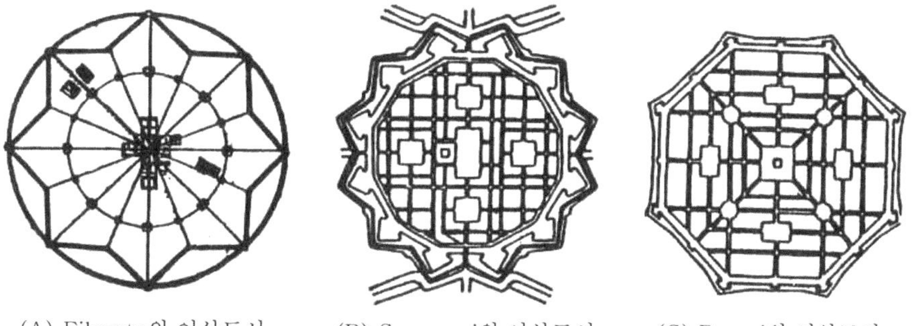

(A) Filarete의 이상도시 (B) Scamozzi의 이상도시 (C) Basari의 이상도시

그림 2-4 르네상스시대의 이상도시

2. 바로크도시

17세기에 접어들면서 봉건영주의 힘은 완전히 기울어지고 강력한 전제군주에 의한 중앙집권적 정치체제가 형성되어 장대한 면모(grand manner)를 자랑하는 소위 바로크도시(Baroque city)로 변화되었다. 이에 따라 군주가 거처하는 궁전은 도시의 중심부에 위치하지 않고 원근법적으로 바라보았을 때 그 시종점에 자리잡았고, 도시를 강한 중심축과 좌우대칭의 기하학적 형태로 개조함으로써 시배자의 절대적인 권위를 과시하였다. 당시에 건설된 대표적인 도시로는 노트르(Le Notre)에 의해 설계된 파리 근교의 베르사유(Versailles)궁전과 32개의 방사선가로로 계획된 독일의 카를스루에(Karlsruhe)궁전 등을 들 수 있다.

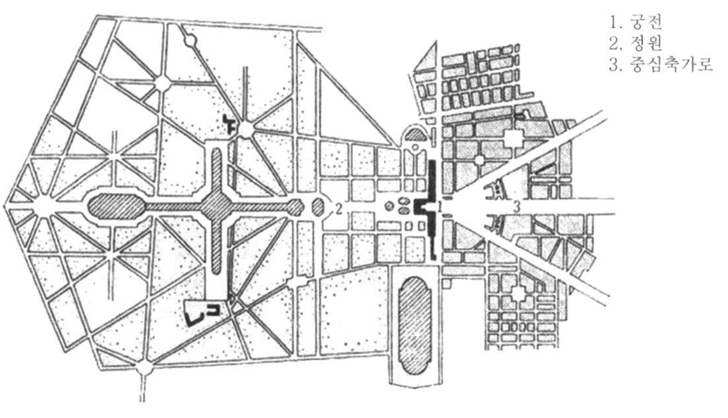

그림 2-5 베르사유의 공간구성

3. 미국 도시의 성립과 발달

미국에서의 도시건설은 17세기 이후 대서양에서 시작되었다. 오늘날 세계경제의 중심인 뉴욕의 맨해튼은 1660년 네덜란드인들이 새로운 암스테르담(New Amsterdam)으로 건설한 성곽도시의 성벽 부근에 형성된 것으로서, 그 후 영국인들이 탈취하여 뉴욕으로 바꾼 것이다. 1682년에는 필라델피아(Philadelphia)가 계획되었는데, 두 개의 직교하는 간선가로를 골격으로 형성된 격자형 가로패턴은 당시 미국의 다른 도시에도 큰 영향을 미쳤다.

그림 2-6 미국의 수도(좌 : 필라델피아, 우 : 워싱턴 D.C.)

1776년에는 독립을 맞이하여 새로운 수도를 건설하였는데, 이곳이 바로 워싱턴(Washington D.C.)이다. 프랑스의 랑팡(P. C. L'Enfant)에 의해 계획된 이 도시는 바로크적 분위기와 신생국인 미국의 기상을 받들어 대규모의 기하학적 형태를 도입하여 격자형 가로망에 방사선을 삽입시켰다. 초기 미국 도시계획의 특징은 유럽인들에 의해 광대한 평탄지에 처음부터 계획적으로 건설되었기 때문에 시가지 형태가 매우 규칙적이었고 지형적 장애 없이 평면적으로 성장되었다는 점이다.

2.2.4 근대도시

1. 산업화와 도시환경문제의 대두

18세기 말 이전까지는 도시가 완만한 발달을 보였으나 산업혁명과 더불어 급격히 성장하기 시작했다. 런던의 인구는 1801년 85만 명이던 것이 1851년에는 200만 명으로 크게 증가하였으며 도시의 기능도 소비도시에서 생산도시로 변하였다.

그러나 이러한 인구증가와 도시기능 변화에 대응할 수 있는 도시계획이나 정책이 없었기 때문에 주택 · 도로 · 위생시설 등이 턱없이 부족하여 도시는 과밀화 · 슬럼화되었으며, 수많은 공장의 굴뚝들이 도시의 스카이라인을 형성하여 도시환경은 극도로 악화되었다. 당시 도시 노동자들의 비참한 생활상은 엥겔스(E. Engels)와 막스(K. Marx) 등으로 하여금 공산주의 사상을 제시하는 동기가 되었다.

2. 파리개조계획

18세기 말 나폴레옹 I세는 광장과 장식가로(bouluvard)를 만들었는데, 당시에 베르사유 궁전과 루브르궁을 연결시키기 위해 건설한 샹젤리제(Champs Elysées) 거리는 오늘날 세계에서 가장 아름다운 거리의 하나로 손꼽히고 있다.

19세기의 파리는 근세의 궁전 · 사원 · 광장 · 정원 등의 훌륭한 유산이 어지러운 가로에 에워싸여 고립되어 있었다. 이에 따라 1853년에 파리시장이던 오스만(G. E. Haussmann)에 의해 도시구조가 대폭 개조되었다. 도시를 관통하여 행정 · 산업 · 위락 · 철도역 등을 결합하는 도로망을 완성하였고, 수많은 공원이 도로와 어울려 공원계통을 이루었다.

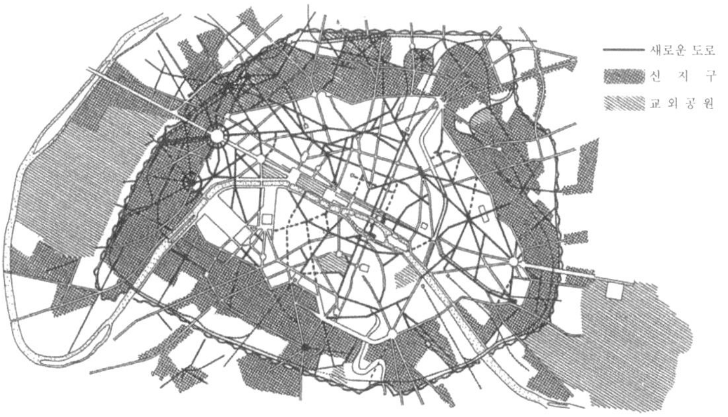

그림 2-7 오스만의 파리개조계획(1853)

3. 도시미화운동과 공원체계 사상

미국에서는 1893년 시카고 세계무역박람회(World Fairs) 개최를 계기로 건축가 버넘(D. Burnham)의 도시디자인 철학에 따라 모든 도시들은 역사적 공간에 오픈스페이스를 확보하고 광장과 정원에 분수를 설치하도록 하였으며, 도시규모에 따라 공공

건축물을 규제하는 소위 「도시미화운동(City Beautiful Movement)」을 전개함으로써 미국 도시설계(urban design)의 기원을 이루었다.

한편, 옴스테드(F. L. Olmstead)는 공원이 도시거주자들에게 자연과의 친교를 도모함으로써 사회개혁에 도움을 줄 수 있다는 신념을 가지고 뉴욕의 센트럴파크(1858년 콤페에 당선)를 비롯하여 여러 도시의 대공원을 설계하여 실현시켰다.

2.2.5 현대도시

1. 선상도시와 전원도시

동서양을 막론하고 도시계획의 이념과 정책의 실현을 염두에 둔 현대도시계획의 선구자는 선상도시(Linear city)와 전원도시(Garden city)라 할 수 있다. 선상도시는 1882년 스페인의 마타(A. S. Y. Mata)에 의하여 제안되었다. 그 계획목적은 교통시간을 단축하여 도시의 교통문제를 해결하고, 다이내믹한 개발과 기능적인 성장을 도모하며 공정한 토지분배를 하기 위한 것이었다.

계획의 주요내용은 폭 500m의 선상으로서 중앙에 노폭 40m의 간선도로(횡단도로는 20m)를 두며, 각 세대는 각자의 주택과 정원을 가지고, 건폐율은 20%를 초과하지 못하도록 하였다. 이 계획안은 1892년 스페인의 마드리드(Madrid) 근방에 실제로 실현되었다(처음 계획은 연장이 50km였으나 5.2km만 완성).

영국의 하워드(E. Howard)는 1902년에 출간된 「내일의 전원도시(Garden City of Tomorrow)」라는 책을 통해 전원도시를 제안하였다. 그는 '도시와 농촌, 그리고 이들의 장점만을 결합시킨(도농통합) 전원도시 등 세 가지가 있을 때, 사람들은 어느 곳을 택할 것인가'라는 논리를 3개의 자석 개념으로 설명하면서 전원도시에 대한 다음의 6가지 조건을 제시하였다.

- 인구는 3~5만 명
- 도시 주변에는 식량의 자급자족을 위해 농업지대 확보
- 시민경제의 유지를 위한 공장 유치
- 시가지에는 충분한 오픈스페이스 확보(1인당 35m^2)
- 계획집행의 철저를 기하기 위한 토지의 공유화
- 상하수도 · 전기 · 가스 · 철도 등 공공서비스는 도시전속으로 할 것

전원도시는 그 당시까지 여러 도시계획안들이 대부분 공상 내지 실험으로 끝난 것에 비하여 하워드의 사상은 레치워스(Letchworth, 1903)와 웰윈(Welwyn, 1920) 두 신도시가 런던의 교외에 실현되었다는 점에서 큰 의의가 있다.

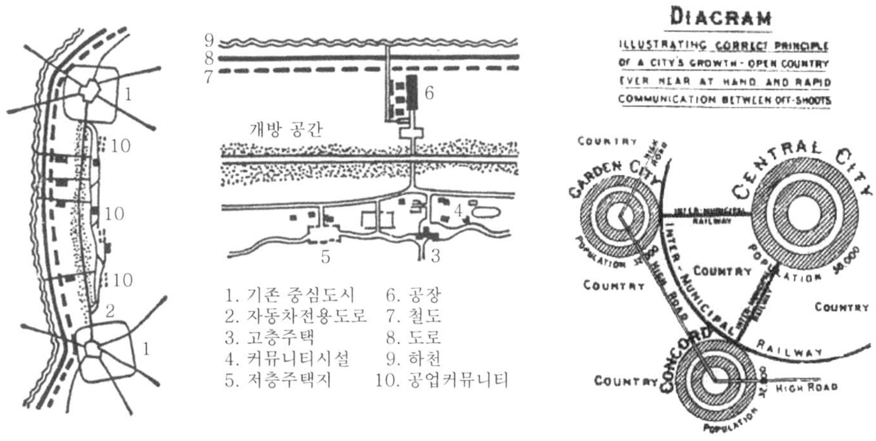

그림 2-8 선상도시(좌)와 전원도시(우)의 기본개념

2. 지역제와 시가지개발(구획정리)

19세기 후반부터 근대도시의 혼돈상을 해소하고 새로운 질서를 찾기 위한 노력의 하나로서 제도개혁을 통해 당시에 지배적이었던 자유방임적 건축행위를 억제하기 시작하였다. 영국에서는 1875년 주택의 거실과 정원의 크기, 주변도로의 폭 등 주거환경기준을 규제하는 「공중위생법(Public Health Act)」이 제정되었다.

독일의 아디케스(F. Adickes)는 1891년 자신이 시장으로 있던 프랑크푸르트에 세계 최초로 지역지구제(zoning)를 제정한 후 실시하였다. 당시의 지역지구제는 도시지역을 시가지와 외곽지역으로 구분하고, 이를 다시 주거지역 · 혼합지역 · 공업지역으로 세분한 후 각각에 대한 개발행위의 용도와 밀도, 인동간격 및 건물의 층수(4층 이하)를 제한하는 것이었다. 또한 그는 도시 주변에 택지를 공급하는 적절한 방책으로서 1902년 토지구획정리법을 제정하였다.

한편, 1909년 미국의 로스앤젤레스에서는 도시환경의 악화를 방지하고 개인의 재산가치를 보호하기 위한 세탁소 입지규제를 목적으로 지역지구조례(Zoning Ordinance)를 채택하였고, 1916년 뉴욕에서는 건축물의 용도 · 높이 등을 규제하기 위한 종합적인 지역지구조례가 제정되기에 이르렀다.

3. 게데스와 전망탑

스코틀랜드의 사회학자 게데스(P. Geddes)는 '도시는 너무 거대하고 기능이 복잡하므로 이것을 정확히 파악하기 위해서는 체계적인 조사와 분석이 선행되어야 한다'고 주장하고, 1892년에는 그의 저서 《전망탑(Outlook Tower)》을 통해 도시계획 및 설계는 물적 측면과 지리학 · 인구학 · 사회학 · 경제학 등 비물적 측면이 종합적으로 접근되어야 함을 강조하였다.

또한 그는 저서 《진화하는 도시(Cities in Evolution)》에서 포화와 슬럼의 형성을 초래하는 대도시에서 인구유입의 물결과 이에 따라 주변에 넘쳐흐르는 역류인구의 물결, 즉 무질서한 확산을 초래하는 과정을 설명하기 위하여 연담도시화(conurbation)라는 새로운 단어를 만들어내기도 하였다.

4. 위성도시론과 지역계획

1920년대에 들어와서는 자동차가 대중화됨에 따라 대도시의 무질서한 팽창을 억제하기 위하여 그 주위에 계획적으로 배치되는 이른바 위성도시 계획이 제안되었다. 위성도시는 대도시의 모체도시 일부 기능을 보완하는 도시를 말하는데, 이를 제안한 사람은 미국의 테일러(G. R. Taylor, 1915)를 필두로 언윈(R. Unwin, 1922), 휘튼(R. Whitten) 등이 있다.

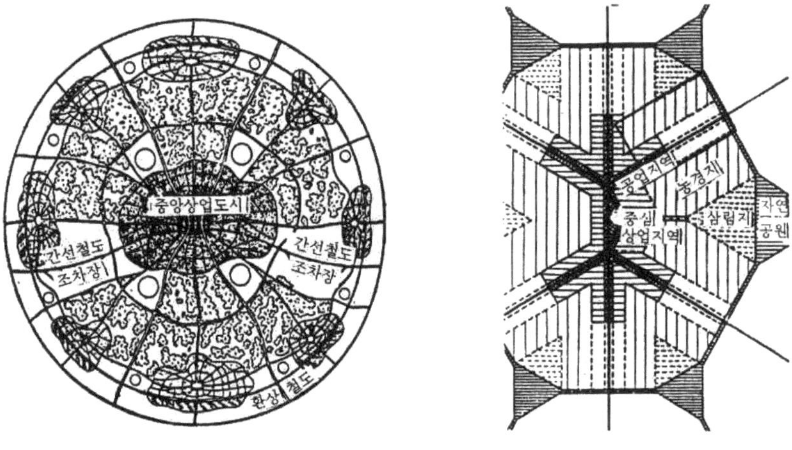

그림 2-9 Whitten의 위성도시(좌), Comey의 지역계획(우)

1923년 미국의 코미(A. C. Comey)는 「지역계획론(Regional Planning Theory)」을 발표하여 광역적 차원의 도시계획, 즉 지역계획을 체계화하였으며, 또한 1924년 국제주택 · 도시계획협회는 암스테르담에서 회의를 열고 도시의 무제한 팽창 억제, 위성도시 건설, 도시상호간 및 도시와 지방 간의 교통대책 수립, 지역계획 실현을 위한 제도 마련 등을 골자로 하는 '대도시권계획에 관한 7원칙'을 발표하였다.

5. 코르뷔지에와 CIAM

프랑스 건축가 코르뷔지에(Le Corbusier)는 20세기 초, 급속히 변화하는 사회와 기술에 대응하여 새로운 건축 및 도시계획에 관한 이론과 작품을 제안하였다. 특히 그가 제안한 이상도시 '인구 300만의 현대도시'는 광대한 오픈스페이스로 둘러싸이는 방대한 마천루(Skyscraper)를 중심으로 이루어지는 거대한 도시이자 공원이기도 했다. 또한 그는 미국의 고층건물과 자동차사회에 매료되었는데, 이러한 사상을 바탕으로 소위 '도시계획 4원칙'을 주장하였다.

- 도심부의 혼잡 구제
- 도심부의 고밀(고층)화
- 다층 지반에 의한 교통기관의 도시집중
- 충분한 공지와 공원 확보

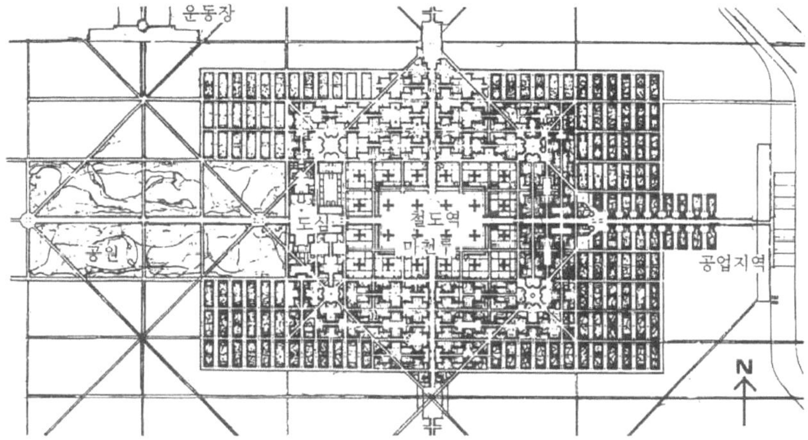

(A) 기본계획도

(B) 중심업무지구

그림 2-10 Corbusier의 인구 300만의 현대도시

1928년 코르뷔지에의 사상에 동조하는 기데온(S. Giedeon), 그로피우스(W. Gropius) 등 각국 건축가들에 의하여 「CIAM(근대건축국제회의)」이 결성되고, 1933년 제4차 아테네회의에서는 95조로 구성된 「아테네헌장」을 발표하였는데, 여기서는 도시의 4가지 활동기능으로서 거주 · 여가 · 노동 · 교통을 선정하였다.

6. 대런던계획과 뉴타운 건설

영국의 애버크롬비(P. Abercrombie)와 훠쇼우(J. H. Forshaw)는 1944년에 「대런던계획(The Great London Plan)」을 발표하였다. 이 계획에서는 시가지 확산을 방지하면서 인구를 유지할 수 있는 방법으로 그린벨트 개념을 사용하였고, 런던의 인구분산을 위해 총 40만 명을 수용하는 10개의 뉴타운 건설을 제안하였다.

이에 앞서 1940년 바로우(A.M. Barlow)는 런던을 포함한 잉글랜드 동남부지역의 도시문제 해결을 위하여 인구와 산업의 분산이 필요하고, 이를 위해 도시 주변에 신도시를 건설할 것을 주장하는 내용의 '바로우보고서(Barlow Report)'를 작성하였으며, 영국 정부는 이 계획을 실현하기 위하여 「공업배치법(1945)」 · 「신도시법(1946)」 · 「도시 및 농촌계획법(1947)」을 제정하였다.

이어서 1945년에는 리스(L. Reith) 경을 위원장으로 한 뉴타운위원회가 발족되고 뉴타운 건설이 본격적으로 이루어지기 시작하였는데, 그 대표적인 신도시 중 하나가 1947년 지버드(F. Gibberd)에 의해 설계된 할로우(Harlow)이다. 할로우는 하워드의 전원도시의 이상을 이어받아 자급자족형의 저밀개발을 원칙으로 하고 있으며, 또한 페리의 근린주구(Neighbourhood unit) 개념을 적용하고 있다.

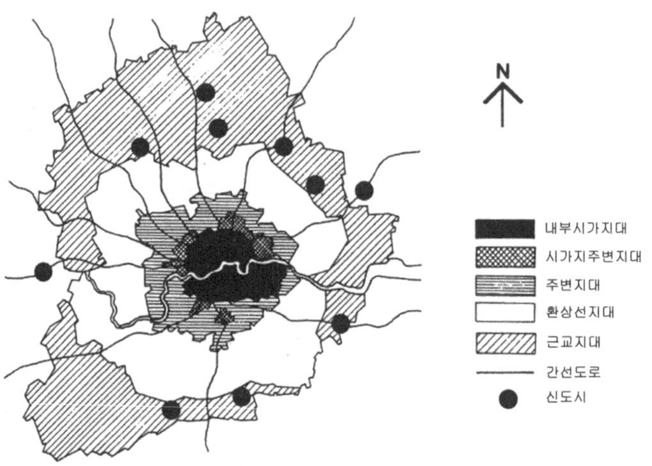

그림 2-11 Abercrombie의 대런던계획

7. 신행정수도계획

행정수도는 한 나라의 최고 통치기관이 소재하는 도시로서 국가의 중추기능을 담당하기 때문에 도시의 이념적 정체성과 공간적 상징성을 강조하게 된다. 신행정수도의 입지상 특징은 어느 시대를 막론하고 공통적으로 강을 끼고 있고, 물이 없는 경우에는 인공호수를 축조하며 아름다운 도시경관을 창출하고 있다는 점이다.

새로운 수도건설의 경험은 18세기 말 미국의 워싱턴 D.C.를 비롯하여 20세기 이후 인도의 뉴델리, 호주의 캔버라, 브라질의 브라질리아 등을 들 수 있다. 처음 행정중심복합도시로 계획된 세종시는 세계에서 가장 최근에 건설된 신행정수도이다(14.2 참조).

표 2-1 세계의 신행정수도 개요

도시명	국가	계획연도	설계자	도시형태
Washington D.C.	미국	1791	L'Enfant(프랑스)	격자방사형
New Delhi	인도	1911	Lutyens(영국)	다핵형
Canberra	호주	1911	Griffin(미국)	다핵방사형
Chandigarh	인도(펀자브 주)	1951	Corbusier(프랑스)	격자형
Brasilia	브라질	1957	Costa(브라질)	비행기형태
Islamabad	파키스탄	1960	Doxiadis(그리스)	5개 주거군
Putrajaya	말레이시아	1995	-	환상형
세종시	대한민국	2005	Andres(스페인)	환상형, 선형

(출처 : 김철수, 도시공간계획사, 기문당, 2016 : 385)

캔버라(Canberra)는 1911년 호주 수도로서 국제현상설계에 의해 시카고의 건축가 그리핀(W. B. Griffin)의 안이 당선되었다. 그의 안에서는 도시중심에 인공호수를 만들고 8각형을 이루는 3개의 중심기능(중앙관청가, 지방관청가, 상업업무중심)을 연결하는 삼각형의 도시공간축을 형성하였다.

브라질리아(Brasilia)는 1957년 현상설계에서 당선된 코스타(Lucio Costa)의 계획안에 따라 1960년부터 건설이 시작되었으며, 목표인구는 50만 명이다. 도시의 형태는 비행기 모양을 하고 있는데, +자형으로 교차하는 거대한 2개의 축 속에 주요 도시기능을 각각 분리하여 수용하고 있다. 직선의 중심은 5.5마일 길이의 녹지대로 되어 있고 여기에 접해서 정부 · 시청 · 문화 · 업무 등 각 중심지구가 배치된다. 또한 비행기의 날개 부분에는 주거지역의 격자형 슈퍼 블록(super block)이 기하학적으로 연속 배치되어 있어 20세기 중반의 건축 · 도시계획사조였던 기능주의(functionalism)를 잘 반영하고 있다.

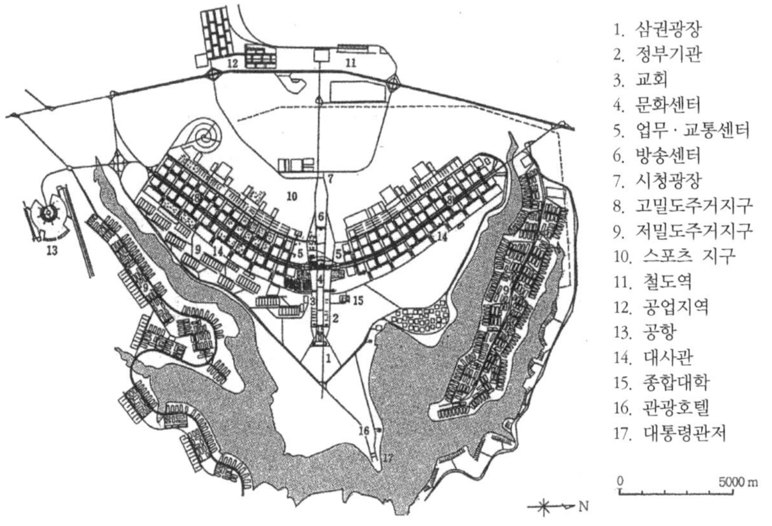

그림 2-12 브라질의 수도 브라질리아

8. 독시아디스와 EKISTICS

그리스의 건축가 독시아디스(C. A. Doxiadis)는 1970년대에 「인간정주과학(EKISTICS : Science of Human Settlements)이론」을 발전시켰다. 그는 인간정주사회의 구성요소를 그릇으로서의 자연, 그 속에 살고 있는 인간, 인간이 만들어낸 사회, 인간에 의해 만들어진 집이나 건축물 등의 각(shell), 도로 · 상하수도 · 전력 등 네트워크의 5가지로 구분하고 이들이 상호관계를 유지해야 한다고 주장하였다.

그는 지리적 · 공간적 차원으로서 인간정주사회의 최소 단위인 하나의 인간에서 출발하여 주거 · 주거군 · 근린주구 · 소도시(인구 9천명 이상) · 대도시(인구 500만 이상) 등 15단계의 공간단위로 분류하고 있다. 또한 독시아디스는, 미래도시는 현재처럼 3차원의 동심원적 성장이 아니라 여기에 4차원인 시간 개념이 도입되어 다이내믹하게 발전된다고 주장하고, 이를 다이나폴리스(Dynapolis)라고 불렀다.

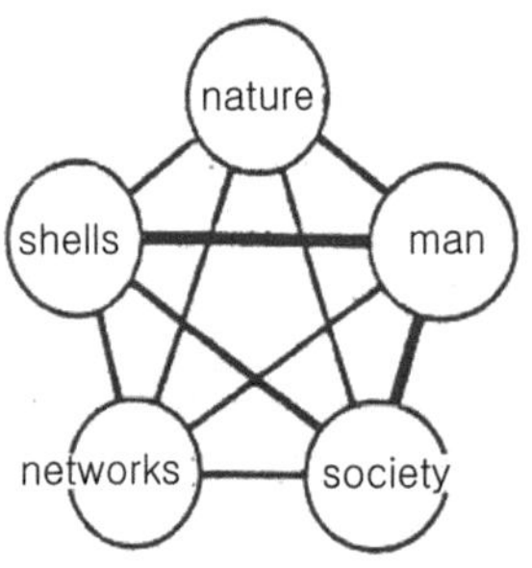

(A) EKISTICS 구성요소

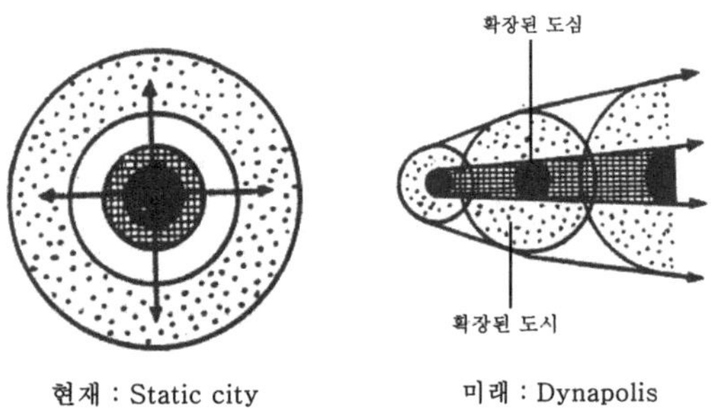

(B) 도시성장 개념

그림 2-13 Doxiadis의 EKISTICS 구성요소(좌)와 도시성장 개념(우)

9. 입체적 도시건축의 모색

20세기에 들어와 출현한 근대건축은 발달된 기술과 재료를 통하여 유토피아적 도시건축을 모색하였다. 1960년대 초 헤론(R. Heron), 쿡(P. Cook) 등이 주도하였던 아키그램(Archigram) 그룹은 과학기술을 끊임없이 신뢰하며 미래지향적인 새로운 도시건축으로서 「움직이는 도시(Walking City)」를 제안하였다.

1970년대 이후에는 도시공간의 효율적 이용과 자연환경 및 경관의 보존을 위하여 심도 지하공간(geofront) 개발이 특히, 유럽에서 활발하게 추진되었고, 또한 큰 강이나 바다의 수변을 이용하여 상업 · 주거 · 레저활동 수용을 위한 매력적인 친수공간(waterfront) 개발이 진행되고 있다.

그림 2-14 아키그램의 Walking City(1964)

10. 모더니즘 도시계획의 반성

1980년대부터 미국과 영국을 중심으로 지속가능한 도시개발(SD : Sustainable Development)의 개념이 사용되기 시작하였고, 유럽에서는 전통적 도시공간을 연구하는 「신전통주의(Neo-Traditionalism)운동」이 주목을 받게 되었다.

신전통주의는 20세기 초 코르뷔지에와 CIAM에 의해 주도된 기능분리(zoning) · 대형주의 · 비인간척도 등으로 설명되는 모더니즘을 반성하고, 과거의 도시공간이 가졌던 혼합적 용도(mixed-use), 직주근접, 적정한 도시규모, 인간척도에 맞는 건물과 가로, 구불구불한 도로 등을 추구하는 포스트 모더니즘의 이론적 근거가 되었다. 모더니즘에 대한 반성은 제이콥스(J. Jacobs)의 논문 《위대한 미국 도시들의 죽음과 삶(The Death and Life of Great American Cities, 1961)》으로부터 시작되었다.

미국에서는 1991년 환경친화적인 도시구조 속에서 커뮤니티를 되살리기 위한 목적으로 발표한 아와니선언(Ahwahnee Principles)을 기반으로 한 「뉴어바니즘운동

(New Urbanism Campaign)」, 영국에서는 1992년 찰스 황태자의 주창으로 전개된 「어반 빌리지(Urban Village)운동」이 전개되었고, 1997년에는 도시의 성장관리 개념에 바탕을 둔 「스마트성장(Smart Growth)」이 미국 메릴랜드 주에서 처음으로 입법화되었다. 이러한 흐름들은 2000년 이후 생태도시, 창조도시, 압축도시 등 새로운 도시계획 패러다임으로 이어지고 있다(제16장 참조).

2.3 동양의 도시계획

2.3.1 고대도시

1. 중국 : 도성계획의 원리

중국에서 가장 오래된 도시는 은(殷)대에 성립된 정주성(鄭州城)으로, 형태는 성곽 둘레 7.1km의 장방형으로 되어 있다. 이어 전한시대에는 수도를 장안(長安)으로 정하고 군현제(郡縣制)를 도입하여 완전한 중앙집권제를 실현하였는데, 전한의 장안성은 크게 확장되어 성벽의 둘레가 25.1km에 달하는 대규모 도시였다.

고대 중국에서는 넓은 평야에 4각형의 성곽을 만들고 사신상응(四神相應) 및 음양오행사상을 적용하여 각 방위에 따라 왕궁의 주요기능을 배치하였다. 당시 도시공간의 구성원리인 주(周)대의 「주례 고공기(周禮 考工記)」에는 도시의 규모와 형태, 성문의 수, 도로의 배치와 폭원, 왕궁 · 종묘 · 사직 · 시장 등 주요 도시시설의 규모와 배치계획이 잘 표현되어 있는데, 이러한 도시공간의 구성원리는 우리나라와 일본의 도시계획에 큰 영향을 미쳤다.

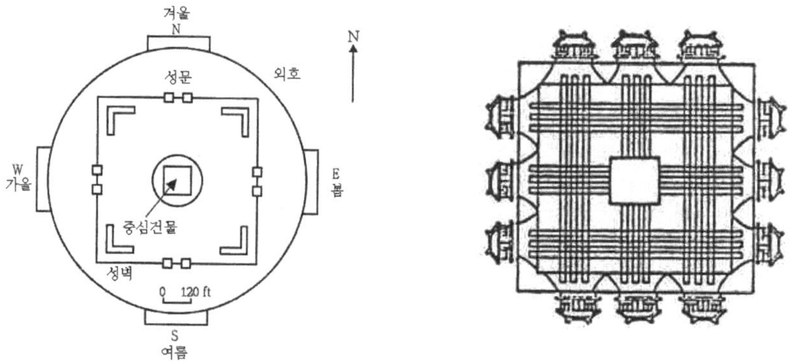

그림 2-15 고대 중국의 도시개념(좌)과 주례 고공기에 의한 왕성(우)

2. 일본

일본에서 도시가 성립된 것은 7세기 이후이다. 645년에 중앙집권적 율령국가가 성립되고 나니와쿄(難波京)가 건설되었으며, 667년에는 후지와라쿄(藤原京)가 계획되었다. 그 후 국가의 수도로서 성격이 한층 강화됨에 따라 710년에는 헤이죠쿄(平城京, 현재의 나라)가 건설되었다. 이 도시들은 중국의 장안을 그대로 모방하여 정방향의 도시형태에 엄격한 격자형 도로를 계획하였으나 성벽은 축조하지 않았다.

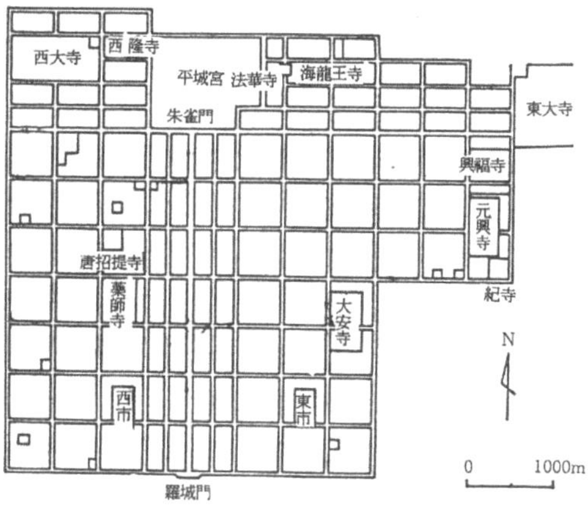

그림 2-16 헤이죠쿄(平城京)의 공간구성

794년에는 헤이안쿄(平安京, 현재의 교토)가 건설되었는데, 이 도시는 헤이죠쿄보다 대규모였으며, 교통이 편리하고 경제적으로 발달했기 때문에 가장 번성했던 때에는 10~20만 명의 인구를 가졌던 것으로 추측되고 있다.

2.3.2 중세도시

1. 중국

중세의 대표적인 도시로는 장안 · 뤄양(洛陽) · 항저우(杭州) 등을 들 수 있는데, 특히 장안은 북경과 함께 중국의 전통적 도시계획을 대표한다고 할 수 있다. 당(唐)대의 장안에는 궁성(왕궁) · 황성(관청가) · 외성(민가) 3개의 성이 있었고, 황성의 남쪽 주작문으로부터 외성 남쪽의 명덕문까지 폭 70~150m의 중심축 상징가로인 주작대로(朱雀大路)가 배치되었다. 이러한 당대에 발달된 도성 · 궁궐 · 누문 · 가로 등의 도시계획기법은 동방세계 도시들의 공간구조와 건축사상에 선도적 역할을 하게 되어 고구려의 장안(평양)과 신라의 경주, 일본의 나라(奈良)와 교토(京都) 등의 도시계획에 절대적인 영향을 미쳤다.

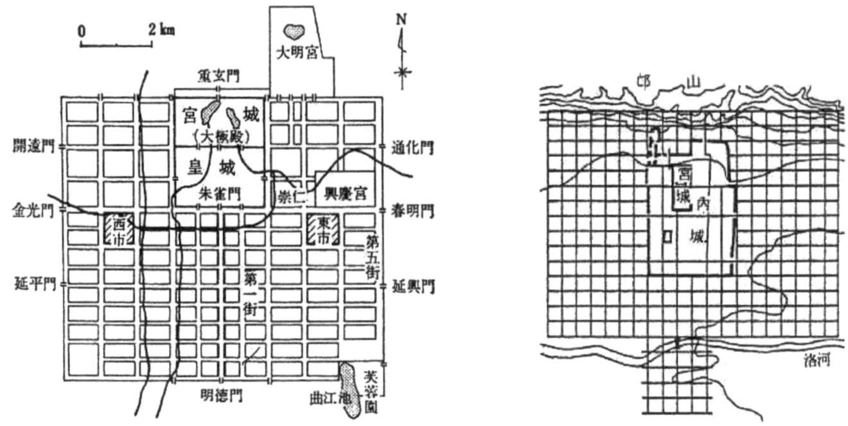

그림 2-17 중세 중국도시 장안(좌) · 뤄양(우)

2. 일본

12세기 말에도 무사계급의 중추로서 가마쿠라막부(鎌倉幕府)가 설치되어 정치적 중심지로 새로이 대두되고 교토와 가마쿠라는 전국의 정치 · 경제 · 문화의 2대 중심지를 형성하게 되었다.

무로마치(室町)시대에는 교통과 상공업의 발전에 따라 새로운 도시들이 성립되었다. 사찰의 문 앞에 형성된 몬젠마치(門前町), 도로교통 발달에 따라 가로의 요충지에 발생된 슈쿠바마치(宿場町), 그리고 해운교통의 요지에 발달된 미나토마치(港町) 등이 바로 이것이다. 중세의 대표적인 항구도시는 오사카만에 입지했던 사카이(堺)가 있는데, 이곳은 일본과 명나라의 무역거점으로서 크게 발달하였다.

2.3.3 근세 · 근대도시

1. 중국

13세기 중엽 이후부터 오늘날까지 중국의 수도로서 계속 발전해 오고 있는 베이징(北京)은 둘레 약 25km의 성곽을 쌓고 고대 중국의 전통적인 도시계획수법에 따라 중앙에 자금성(궁성과 황성)을 건설하고, 그 남쪽의 좌측에 태묘, 우측에 사직단을 배치하였다. 자금성의 공간구성은 풍수의 기본원리를 적용하여 북측에는 인공적으로 산과 호수를 만들어 산수의 조경을 하고, 황성의 북쪽에는 시장을 배치하여 「전조후시 좌묘우사(前朝後市 左廟右社)」라는 왕도의 공간조직 원칙을 실행하였다. 그리고 시가지는 엄격한 격자형으로 구획하고 민가를 형성하였다.

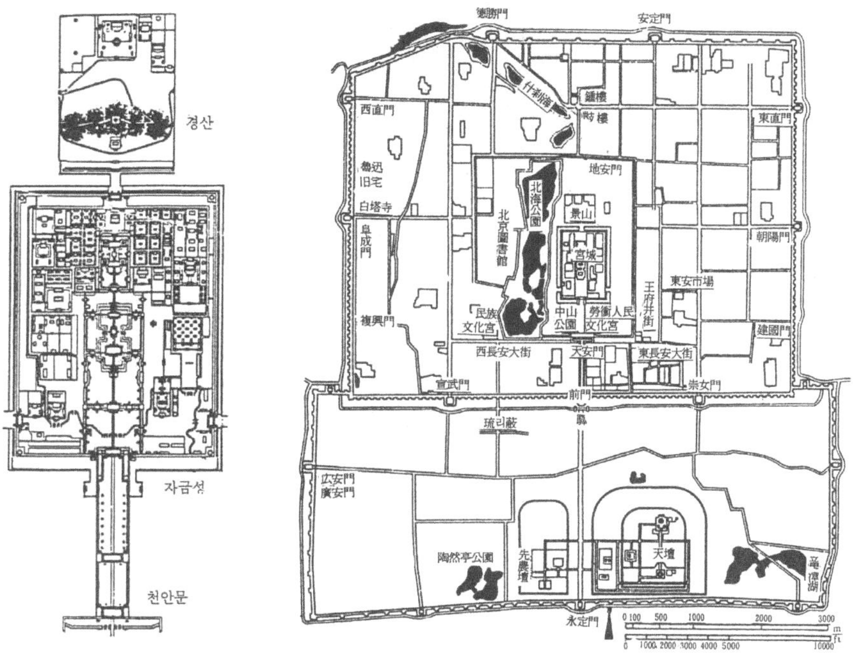

그림 2-18 베이징 도시계획(좌 : 중심축, 우 : 도시 전체)

베이징에서 자금성이 황제의 공간으로서 양(陽)이라면 천단은 신성한 공간으로서 음(陰)이며, 중심축 공간에 있어서의 은폐와 노출, 직선과 곡선의 조화는 바로 풍수의 기본원리인 음양의 조화를 상징한다고 볼 수 있다.

동양과 서양의 도시계획 특징을 비교할 때 북경을 예로 드는 이유는 북경이 다음과 같은 동양의 대표적인 건축·도시계획의 원리와 기법이 가장 충실하게 지켜진 도시였기 때문이다.

- 주위의 성벽
- 엄격한 중심축(central axis)
- 남북방향의 건축배치
- 중심부의 중정(court yard)

2. 일본

전국시대까지의 다이묘(大名)의 성은 주로 산이나 강으로 둘러싸인 전략적 요새지에 축조되었으나, 16세기가 되면서 광대한 평야의 중심지에 성을 쌓고 성의 주위에 무사나 상인이 모여 소위 죠가마치(城下町)가 발달하게 되었다.

1600년을 전후하여 50년 간에 100여 개의 죠가마치가 건설되었는데, 그 중에서 가장 대표적인 것은 도요토미 히데요시(豊臣秀吉)에 의해 건설된 오사카(大阪)와 강력

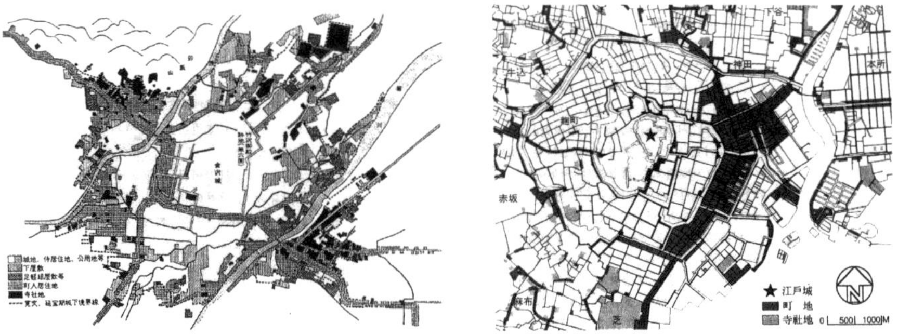

그림 2-19 죠가마치의 예(좌 : 가네자와, 우 : 에토)

한 중앙집권적 성격을 가지고 있었던 도쿠가와 이에야스(德川家康)에 의해 건설된 에도(江戶 : 도쿄의 옛 이름)로 가장 번성했던 18세기경의 인구는 약 100만 명에 이르는 대도시로 성장하였다.

2.3.4 현대도시

1. 중국

아편전쟁을 계기로 열강의 경제침략이 시작됨에 따라 남경조약(1842)에 의해 강제로 개항하게 되었다. 그리고 개항지에는 외국인 전용거주구역인 조계(租界)가 설치되면서 서양풍의 도시가 만들어지기 시작하였다.

20세기에 들어오면서 도시는 급속한 발전을 거듭하였다. 1970년 이후 개방정책에 1990년에는 인구 100만 이상의 대도시가 98개에 이르게 되었으며, 특히 상하이 · 선전(深圳) 등의 해안도시들이 놀라운 속도로 성장하였다. 그리고 2000년 이후부터는 내륙도시들도 크게 발전하고 있다.

베이징은 1949년 이후 수차례에 걸쳐 도시계획을 수립하였다. 1992년에는 1990년 이후부터 개혁 · 개방이 심화되면서 대두된 시대적 요구에 부응하기 위하여 「베이징성시총체규획(1991~2010)」을 수립하였는데, 이 계획에서는 집단분산식의 도시개발과 도시녹화를 강조하였다. 그리고 2005년 수립된 도시계획에서는 도시의 역사문화를 존중하고 자원절약형 · 생태보호형 사회 건설을 강조하고 있다.

한편, 상하이는 개항(1842) 이후 조계(租界)를 기반으로 하여 상업적 도시로 발전하였다. 1980년대 이후 상하이 도시계획에서는 상하이를 국제경제 · 금융 · 무역 · 항공 · 교통중심으로 건설하는 것을 목표로 하였고, 이에 따라 푸동(浦東)지구가 개발되었다. 1990년대 말에 수립된 상하이총체규획에는 기존 도심에 대규모 공공녹지를 조성하고 구시가지를 재개발하는 내용을 포함하고 있다.

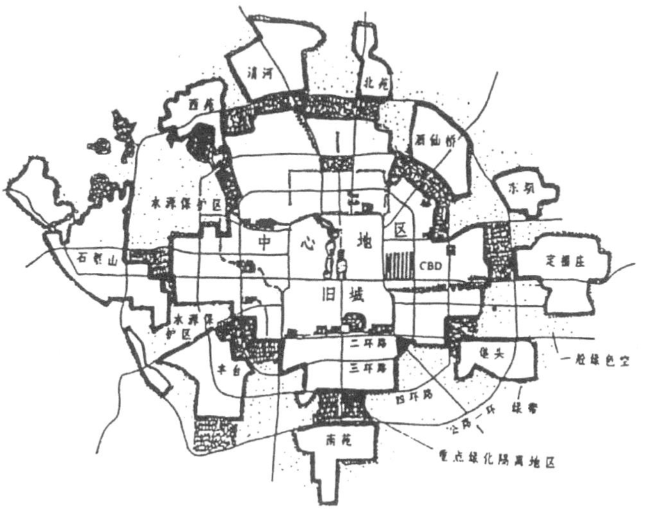

그림 2-20 베이징성시총체규획(1991~2010)

2. 일본

일본은 메이지유신(1868)에 따라 서구의 새로운 문화와 기술을 도입하여 아시아에서는 유일하게 근대 자본주의 국가로 급성장하였고, 국위를 해외에 선양하기 위하여 급속히 건설된 도시가 바로 새로운 수도 도쿄이다.

1888년에는 근세 죠가마치로 발달해 온 도쿄를 근대도시로 만들기 위하여 최초의 도시계획제도인 도쿄시구개정조례(東京市區改正條例)를 제정하였다. 1919년에는 도시계획법을 제정하여 토지구획정리와 토지수용을 시행하였고, 규제적 측면에서는 주거 · 상업 · 공업 3종류의 지역제와 풍치 · 방화 · 미관 등 지구제가 신설되었다.

일본은 제2차 세계대전에서 패망함에 따라 200여 개의 도시가 전쟁피해를 입었지만, 고도성장기(1955~1970)를 거치면서 본격적인 도시화가 진행됨에 따라 도쿄 · 오사카 · 나고야를 중심으로 인구와 산업기능이 집중하여 거대도시권이 형성되었다. 이에 따라 1960년대 초부터는 대도시의 인구분산을 위하여 도쿄 근교에 다마(多摩)와 지바(千葉), 오사카에 센리(千里), 나고야에 고조지(高藏寺) 뉴타운이 새로운 도시계획 개념에 의해 건설되었다.

또한 1965년에는 도쿄의 교육연구기관의 계획적 이전을 위하여 도쿄의 북쪽 약 60km에 계획인구 22만의 쓰쿠바(筑波)연구학원도시가 계획되었다. 1967년에는 고베에 항만시설의 확충과 도시산업구조의 다원화를 위해 바다를 매립하여 계획면적 436ha의 해상도시 포트아일랜드(Port Island)를 착공하였으며, 곧이어서 로코(六甲) 아일랜드 해상도시도 건설되었다.

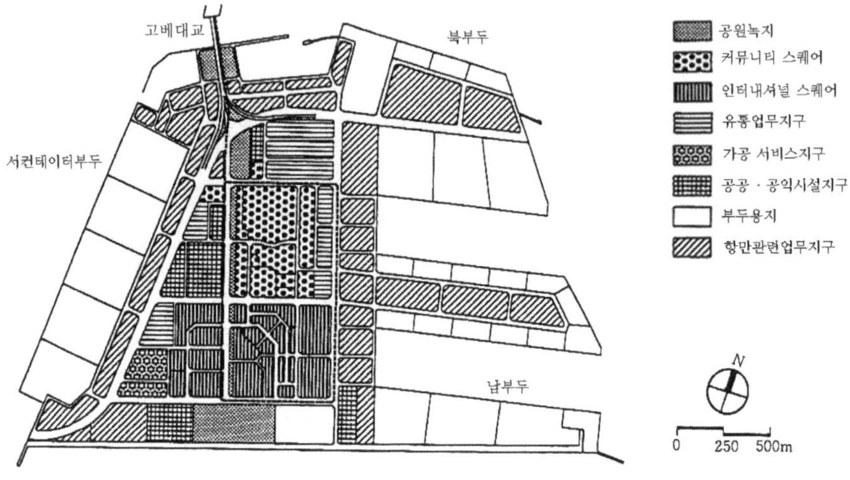

(출처 : 김철수, 도시공간계획사, 기문당, 2016 : 215)

그림 2-21 해상도시 포트 아일랜드 기본계획(1967)

3. 동남아 도시

(1) 도시의 성립과 발달과정

동남아지역의 도시는 오랜 역사를 지닌 종교적 · 정치적 기능을 가진 내륙도시와 18세기 이후 유럽 열강의 동양 진출에 따라 건설된 상업적 기능을 가진 해안도시로 구분된다. 대표적인 해안도시로는 필리핀의 마닐라, 베트남의 사이공, 홍콩, 싱가포르 등을 들 수 있다.

그런데 동남아 도시들의 성립과 발전이 도시 자체의 내부적 요인에 의해 이루어진 것이 아니라 외부의 힘에 의해 타율적으로 이루어졌기 때문에 매우 다양한 인종 · 문화 · 제도 등이 복합되어 있다. 이러한 사회경제적 복합성으로 인해 도시의 공간구조도 서양인지구 · 중국인지구 · 원주민지구 등으로 구분되는 식민도시(colonial city)의 특징을 보여주고 있다.

(2) 동남아 도시의 역사적 교훈

동남아 도시는 생성부터 타율적 요인에 의하여 이루어졌다. 따라서 도시의 사회경제구조는 물론 공간구조적으로도 매우 혼합되어 있으며, 이러한 역사적 배경 때문에 도시민들의 도시건설 및 관리에 관한 무관심의 전통은 오늘날까지 계속되어 오고 있는바, 여기에서 우리는 다음과 같은 역사적 교훈을 얻을 수 있다.

첫째, 현지의 자연 · 인문환경적 조건이나 가치관을 소홀히 하고 다른 도시를 그대로 모방하여 만든 도시는 결국 실패하기 쉽다는 것이다. 둘째, 사회경제구조에 의하여 도시의 공간구조가 한번 형성되어 버리면 그것은 역사적 관성(historical inertia)을 가진 채 계속해서 도시발전에 영향을 미치므로 도시계획은 장기적인 안목에서 이루어져야 한다. 끝으로는 도시개발에 관한 주민 참여의식을 높여 나아가야 한다. 동남아지역 도시에서의 중국인 중산계층처럼 도시건설에 대한 의욕 없이 상업적 이익만 추구한다면 발전적인 도시사회 건설은 기대할 수 없다는 것이다.

2.4 한국의 도시계획

2.4.1 삼국 · 통일신라시대

1. 고대도시의 성립

우리나라에서는 청동기시대로 접어들자 점차 사회계층이 형성되었고, 정치적 지배자들은 나지막한 구릉 위에 토성을 쌓고 살면서 성 밖의 농민을 지배하기 시작하였는데, 이러한 지배자를 중심으로 이루어진 성읍국가를 도시의 발생이라 볼 수 있다. 대표적인 성읍국가는 B.C. 2세기까지 관서지방과 요동반도에 이르기까지 지배권을 가지고 있던 고조선으로, 수도인 왕검성(王儉城)은 오늘날 평양 부근이라고 추정된다.

지금까지 발견된 최초 성곽의 유적으로는 백제 초기의 도성이었던 것으로 전해지고 있는 한강변에 위치한 풍납동의 토성지인데, 토성의 규모와 내부의 공간구조는 분명하지 않다.

2. 삼국시대

고구려 · 백제 · 신라 삼국은 5세기를 전후하여 수도와 지방행정중심지를 방어하기 위하여 성곽을 둘러싸고 군대가 주둔하게 됨에 따라 정치 및 군사적 기능을 가진 명실상부한 도시가 형성되기 시작하였는 바, 삼국시대의 도시발달 특징은 다음과 같다. 먼저 고구려는 북방으로부터의 외적 침입을 고려하여 도읍을 산 위에 정하였다. 제2대 유리왕 22년(A.D. 3)에는 국내성으로 천도하였다. 양원왕은 지금의 평양 일대에 장안성을 건설하였는데, 이곳에서는 격자형으로 시가지를 구획하는 기자정전법(箕子井田法)이 처음으로 사용되었다.

백제는 한산성(광주) · 웅진성(공주) · 사비성(부여)의 세 수도가 있었다. 성왕 16년(538)에 축성된 사비성에서는 중국의 축성법을 응용 · 발전시킨 정연한 도성제가 확립되어 부소산 위에 왕궁을 둘러싸는 토성을 쌓고 외곽으로 반월(半月) 모양의 외성을 축조하였다.

신라의 왕궁은 파사왕 22년(101)에 경주 남천의 연안에 있는 월성(月城)을 축조하였다. 이 도성을 중심으로 넓은 평야의 각처에 수많은 궁전과 관아, 귀족들의 저택, 그리고 분황사와 황룡사 등 웅장한 대사찰과 불탑들이 찬란한 신라문화를 장식하였다.

3. 통일신라 · 풍수지리

통일신라시대에는 삼국이 서로 대립했던 때와는 달리 대외적으로 우호관계를 맺고 대내적으로는 국력신장의 안정기를 맞이함에 따라 정치 · 경제 · 문화적으로 융성했다. 또 국토개편에 따라 충주 · 청주 · 남원 · 원주 · 김해 등 소위 5소경제(五少京制)를 설치함에 따라 지방도시가 발전하였고, 특히 국경지대에 군사 및 지방행정의 거점으로서 읍성을 축조하였다. 신라 건국 이후로 약 1000년 동안 수도였던 경주는 전성기(855~875)에 인구가 약 100만 명(179,000호)으로 당시로서는 세계적인 대도시였을 것으로 평가되고 있다.

고대 중국인의 세계관에 의하면 우주는 음(땅)과 양(하늘)으로 구성되고 이들의 상호작용에 의하여 오행요소(목 · 화 · 토 · 금 · 수)로 나누어진다. 음양오행(陰陽五行)사상에 근거하고 있는 풍수지리는 통일신라의 도선(道詵)에 의해 고대 중국으로부터 도입되어 크게 성행하였고, 조선시대를 거쳐 오늘날까지도 우리나라의 사회 · 문화 등에 많은 영향을 미치고 있다.

풍수(風水)의 기본요소는 산 · 수 · 방위의 3가지이다. 여기에서 산 · 수가 도읍 · 궁택 · 능묘 등의 입지 선정의 원리였다면, 방위 개념은 주택 · 취락 · 도성에 있어서의 입구와 통로 및 주요시설 배치와 같은 공간구성의 기본원리로 이용되었다. 풍수는 고려시대의 개성과 조선시대의 한양 등 주요 도시들의 입지 선정 및 왕궁 · 종묘 · 사직 등의 주요시설 배치에 잘 나타나고 있다.

표 2-2 오행요소의 자연현상과 방위

구분	색	동물	방위	계절	인생	기타
목	청	용(어류)	동	춘	소년기	해뜨는 방향, 희망
화	적(주)	작(조류)	남	하	청년기	태양
토	황	황룡(인간)	중앙	사계절	-	장수, 행복
금	백	호	서	추	장년기	무기, 전쟁, 기억, 추수
수	흑(현)	무(파충류)	북	동	노년기	어둠, 절망

(출처 : 김철수, 도시공간계획사, 기문당, 2016 : 150)

2.4.2 고려시대

고려시대의 수도 개경(開京)은 예성강 하류에 위치하였기 때문에 수륙교통이 편리하였고, 북에 송악산을 등지고 삼면이 구릉으로 둘러싸여 있었으며, 남에는 넓은 평야가 펼쳐져 있어 풍수에 의해 지덕(地德)이 왕성한 곳으로 평가되었다. 개경은 현종 20년(1029)에 완성되었는데 내성과 외성에 총 22개의 성문이 있었다. 전성기에는 인구 50만 명 이상의 대도시로 성장하였으나, 시가지 형태는 부정형했고 관아·민가가 매우 조밀하게 혼합되어 있었던 것으로 전해지고 있다.

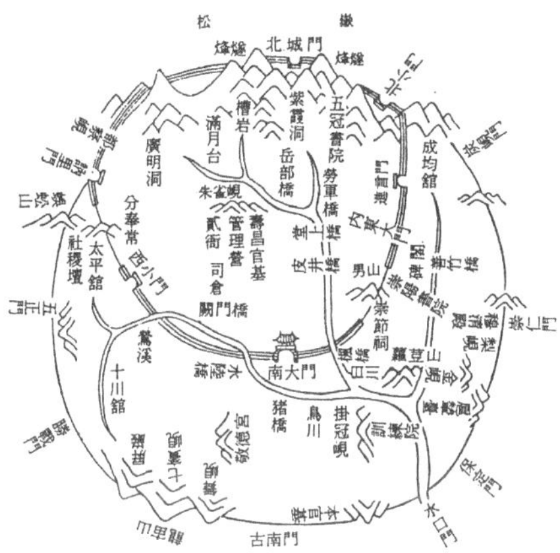

그림 2-22 고려시대의 개경

2.4.3 조선시대

1. 조선 전기

조선시대의 수도 한성(漢城)의 입지는 동서남북 4면의 연산(백악·낙산·인왕·남산)들에 의하여 둘러싸여 있어서 방어상으로 유리할 뿐만 아니라 중앙에는 청계천이, 남쪽에는 한강이 흘러 산수가 수려하였기 때문에 풍수설에서 말하는 장풍득수 산하금대(藏風得水 山河襟帶)의 좋은 지형조건을 갖추었다.

한성은 둘레 9,975보(약 16km)의 원형에 가까운 성곽을 쌓았으며, 성의 안팎을 연결하는 출입문으로서 4대문과 4소문을 세웠다. 주요 시설들은 아름다운 자연지세를 배경으로 궁궐과 관아를 중심으로 배치되었다. 즉, 백악산 앞의 명당 입지에 경복궁과 창덕궁을 배치하고, '좌묘우사 전조후시'라는 중국 전통의 도성제에 따라 왕궁의 동서에 종묘와 사직을 배치하였다.

도성의 내부는 5부 · 52방으로 구분하였는데, 주거지는 종로를 기준으로 북(북촌)에는 관리와 양반들이, 청계천의 이남(남촌)에는 양민들이 거주하였다. 상가는 중앙의 육의전(현 종로1가 보신각 일대)을 중심으로 하여 동으로는 종로 3가, 남으로는 광교, 북으로는 안국동까지 형성되었다. 태종 6년(1412)에는 주요 간선도로를 정비하고 청계천을 개수하여 하수도로 이용하였다. 그러나 도로폭은 대로 56척(16.8m) · 중로 16척(4.8m) · 소로 11척(3.3m)으로서 협소하였고 체계성도 결여되었다.

2. 조선 후기

17~18세기부터는 종래의 관청공장 중심의 수공업체제가 붕괴되고 독립적 · 경쟁적 개인공장들이 많이 등장하였다. 이에 따라 상업인구의 대폭적 증가를 가져왔고, 일부 상인들은 양반으로 신분이 상승되기도 하였는데, 이러한 사회적 변화는 도시성장과 기능에 커다란 영향을 미치게 되었다. 한성의 인구는 세종 10년(1428)에 10만 정도였으나 17세기 후반에는 인구 20만에 육박하는 대도시로 성장하였다.

정조 20년(1796)에는 실학자들의 사상을 참고하여 화성(華城)의 축조를 완성하였는데, 화성은 성곽의 둘레가 4,600보, 높이는 20척이었으며, 북쪽의 장안문과 남쪽의 팔달문을 비롯한 4개의 대문과 4개의 소문이 있었다. 특히 화성은 유네스코세계문화

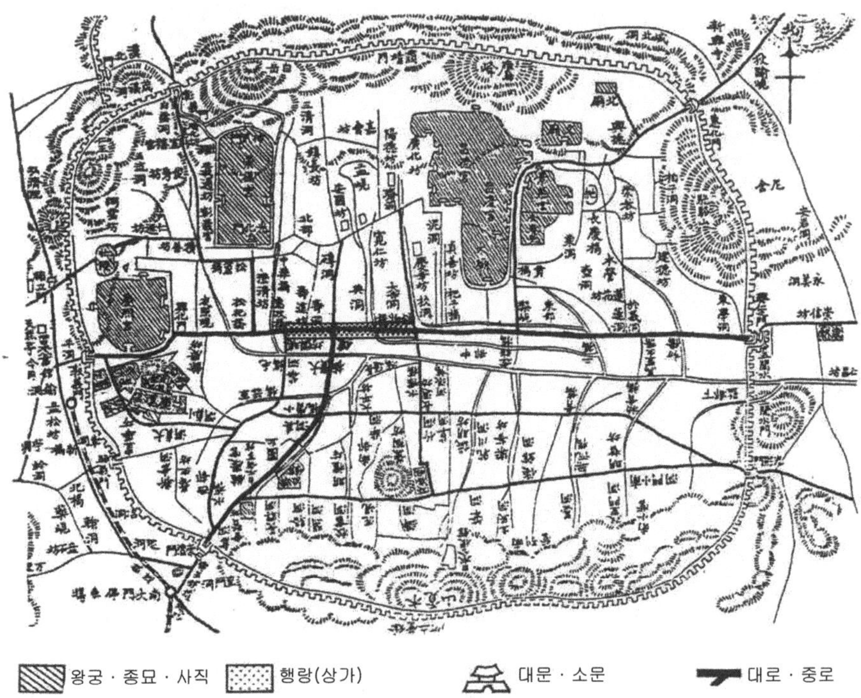

그림 2-23 조선 말기의 한성

유산으로 지정될 만큼 훌륭한 작품일 뿐만 아니라 입지 선정에서부터 도시설계에 이르기까지 계획적으로 건설된 신도시라는 점에서 우리나라의 도시계획사적으로 의의가 매우 크다.

3. 개항기의 도시변용

개항기(1876~1910)에는 일본인들의 개항장이었던 부산 · 인천 · 마산 · 목포 · 군산 · 진남포 · 신의주 · 원산 · 청진 등 해안도시들이 급성장을 보였다. 도시의 성벽들이 도시발전에 장애가 된다는 이유로 무차별하게 제거되고 가로가 정비됨에 따라 폐쇄형 도시에서 개방형 도시로 변화된 것도 바로 이 시기였다.

또한 근대적인 외국의 제도와 문명이 도입되었다. 1899년에는 서울에 전차가 다녔으며, 이어서 학교가 설립되고 법원 · 경찰서 · 우체국 등 공공시설이 설치되었다. 특히 2005년에는 경부선 철도가 개설됨에 따라 경기도 · 충청도 · 경상도 지방의 발전이 가속화되었다. 이러한 사회변화 과정에서 내륙의 지방도시들은 쇠퇴의 길을 걸은 반면, 통상무역이 활발히 전개된 해안도시들은 크게 발전하기 시작하였다.

2.4.4 일제강점기

한일합방(1910)에 따라 조선총독부가 설치되고 항만과 철도가 건설되었으며, 도시가 크게 성장하였다. 이 시대에 발전된 도시들은 서울 · 평양 · 대구 · 전주 등 식민통치를 위한 행정도시, 부산 · 인천 · 목포 · 마산 · 진해 · 원산 등 군사 및 무역을 위한 해안도시, 신의주 · 흥남 · 청진 등 지하자원이 풍부한 북부 국경지대와 철도 연변에 건설된 신흥공업도시 등 크게 3가지 유형으로 구분된다.

1934년에는 우리나라 최초의 도시계획법이라고 볼 수 있는 조선시가지계획령이 제정되었다. 이 법이 처음으로 적용된 도시는 나진이었고, 경성을 비롯한 주요 지방도시들은 이보다 2년 후인 1936년부터 1938년 사이에 수립되었다. 당시의 도시계획 결정사항은 주로 가로계획과 토지구획정리사업이었고 경성 · 인천 · 대구 등 대도시에서는 용도지역과 일단의 주택지경영지구 및 일단의 공업용지조성지구 등 신시가지 조성계획이 포함되어 있었다.

한편 시가지 정비 · 개발사업을 보면, 1912년 조선총독부의 훈령에 의한 시구개정(市區改正)이 시행됨에 따라 서울을 비롯한 대구 · 부산 · 평양 등 지방도시의 주요 가로망 정비사업이 이루어졌고, 1930년대에는 신시가지 개발수법으로 토지구획정리사업이 진행되었다.

그림 2-24 일제시대의 경성도시계획(1934)

2.4.5 광복 이후

1945년의 광복과 1950년의 6 · 25동란은 우리나라 도시화 과정에 일대변혁을 일으켰다. 해방 후 귀환동포와 북한의 피난민들은 대도시 위주로 정착하였고, 이러한 도시성장은 경제기반의 취약, 생산체제의 전근대성, 기업규모의 영세성, 실업자의 증가로 인해 경제 · 사회질서의 혼란을 더욱 가중시켰으며, 피난민에 의한 무허가주택지가 형성되어 도시환경이 극히 악화되었다.

1950년대 후반기 우리나라의 도시화는 생산 없이 해외 원조물자의 판매와 소비를 통한 3차산업에의 과잉종사를 가져오게 되어 결국 고용기회를 상회하는 과도한 인구집중, 이른바 가도시화(pseudo urbanization)현상을 나타냈다. 그러나 급증하는 인구를 적절히 수용할 수 없게 됨에 따라 대도시의 도심 인접지역은 슬럼지구가 형성되고 외곽지대는 무질서한 확산(sprawl)을 초래하였음에도 불구하고 근대적인 도시계획제도는 아직 없었다.

2.4.6 1960년대 이후

1. 도시화 추세

우리나라에서는 5 · 16혁명 이후 공업화정책이 추진되면서 도시화 추세가 가속화되기 시작하여 1960년에 36.0%이던 도시화율이 1980년에는 69.4%로 증가하였고, 2000년에는 87.8%, 그리고 2010년에는 90.6%로 증가하여 세계적으로도 유래가 드문 급속한 도시화 추세를 나타냈다.

표 2-3 우리나라의 도시화 추세(1960~2010)

구 분	1960	1970	1980	1990	2000	2010
전국인구(천인)	21,989	31,435	37,436	43,411	46,136	48,580
도시인구(천인)	8,990	15,779	25,974	35,912	40,511	44,023
도시화율(%)	36.0	50.1	69.4	82.7	87.8	90.6

* 인구 2만 명 이상의 도시인구(출처 : 통계청)

이러한 급격한 도시화 과정에서 주택문제 · 교통문제 · 환경문제 등의 도시문제가 심각하게 대두되었다. 특히 수도권은 전국인구의 49.1%가 집중하게 됨에 따라 주택이 절대적으로 부족하였으며, 과밀과 혼잡에 따른 수질오염 · 대기오염 등 각종 환경오염이 발생하게 되었다.

2. 도시계획제도의 변천

1960년대는 새로운 법제의 도입기로서 도시의 주택 · 교통문제 및 기반시설의 미비 등 과밀화에 따른 도시문제에 대응하기 위하여 1962년에는 건축법과 도시계획법이 분리 · 제정되었다. 당시의 도시계획법에서는 용도지역을 주거 · 상업 · 공업 · 녹지의 4종으로 구분되었고, 용도지구제도 도입되었다.

1970년대에는 대도시의 급속한 성장에 대응하기 위하여 1971년에는 도시계획법을 전면 개정하게 되었는데, 구역제가 신설됨에 따라 외곽지대의 무질서한 확산을 방지하기 위하여 개발제한구역(greenbelt)이 도입되었다. 그리고 도심부의 노후화를 방지하고 외곽지대의 불량주택을 정비하기 위하여 「도시재개발법(1976)」을 제정하였으며, 이외에도 「도시공원법」 · 「토지구획정리사업법」 등 많은 도시계획 관련 법제가 마련되었다.

1981년에 이루어진 도시계획법의 전면 개정에서는 계획체계를 확립하기 위하여 도시계획을 도시발전의 장기적 지침인 도시기본계획, 이의 집행적 성격을 갖는 도시계획(도시계획재정비), 그리고 보다 구체적인 도시계획시설 설치를 보장하기 위한 연차별 집행계획의 3단계로 구분하였다.

1991년에는 광역적 시설의 효율적인 설치 · 관리를 위하여 광역계획구역이 신설되었고, 토지이용의 입체적 관리 및 도시미관 증진을 위하여 상세계획구역이 도입되었다. 2000년에는 도시계획법의 전면 개편으로 주거지역이 세분되고, 건축법에 의한 도시설계와 상세계획이 지구단위계획으로 통합되었다.

2002년에는 「국토의 계획 및 이용에 관한 법률」이 제정되었는데, 새 법률에서는 '선계획 후개발' 개념을 적용하여 국토의 난개발을 방지하고 개발과 보존의 조화를 유도하기 위하여 토지적성평가제 및 개발행위허가제를 도입하였다. 그리고 뒤이어서 기존 시가지의 체계적 정비를 위하여 「도시주거환경정비법(2003)」, 「도시재정비 촉진을 위한 특별법(2006)」, 「경관법(2007)」, 「도시재생활성화 및 지원에 관한 특별법(2013)」 등이 제정되었다.

3. 신도시 개발

우리나라에서 현대적 개념에서 신도시가 건설되기 시작한 것은 1960년 이후인데, 지금까지 건설된 신도시는 도시개발의 정책적 배경과 목적에 따라 다음 3가지 유형으로 구분된다.

첫째는 1970년대에 산업개발 목적으로 건설된 신공업도시로 울산 · 반월(안산) · 창원 · 여천 등을 들 수 있다. 둘째는 1980년대에 서울의 중앙행정기관의 지방이전을 위해 건설된 행정도시로 과천 · 대전 둔산 · 행정중심복합도시(세종시)가 이에 해당된다. 셋째는 1980년대 말 이후 서울의 인구분산을 목적으로 건설된 이른바 수도권 신도시(bed town)이다. 제1기는 분당 · 일산 · 평촌 등 5개 신도시로 서울 도심으로부터 약 20km권에 위치하며, 제2기는 1990년대에 계획된 성남 판교 · 화성 동탄 · 인천 검단 등 10개 신도시로 개발제한구역 밖의 서울 반경 20~60km권에 배치되었다.

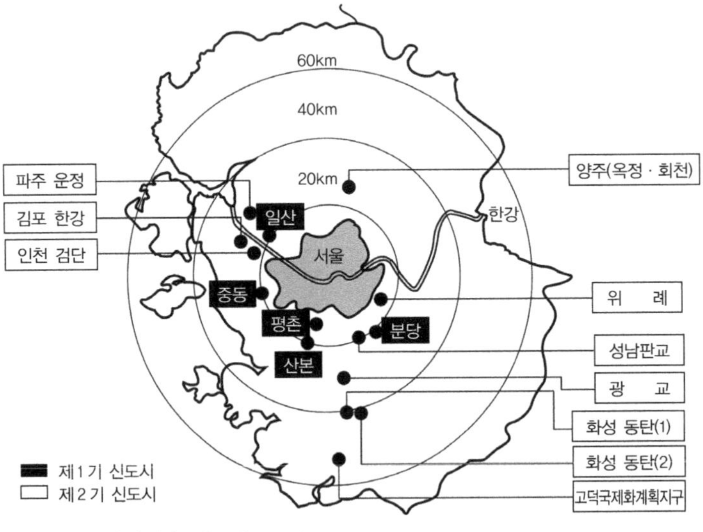

(출처 : 김철수, 도시공간계획사, 기문당, 2016 : 124)

그림 2-25 수도권 신도시 계획

4. 도시재개발과 도시재생

1970년 이후 기존 도심 및 불량주택지 재개발사업의 필요성이 대두되고, 1990년대부터는 대도시에 재개발이 추진되었다. 그러나 2000년 이전에 추진된 재개발사업은 소규모 · 고밀도에 철거방식으로 이루어졌기 때문에 실제로는 도시환경의 개선효과가 크지 않았으며, 중산층이 유입되고 기존 저소득층 주민들이 살던 지역에서 쫓겨나는 이른바 젠트리피케이션(gentrification) 현상이 발생하였다.

이에 따라 2010년 이후부터는 단순히 노후된 건물과 기반시설을 개선하는 도시재개발방식에서 도시경쟁력을 향상시키기 위하여 새로운 도시기능을 유치하고 경제 · 사회 · 문화 · 환경개선을 통해 도시의 활력을 증진하는 도시재생(urban regeneration) 방식으로 전환되었다.

2.5 현대 도시계획의 역사적 전개

2.5.1 도시에 대한 인식 변천

헌장(憲章)이란 한 사회나 집단이 지향해야 하는 가치 또는 규범으로서의 기본적인 준칙을 일컫는다. 헌장은 법률과 달라서 구속력을 갖지는 않지만 적어도 윤리적 차원에서 지켜야 할 의무는 크기 때문에 오히려 법률보다도 강한 사회적 호소력을 갖는 경우가 많다. 20세기 이후에 발표된 아테네헌장(1933) · 마추픽추헌장(1977) · 메가리드헌장(1994) · 뉴어바니즘헌장(2000) 등 도시계획헌장에 의하면 각 시대적 상황에 따라 도시에 대한 인식이 역사적으로 변해왔음을 알 수 있다.

먼저 자연 · 환경에 대하여 20세기 초에는 원론적 중요성을 언급하고 도시를 지역의 일부로 간주하였다. 그러나 20세기 중반에는 환경오염 · 식량 · 에너지 차원에서의 환경문제를 언급하였으며, 20세기 말에는 자연과 인간의 균형을 강조하면서 특히 자연과 농지의 중요성을 강조하였다. 또한 도시의 역사문화에 대한 인식도 가치 있는 역사적 건축물 보존이라는 소극적 자세에서 역사적 건축물이 도시공간의 진화를 증언하는 중요한 요소로 인식하기에 이르렀다.

그리고 도시와 주변지역 간의 관계를 보면 20세기 초에는 도시를 지역의 일부로 간주하였으나, 중반 이후부터는 도시와 주변 및 도시와 도시 간의 균형적 발전을 촉구하였고, 대도시권에 있어서의 경제적 관련성과 외곽 경계지역의 농토와 야생지의 중요성을 강조하였다.

표 2-4 도시에 대한 인식의 변천과정

구 분	아테네헌장 (1933)	마추픽추헌장 (1977)	메가리드헌장 (1994)	뉴아바니즘헌장 (2000)
자연 · 환경	• 원론적 차원에서 물리적 환경의 중요성 언급	• 생태 · 에너지 · 식량위기 경고 • 환경오염대책 촉구	• 자연과 인간의 균형을 인류존속 · 진보의 전제로 인식	• 농토와 야생지의 중요성 언급 • 일관성 있는 오픈스페이스 보전
역사 · 문화	• 가치 있는 건축물 보전의 필요성과 방법 제시	• 보전 · 보호대상을 문화적 측면으로 확대	• 도시는 역사와 문화를 창출 • 팽창문화에서 복구문화로 대체	• 역사적 건물은 도시사회의 연속성과 진화를 증언하는 요소
도시와 지역의 관계	• 도시를 지역의 일부로 간주 • 도 · 농통합계획 수립 촉구	• 도시와 주변지역의 일체적 계획 · 관리 • 각급 공간계획의 연계 촉구	• 도시와 주변, 도시와 도시간의 동질적 · 균형적 개발 촉구	• 대도시권을 기본경제단위로 간주 • 대도시권 외곽경계의 중요성 강조

(출처 : 최병선, 「20세기의 실험」, 도시문제, 1999년 12월호)

2.5.2 도시계획 이념의 변천

도시의 기능과 형태의 변화과정 속에는 반드시 그 시대를 살아온 사람들의 가치관과 이념(ideology) 및 사회윤리가 그대로 담겨져 있다. 여기에서는 근세 르네상스 시대 이후의 사회변화와 기술발전에 따라 변천해 온 도시계획 이념의 역사적 변천과정을 살펴보면 다음과 같다.

첫째, 권위주의 계획(Authoritarian Planning)은 15세기까지 유럽에서 주류를 이루었다. 도시계획의 목적이 지배자의 권력을 상징하는 데 있었기 때문에 도시의 형태가 매우 기하학적이었고, 기념비적인 넓은 광로와 광장 · 정원 · 기념탑 등이 도시공간의 주요 구성요소였다. 파리 근교의 베르사이유 궁전이 그 대표적인 예이다.

둘째, 효용주의 계획(Utilitarian Planning)은 16세기부터 3세기 동안 서양 도시계획의 기본이념이었다. 이 효용주의는 토지가 시장원리에 따라 이용되어 도시의 경제발전에는 기여하였으나, 도시 공간질서의 혼란, 공공용지의 부족, 비위생 등 도시문제를 야기하였으며, 이러한 문제 해결을 위해 이른바 지역제(zoning)가 제정되었다.

셋째, 낭만주의 계획(Romantic Planning)은 이전의 권위주의와 효용주의의 결점을 보완하여 도시를 자연적이고 인간적인 정주환경으로 만들자는 것이었다. 도시에서 맑은 공기, 충분한 광장, 여유있는 자연공간을 강조하였으며, 도시계획에 슈퍼 블록과 쿨데삭(cul-de-sac) 기법을 도입하는 계기가 되었다.

넷째, 이상주의 계획(utopian Planning)은 토머스 모어(Thomas More)의 전통적 유토피아 사상에서 출발하였으며, 도시계획에서 근린주구, 개인의 기호, 도시 주변의 녹지대, 현실적 도시문제 해결을 위한 사회개혁을 시도하였다. 이는 나중에 하워드의 전원도시(Garden City) 개념으로 발전되었다.

다섯째, 기술지향주의 계획(Technocratic Planning)은 주로 1960년대에 영국의 건축가들이 제안하였는데, 도시를 하나의 기계조직으로 보고 토지수요를 입체화하여 시가지의 평면적 확산을 해결하고, 공급처리시설의 기계화 · 자동화를 통하여 시간적, 공간적 제약을 해소하려는 개념이다. 그러나 기술지향주의는 인간성 배제라는 이유로 계획가들의 비판을 받고 있다. 피터 쿡(P. Cook)의 Plug-in-City가 그 대표적인 예이다.

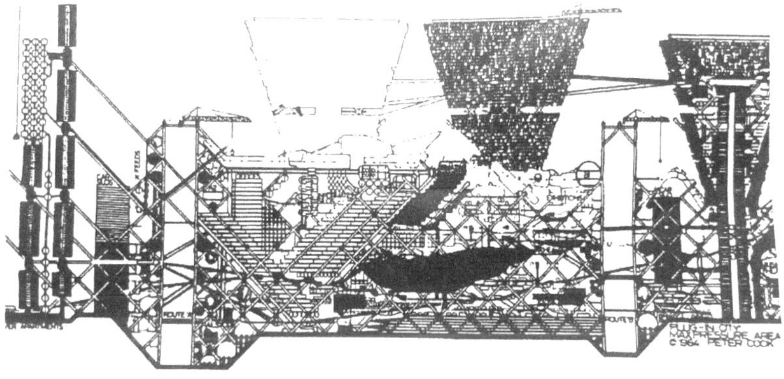

그림 2-26 피터 쿡의 Plug-in-City

여섯째, 유기적 계획(Organic Planning)은 20세기 초 영국의 게데스(P. Geddes)가 처음 사용하였다. 이것은 도시계획을 수립할 때 과거의 풍부한 자료와 사회학적 지식을 활용해야 하며, 특히 도시의 새로운 성장 · 변화에 탄력성 있게 대처할 수 있어야 한다는 것을 강조하고 있다.

일곱째, 참여주의 또는 옹호주의 계획(Advocacy Planning)이다. 이는 1960년대에 미국의 다비도프(P. Davidoff)가 주장하였는데, 도시계획의 수립 및 결정과정에서 실수요자인 시민들에게 최대한의 참여와 선택의 기회를 줌으로써 궁극적으로 사회적 평등을 이루고 현실적 도시문제도 쉽게 해결할 수 있다는 것이다.

끝으로, 생태적 계획(Ecological Planning)이다. 이것은 1980년대 이후 세계적으로 보편화된 개념으로, 저하된 도시환경의 질을 높여 쾌적한 생활환경을 보장하고 나아가 도시가 자연 및 사회와 공생적으로 발전해야 한다는 '생태적으로 건전하고 지속가능한 개발(ESSD)'의 이념을 담고 있다. 생태적 계획의 기본철학은 자연성과 인간성 회복에 있으며, 모든 계획활동은 생태계 법칙에 적합해야 한다는 것이다.

2.5.3 도시계획 패러다임의 전환

도시계획은 누가, 무엇을 위하여, 어떤 목적으로 도시를 계획하였는가에 따라 그 대상 · 목표 · 접근방법 등이 큰 차이를 보이게 되는 바, 20세기의 산업화 · 도시화 · 민주화 과정을 거치면서 21세기 이후에 나타난 몇 가지 두드러진 도시계획 패러다임의 특징을 살펴 보면 다음과 같다.

첫째는 물적 계획에서 종합계획(comprehensive planning)으로의 전환이다. 이전의 도시계획은 주로 건축 · 토목설계적인 관점에서 건축물 · 도로 · 상하수도 등 물적 기반시설을 갖추는 것이었다면, 오늘날의 도시계획은 인구 · 경제 · 사회 · 문화 등 비물적 분야를 포함하는 종합계획이자 정책계획으로 전환되었다.

둘째는 이상적 도시계획에서 실천적 도시계획으로의 전환이다. 도시계획의 유형은 법적 구속력의 유무에 따라 크게 바람직한 도시환경에 대한 자유스러운 발상에 따른 제안으로서의 이상적(ideal) 도시계획과 법률 또는 제도로서의 행정적 도시계획으로 구분된다. 역사적으로 볼 때 이 두 가지는 서로 영향을 미치면서 각각 독자적으로 전개되어 왔다. 결국 도시계획은 공적 이익과 사적 이익을 조정해 가면서 법률과 제도에 의해 계획의 실현성을 높이는 것이 중요해졌다.

셋째는 개발지향 도시계획에서 성장관리 도시계획으로의 전환이다. 자동차 이용이 일반화되기 시작하면서 도시활동 범위가 확대되고 도시 외곽지대의 자연훼손이 심각해지게 됨에 따라 도시의 광역화에 대응한 체계적인 성장관리(growth management)가 새로운 도시계획 패러다임으로 확실히 자리잡게 되었다.

넷째는 도시환경 목표의 편리성 위주에서 쾌적성(amenity) 위주로의 전환이다. 어떻게 지역이 지니고 있는 자연경관을 최대한 보전하고 자연자원을 잠식 · 파괴하지 않으면서 아름답고 생태적인 생활환경을 창출할 것인가 하는 문제는 오늘날 수준 높은 도시계획을 위한 가장 핵심적인 과제로 떠올랐다.

끝으로, 도시계획의 민주화와 개성화를 들 수 있다. 현대도시는 다수의 다양한 개인 · 기업 · 단체 등으로 이루어진 사회이며, 다수의 다양한 행동주체들은 각각의 행동양식을 갖고 있기 때문에 이들의 적절한 조절은 도시계획 실현의 관건이 된다. 따라서 최근에는 도시계획 수립과 시행과정에 있어서 지역주민과 시민사회의 참여가 매우 중요시되고 있을 뿐만 아니라 계획의 내용에 있어서도 각 도시의 자연 · 역사 · 전통문화 등을 살리기 위한 지역특성(local identity)을 강조하고 있다.

PART 03 계획이론 · 도시계획

3.1 계획의 개념과 역할

3.1.1 계획의 개념과 유형

1. 계획의 개념과 의의

계획(planning)은 계획의 대상, 계획을 수립하는 주체, 그리고 계획에 따라 영향을 받는 대상 등에 따라 다양한 개념을 가지게 된다. 드로어(Y. Dror)는 "계획이란 보다 나은 수단으로 목표를 달성하기 위하여 장래의 행동에 대한 일련의 결정을 준비하는 과정이다"라고 정의하였다. 그런데 이 목표는 반드시 미래를 향해 있고, 미래는 어느 정도 불확실하기 때문에 모든 계획은 사실상 이상적(ideal) 사고와 관련되어 있다고 할 수 있다.

계획의 기본철학은 첫째, 미래지향성(future oriented)이다. 장래에 일어날 사태를 미리 예측하여 그 대응책을 마련해 둠으로써 임기응변에 의한 시행착오를 방지할 수 있다. 둘째, 합리성(rationality)을 추구한다. 목적을 달성하는데 가능한 한 최적의 수단과 방법을 모색하여 보유하고 있는 자원을 가장 효율적으로 활용하려는 활동이다. 셋째, 통제성(control)을 가진다. 계획은 바람직한 미래를 실현하는 데 목적이 있으므로 기존의 추세에 어떤 형태로든 수정과 통제를 가하여 미래의 모습을 인위적으로 바꾸어 보려는 데 그 의의가 있다.

계획의 개념은 과정 또는 결과의 두 가지 의미로 사용된다. 전자의 계획(planning)은 일정한 과정을 거쳐 계획안을 생산해 내는 계획활동 또는 과정을 의미하며, 후자의 계획(plan)은 추구하는 목표와 목표의 실현을 위해 산출된 설계도면이나 수단 등의 내용을 포함하는 문서화된 행위지침을 의미한다.

2. 계획의 유형

계획은 공공계획의 성질에 따라 더 크게 사회계획(social planning)과 공간계획(spatial planning)으로 구분된다. 사회계획은 정치 · 경제 · 사회 · 문화 등 인문사회과학 분야를 총괄적으로 의미하는 것으로서, 개인의 문제보다는 집단의 이해관계, 즉 공공의 이익을 다루는 계획 분야라고 할 수 있다. 이에 비해 공간계획은 인간의 활동패턴과 그 활동을 수용하는 기능공간과의 조화를 마련해 주기 위한 공학 · 기술 분야라고 할 수 있다. 또한 사회계획을 인간의 가치체계와 문화발전을 추구하는 비물적 계획(non-physical planning)이라고 한다면, 공간계획은 인간생활에 필요한 물질과 시설의 공급을 목적으로 하는 물적 계획(physical planning)이라고 할 수 있다.

한편 프리드먼(J. Friedmann)은 계획의 유형을 쇄신적 계획과 배분적 계획을 구분하여 설명하였다. 배분적 계획은 기존의 제도(사회체제) 속에서 발생하는 갈등의 해소와 조정을 통하여 보다 효율성을 제고하고자 하는 의도가 강한 반면, 쇄신적 계획은 기존 제도의 개선에 의한 새로운 목표달성과 사회체제의 변화에 더 큰 비중을 두고 있다.

3.1.2 계획의 역할과 한계

오늘날 한 국가나 지역의 경제적 · 사회적 발전을 촉진함에 있어서 계획은 가장 효과적이고 필수적인 요건으로 간주되고 있는 바, 특히 제도적 성격을 갖는 지역 및 도시의 개발계획이 갖는 효용, 즉 긍정적인 역할은 다음과 같이 설명되고 있다.

- 정책의 수행과 행정의 안정화
- 한정된 재원의 합리적인 배분
- 변화와 개혁의 촉진
- 정책수립 및 행정의 타당성 · 효율성 제고
- 효과적인 통제 수단

그럼에도 불구하고 실제로 계획을 수립 · 집행하는 데는 공통적으로 다음과 같은 몇 가지 현실적인 제약 요인과 한계에 직면하게 된다.

- 미래 예측의 한계
- 자료 및 정보 부족
- 정치적 인식 및 행정적 지원의 미흡
- 계획가의 능력 부족과 시간 · 비용의 제약

3.1.3 계획의 과정

계획은 좁은 의미로는 현실의 바탕 위에서 바람직한 미래의 목표를 설정하고 이를 실현하기 위한 최선의 방안을 선택하는 일련의 과정이지만, 넓게는 집행과 환류과정을 거치면서 지속적으로 수정 · 보완해 나가는 행위까지를 계획행위의 범주에 포함시키게 된다. 일반적인 계획과정(planning process)과 각 단계에서의 주요내용은 다음과 같다.

계획수립의 첫 번째 단계는 목표 설정이다. 목표설정 단계에서는 계획을 통하여 성취하고자 하는 목표들을 구체적으로 규명하고, 목표들의 중요도에 따라 순서를 정하며 목표들 간에 서로 상충할 수도 있는 목표들 간의 조정을 통해 일관성이 유지되어야 한다.

두 번째 단계는 현황 분석 및 미래 예측이다. 목표가 설정되면 계획을 통하여 통제하고 변화시키고자 하는 시스템의 과거와 현재의 상태를 정보와 자료를 통해 분석하고 미래의 상황을 예측하는 일이 필요하다. 과학적이고 체계적 미래 예측을 위해서는 다양한 통계적 기법이나 여러 형태의 이론들이 이용된다.

세 번째 단계는 대안의 작성 · 평가 및 선택이다. 앞에서 설정된 목표를 달성할 수 있는 대안 가운데 현실성 있는 몇 가지 대안들을 작성하고, 비교 · 평가를 통해 최적안을 선택하게 된다. 대안평가를 위해서는 정량적 · 정성적 평가기준이 마련되어야 한다. 대안의 비교평가에서 가장 흔히 사용되는 평가방법은 비용편익분석과 비용효과분석이다.

마지막 단계는 집행 및 모니터링이다. 대안들에 대한 비교 · 평가를 거쳐 가장 바람직한 대안이 선택되었다면 선택된 대안을 집행할 수 있는 행동을 선택하게 된다. 그러나 이 때 주의할 점은 일단 선택된 행동들이 절대불변의 행동이 아니라는 점이다. 따라서 계획의 결과를 평가하여 환류시켜서 또한 집행과정 자체를 통제하고 수정 · 보완함으로써 우리가 추구하는 목표에 맞도록 미래를 통제하여야 한다.

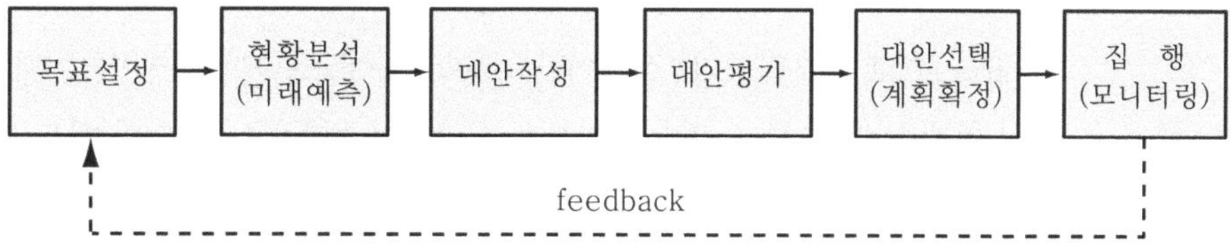

그림 3-1 일반적인 계획수립 과정

3.2 계획이론의 동향

3.2.1 계획이론의 개념

일반적으로 이론(theory)이 어떤 현상에 대한 설명을 제공하기 위한 논리체계라고 한다면, 계획이론(planning theory)은 계획이 보다 과학적 · 효율적으로 사회적 기능을 수행하고 최적의 계획목표를 달성할 수 있도록 계획현상을 설명하고 보다 수준 높은 계획을 실현하기 위한 체계적 방법론을 모색하는 것이라 할 수 있다.

모든 계획행위는 본질적으로 현재의 상태를 변화시킴으로써 보다 나은 미래를 건설하겠다는 의도를 가지고 공공부문이 실시하는 개인의 권리에 대한 간섭이라고 할 수 있다. 그럼에도 불구하고 계획의 가장 중요한 가치로서 인식되어 온 공공이익 보호라는 차원에서 계획의 정당성이 인정된다.

계획이론의 변화는 계획의 사회적 기능을 의미하기도 하는데, 계획이론은 사회적 환경변화와 학문적 사조에 따라 끊임없이 변화해 왔다. 물리적 계획(physical planning)의 전통 아래 발전된 종합적 · 합리적 계획이 계획실행의 결과보다는 가장 합리적인 의사결정 과정을 통하여 최적의 계획안을 제시함으로써 공공정책에서 구체적인 프로그램을 실행할 수 있는 의사결정기준을 제시하는 것을 계획의 중요한 사회적 기능이라고 인식하고 있다. 반면, 다른 계획이론들은 계획실행의 대상이 되는 집단의 구체적인 이익 또는 계획이 실행되는 사회의 정치 · 경제 · 사회적 환경의 조건 하에서 계획의 실행을 통한 사회구조 개선을 유도하는 것을 계획의 사회적 기능이라고 인식하기도 한다(대한국토 · 도시계획학회, 2016:85~86).

3.2.2 계획이론의 분류

계획이론에 관한 가장 기본적인 분류 중 하나는 계획이론이 계획의 실체에 대하여 관심을 가지느냐 혹은 계획의 절차에 대하여 관심을 가지느냐로 구분하는 것이다. 팔루디(A. Faludi)는 계획이론을 실체적 이론(theory in planning)과 절차적 이론(theory of planning)으로 구분하였다. 실체이론(substantive theory)이 경제이론이나 사회이론과 같이 경제 또는 사회의 구조나 현상을 설명하고 예측하는 계획의 현상 및 대상에 관한 이론이라면, 절차이론(procedual theory)은 계획의 대상에 관계없이 계획이 추구하는 목표와 가치에 따라 보다 효율적이고 합리적인 계획을 수립하고 실행하기 위한 계획의 과정 및 접근방법에 관한 일반적이고 공통적인 이론이다.

또한 허드슨(Hudson)은 계획이론의 유형을 계획형태, 접근방법 및 과정 등에 따라 다음 5가지로 분류하고 있다.

① 종합적 계획(synoptic planning) : 계획의 수립과정을 목표설정 · 정책대안설정 · 수단규명 · 결정 및 집행으로 구분하고, 과학적 접근방법의 활용을 강조하는 계획이론(H. Simon)

② 점진적 계획(incremental planning) : 논리적 일관성과 최적대안을 제시하는 것보다는 지속적인 조정 · 적응과정을 중요시하는 계획이론(C. Lindlom)

③ 교류적 계획(transactive planning) : 계획의 집행에 직접적인 영향을 받는 사람들과 서로 교류하면서 계획을 수립해야 한다는 계획이론(J. Friedmann)

④ 옹호적 계획(Advocacy planning) : 공공의 이익을 우선하는 전통을 타파하고 강자에 대하여 사회적 취약계층의 이익을 대변하는 계획이론(P. Davidoff)

⑤ 급진적 계획(radical planning) : 일시적이고 단편적인 문제 해결보다는 사회 · 경제 전반에 대한 근본적인 개혁을 시도하는 계획이론

한편, 프리드만(J. Friedmann)은 계획이론을 사상적 배경과 학문적 성격에 따라 다음 4가지로 분류하였다.

① 사회개혁(social reform) 이론 : 계획을 과학적 지식을 공공적 행위에 적용하는 것으로 보고, 계획을 전문성이 요구되는 책임과 실행이라고 이해하는 이론(Mannheim, Etizioni)

② 정책분석(policy analysis) 이론 : 합리적인 의사결정을 통해 조직의 형태를 변화시키고, 생산성을 향상시킬 수 있다는 계획사상(Simon)

③ 사회학습(Social learning) 이론 : 사회적 경험으로 얻은 이론은 새로운 이론으로 발전하고, 이러한 학습과정을 통해 이론과 실제의 괴리를 극복할 수 있다는 사상(Dewey의 실용주의와 Max의 막시즘 영향)

④ 사회동원(social mobilization) 이론 : 아래로부터의 계획을 통한 직접적인 집단행동을 강조하는 계획사상

3.2.3 계획이론의 변천과 최근 동향

1. 계획이론의 변천

계획이론에 대한 논의는 1950년대부터 시작되었고, 이러한 논의가 학문적 기반을 형성하게 되었는데, 절차적 계획이론의 시대적 흐름과 최근의 동향을 개략적으로 살펴보면 다음과 같다.

현대적 의미의 계획이론의 기원이라고 할 수 있는 합리적 종합계획이론(rational comprehensive planning)은 청사진적 계획(blueprint planning)으로 불리기도 하는데, 이는 1950년대 초 사이먼(H. Simon) 등이 주장하였으며, 의사결정 과정에서 목표-수단의 연결고리(ends-means chain logic)의 필요성을 강조한다. 즉, 합리적 계획모형은 목표의 설정 · 대안의 설정 · 대안의 평가 · 의사결정 · 실행 등의 단계를 거쳐 가능한 최선의 행동을 구체화시키는 것이다. 그러나 계량적 분석이나 체계적 접근방법을 강조하는 이 이론은 정보수집이나 의사결정을 제약하는 여러 요소가 존재하기 때문에 너무 이상주의적인 것으로 간주된다.

1950년대 말 린드블롬(C. Lindblom)은 점진적 계획(incremental planning)을 주장하였다. 이 이론은 합리성과 종합성이 갖는 비현실성을 보완하는 관점에서 종합적인 대안의 설정보다는 현실적으로 가능한 한정된 대안의 검토와 함께 대안의 평가를 위한 결과의 예측에 있어서도 종합적인 결과를 예측하는 것이 아니라 제한된 경우만을 평가하여 부분적으로 실행하면서 지속적인 평가 · 검토를 통하여 부분적으로 목표를 달성해 가야 한다는 것이다. 그러나 이 점진주의도 근본적으로 계획성이 미약하고, 계획의 실행과 결과에 대한 정확한 인과관계를 규명하지 못한다는 비판을 받기도 한다.

1960년대 초 에치오니(A. Etzioni)는 혼합주사(mixed scanning) 접근방법을 제시하였다. 이것은 합리성의 지나친 강조에 따라 현실성이 결여된 합리적 계획모형과 현실상황의 강조로 말미암아 계획성 결여를 초래한 점진주의를 절충하여 계획 체계를 이원화한 제3의 접근방식을 제시한 것이다. 그러나 이 접근방법도 계획의 목적은 문제해결에 있기 때문에 실현성이 결여된다는 비판을 면하지 못하고 있다.

1960년 미국의 다비도프(P. Davidoff)는 옹호적 계획이론(advocacy planning)을 주장하였다. 그는 도시계획의 수립 · 결정과정에서 계획의 실수요자인 주민의 이익을 최대한 보장하기 위하여 사회취약계층의 권리옹호를 위한 계획가의 대변자적 역할과 주민참여를 강조하였다. 또 다비도프는 계획의 수립과정 전체를 하나의 단계로 이해하면서 세부적인 단계에서 지속적인 선택행위를 통하여 적정한 미래지표를 설정해야 된다는 선택이론(choice theory)을 제시하기도 하였다.

1970년대 뉴 휴머니즘에 기초하여 제안된 프리드먼(J. Friedmann)의 교류적 계획(transactive planning)은 계획가와 피계획가 간의 상호관계를 중요시 함과 동시에 인간주의적 가치에 중점을 두고 있다. 즉, 공익이라고 하는 불문명한 목표를 추구하기 보다는 계획에 직접 영향을 받는 사람들과의 상호교류와 대화를 통하여 계획을 수립해야 한다는 것이다.

급진적 이론(radical planning)은 막시즘(Maxism)에 영향을 받은 이론 위로부터의 계획(planning from above)의 실행 결과로 이루어진 사회구조 속에서 상대적으로 열악한 지위에 있는 취약계층들의 이익을 보호할 수 있는 근본적이고 거시적인 사회·경제구조의 개혁에 초점을 맞추고 있다.

1970년 초 팔루디(A. Faludi)는 다계획기구(multi-planning agencies) 이론을 주장하였다. 개별이론이 가지는 한계성을 극복하고 있다는 데 특징이 있는 다계획이론은 새로운 여건 변화에 대응할 수 있다는 점에서 과정적 계획이론이며, 합리적 종합계획이론의 접근방식을 택하고 있다. 팔루디는 다계획기구 이론의 전개를 ① 계획의 전문화단계, ② 계획기구 간의 상호조정단계, ③ 전략 계획기구에 의한 계획 간의 종합·조정단계의 3단계를 거치는 것으로 설명하고 있다.

또한 웨트모어(L. B. Wetmore)는 도시의 변화가 물리적 요인과 사회경제적 요인의 상호작용에 의해 일어난다고 보고 도시계획의 체계적·종합적 접근을 위한 입방체 모형을 통해 체계적 종합이론을 주장하였다. 첫째, 공간계획체계를 국토·주(도)·지역·도시·근린주구의 5계층으로 구분하고 각 공간규모의 계층이 서로 관련되어 있다고 보고 있다. 둘째, 계획의 절차이론을 바탕으로 하여 계획과정을 조사분석·목표설정·계획입안·집행계획의 4단계로 구분하고 있다. 셋째, 계획내용은 물리적 측면과 사회경제적 측면을 종합적으로 포함하는 것으로 하고 있다.

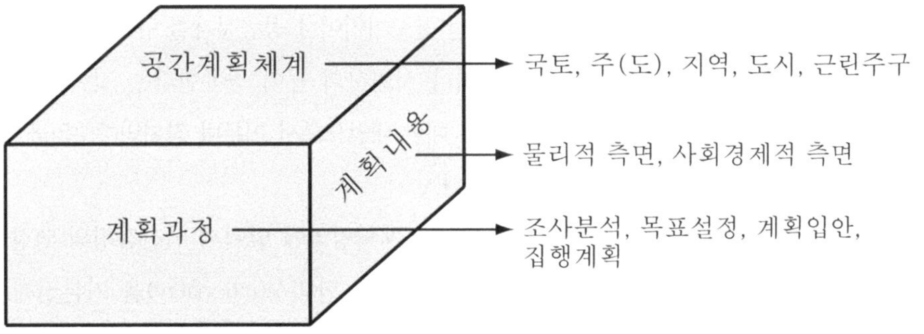

그림 3-2 웨트모어의 체계적 종합이론

한편, 정치경제계획 모형(political economy planning)의 선구자 가운데 한 사람인 하비(D. Harvey)는 물적 계획의 전통을 가진 합리적 계획이론은 자본주의 사회의 도시체계 내에서 분배 메커니즘을 이해하고 설명하는 데 실패함으로써 계획의 실행이 사회적 불평등을 야기시켰다고 주장한다. 따라서 계획은 자본주의 생산양식 관점에서 분석되어야 하고, 역사는 물론 사회·정치·경제적 맥락을 전반적으로 조명할 수 있어야 한다는 것이다.

2. 계획이론의 최근 동향

1980년대 이후 합리적 종합계획이론에 대한 근본적이고도 총체적인 비판이 제기되기 시작하였으며, 이러한 상황에서 계획이론에 새로운 활력을 부여한 것이 독일의 사회철학자 하버마스(J. Habermas)였다. 그는 1981년에 출간한《의사소통 행위이론》에서 서구의 근대화 과정을 주도한 자본주의와 관료주의 및 도구적 합리성을 비판하면서 의사소통의 합리성(communicative rationality)을 제안하였다. 하버마스는 계획을 특정한 목적의 달성을 위한 수단적 행위로 보는 것이 아니라 대화와 토론을 통한 사회구성원 전체의 합의과정으로 이해하였으며, 이에 따라 계획이론이 공공계획에 있어서 참여 · 대화 · 토론 · 협력 등의 가치를 강조하는 방향으로 전환되었다.

하버마스의 의사소통이론은 궁극적으로 협력적 계획이론(Collaborative Planning Theory)으로 수렴 · 합류되는 추세에 있다. 협력적 계획이론의 대표주자격인 힐리(P. Healey, 2003)는 의사소통적 계획이론에 근거하여 능동적인 사회구성, 곧 인간의 창조과정으로서의 전략과 정책 및 실행 개념을 제시하였는데, 그가 계획에서 중요하게 생각한 것은 과학적 합리주의나 논리적 실증주의가 아니라 이해 당사자들의 다면적 상호작용과 사회학습(social learning)에 의한 해석과 공동체 형성이었다.

협력적 계획이론은 개념적으로 거버넌스(governance) 이론과 연관성이 매우 깊다. 거버넌스는 거시적으로 볼 때 세계화 · 정보화 · 지방화 · 민주화 등을 의미하는 것으로서, 종래의 국가 주도 및 정부 중심의 계획이론과 비교해 볼 때 다음 두 가지 차원에서 발상의 차이가 뚜렷하다. 첫째는 공공이익이나 공공문제를 규정하는 과정 자체를 공적 부문과 사적 영역 혹은 시장이나 시민사회 등이 공유한다는 것이고, 둘째는 기존의 대의민주주의와 국가관료주의에 대한 대안으로서 이른바 참여민주주의를 통해 직접민주주의의 이상에 접근하는 것이다.

한편, 최근 사회과학 분야에서는 계획영역에 있어서 인간감정의 영향력에 대한 논의가 확대되고 있다. 계획은 근원적으로 합리성(rationality)을 기본전제로 하지만 인간은 시간 · 인지능력 · 목표예측능력 등에 한계가 있고, 사회 및 정치체제도 불안정할 뿐만 아니라 어떤 상황에서도 집단의 이해관계가 복잡하기 때문에 가치중립적 분석 자체가 불가능하며, 따라서 계획행위에 있어서 도시구성원들의 감정에 대한 고려가 필수적이라는 것이다. 즉 계획가와 정책입안자들이 지금까지 사용해온 과학적 · 기술주의적 접근방법 및 경제적 계산에서 탈피하고 인간주의 및 자연주의를 기본가치를 추구함으로써 합리적 측면과 감정적 측면의 균형을 맞추어야 한다는 것이다(박혜정, 대한국토 · 도시계획학회지, 54권2호).

3.3 도시계획의 목표와 수립과정

3.3.1 도시계획의 개념과 의의

1. 도시계획의 개념

도시계획이란 도시라는 공간을 대상으로 하여 시민들의 주거 · 생산 · 여가 · 이동 등 활동이 안전하고 건강하며 편리하고 쾌적하게 이루어질 수 있도록 장래의 목표를 예측하고, 이에 요구되는 토지 · 시설 등 도시의 중요한 물적 요소를 계획하는 과학이자 기술이며 정책이라 정의할 수 있다.

도시계획의 내용은 크게 경제, 사회, 행정 및 재정 등의 비물적(non-physical) 측면과 토지이용 · 교통 · 시설 · 환경 등의 물적(physical) 측면으로 나누어진다. 전자가 도시의 활동계획이라고 한다면, 후자는 그 활동이 이루어지는 공간을 구성하고 시설을 배치하는 것이며, 또한 행 · 재정계획은 도시계획을 실현하기 위한 조건이나 수단을 설정하는 것이다. 즉, 물적 측면으로서의 도시계획(도시공학)은 지역계획 분야를 포함하여 건축 · 토목 · 교통 · 조경 · 환경 등의 도시환경을 계획 · 설계하는 공학 · 기술 분야이지만, 넓게 보면 경제계획 · 사회 문화계획 · 공공정책 등 사회과학 분야와 학문영역과 불가분의 관계를 맺고 있는 종합계획(comprehensive planning)적 성격을 띠고 있다.

한편, 우리나라의 「국토의 계획 및 이용에 관한 법률」에 의하면, 도시계획은 상위계획인 국토 및 지역에서 정해진 기본방향에 따라 도시 · 군지역의 토지이용 · 교통 · 도시시설 등에 대하여 구체적인 계획을 하고 개발 및 정비방안을 제시함으로써 도시의 여러 기능을 원활하게 영위하고 주민을 위해 안전하고 편리한 생활환경을 확보하며 미래의 도시발전을 도모하는 계획이라고 볼 수 있다.

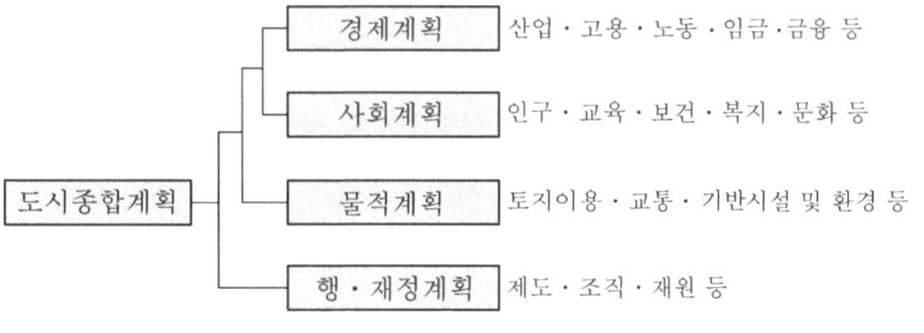

그림 3-3 도시계획의 내용체계

2. 도시계획의 의의

도시계획은 도시의 변화과정에 영향을 미치는 물적 · 비물적 요소들의 상호작용을 이해하고 이들을 관리 · 통제하여 도시의 미래를 바람직한 방향으로 유도해가는 계획활동을 의미한다. 도시가 변화하는 과정에는 여러 가지 요소가 서로 복합적으로 작용하고 있다. 즉, 소득이 증가함에 따라 시민들은 보다 넓은 주택과 보다 쾌적한 생활환경을 요구하게 되고, 교통발달로 인해 도심이 공동화됨에 따라 도시 내부는 기존 도시시설의 노후화, 교통혼잡, 범죄 발생 등이 발생하는 한편, 도시의 외곽지대는 대규모 신개발에 따른 자연훼손을 초래하게 된다. 그리고 특히 급속하게 발전하고 있는 첨단정보통신 및 건설기술은 새로운 도시개발기법을 요구하게 된다.

도시계획은 이러한 일련의 사회 변화과정과 다양한 도시문제를 넓은 시야에서 종합적으로 이해하고, 도시기능의 원활한 수행과 시민들의 삶의 질의 개선을 위한 도시의 비전과 목표를 제시하며, 이의 실현을 위한 수단과 방법을 제시한다는 점에서 그 의의가 매우 크다.

3.3.2 도시계획의 목표와 수립과정

1. 도시계획의 목표

도시계획의 궁극적인 목적은 공공의 이익(public interest)인데, 공공이익의 요소로는 안전성 · 보건성 · 편리성 · 쾌적성 · 경제성 등을 들 수 있다. 여기에서 안전성은 인간의 생명에 관계되는 것으로 가장 중요한 목표이고, 보건성은 인간의 정신적 · 육체적 건강상태를 유지하는 것이며, 편리성은 토지이용의 배치에 따라 생기는 기능지역(functional area) 간의 상호관계를 보다 편리하게 하는 것이고, 쾌적성은 시각적 · 문화적 · 환경적 분위기에 의한 만족감이며, 그리고 경제성은 개인적 측면에서보다 사회적 측면에서의 시간 및 에너지의 부담비용이라 할 수 있다.

도시민의 삶의 질(QOL : Quality of Life) 향상에 바탕을 둔 각 분야별 계획의 접근은 소득 증대와 인간욕구의 증대 등 사회적 · 시대적 요구에 따라 앞으로 점차 중요성이 증대하게 될 것으로 생각되는데, 도시계획의 목표와 관련된 계획내용은 다음과 같다.

- 안전성 : 환경보전계획, 도시방재계획 등
- 보건성 : 의료보건 · 사회복지시설계획, 체육시설계획 등
- 편리성 : 통근통학계획, 공공시설 · 교통시설계획, 정보 · 통신계획 등
- 쾌적성 : 자연보전계획, 교육문화시설계획, 문화재보호계획, 경관계획 등
- 경제성 : 산업발전계획, 에너지공급계획, 투자우선순위계획 등

2. 도시계획의 수립과정

도시계획을 입안하기 위해서는 먼저 도시계획구역을 설정하고, 도시의 현황에 대한 조사 · 분석을 하며, 이를 토대로 계획목표 및 지표를 설정하고, 계획에 착수해서

대안의 설정 · 평가 과정을 거쳐 최종적인 계획안이 결정되는 과정을 밟게 되는바, 계획의 수립과정에 있어서는 다음 사항에 유의하여야 한다.

먼저, 계획은 실현하지 못하면 아무런 의미가 없다. 그러므로 단순히 실현가능의 관점에서만 볼 때는 과거 추세의 연장으로 계획의 목표를 설정하는 것이 가장 좋은 계획이라고 할 수 있을지 모른다. 그러나 계획가의 책무는 도시의 미래에 대한 예측 결과를 평가하여 좋지 않은 방향은 시정하는 동시에 더욱 좋은 도시환경이 창출되도록 하는 새로운 발상이 요구된다.

또한 환류(feedback)를 해가면서 계획작업을 진행하는 것이 중요하다. 그리고 조사 · 해석 및 예측과정에서는 각종 계량적 수법이 개발되어 컴퓨터에 의한 데이터 처리기술도 활용되고 있지만, 최종적인 의사결정 단계에서는 당연히 계획가의 주관도 들어가게 된다. 그러므로 계획가의 주관이 독단적인 판단이 되지 않도록 과학적 조사해석의 결과를 충분히 존중해야 하며, 조사 및 계획과정에 참여하는 주민 · 시민사회 · 전문가 등의 의견을 폭넓게 청취해서 계획가의 주관을 객관화시켜야 한다.

3.3.3 도시계획의 발전과 계획가

1. 도시계획 학문의 발전

현내적 의미의 도시계획은 영국에서 산업화 · 도시화에 따라 초대된 교외의 무질서한 확산과 노동자들의 임대주택의 위생문제 해결을 위하여 19세기 말부터 시작되었으며, 당시에는 도시계획이 도로와 상하수도를 건설하는 토목공학이나 건축예술의 한 분야로 취급되었다. 그러나 20세기 중반을 거치면서 도시계획은 단순한 공학이나 예술의 범주를 벗어나 물적 측면과 비물적(non psysical) 측면의 상호관련성의 중요성이 인식됨에 따라 경제학, 사회학, 행정학, 정책학, 부동산학, 그리고 도시계획 제도와 관련된 공법(公法) 등이 도시계획 관련 학문으로 추가되었다.

20세기 말 이후에는 범세계적으로 지속가능한 개발과 경관 및 정보통신기술의 중요성이 강조됨에 따라 환경학 · 생태학 · 조경학 · 미학 · 디자인 · 심리학 · 컴퓨터공학 등 거의 여러 학문 분야가 도시계획의 수립과 집행에 직접적인 영향을 미치게 되었다. 이에 따라 오늘날의 도시계획은 모든 학문과 지식이 어우러진 종합적인 과학이자 기술이며 정책으로 발전하게 되었다.

이에 따라 오늘날 도시를 창조하고 관리하는 학문으로서의 도시계획은 과거 관련자나 파트너의 역할로부터 탈피하고, 이제 여러 학문 분야를 통합 · 조절하는 조정자로서의 역할을 하게 되었다.

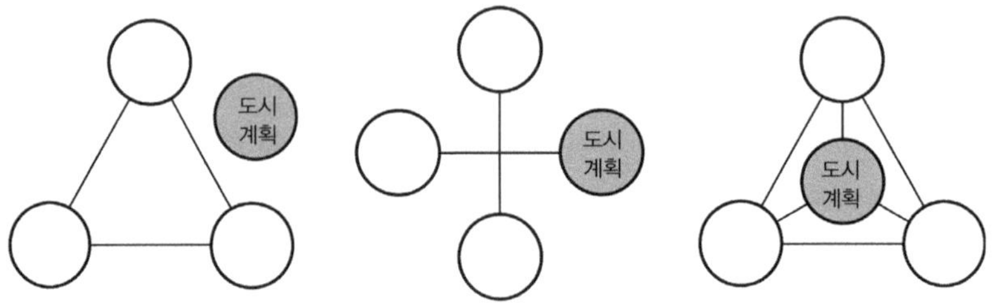

그림 3-4 도시계획 학문의 역할 변화

2. 도시계획가(Planner)의 자질과 역할

도시계획가는 20세기 초 산업화와 도시화로 인한 주거·환경·교통문제를 해결하기 위해 등장하였고, 초기에는 주로 토목·건축·조경 분야의 기술자들이었다. 그러나 오늘날 도시계획가는 복잡다양해진 도시문제를 해결하고 보다 바람직한 도시의 비전을 구현할 수 있는 구체적 대안과 실현수단을 제시하는 일이 중요하게 되었다. 특히 도시계획은 토지의 사유재산권에 대한 공적 제한을 수반하게 되기 때문에 도시계획가는 다음과 같은 능력과 역할이 요구된다(권원용, 2020).

첫째, 미래예측 능력을 갖추어야 한다. 계획활동은 기본적으로 미래예측이 전제가 되며, 따라서 계획수립의 초기단계인 목표설정부터 정확성 보장을 위해 과학적 분석기술을 구사할 수 있어야 한다.

둘째, 목표달성을 위한 수단을 제시해야 한다. 계획가는 최적안의 도출과 정책적인 분야와 집행까지 관련되기 때문에 자칫 기술자들이 선호하는 도구적 합리성에 우선하기 보다는 장기적인 도시미래상을 추구하면서도 현실적인 해결방안을 제시할 수 있어야 한다.

셋째, 갈등해소 능력을 갖추어야 한다. 도시계획가는 정책결정자에게 확신을 심어줄 수 있는 논리적 설득력을 갖추고, 동시에 이해집단 간 양측이 수용 가능한 정책적 대안을 제시할 수 있는 창의성과 전문성이 요구된다.

넷째, 의사소통 및 전달기술을 갖추어야 한다. 도시계획가는 의사소통에 능통해야 하며, 인공지능(AI)과 같은 첨단정보기술도 활용하고 역할을 분담하여 협업할 수 있는 역량을 키워야 한다.

끝으로, 공공의 이익(public interest)을 대변해야 한다. 도시계획가는 항상 자신이 수립하는 계획의 집행으로 인해 누가, 무엇을, 얼마만큼 얻거나 잃을 것인지 냉정하게 살펴 보고, 순수한 공익뿐만 아니라 경제사회적 약자를 옹호하는 입장에 서야 한다. 그리고 전문직 종사자로서 직업윤리(planner's etic)를 반드시 지켜야 한다.

PART

04 도시계획제도

4.1 공간계획체계와 관련법

4.1.1 공간계획체계와 도시계획

세계의 모든 나라는 각각의 정치 · 경제 · 행정조직체계 등에 따라 독자적인 공간계획체계를 갖추고 있는 바, 우리나라의 공간계획체계를 관련법과 연관지어 살펴보면 다음 5단계로 나누어진다.

첫째, 국토를 대상으로 하는 공간계획에는 국토종합계획이 있다. 이 계획은 「국토기본법(2002)」에 따라 보다 구체적인 계획을 수립하도록 되어 있으며, 전국을 계획의 대상으로 하고 있다는 점에서 계획의 위계상 가장 높게 위치한다.

둘째, 지역계획의 범주에 속하는 계획은 크게 지역계획과 도종합계획으로 구분된다. 지역계획에는 광역권개발계획 · 수도권발전계획 · 특정지역개발계획 등과 국가기관망 · 수자원 · 관광 · 공업배치 등에 관한 부문별 계획이 있다.

셋째, 도시 · 군제역을 대상으로 수립되는 계획으로 여러 가지가 있다. 주로 「국토의계획및이용에관한법률」에 의해 시 · 군의 전역을 대상으로 수립되는 계획으로서 광역도시계획 · 도시기본계획 · 도시관리계획 등이 있다.

넷째, 도시의 일부지역을 대상으로 수립되는 계획으로는 지구단위계획을 비롯하여 각종 개별법에 따라 수립되는 도시개발사업, 도시재개발사업, 단지개발사업 등의 사업계획이 있다.

끝으로 개별 필지를 대상으로 수립되는 계획은 「건축법」에 의한 건축계획을 들 수 있으나, 건축물의 계획 및 설계조건인 용도 · 건폐율 · 용적률 · 높이 등은 도시관리계획 및 지구단위계획에 의해 좌우된다.

이상에서 우리나라 공간계획의 체계와 종류를 살펴보았는 바, 이들을 공간계획의 연관체계라는 관점에서 보면 대체로 계획대상구역의 범위가 넓을수록 상위계획의 성격을 갖고 있다. 따라서 도시계획은 비교적 상위레벨에 속하는 공간계획이라 할 수 있다.

4.1.2 도시계획의 지위와 관련법

1. 도시계획의 법적 지위

도시계획은 도시의 토지이용 규제와 개발 · 정비방법에 대해 규정하는 기본적인 계획이므로 이를 운영하기 위해서는 많은 법률이 직접 · 간접적으로 관련된다. 「국토의계획및이용에관한법률」의 내용은 크게 광역도시계획, 도시 · 군기본계획, 도시관리계획, 도시계획시설, 개발행위의 허가, 용도지역 · 지구 · 구역 안에서의 행위제한, 도시계획시설사업의 시행, 비용, 도시계획위원회, 토지거래계약허가 등으로 구성되어 있다.

이와같이 우리나라 국토계획법에서 규정하는 도시계획은 주로 도시 · 군기본계획과 도시관리계획을 말한다. 도시기본계획이 도시의 장기적인 발전방향과 목표를 설정하고 이를 달성하기 위해 필요한 수단을 검토 · 제시하는, 말하자면 계획(planning) 기능을 하면서 동시에 사회적 합의로 결정되는 법정계획이라고 한다면, 도시관리계획은 토지를 이용하는 행위의 종류나 그 간도를 일정 범위로 제한하는 것으로 엄격히 말하면 토지이용을 관리(control)하는 제도적 수단이라 할 수 있다.

또한 도시계획 활동은 구체적인 행위가 진행되기 이전의 사전적인 준비행위라는 점에서 토지나 시설을 직접적으로 개발하거나 보전 · 정비하는 등의 구체적인 개발사업 행위 자체와는 엄연하게 구별된다.

도시계획의 법적 지위는 특별시 · 광역시, 특별자치시 · 도, 일반 시 · 군의 관할구역에서 수립되는 다른 법률에 의한 토지의 이용 · 개발 및 보전에 관한 계획의 기본이 된다. 즉 다른 법률에 의한 환경 · 교통 · 수도 · 하수도 · 주택 등에 관한 부문별 계획을 수립하는 때에는 도시기본계획의 내용과 부합되도록 규정하고 있다.

현행 도시계획 관련법으로는 상위법인 국토기본법을 비롯하여 시 · 군지역에서 행위제한과 관련되는 것으로는 건축법이 있고, 도시개발 및 재개발사업 관련법으로는 도시개발법 · 주택법 · 택지개발촉진법 · 도시 및 주거환경정비법 · 도시재정비촉진특별법 등이 있으며, 도시계획시설사업과 관련된 것으로는 도시계획시설의 결정 · 구조 및 설치기준에 관한 규칙 · 도로법 · 주차장법 · 도시공원 및 녹지 등에 관한 법률 ·

표 4-1 우리나라의 공간계획체계와 관련법

구 분	국 토	지 역	도 시	지구 및 단지	필 지
계획의 종류	• 국토종합계획 • 부문별 계획	• 수도권정비기본계획 • 도종합계획 • 시 · 군종합계획 • 지역계획 - 수도권발전계획 - 광역권개발계획 - 특정지역개발계획 - 개발촉진지구개발계획	• 광역도시계획 • 도시 · 군 기본계획 • 도시 · 군 관리계획	• 지구단위계획 • 개별사업별 개발계획 - 도시개발사업 - 주거환경개선사업 - 주택재개발사업 - 주택재건축사업 - 도시환경정비사업 - 주거환경관리사업 - 가로주택정비사업 - 도시재정비촉진사업 - 주택건설사업 - 대지조성사업 - 택지개발사업 - 도시개발사업 - 주택재개발사업 - 도시환경정비사업 - 택지개발사업 - 아파트지구개발사업 - 주택건설사업 - 주거환경개선사업 - 토지형질변경사업	• 건축계획
주요 근거법	• 국토기본법	• 국토기본법 • 수도권정비계획법 • 국토의계획및이용에관한법률	• 국토의계획및이용에관한법률	• 국토의계획및이용에관한법률 • 도시개발법 • 도시및주거환경정비법 • 도시재정비촉진특별법 • 주택법 • 택지개발촉진법	• 건축법
계획의 주체	• 국토교통부장관 • 중앙행정기관의 장	• 국토교통부장관 • 시 · 도지사	• 국토교통부장관 • 시 · 도지사 • 시장, 군수	• 지자체장 • 공사 • 조합, 소유자	• 건축주
계획의 목적	• 공공복지의 향상 • 포괄적 표현			• 특수 목적으로의 활용 • 구체적 표현	
계획의 특징	• 시간의 경과에 따른 평면적 공간이용의 유도			• 입체적 공간형태와 구체적 이용방법의 확정	
계획내용 및 지구단위계획에 관한 사항	• 공간이용구조에 관한 사항 • 지역공간, 국토공간			• 건물배치 • 지구단위공간	건축평면 이용 및 동선에 관한 사항
계획기간	중 · 장기(5~20년)			단기(1~5년)	
사용척도	1:1,000,000	1:100,000	1:10,000	1:600~1,200	1:100
	거시적			미시적	

학교보건법 등이 있고, 비용부담 관련법으로는 개발이익환수에 관한 법률 · 토지초과이득세법 등이 있다. 그리고 토지의 취득과 관련된 법으로는 토지수용법 · 공공용지의 취득 및 손실보상에 관한 특례법 등이 있다.

4.2 국토 및 지역계획

4.2.1 국토계획의 성격과 주요내용

1. 국토계획의 성격

국토계획(national land planning)의 목적은 국민의 복지를 증진시키고 국토의 토지이용효율성을 높이는 데 있다. 국토종합계획은 농어촌 간의 유기적 관계와 지역별 산업 · 인구 등의 적정 배치를 통한 국토의 균형 있는 발전을 도모하며, 각종 자원과 기술개발을 통한 산업 및 경제 · 사회 · 문화의 발전을 촉진시키기 위해 국가가 수립하는 계획으로서 문제지향적 성격이라기보다는 정책지향적 성격을 갖는 바, 그 특징은 다음과 같다.

- 국토의 체계적 관리와 균형발전을 목표
- 전 국토를 대상으로 수립
- 종합적 계획(경제 · 사회 · 문화 · 환경계획 포함)
- 기본적 · 장기적 계획(20년 단위로 수립)
- 지침제시적 계획(하위계획 및 집행계획 수립의 지침)

우리나라 「국토기본법(2002)」에서는 국토계획이란 '국토를 이용 · 개발 및 보전함에 있어서 미래의 경제적 · 사회적 변동에 대응하여 국토가 지향해야 할 발전방향을 설정하고 이를 달성하기 위한 계획을 말한다.'라고 정의하고 있다. 그리고 이러한 국토계획의 개념을 구체적으로 실현하기 위하여 국토계획을 국토종합계획 · 도종합계획 · 시군종합계획 · 지역계획 · 부문별 계획의 5가지 세부계획으로 나누고 있는데, 이들은 광의의 국토계획이고, 이중에서 국토종합계획은 협의의 국토계획이라고 할 수 있다.

국토종합계획은 도종합계획 및 시 · 군종합계획의 기본이 되며, 도종합계획은 당해 도의 관할구역 안에서 수립되는 시 · 군종합계획의 기본이 된다. 국토종합계획은 20년을 단위로 하여 수립하며, 도종합계획, 시 · 군종합계획, 지역계획 및 부문별 계획은 국토종합계획의 수립주기를 감안하여 그 수립주기를 정해야 한다.

표 4-2 국토계획의 대상 및 주요내용

구 분	계획대상 및 주요내용	계획입안자
국토종합계획	국토의 전역을 대상으로 하여 국토의 장기적인 발전방향을 제시	국토교통부장관
도종합계획	도의 관할구역을 대상으로 하여 당해 지역의 발전방향을 제시	도지사
시·군종합계획	특별시·광역시·시 또는 군(광역시의 군은 제외)의 관할구역을 대상으로 하여 국토의계획및이용에관한법률에 의해 수립되는 도시계획	국토교통부장관, 시·도지사, 시장·군수
지역계획	특정한 지역을 대상으로 하여 특별한 정책 목적을 달성하기 위하여 수립	중앙행정기관장, 지방자치단체장
부문별 계획	국토의 전역을 대상으로 하여 특정 부문에 대한 장기적인 발전방향을 제시	중앙행정기관장

2. 국토계획의 주요내용

(1) 국토종합계획

「국토기본법」에서는 국토종합계획의 내용으로 다음 사항에 대한 기본적이고 장기적인 정책방향이 포함되어야 한다고 규정하고 있다.

- 국토의 현황 및 여건변화 전망
- 국토발전의 기본이념 및 바람직한 국토미래상 정립
- 국토공간구조의 정비 및 지역별 기능분담 방향
- 국토의 균형발전을 위한 시책 및 지역산업 육성
- 국가경쟁력 제고 및 국민생활의 기반이 되는 국토기간시설 확충
- 토지·수자원·산림자원·해양자원 등 국토자원의 효율적 이용 및 관리
- 주택·상하수도 등 생활여건의 조성 및 삶의 질 개선
- 수해·풍해, 그 밖의 재해 방재
- 지하공간의 합리적 이용 및 관리
- 지속가능한 국토발전을 위한 국토환경의 보전 및 개선
- 기타 위 사항에 부수되는 사항

(2) 도종합계획

도종합계획은 국토종합계획의 하위계획으로서 도지사가 수립하여 국토교통부 장관의 승인을 받도록 되어 있는 계획의 주요내용은 다음과 같다.

- 지역현황·특성의 분석 및 대내·외적 여건변화에 대한 전망
- 지역발전의 목표와 전략
- 지역공간구조의 정비 및 지역 안 기능분담 방향

• 교통 · 물류 · 정보통신망 등 기반시설 구축
• 지역 내 자원 및 환경 개발과 보전 · 관리
• 토지의 용도별 이용 및 계획적 관리

(3) 시 · 군종합계획

시 · 군종합계획의 가장 대표적인 것으로는 「국토의계획및이용에관한법률(2002)」에 의해 수립되는 도시계획으로서, 이는 크게 광역도시계획 · 도시기본계획 · 도시관리계획으로 구분된다. 광역도시계획은 광역계획권의 장기적인 발전방향을 제시하는 계획이라면, 도시기본계획은 도시 · 군의 공간구조와 장기적인 발전방향을 제시하는 계획이며, 도시관리계획은 도시 · 군의 개발과 정비 및 보전을 위하여 수립되는 토지이용 · 교통 · 환경 · 경관 · 문화 등에 관한 집행계획이다.

한편, 위와 같은 도시계획 외에도 시 · 군종합계획의 하위 공간계획으로서 특별시 · 광역시의 자치구 차원의 발전계획이나 생활권 계획, 도시 내의 지역별 발전계획 등이 비법정계획으로 수립 · 운용되고 있다.

(4) 지역계획

국토기본법에서는 지역의 특성에 맞는 정비 · 개발을 위하여 필요한 경우에는 중앙행정기관장 또는 지방자치단체장은 다음과 같은 지역계획을 수립할 수 있도록 규정하고 있다.

① 수도권발전계획 : 수도권에 과도하게 집중된 인구와 산업의 분산 및 적정 배치를 유도하기 위하여 수립하는 계획
② 광역권개발계획 : 광역시와 그 주변지역, 산업단지와 그 배후지역 또는 여러 도시가 상호 인접하여 동일한 생활권을 이루고 있는 지역 등을 광역적 · 체계적으로 개발하기 위한 계획
③ 특정지역개발계획 : 특정 지역을 대상으로 경제 · 사회 · 문화 · 관광 등을 전략적으로 발전시키기 위하여 수립하는 개발계획
④ 개발촉진지구개발계획 : 다른 지역에 비하여 개발 수준이나 소득 기반이 현저하게 낙후된 지역을 대상으로 이의 개발을 촉진하기 위하여 수립하는 계획

(5) 부문별 계획

부문별 계획은 국토의 전역을 대상으로 하여 특정 부문에 대한 장기적인 방향을 제시하는 계획을 의미하고, 이 계획에는 국가기간망, 주택 · 수자원 · 환경, 문화 · 관광, 정보통신, 공업배치 등 여러 가지 사업계획들이 포함된다.

4.2.2 국토종합계획

1. 국토종합계획의 변천

우리나라에서는 지금까지 4차에 걸쳐 국토종합계획을 수립 · 시행되어 오고 있는데, 각 계획의 변천과정을 비교해 보면 다음과 같다.

먼저 제1차 국토종합계획(1972~1981)에서는 국토의 균형발전을 궁극적인 목표로 삼고 대규모 공업기지의 구축, 교통통신망의 확충, 정주체계와 환경보전 등이 강조되었다. 제2차 계획에서는 국토공간구조의 다핵적 개편과 국민생활의 평준화를 기본이념으로 삼고 서울 · 부산 양대 거대도시의 성장억제 및 성장거점(growth pole) 개발전략을 채택하였다. 제3차 계획은 부산 · 대구 · 광주 · 대전 등 4대 지방대도시의 중추관리기능의 육성 및 복지수준 향상과 통일에 대비한 기반여건 조성을 강조하고 있다. 또한 제4차 계획(2000~2020)은 전 부문에서 환경과의 조화를 중시하고, 중앙정부주도의 계획방식에서 국가 · 지방자치단체 · 주민이 함께 참여하는 상향식(bottom up)을 채택하였다.

한편, 최근에는 개별 · 지역별 지역특화 육성 및 지역격차 해소를 목적으로 균형 · 안전(+환경) · 스마트(=첨단)로 요약되는 제5차 국토종합계획 수정계획(2020~2040)이 발표되었는 바, 주요 정책방향은 다음과 같다.

- 광역도시권, 강소도시권(가칭)의 주변도시 연계형태로 지역구조 재편
- 새로운 방식의 도시재생 적극 추진
- 환경과 기후변화 등 재난의 사전 대비
- 첨단정보통신기술(ICT)을 적극 활용한 스마트시티의 대폭 확대
- 남북 연결을 통한 대륙연결체계 구축

2. 국토종합계획의 특성

우리나라에서 지금까지 수립 · 시행된 국토종합계획의 특성을 살펴보면 다음과 같다. 첫째, 계획의 접근방식 관점에서 볼 때 하향식(top-down) 방식에 가깝다. 이 방식은 지역간 · 계층 간의 사회적 형평성보다는 경제적 능률성을 더욱 중요시 하는 특징을 가지며, 중앙정부의 주도적 성격이 강하다.

둘째, 계획의 목적 설정 관점에서 볼 때 다목적 성격을 가지고 있다. 다목적 계획이란 여러 가지의 계획목표를 포함하는 것이며, 단일목적이란 하나의 목표를 추구하기 위한 계획이다.

표 4-3 우리나라 국토계획의 변천과 특성 비교

구분	제1차 국토계획 (1972~1981)	제2차 국토계획 (1982~1991)	제3차 국토계획 (1992~2001)	제4차 국토계획 (2000~2020)
1인당 GNP	319달러(1972)	1,824달러(1982)	6,749달러(1992)	11,499달러(2002)
배경	• 국력의 신장 • 공업화 추진	• 인구의 지방 정착 • 수도권의 과밀 완화	• 수도권 집중과 지역간 불균형 완화 • 국제화와 개방화 진전 및 통일 여건 성숙에 대비	• 21세기를 맞아 세계화와 지식정보화, 지방화 및 환경 중시 시대에 부응한 비전과 전략 수립
기본 목표	• 국토이용관리의 효율화 • 개발기반(SOC)의 확충 • 국토자원개발과 자연의 보호 · 보전 • 국민생활환경의 개선	• 인구의 지방정착 유도 • 개발가능성의 전국적 확대 • 국민복지 수준의 제고 • 국토자연환경의 보전	• 지방분산형 국토골격 형성 • 생산적 · 자원절약적 국토이용 • 복지 수준의 향상 및 환경보전 • 통일에 대비한 기반조성	• 더불어 잘사는 균형국토 • 자연과 어우러진 녹색국토 • 지구촌으로 열린 개방국토 • 민족이 화합하는 통일국토
권역 구분	• 4대권 • 8중권 • 17소권	• 28개 지역생활권 - 대도시생활권(5) - 지방도시생활권(17) - 농촌도시생활권(6)	• 9개 지역경제권 • 특정지역	• 6개 국토축 • 도
특징 및 문제점	• 거점개발방식의 채택 • 경부축 중심의 양극화 초래	• 양대 도시의 성장억제 및 성장거점 도시의 육성에 의한 국토균형발전 추구 • 구체적 집행수단의 결여로 국토의 불균형 지속	• 수도권의 성장 억제 및 지역경제권 육성에 의한 국토균형발전 추구 • 지방의 경제활동 여건 취약으로 수도권 성장의 지속	• 국토환경의 보전을 중시하고 국가 · 지자체 · 주민의 동참계획 • 향후 20년의 장기적인 관점에서 계획 수립

(출처 : 대한민국정부, 국토종합개발계획, 1971 · 1981 · 1986 · 1991 · 2000.)

셋째, 계획의 강제성 관점에서 볼 때 지표적(indicative) 계획의 특성을 가지고 있다. 지표적 계획이 법적 강제성보다는 필요한 정보와 체계적 접근의 합리성을 제공하는 것이라면, 명령적 계획은 보다 구체적인 지시 · 수행사항을 포함한다.

끝으로, 계획이 다루는 내용적 성격의 관점에서 볼 때 물리적(physical) 계획의 성격이 강하다. 물리적 계획은 토지이용 · 교통 · 환경 등 해당 지역의 물리적 구조와 시설에 대한 계획을 의미한다.

3. 수도권정비계획

수도권정비계획법에 근거하여 수립하는 수도권정비계획은 국토교통부장관이 수도권의 인구 및 산업의 집중 억제와 적정 배치를 위하여 수립하며, 수도권 정비위원회의 심의를 거친 후 국무회의의 심의와 대통령의 승인을 얻어 결정한다. 수도권정비계획에서는 권역을 과밀억제권역 · 성장관리권역 · 자연보전권역으로 구분하고 있는데, 각 권역의 지정 목적은 다음과 같다.

- 과밀억제권역 : 인구 및 산업이 과도하게 집중될 우려가 있어 이전 또는 정비가 필요한 지역
- 성장관리권역 : 과밀억제권역으로부터 이전하는 인구 및 산업을 계획적으로 유치하고 산업의 입지와 도시의 개발을 적정하게 관리할 필요가 있는 지역
- 자연보전권역 : 한강 수계의 수질 및 녹지 등 자연환경의 보전을 위해 필요한 지역

수도권 내에서는 권역에 따라 학교 · 공공행사 · 연수시설 등의 인구집중 유발시설의 신설 및 증설, 공업지역의 지정, 택지조성 · 도시개발 · 복합단지개발 · 공업용지조성 · 관광지 조성 등 개발사업이 제한을 받게 된다.

4.2.3 지역계획의 목표와 과제

1. 지역계획의 개념과 유형

지역계획(regional planning)의 개념은 일반적으로 국가보다 작고 도시보다는 큰 공간을 대상으로 제반 활동 및 시설에 관한 계획을 말한다. 지역계획에서 가장 중요하게 취급되는 분야는 경제활동의 합리적인 배분과 조화를 이루는 도시개발 · 기반시설 · 공원녹지공간의 적정배분 등을 포함하며, 지역계획에 근거하여 개발하는 것을 지역개발이라고 한다.

한편, 지역계획의 유형은 분류기준에 따라 다양하게 구분된다. 첫째, 계획대상의 공간적 범위에 따라 우리나라에서는 크게 국가차원의 국토종합계획과 시 · 도 차원의 도종합계획, 그리고 하위 행정단위의 시 · 군 · 구계획으로 구분할 수 있다. 둘째, 계획수립 주체에 따라 국가계획과 각급 지방자치단체계획이 있고 특정 법률에 따라 기업이 직접 수립 · 집행하는 계획도 있다. 셋째, 어떤 내용으로 지역문제를 해결할 것이냐는 전략 방식에 따라 자원개발, 산업개발, 생활환경정비, 자연환경보전, 도시재개발 등으로 구분할 수 있다. 그리고 계획기간에 따라 장기계획(10년 이상) · 중기계획 · 단기계획으로 구분할 수 있고, 계획의 법적 뒷받침 여부에 따라 법정의무계획 · 법정임의계획으로 구분되기도 한다.

2. 지역계획의 목표와 과제

지역개발은 지역간 불균형개발 문제 해결 및 지역경제 발전을 통한 국토의 균형발

전과 친환경적 개발을 목표로 하며, 이러한 목표달성을 위해 사회간접자본 확충과 무질서한 난개발 방지 및 계획적이며 조화로운 개발을 실시한다.

지역계획의 과제는 어느 것을, 어디에, 어떻게, 얼마나, 무엇을 위하여 개발할 것인가에 대한 정책문제(policy issue)와 이를 다루는 데 있어서 기본이 되는 합리적인 기준이나 원칙 · 문제를 주된 내용으로 하는데, 지역계획의 주요내용은 다음과 같다.

- 자연자원의 개발 · 이용 · 보전
- 인구의 적정 배분
- 산업입지의 합리화
- 사회간접자본의 확충과 적정 배치
- 문화 및 여가시설의 확충과 적정 배분

3. 지역계획의 접근방식

지역계획의 접근방식은 하향식(top down)과 상향식(bottom up)으로 구분할 수 있다. 하향적 개발방식은 부족한 재원 때문에 선도적 산업과 도시에 선별적으로 투자하여 그 투자이익이 다시 여타의 산업이나 주변지역에 흘러 들어가기를 기대하는 개발방식으로서, 국가주도의 계획 및 이행전략으로 성장거점전략 · 불균형개발전략 등이 이에 해당된다. 대규모 개발사업과 새로운 기술도입을 중시하는 기능적 접근방식이라 할 수 있다.

상향적 개발방식은 지역주민의 욕구와 참여에 바탕을 둔 복지지향적 개발방식으로서, 지역의 자원을 효율적으로 사용하는 것을 의미하며 성장거점전략에 대한 불신과 비판으로부터 출발하여 성장에 대한 분배적 측면을 고려한다. 상향식 개발전략은 개발을 경제적인 개념으로 뿐만 아니라 전체적인 삶을 다루는 것으로 간주하며, 개인 · 사회집단 · 소규모 지역사회의 기회를 확대해 가는 과정으로 일반대중의 힘에 의해 개발이 시작되고 수행된다.

4.2.4 지역균형 발전전략

1. 신도시건설

지역의 균형발전을 위해 가장 적극적인 정책수단인 신도시건설전략은 영국을 비롯하여 프랑스 · 일본 등 여러 나라에서 시행되어 왔다. 우리나라에서 1960년대 이후 산업의 지방분산을 위해 건설된 신공업도시, 1980년대 이후 수도권의 인구분산을 위해 건설된 베드타운 성격의 신도시들, 그리고 2000년대 이후 정부 중앙부처의 지방이전을 통한 국토의 균형발전정책으로 건설된 세종시, 서울에 입지한 중앙공공기관의 지방이전을 위해 10개 시 · 도에 건설된 혁신도시, 그리고 수도권에 입지한 산업의 지방분산을 위해 추진된 기업도시(enterprise city) 등이 그 좋은 예이다.

2. 도농통합개발

지역간 균형발전을 위한 방법으로 중심부를 개발하여 주변으로 확산시키는 거점개방식은 규모의 경제 또는 집적경제 효과를 얻을 수 있으나 역류현상에 의해 오히려 지역 간 불균형을 심화시킬 수 있다. 따라서 가장 적절한 방식은 농어촌 소득을 향상시켜 낙후지역을 발전시키는 전략이다.

지역균형 발전을 위한 도농통합접근방식은 도시지역과 주변의 농촌지역을 통합함으로써 상대적으로 소외되어 온 농촌지역의 개발을 촉진하기 위한 것이다. 즉 도농통합개발의 목표는 도시적 요소와 농촌적 요소가 안정적으로 함께 존재하면서 지역사회의 질서가 형성되는 이른바, 루반커뮤니티(ruban community)를 만드는 것이라 할 수 있다.

3. 대도시성장 억제

일반적으로 산업입지 선정은 기업가의 선택에 의해 결정된다. 그러나 일반적으로 기업하기 좋은 곳은 소비자와 가까운 대도시 근처로 자유로운 입지 선정은 대도시권의 과밀화를 유발하여 국토의 불균형 성장을 촉진하게 된다. 따라서 국토의 균형발전 차원에서 대도시권의 성장을 관리 · 억제하기 위해서는 기업의 입지를 제한하여 적정 규모 유지와 산업의 분산을 도모하는 것이 필요하다.

우리나라의 국토 균형발전을 위한 대도시권 성장관리전략에는 수도권 성장관리 · 광역도시권개발 · 개발제한구역 등이 있다. 특히 수도권 성장관리전략은 수도권정비계획법에 의거하여 시행되고 있는데, 이 법은 수도권정비계획의 수립 및 과밀부담금제를 두어서 수도권의 과밀을 억제하고 있다.

4. 지방도시 육성

지방도시 육성을 위한 방안으로 지방도시의 각종 생활환경을 개선하여 주거나 산업에 유리한 환경을 만들어야 한다. 이를 위해서 도로 · 철도 · 항만 등의 사회기반시설(SOC) 정비 및 확충과 함께 지역경제의 바탕이 되는 산업이 입지할 수 있는 산업단지조성 및 각종 지원방안 등이 그 정책대안이다.

또한 지방의 기업을 성장·발전시켜 지방의 육성을 도모하기 위하여 지방중소기업의 창업을 도와주는 인큐베이터(TBI : Technology & Business Incubator) 역할을 지방정부가 직접 담당하기도 한다.

4.2.5 지역발전정책의 추이

20세기 후반 이후 세계 각국은 '지역의 경쟁력이 국가의 경쟁력'을 좌우하는 시대를 맞아 지역의 경쟁력을 제고하고 지역 간의 균형발전을 위한 광역화·분권화를 적극 추진하고 있다.

우리 정부가 1960년대 이후 추진해 온 지역발전정책은 크게 5단계로 구분할 수 있다. 경제발전 초기에는 제한된 자원의 효율적 배분과 경제성장의 기반 구축에 정책적 관심이 집중되었다. 그러나 산업화와 도시화가 급격하게 진행되면서 수도권 집중과 지역 간 격차가 심화되면서 지역 간 균형발전, 사회통합, 지속가능한 지역발전이 강조되어 왔다.

표 4-4 우리나라의 지역발전정책 추이

시기	배경·목표	주요 정책
1960~1970년대	• 빈곤의 악순환 탈피 • 자립경제기반 구축 • 공업화기반 조성	• 제1차 경제개발 5개년계획 • 제1차 국토종합개발계획(1972~1981) • 지방공업개발법 제정(1970) • 공업단지 및 수출산업단지 조성
1980년대	• 성장과 복지의 조화 • 수도권 집중억제와 지역 균형발전	• 경제사회발전5개년계획 • 제2차 국토종합개발계획(1982~1991) • 수도권정비계획법 제정 • 제1차 수도권정비계획(1984~1996)
1990년대	• 지방분산형 국토골격 형성 • 생산적·자원절약형 국토형성 • 국토환경의 보전 • 통일 대비 국토기반 조성	• 제3차 국토종합개발계획(1992~2001) • 제2차 국토종합개발계획(1997~2011) • 지역균형개발및지방중소기업육성법(1994) • 8개청 3개 기관의 대전청사 이전
2000년대	• 지역균형발전으로 국민통합 • 관련 제도 확충	• 국가균형발전특별법 제정 - 국가균형발전5개년계획(2004~2008) • 제4차 국토종합계획(2000~2020) 및 수정계획(2006~2020) • 행정중심복합도시·혁신도시·기업도시 계획
2010년대 이후	• 지역경쟁력 강화와 삶의질 향상 • 광역화와 연계협력 활성화 • 특화발전과 지방분권 촉진	• 국가균형발전특별법 개정 - 지역발전5개년계획 수립(2009~2013) • 제4차 국토종합계획 수정계획(2011~2020) • 광역경제권·기초생활권·초광역개발권 계획 • 제5차 국토종합계획 수정계획(2020~2040)

(출처 : 지역발전위원회, 지역발전정책의 성과와 과제, 2008 : 4~5 일부 수정)

4.3 도시계획제도

4.3.1 도시계획의 위계와 수립체계

현행 「국토의 계획 및 이용에 관한 법률」에 의한 도시계획체계는 크게 광역도시계획, 도시·군기본계획, 도시관리계획으로 위계화되어 있다. 광역도시계획은 1990년대에 들어오면서 도시의 연담화·광역화가 급속히 진행됨에 따라 도시기반시설의 광역적 설치와 관리를 목적으로 도입된 제도로써 2개 이상의 특별·광역시, 특별자치시·도 또는 시·군의 대도시권을 대상으로 하여 광역적 발전 및 성장관리방향을 제시하기 위해 수립한다.

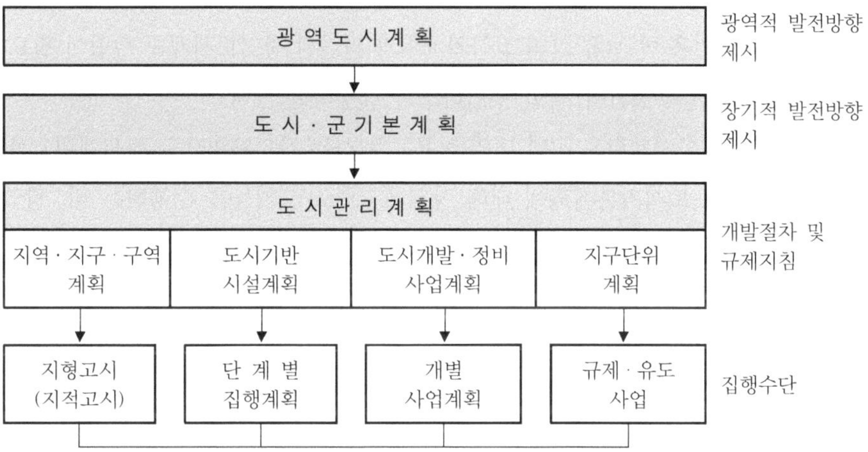

그림 4-1 도시계획의 위계와 수립체계

도시·군기본계획이 도시의 기본적인 공간구조와 장기발전 방향을 제시하는 종합계획으로서 도시관리계획의 지침이 되는 상위계획이라면, 도시관리계획은 도시·군의 개발·정비 및 보전을 위하여 수립하는 용도지역·지구·구역의 지정 또는 변경, 기반시설의 설치·정비 또는 개량, 도시개발사업 또는 재개발사업계획, 지구단위계획구역의 지정 또는 변경계획과 지구단위계획으로 규정하고 있다.

도시관리계획의 집행과 관련하여 지역·지구·구역계획에서는 지형(지적)고시를 시행하고, 도시개발사업계획에서는 도시개발법 및 관련법에 근거하여 개발계획을 별도로 수립·시행하며, 도시계획시설사업계획에서는 단계별 집행계획을 수립한다. 그리고 지구단위계획에서는 특정지구를 대상으로 하여 건폐율·용적률·건축물의 용도와 형태 등과 같은 상세계획을 수립한다.

4.3.2 위계별 도시계획의 주요내용

1. 광역도시계획

광역도시계획은 인접한 2 이상의 특별시 · 광역시 · 특별자치시 · 특별자치도(이하 시 · 도) 또는 시 · 군의 관할구역(광역계획권)에 대하여 장기적인 발전방향을 제시하고, 시 · 군 간의 기능을 상호 연계를 통하여 적정한 성장관리를 도모하는 데 목적이 있다. 광역도시계획 수립을 위한 광역계획권의 지정은 2 이상의 시 · 도 관할구역에 걸쳐 있는 경우에는 국토교통부장관이 결정하고, 도의 관할구역에 속해 있는 경우에는 도지사가 결정한다. 한편 광역도시계획의 수립 및 승인은 원칙적으로 2 이상의 시 · 도에 걸치는 경우에는 시 · 도지사가 공동으로 수립하여 국토교통부장관의 승인을 받고, 2 이상 시 · 군에 걸치는 경우에는 시장 · 군수가 공동으로 수립하여 도지사의 승인을 받는다. 그리고 국가계획과 관련된 광역도시계획 수립이 필요한 경우에는 국토교통부장관이 직접 수립하도록 규정하고 있다.

광역도시계획은 20년 내외를 목표로 하는 장기계획으로 정책계획 · 전략계획을 지향하는 도시기본계획에 대해 상위계획으로서 기능을 수행하는 바, 광역도시계획의 주요내용은 다음 5가지로 요약된다.

① 광역계획권의 공간구조와 기능분담에 관한 사항
② 녹지관리체계와 환경보전에 관한 사항
③ 광역시설의 배치 · 규모 · 설치에 관한 사항
④ 경관계획에 관한 사항
⑤ 기타 광역계획권에 속하는 특별시 · 광역시 · 시 또는 군 상호 간의 기능연계에 관한 사항

2. 도시기본계획(도시 · 군기본계획)

(1) 도시기본계획의 의의

도시기본계획은 한정된 국토자원을 효율적 · 합리적으로 활용하여 주민의 삶의 질(Quality of Life)을 향상시키고, 도시를 환경적으로 건전하고 지속가능하게 발전시킬 수 있는 정책방향을 제시함과 동시에 장기적으로 도시가 공간적으로 발전하여야 할 구조적 틀을 제시하는 종합계획으로서 그 의의가 있다. 따라서 계획 수립에 있어서는 지속가능성, 환경 · 경제 · 사회의 통합적 접근, 환경적 측면, 경제적 측면, 사회적 측면이 충분히 고려되어야 한다.

(2) 도시기본계획의 지위와 성격

도시기본계획은 국토종합계획 · 도종합계획 · 광역도시계획 등 상위계획의 내용을 수용하여 도시가 지향해야 할 바람직한 미래상을 제시하고 정책계획과 전략계획을 실현할 수 있는 도시 · 군관리계획의 지침적 계획으로서, 도시의 최상위 공간계획으로 위상과 지위를 갖는다.

따라서 도시기본계획은 경제산업 · 주택 · 교통 · 기반시설 · 환경 · 에너지 · 사회 · 문화 · 복지 등 각 분야의 정책 및 계획을 조정하는 종합계획, 그리고 도시의 공간구성에 관한 정책계획 또는 전략계획의 성격을 동시에 가지고 있다. 여기서 전략계획은 지자체의 행정역량을 선택적으로 집중해야 하는 전략 또는 정책적 우선순위를 정하는 것을 의미한다.

(3) 도시기본계획의 수립범위

도시기본계획은 원칙적으로 특별시, 광역시, 특별자치시, 특별자치도, 시 · 군(광역시 안에 있는 군은 제외) 수립대상이 된다. 목표연도는 계획수립 시점으로부터 20년을 기준으로 하며, 도시계획구역은 시 · 군 관할행정구역 단위로 계획을 수립하는 것을 원칙으로 한다.

(4) 도시기본계획의 입안 · 결정과정

도시기본계획의 입안 · 결정의 법적 절차는 크게 ① 기초조사 ② 기본계획의 입안 ③ 기본계획의 결정 ④ 기본계획의 공고의 4단계를 거치게 된다. 즉 도시기본계획은 특별시 · 광역시 · 특별자치시 · 특별자치도의 도시 · 군기본계획은 해당 특별 · 광역시장 등 광역자치단체장이 입안하여 국토교통부장관을 포함하는 중앙행정기관의 장과 협의한 후 시 · 도 지방도시계획위원회의 심의를 거쳐 결정한다. 그리고 일반 시 · 군의 경우는 시장 · 군수가 입안하여 도지사의 승인을 받도록 되어 있는데, 승인을 받기 위해서는 공청회결과와 시 · 군의회 의견청취결과를 첨부하고, 해당 시 · 군 지방도시계획위원회의 자문결과를 제출하여 도 지방도시계획위원회의 심의를 거쳐 승인 · 결정한다(그림 4-2 참조).

(5) 도시기본계획의 주요내용

도시기본계획을 효율적이고 합리적으로 수립하기 위하여 계획의 목표와 지표 · 공간구조 구상 · 기반시설계획 등 12개의 항목이 포함되도록 규정하고 있다. 다만, 토지이용, 기반시설, 도심 및 주거환경, 경제산업 분야에 대해서는 해당 도시의 인구

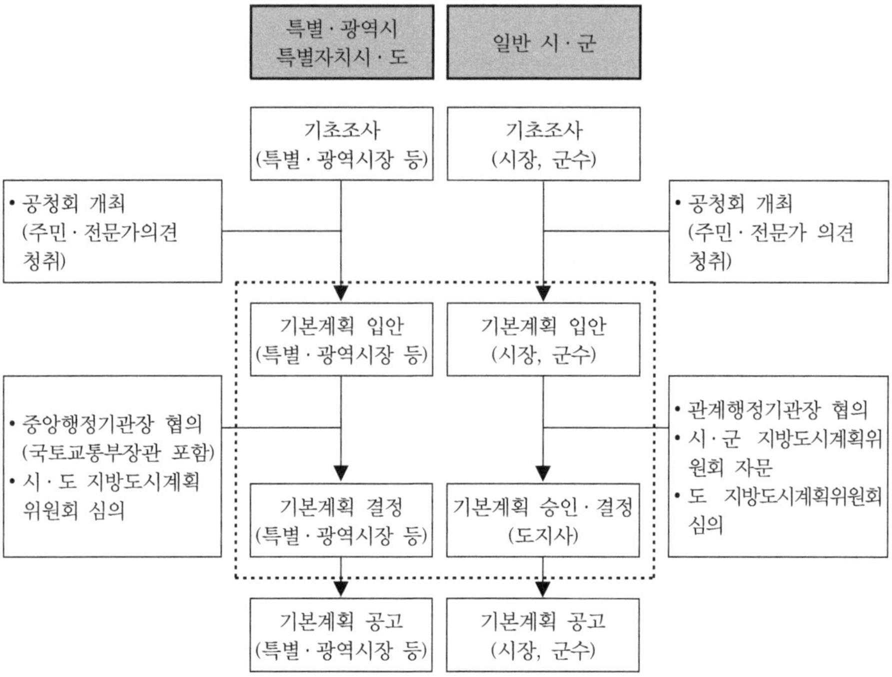

그림 4-2 도시기본계획의 입안·결정절차

추세, 산업 및 고용증가율, 주간활동인구 등을 고려하여 성장형 또는 성숙·안정형으로 구분하여 차별화하여 수립할 수 있다. (국토교통부, 도시·군기본계획수립지침, 2018)

① 지역별 특성과 현황

② 계획의 목표와 지표 설정(계획의 방향·목표·지표 설정)

③ 공간구조의 설정(개발축 및 녹지축의 설정, 생활권 설정 및 인구배분)

④ 토지이용계획(토지의 수요예측 및 용도배분, 용도지역의 관리방안 및 비도시지역의 성장관리방안)

⑤ 기반시설(교통, 물류체계, 정보통신, 기타 기반시설계획 등)

⑥ 도심 및 주거환경(도시재생계획, 도심 및 시가지정비, 주거환경계획)

⑦ 환경의 보전과 관리(대기환경 및 수환경 보전, 폐기물, 에너지)

⑧ 경관 및 미관(경관계획 성격, 경관계획 구성 및 수립기준)

⑨ 공원·녹지(공원녹지체계, 공원녹지시설)

⑩ 방재 및 안전(재해방지계획, 범죄예방)

⑪ 경제·산업·사회·문화의 개발 및 진흥(고용, 산업, 복지, 교육, 문화·체육)

⑫ 계획의 실행(재정 확충 및 재원 조달, 단계별 추진전략)

3. 도시관리계획(도시 · 군관리계획)

도시관리계획은 시장 또는 군수가 관할구역을 대상으로 입안하는 것이 원칙이나 기반시설계획이나 지구단위계획은 주민도 계획의 입안을 제안할 수 있다. 도시관리계획 수립은 도시기본계획의 타당성 검토 → 도시관리계획에 대한 기초조사 → 도시관리계획(안)의 공고 및 열람 → 주민 등의 의견조치 등의 과정을 거치도록 되어 있다.

도시관리계획은 향후 10년을 내다보고 수립하는 중기계획으로서 광역도시계획 및 도시기본계획 등에서 제시한 내용을 수용하고 개별 사업계획과의 관계를 고려하되 시 · 군의 성장추세에 따라 수립해야 한다. 도시관리계획은 법정 계획이므로 변경에 따른 주민의 재산 피해와 민원을 해소하고 건전한 발전을 도모하기 위하여 원칙적으로 계획이 결정된 날부터 5년 이내에는 변경할 수 없도록 명시하고 있다.

한편 「국토계획법 2조」에서는 도시관리계획을 도시 · 군의 개발 · 정비를 위하여 수립하는 토지이용 · 교통 · 환경 · 경관 · 안전 · 산업 · 정보통신 · 보건복지 · 안보 · 문화 등에 관한 계획으로 규정하고 다음 6가지로 나누고 있다.

① 용도지역 · 용도지구의 지정 또는 변경에 관한 계획
② 개발제한구역 · 시가화조정구역 · 수산자원보호구역의 지정 또는 변경에 관한 계획
③ 기반시설의 설치 · 정비 또는 개량에 관한 계획
④ 도시개발사업 또는 정비사업에 관한 계획
⑤ 지구단위계구역의 지정 또는 변경에 관한 계획과 지구단위계획
⑥ 입지규제 최소 구역의 지정 또는 변경에 관한 계획과 입지규제 최소 구역계획

도시관리계획의 주요내용은 용도지역 · 지구 · 구역의 지정 및 변경, 도시계획시설(기반시설)의 설치 · 정비 또는 개량, 도시개발사업 또는 재개발사업, 경관 및 안전, 지구단위계획구역의 지정 · 변경에 관한 계획 등을 포함하고 있다.

4. 지구단위계획

지구단위계획은 도시계획구역 내의 일부에 대하여 토지이용을 합리화하고 그 기능을 증진시키며 미관을 개선하고 양호한 환경을 확보하며, 당해 지역을 체계적 · 계획적으로 관리하기 위하여 수립하는 도시관리계획의 주요내용 중의 하나이다.

지구단위계획구역의 지정은 도시관리계획에서 계획한 지역 또는 시 · 군 안에서 특별한 문제점이나 잠재력이 있는 곳으로서 지구단위계획을 통한 체계적 · 계획적 개발 또는 관리가 필요한 지역을 대상으로 한다.

표 4-5 위계별 도시계획의 특성 비교

구분	광역도시계획	도시 · 군기본계획	도시 · 군관리계획
① 계획목적	광역계획권의 장기적 발전방향 제시	도시의 장기적 발전방향 제시	도시의 개발절차 및 규제지침 제시
② 계획내용	비물적 분야 포함	비물적 분야 포함	물적 분야에 국한
③ 법적 근거	국토계획법 10조~17조	국토계획법 18조~23조	국토계획법 24조~48조
④ 법적 구속력	없음	없음	있음
⑤ 계획기간	20년	20년(5년마다 재검토)	10년
⑥ 계획입안자	시 · 도지사	특별(광역)시장, 시장 · 군수	특별(광역)시장, 시장 · 군수, 주민(이해관계자)
⑦ 계획승인자	국토교통부장관	국토교통부장관	국토교통부장관, 시 · 도지사
⑧ 계획구역 범위	광역계획권	시 · 군 관할구역 전체	시 · 군 관할구역 전체
⑨ 시민참여 형태	공청회	공청회	공고 및 열람
⑩ 변경 가능성	원칙적으로 재검토 불가능	변경 가능	변경 제한(원칙적으로 5년 이내 변경 불가)
⑪ 계획간 연계	도시기본계획과 도시관리계획에 지침 제시	상위계획 수용, 도시관리계획에 지침 제시	상위계획 수용, 지구단위계획에 지침 제시
⑫ 계획 성격	정책계획, 전략계획	종합계획, 정책계획, 전략계획	법정계획, 중기계획, 물적계획
⑬ 도면 축척	1/25,000~1/50,000	1/25,000~1/50,000	1/1,000~1/5,000

지구단위계획의 주요내용은 지역지구의 세분, 가구 및 획지계획, 기반시설의 규모와 배치, 경관계획, 교통처리계획 등과 같은 공공 분야에서부터 건축물의 용도, 건축물의 밀도(건폐율 · 용적률 · 층수) · 배치 · 형태 · 색채 등과 같은 민간 분야에 걸쳐 다양한 내용으로 구성되어 있다(제12장 참조).

5. 부문별 계획

부문별 계획은 국토계획법에 근거하여 수립되는 계획은 아니지만, 도시기본계획은 물론 도시관리계획 및 지구단위계획과 서로 깊게 관련되어 있다. 부문별 계획은 크게 물적 요소를 다루는 공간적 계획과 주로 비물적 요소를 대상으로 하는 비공간적 계획으로 구분된다.

먼저, 물리적 · 공간적 측면의 부문 계획은 각 개별법에 의해 수립 · 운용되지만, 종합계획(comprehensive plan)의 역할을 하는 도시기본계획의 여러 부문별 계획과 환류 · 조정하는 역할을 하는 계획으로 「도시공원및녹지등에관한법률」에 의한 공원녹지기 본계획, 「경관기본법」에 의한 경관계획, 「수도법」에 의한 수도정비기본계획 등이 이에 해당된다. 그리고 비물적 · 비공간적 측면의 부문별 계획은 산업 · 정보 · 교육 · 문화 · 복지 · 건강 등 다양한 목적으로 수립 · 운용되고 있다.

4.4 외국의 도시계획제도

4.4.1 공간계획체계

도시계획제도와 관련되는 국토공간의 계획체계는 국가마다 국토의 여건, 역사적 전통, 토지관 등에 따라 매우 다르다. 우리나라와 일본 · 독일 · 프랑스 등에서는 전 국토를 계획 대상으로 하는 국토계획이 있지만, 영국 · 미국 등에는 공간계획체계로서의 국토계획 대신에 국가정책이나 지역의 성장 · 관리계획 등의 형태로 국토개발의 장 · 단기적인 지침을 제시하고 있다. 그리고 도시계획의 수립 및 결정의 권한도 대부분 지방정부에 위임되고 있다.

4.4.2 도시계획제도

1. 영국

영국에서 전국을 총괄하는 기본법은 1947년에 제정된 「도시및농촌계획법」이며, 공간계획체계는 3단계로 이루어진다. 도시개발의 기본방향은 국가정책지침서(PPG) 및 지역계획지침서(RPG)에 의해 제시된다. 전체적인 도시개발지침의 역할을 담당하는 구조계획(SP:Structure Plan)은 광역자치단체가 수립하며, 세부개발계획의 역할을 하는 지방계획(LP:Local Plan)은 기초자치단체가 수립한다.

2007년부터는 지방계획 수립체계의 단순화, 주변참여의 확대, 중요 장소의 도시설계적 접근 등의 내용을 담은 '10대 원리'를 골자로 하는 지방개발기초계획(LDF : Local Development Framework)을 수립하도록 하였다. 그리고 모든 도시개발행위는 지방계획 당국에 의해 계획허가(planning permission)를 받도록 되어 있다.

2. 독일

독일의 공간계획 권한과 책임은 연방(Bund) · 주(Land) · 기초자치단체(Gemeinde)에 적정하게 분배되어 있다. 도시계획은 원칙적으로 게마인데에서 주민참여를 바탕으로 수립하지만 상위계획의 내용에 부합하여야 한다. 상위계획 역시 게마인데의 고유권한으로 되어 있는 계획고권(計劃固權)인데, 이것은 계획수립의 주체에게만 구속력을 가지는 토지이용계획(Flachennutzungsplan, F-Plan)과 주민에게 직접적인 구속력을 가지는 지구상세계획(Bebauungsplan, B-plan)의 이원적 구조로 되어 있다.

3. 프랑스

프랑스의 도시계획제도는 「도시기본법(1967)」에 근거하고 있는 도시정비기본계획(SD)과 토지점용계획(POS)이다. 2000년에는 「도시연대및재생에관한법(SRU)」이 제정됨에 따라 도시정책방향이 재편되었는데, 이 제도의 주요내용은 첫째, 기존 도시계획인 SD와 POS를 각각 지역통합계획(SCOT)과 지방도시계획(PLU)으로 대체하여 교통·주거·토지이용을 보다 체계적으로 연관되게 하고, 둘째는 지속가능한 개발을 위하여 도시교통계획(PDU)을 수립하며, 셋째는 민간주택의 질적 개선을 위하여 사회주택 건설을 의무화하는 것이다. 프랑스에서는 도시개발 및 정비계획에 시기를 조절하면서 토지이용을 규제하는 방법인 시차적 용도지역제(time zoning)를 하고 있는 것이 특징이다.

4. 미국

미국에서 도시계획을 수립하는 권한은 특정 권한이 주법(州法)으로 수여되는 수권법(enabling act)에 의해 도시자치체에 부여되고 있으며, 이를 받아 의회에서 조례를 제정하여 도시계획을 시행한다. 이에 따라 도시계획의 핵심인 토지이용체계를 구성하는 기본적인 수법은 크게 여섯 가지인데, 여기에서 도시기본계획이 토지이용을 규제하기 위한 목적을 제시해 주는 역할을 한다면, 다른 다섯 가지는 토지이용계획을 실현하기 위한 수단이라고 볼 수 있다.

- 도시기본계획(general plan, master plan, comprehensive plan)
- 지역제(zoning)
- 획지분할규제(subdivision control)
- 오피셜 맵핑(official mapping)
- 협약(cover)
- 성장관리(growth management)

5. 일본

일본의 공간계획체계는 크게 2가지로 나누어진다. 하나는 국가차원의 관련법에 따라 도시의 토지이용을 규제하는 도시계획이고, 다른 하나는 기초자치단체가 독자적인 조례에 의하여 토지이용을 직접 실현해 나가는 체제이다. 여기에서 전자는 광역자치단체인 도·부·현이 도시계획구역의 정비·개발·보전방침을 정하는 '도시계획구역 마스터플랜'이고, 후자는 시·정·촌 도시계획의 기본방침인 '시·정·촌 도시계획 마스터플랜'이다. 1970년대부터는 국가적 차원의 도시계획과는 별도로 지자체가 독자적인 조례를 제정하여 시민·전문가·공무원 등이 공동으로 참여하는 도시만들기(都市づくり) 또는 마을만들기사업을 널리 시행하고 있다.

PART
05 도시조사 · 계획지표

5.1 도시조사 · 분석

5.1.1 도시조사의 의의 및 항목

1. 도시조사의 의의

도시조사는 미래의 변화를 예측하고 대비하기 위하여 현황자료 및 관련내용을 수집 · 분석하여 그 도시망이 가진 실상을 이해하는 일이다. 도시의 현황과 문제점에 대한 정확한 인식과 분석 없이는 훌륭한 대안이 나올 수 없듯이, 도시계획 역시 두시조사를 통한 정확한 진단결과를 전제로 하기 때문이다. 따라서 도시계획을 수립하기 이전에 기초조사를 통하여 다음과 같은 도시의 현황과 특성 · 문제점 · 잠재력 등을 파악해야 한다.

- 도시가 국토공간에서 차지하는 위치 및 지리적 · 역사적 · 문화적 특성
- 도시의 개발연혁, 인구 · 경제 · 자연환경 · 사회환경 및 사회개발 현황
- 도시가 지니고 있는 각 분야별 문제점과 이용 · 개발 · 보전이 가능한 자원의 발전 잠재력
- 도시의 경제 · 사회환경 등의 세력권
- 도시의 재해발생 구조와 재해위험 요소
- 도시의 범죄 취약성에 대한 물리적 환경 및 사회적 특성
- 도시의 인구구성 및 사회계층구조 변화에 따른 저출산 · 고령화 추이

한편, 지역의 특성은 기초자료 조사결과 및 설문조사의 결과 국토종합계획 · 광역도시계획 등 상위계획 및 관련계획에서 본 해당 도시의 특성, 그리고 저소득층 · 고령자 · 외국인 등을 고려한 포용정책 등을 고려해서 분석해야 한다.

2. 조사항목

기초조사는 도시 · 군기본계획의 수립 · 운용에 실질적인 도움이 될 수 있도록 인구동향이나 시가지현황 등 필요한 항목을 조사해야 하며, 도시의 특성에 따라 조사항목을 가감하거나 별도 조사를 실시할 수 있다.

조사내용은 지형 · 지질 · 수문 · 기후 · 자원 등의 자연환경과 인구 · 사회 · 문화 · 토지이용 · 교통 · 주거 등의 인문환경으로 구분할 수 있다. 또한 도시 · 군의 내부환경과 도시세력권 · 연결교통망 · 유입인구(활동인구)와 같은 주변지역과의 관계도 조사해야 한다. 그리고 자연환경 · 토지이용 · 기반시설 등 정적 사항과 인구집중 · 교통량 · 기능 간의 연계 등 동적 사항도 조사 · 분석해야 한다.

표 5-1 도시기본계획 기초조사 세부항목

대항목	세부항목
① 자연환경	지형 및 경사도, 지질 · 토양, 수리 · 수문 · 수질, 기후, 풍수해기록(가능성), 지진기록(가능성), 생태 · 식생, 동식물 서식지, 환경계획 및 정책
② 인문환경	도시의 역사, 행정, 문화재 · 전통건물 등, 기타 문화자원, 각종 관련계획
③ 인구	인구 총수의 변화, 인구밀도, 인구의 구성, 주야간 인구, 산업별 인구, 가구, 생활권별 인구, 인구이동 현황
④ 경제 · 산업	지역 총생산, 산업, 특화산업, 경제활동인구, 기업체
⑤ 토지이용	공간구조, 용도별 면적 · 분포, 토지의 소유, 지가, 지목별 면적 · 분포, 농업진흥지역, 산지, 시가화 동향, 주거환경조사, 상업환경조사, 공업환경조사, GIS 구축내용, 재해위험요소, 미기후 환경변화요소
⑥ 주거	주택수, 주택보급률, 주거수준, 임대주택, 주택공급
⑦ 교통시설	도로, 항만, 공항, 주차장, 정류장, 궤도, 자동차검사시설, 철도, 교통량, 교통사고발생현황
⑧ 공간시설	광장, 공원, 녹지, 유원지, 공공공지
⑨ 유통 및 공급시설	유통업무설비, 수도공급설비, 전기공급설비, 열공급설비, 방송 · 통신시설, 공동구현황, 시장현황, 유류저장 및 송유설비
⑩ 공공 · 문화 체육시설	교육시설, 공공청사, 문화시설, 체육시설, 연구시설, 사회복지시설, 공공직업훈련시설, 청소년수련시설
⑪ 방재시설	하천, 유수지, 저수지, 방화 · 방풍 · 방수 · 사방 · 방조설비
⑫ 보건 · 위생시설	장사시설, 도축장, 의료시설
⑬ 환경 기초시설	대기오염, 소염 · 진동, 하천의 수질, 토양오염의 유형, 하수도, 폐기물처리 및 재활용시설, 빗물저장 및 이용시설, 수질오염 방지시설, 폐차장
⑭ 재정	재정자립도, 지방세수입, 지방채 발행, 재산세, 교부금

(출처 : 국토교통부, 도시 · 군기본계획수립지침, 2018, 별표)

한편, 기초조사 또는 현황조사라는 이름으로 도시조사를 규정하고 있는 도시계획 관련 법률로는 「도시개발법」, 「수도권정비계획법」, 「주택법」, 「도시교통정비촉진법」 등 여러 법률이 있다. 각 법률에서는 「국토계획법」에서 규정하고 있는 종합적인 도시조사를 규정하고 있지는 않지만, 관련계획을 수립하기 위하여 필요한 내용을 조사항목으로 규정하고 있으며, 국토 · 지역 · 도시 · 단지 · 주택 및 지역기업을 조사범위로 정하고 있다.

「도시개발법」에서는 도시개발구역을 지정하고자 하는 때에는 도시개발구역으로 지정된 구역 안의 토지, 건축물, 공작물, 기타 필요한 사항에 관하여 조사하거나 측량을 할 수 있도록 규정하고 있는데, 기초조사의 내용은 다음과 같다.

① 당해 도시 또는 도시개발구역으로 지정하고자 하는 지역과 생활권이 같은 지역의 인구변동 상황 및 그 추이
② 도시개발구역 안의 인구, 토지이용 및 지장물 및 각종 개발사업 현황에 관한 사항
③ 주변지역의 교통현황
④ 풍수해 · 산사태 · 지반의 붕괴, 기타 재해의 발생빈도 및 현황
⑤ 도시기본계획 · 광역도시계획 등 상위계획에 관한 사항
⑥ 기타 건설교통부령으로 정하는 사항(문화재 분포현황 및 녹지분포현황)

5.1.2 도시조사 및 자료관리

1. 조사방법

(1) 조사방법

조사란 각종 자료의 출처로부터 필요한 정보를 획득하는 과정을 말하며, 다른 부문의 계획과 마찬가지로 도시계획에서 활용되는 자료에 대한 조사방법도 우선 자료원(data source)에 대한 접근이 직접적이냐 간접적이냐에 따라 1차 자료와 2차 자료로 나누어진다. 1차 자료 조사대상 전부를 대상으로 할 것인가 아니면 적정한 신뢰도 내에서 표본을 추출하여 조사할 것인가에 따라 전수조사와 표본조사로 구분되며, 조사방법에 따라 현지조사 · 면접조사 · 설문조사로 구분된다.

2차 자료는 대부분 정부기관에서 출간된 자료를 중심으로 이루어지며, 구축된 특성에 따라 통계자료 · 행정자료 · 도면자료로 분류된다. 통계청에서는 통계정보시스템(KOSIS)을 통해 인구주택총조사를 포함하여 주요 통계자료를 각급 행정구역단위로 제공하고 있어 전반적인 추세를 파악하는 데 도움이 되고 있다.

• 통계자료 : 통계청 등에서 주기적으로 조사 · 발간하는 자료(인구주택총조사, 산업총조사, 광업 · 제조업조사, 사업체기초통계조사 등)
• 토지 · 건축행정자료 : 토지 · 건축 · 과세행정이나 도시계획과정에서 생산되는 각종 행정자료(토지대장, 임야대장, 건축물대장, 토지이용계획확인원, 토지특성조사표, 재산세과세대장 등)
• 도면자료 : 지형도, 지적도, 항측도, 항공사진, 지질도, 산림토양도, 식생분포도, 도로교통 및 지하철노선도, 행정구역도 등

(2) 기초조사지침

도시조사는 해당 도시가 가지고 있는 현황과 특성을 파악하고 정확한 진단과 이해를 통하여 보다 과학적이고 합리적인 도시계획 수립을 위한 가장 중요한 사항이다. 그러므로 기초조사에 있어서는 다음과 같은 지침을 따라 시행해야 한다(도시 · 군기본계획수립지침, 2018).

첫째, 기초조사는 각종 문헌이나 통계자료의 수집, 현지답사 등의 방법을 고루 활용하되, 조사 후 현지답사 · 주민의식조사 등을 통하여 현지확인 및 검증함으로써 신뢰도를 높이도록 한다.

둘째, 공공기관에 의하여 조사된 공식적인 자료가 있는 경우에는 1년 이내의 자료를 수집하는 것을 원칙으로 하되, 불가피한 경우에는 가장 최근의 자료를 사용한다.

셋째, 미래의 변화예측에 필요한 통계자료는 가능한 한 최근 10년 이상의 것을 사용하고 자료출처를 명시한다.

넷째, 기초조사는 전환화된 자료를 충분히 활용하고, 개별 법령에 근거한 「국토이용정보체계」, 「국가공간정보통합체계」 등 기존에 구축된 데이터를 활용하도록 한다.

끝으로 수립된 조사자료는 시각적 효과를 높일 수 있도록 필요한 경우 도표형태로 대표성 있는 수치를 정하여 정리한다.

(3) 델파이방법

델파이방법(Delphi method)은 앙케트를 반복 실시함으로써 사람들의 의견을 조사하는 방법으로서 도시계획이나 지역계획 등 계획수립을 위한 장기적 미래상 예측방법에 많이 쓰인다. 이것은 각 분야의 전문가에게 어떤 문제에 대한 설문을 주어 그들의 의견을 임의대로 기입시키고 그것을 집계한 결과를 전원에게 고루 돌려 다시 의견을 구한다. 이러한 피드백과정을 여러 차례 반복하면서 의견을 종합하여 미래예측에 접근하는 방법이다.

델파이방법은 토론의 경우 일어나기 쉬운 심리적 혼란의 염려가 없고, 최초의 앙케트를 반복·수렴하기 때문에 여러 사람의 판단이 피드백되어 불확실한 미래예측 결과의 객관성이 높다는 점에서 장점이 있다.

2. 자료의 분석

도시조사의 목적인 그 도시가 지니고 있는 특성·장단점·잠재력 등과 법칙성을 찾기 위해서는 수집된 조사자료를 분류하고 도표화·지도화하거나 통계적인 기법을 이용하여 분석하는 일이다. 특히, 통계적 기법은 그 유용성이 매우 크며, 오늘날 컴퓨터의 발달과 함께 활발하게 이용되고 있다.

일반적으로 자료를 처리하고 분석하는데 쓰이는 통계의 유형은 크게 기술적(記述的) 통계와 추론적 통계의 두 가지 유형으로 나누어 볼 수 있다. 기술적 통계는 정보나 자료를 비율화하거나 대표 값으로 나타내어 보다 유용한 방법으로 요약·정리해서 기술하는 방법으로 자료를 요약·정리하여 서술하고 분석할 뿐 모집단에 대한 어떤 추론이나 결론을 도출하는 방법은 아니다. 이 방법은 자료들을 소수의 측정치로 간편하게 요약할 수 있는 장점이 있는 반면에 방대한 자료들을 너무 단순화하여 중요한 정보가 소홀해지는 문제도 있다. 한편 추론적 통계는 표본을 기초로 하여 모집단의 특성을 추정(estimating)하고 일반화하여 예측하는 방법을 말한다. 지역의 관련성과 도시공간의 관계를 분석하기 위한 추론적 통계기법으로는 상관관계분석·회귀분석·주성분분석·요인분석 등이 많이 사용된다.

3. 조사결과의 활용과 관리

조사결과와 그 해석결과는 계획의 근거를 설명하는 데 활용된다. 따라서 자료를 정량적으로 또 과거 추세를 시계열적으로 파악할 필요가 있으며, 결과는 될 수 있는 대로 일반사람들에게도 알기 쉽게 기호나 도표를 사용하고, 가능하면 색채를 사용해서 도면화하는 것이 바람직하다.

도시 조사결과는 과거부터의 추이·현황·향후 전망 등을 쉽게 파악할 수 있도록 종합적으로 분석하여 계획수립과정에서 쉽게 활용될 수 있는 형태로 저장·관리하고, 체계적이고 지속적으로 관리해야 한다.

기초조사 자료는 정보의 교류와 체계적인 관리를 위하여 지리정보의 GIS화를 목표로 시스템 구축과 과거 데이터 정리를 진행해야 한다. 이 경우 자료관리는 도시계획통합정보서비스(UPIS : Urban Planning Information System)을 기반으로 하되, 목적에 따라 국가공간계획지원체계(KOPSS) 등을 활용한 집계·분석을 실시할 수 있다.

그리고 도시계획에 대한 주민참여를 추진하기 위해 기초조사의 데이터와 집계·해석 결과에 대한 정보를 주민들에게 쉽게 제공할 수 있도록 해야 한다.

4. 도시지리정보시스템(UGIS)

지리정보시스템(GIS : Geographic Information System)의 특성을 지리적 정보를 이용하여 수치형태로 데이터베이스를 구축·관리하고, 많은 양의 자료가 빠른 속도와 적은 비용으로 관리되어 검색이 가능하며, 자료들을 다양한 방법과 관점에서 통합하여 모델링함으로써 새로운 정보를 창출할 수 있다. 현재는 GIS를 주로 전기·통신·도로·상하수도·건물 등의 유지 및 관리에 사용하고 있으나, 공공시설의 최적 입지 분석이나 시장분석 등에도 유용하게 사용된다.

도시지리정보시스템(UGIS : Urban Geographic Information System)은 GIS가 지니는 일반적 원리와 기능을 도시정보의 형태와 특성에 초점을 맞추어 적용시킨 것으로서 도시 내 지형·도로·건물 등의 형상에 관한 공간자료와 그와 연관된 인구수·건물면적·지명 등의 속성자료를 종합적으로 저장·관리하고, 목적에 따라 적절히 처리·분석함으로써 공공 서비스의 제공, 자원의 관리, 공공정책의 수립 등 도시의 행정과 계획활동을 효과적으로 지원한다.

도시계획 분야에서 UGIS의 활용을 높이기 위해서는 먼저 도시계획을 위한 자료가 체계적으로 수집·구축되어야 한다. 보다 정확한 계획도면의 작성과 계획안의 변경·수정 등에 있어 지형도 이외에 지적도 등 기초현황자료의 전산화 및 표준화가 시급하다. 또한 이들 정보들이 일반에 공개되어 공유가 가능하도록 해야 한다.

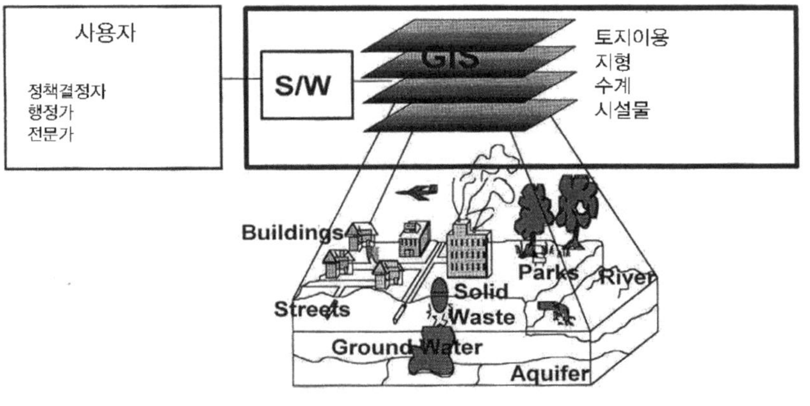

(출처 : 대한국토·도시계획학회, 도시설계, 2001 : 384)

그림 5-1 지리정보시스템(GIS)의 개념

5.1.3 도시발전 잠재력 분석(SWOT)

도시발전 잠재력(SWOT) 분석은 현재 도시가 가지고 있는 내부적 자연환경 · 역사문화적 유산 · 산업경제 · 광역교통 등의 측면에서 강점(Strength)과 약점(Weakness), 그리고 향후 전개될 외부적 사회경제 여건과 국토 및 지역적 여건변화를 고려한 기회요인(Opportunity)과 위협요인(Threat)으로 구분하여 분석한다.

표 5-2 SWOT분석의 기본개념

구 분		내 부 요 인	
		강점(S)	약점(W)
외부요인	기회(O)	OS(기회에 당해 도시의 강점을 활용하는 전략)	OW(기회에 당해 도시의 약점을 보완하는 전략)
	위협(T)	TS(위협에 당해 도시의 강점을 활용하는 전략)	TW(위협에 당해 도시의 약점을 보완하는 전략)

도시잠재력분석의 결과에 기초하여 계획목표와 지표를 설정하고, 각 부문계획의 수립에 있어서 강점 및 기회요인은 극대화하고 약점 및 위협요인은 최소화하도록 계획전략을 설정한다.

5.1.4 도시경쟁력

도시의 경쟁력이 종합적으로 어느 수준이냐의 문제는 그 결과가 도시경쟁력의 평가목적에 따라 다양하게 활용되어지기 때문에 의미 부여가 쉽지 않다. 경쟁력 개념은 도시경쟁력을 결정하는 여러 가지 요인들에 의하여 이루어지는 구조적 메커니즘에 의하여 정의되어야만 전체적으로 일관된 논리로 경쟁력을 평가할 수 있다.

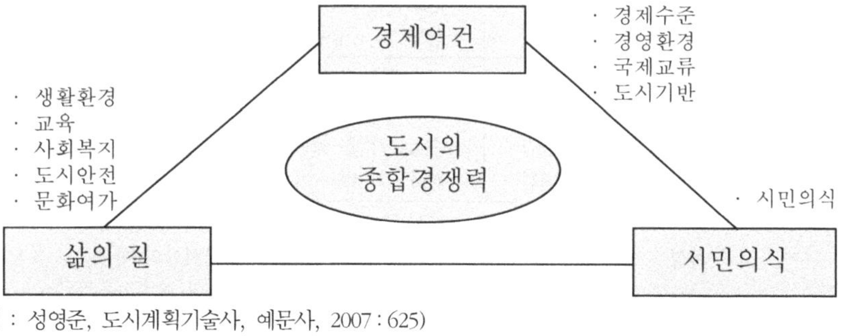

(출처 : 성영준, 도시계획기술사, 예문사, 2007 : 625)

그림 5-2 도시경쟁력의 비교지표

도시의 경쟁력은 도시의 특성을 반영하는 변수들의 가중평균으로 평가되는데, 이러한 가중평균을 산정하기 위하여 가중치 부여가 필요하다. 도시경쟁력과 이를 결정하는 변수들의 관계가 선형인 것으로 가정하면 특정 도시의 경쟁력 수준은 다음 식으로 표시될 수 있다.

도시경쟁력 수준 $S_j = \sum_i W_i X_{ij}$

여기에서, S_j : 도시 j 의 경쟁력 수준
W_i : 특성 j 에 대한 가중치
X_{ij} : 도시 j 의 특성 I

5.2 도시계획 목표와 미래상

5.2.1 도시계획의 기본목표와 과제

도시민들의 인간다운 생활을 영위하도록 하기 위한 도시계획의 일반적인 기본목표는 안전성 · 보건성 · 편리성 · 쾌적성 · 문화성, 그리고 사회경제성을 들 수 있다.

표 5-3 도시계획의 기본목표와 방향

기 본 목 표		과제 및 방향
안전성	• 자연재해 • 화재 • 교통 • 공해	• 홍수 · 지진 등 토지에 대한 안정성 제고 • 화재의 연소방지, 소화 및 피난설비의 정비 • 교차로의 입체화, 보차도의 분리, 보행전용도로의 조성 • 대기오염 · 수질오염 · 소음 등에 대한 대책
보건성	• 위생 • 보건 • 의료	• 상하수도의 확충, 일조 · 통풍 · 채광조건의 확보 • 실내 · 외의 스포츠시설의 확충 • 의료시설의 확보 및 구급체계의 확립
편리성	• 교통 • 정보통신 • 생활편익	• 도로 · 철도 · 공항 · 항만 등 시설의 확충 • 정보전달 가능범위의 확대 및 신속성 · 정확성 유지 • 상업 및 공공편익시설의 다양성 및 접근성 향상
쾌적성	• 개방공간 • 녹지공간 • 수변공간 • 가로미관	• 지상이나 상공에의 조망 확보 • 공원 · 녹지 · 광장 등의 면적 및 수의 확보 • 수로 · 하천 · 해안 등 친수공간(waterfront)의 보전 • 건물 · 가로수 · 가로장치물의 정비
문화성	• 문화 • 국제화 • 전통문화	• 도서관 · 미술관 · 박물관 · 공연장 등의 확충 • 국제적인 회의 · 관광 · 숙박시설의 확보 • 역사유산의 보존, 문화행사의 발굴 · 유치
사회경제성	• 기업활동 • 소비활동 • 행 · 재정	• 기업활동의 활발성 촉진 • 시민소비활동 및 상점가의 활력 향상 • 행정서비스 및 재정 수준의 향상

그러나 각 도시의 도시계획에서 추구하는 기본목표는 도시의 입지적 조건, 성격과 규모, 발전단계 등에 따라 달라지게 되며, 그 계획목표에 따라 도시개발 · 정비의 과제와 방향이 설정된다.

5.2.2 도시의 미래상

도시계획 수립의 기본목표가 설정되면 국토의 미래상과 지역 내에서의 위치 및 여건을 고려하여 도시가 지향하는 바람직한 비전(vision)을 전망하고, 미래상의 달성을 위한 기본목표 및 실천전략의 대강을 정리한다.

도시 미래상에는 도시의 국제적 · 국가적 차원에서의 위상, 도시의 경제사회적 기능과 역할, 시민의 생활환경과 복지 등이 제시되어야 하며, 비전을 도출하기 위해서는 공무원과 전문가가 참여하는 워크숍 · 주민설문조사 · 토론회 · 정책세미나 등을 시행하여 타당성을 확보해야 한다.

도시의 미래상이 설정되면 계획목표를 보다 구체적으로 제시하는 계획지표(planning indicator)를 설정하게 되는데, 계획지표는 최종 목표연도를 기준으로 하되 5개년을 단위로 계획단계를 구분하고, 또한 목표가 계획의 실천과정에서 실효성 있는 지침이 되고 집행의 달성도를 평가하는 기준이 될 수 있도록 측정 가능한 형태로 제시하는 것이 좋다.

5.3 도시계획지표

5.3.1 계획지표의 의의

계획지표는 장래 지향해야 할 도시계획의 방향을 정할 뿐만 아니라 목표연도에 당해 도시가 달성해야 할 양적 · 질적 수준을 설정하는 것으로서, 그 적정성 여부는 계획의 성패를 결정하는 중요한 요인이 된다. 도시계획에 있어서 주요 계획지표로는 가장 기본이 되는 인구지표 · 경제지표 · 환경지표이다.

계획지표의 설정방법은 상위계획 및 기관에서 지침적으로 제시되는 방법과 개별 도시마다 성격이나 과거의 추세를 연장하여 예측하는 방법이 있는데, 대부분의 경우 이 두 가지 방법을 병행하여 사용하고 있다. 그러나 지침적으로 주어지는 계획지표를 수용하는 경우에는 개별 도시의 희망사항이나 창의적인 계획수립은 제약을 받게 된다. 따라서 계획지표 설정은 상위계획 및 기관의 지침을 수용하면서도 개별 도시의 희망사항을 함께 달성할 수 있는 계획지표를 설정하는 것이 바람직한 방법이라 할 수 있다.

5.3.2 인구 및 가구지표

1. 인구지표의 의의

계획인구는 도시 장래의 건전하고 안정된 발전을 상징할 뿐만 아니라 증가인구에 대응하는 도시의 공간적 규모, 기반시설과 생활환경시설의 수요추정, 그리고 도시가 성장함에 따라 발생하는 토지 및 주택수요, 교통수요, 각종 공공시설수요 등을 판단하는 가장 기본적인 계획지표로 이용된다.

총인구는 상주인구와 주간활동인구로 나누어 설정할 수 있으며, 주야간인구 및 가구(세대)의 현황을 분석하여 최근 10년 간의 인구추세와 관련 상위계획상의 지표, 가용토지자원과 인구수용능력, 환경용량 등을 고려하여 목표연도 및 단계별 최종연도의 적정 인구규모를 정한다. 이 경우 국토종합계획 · 광역도시계획 등 상위계획상의 인구지표와 통계청의 인구추계치를 활용해야 한다.

2. 상주인구(총인구)

상주인구 추정은 원칙적으로 모형에 의한 방법을 기본으로 하며, 사회적 증가분에 의한 추정방법은 보조적 수단으로 활용한다. 먼저 모형에 의한 방법으로는 생잔모형에 의한 조성법과 추세연장법이 있고, 사회적 증가분에 의한 추정방법을 사용하는 경우에는 택지개발 · 산업단지개발 · 주택건설사업 승인과 같은 개발사업으로 인한 인구증가분이 고려된다. 일반적으로 도시계획 인구추정에는 다음과 같은 방법들이 사용되고 있다.

(1) 과거 추세를 연장하는 방법

도시인구를 과거의 추이가 미래에도 계속될 것이라는 가정 아래 과거의 추세를 연장하여 장래의 인구를 추정하는 방법으로서 등차급수 · 등비급수 · 최소자승법 · 로지스틱곡선(Logistic Curve)에 의한 방법 등이 있다.

① 등차급수식

$$P_n = P_0(1+nr)$$

② 등비급수식

$$P_n = P_0(1+r)^n$$

여기에서, P_n : n년 후의 추정인구

P_0 : 현재(기준년도) 인구

n : 경과(계획)연수

r : 연평균 인구증가율

＊ ① 방법은 r이 안정된 도시에 적합하고 ② 방법은 일정기간 동안 동일한 증가율을 유지해온 신흥 중·소도시에 적합하며 기존 대도시에의 적용은 곤란하다.

③ 최소자승법

$P_n = a + bn$(1차 함수식)

$P_n = a + bn + cn^2$(2차 함수식)

④ 지수함수법

$P_n = P_0 e^{rn}$

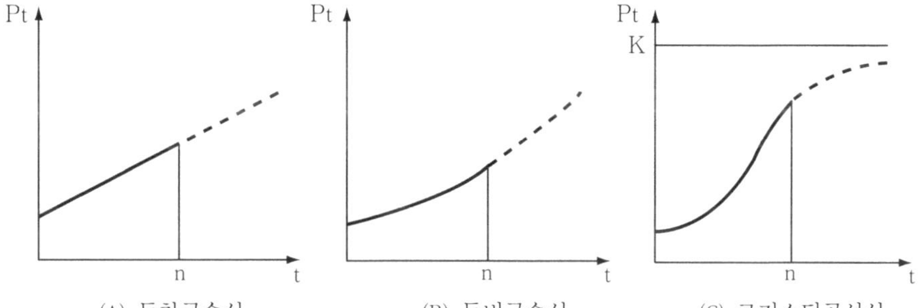

(A) 등차급수식 (B) 등비급수식 (C) 로지스틱곡선식

그림 5-3 과거 추세에 의한 인구예측방법들

⑤ 로지스틱곡선(Logistic curve)에 의한 방법

이 방법은 인구가 무한년 전(無限年前)에 0이고, 경과연수에 따라 점증하여 중간기에 증가율이 가장 크지만, 그 후 증가율이 감소하여 무한년 후에는 포화된다는 이론에 기초를 둔 것이다.

$$P_n = \frac{K}{1 + e^{a - bx}}$$

여기에서, P_n : 목표연도의 인구

x : 경과연수

e : 자연대수의 밑수(2.718)

a, b : 상수

(2) 집단생잔법(Age Cohort-survival method)

이 방법은 기준년도의 인구와 출생률 · 사망률 · 인구이동 등의 인구변화 요인을 고려하여 장래 인구를 추정하는 방법이다.

$$P_t = P_0 + B_{0-t} + D_{0-t} + I_{0-t} + O_{0-t}$$

여기에서, P_t : 시점 t의 인구

P_0 : 시점 0의 인구

B_{0-t} : 시점 t와 0 사이의 출생인구

D_{0-t} : 시점 t와 0 사이의 사망인구

I_{0-t} : 시점 t와 0 사이의 전입인구

O_{0-t} : 시점 t와 0 사이의 전출인구

(3) 자연증가와 사회증가에 의한 방법

이 방법은 사회적 인구증가가 현저한 대도시나 신흥공업도시에 적합하다. 자연증가분 추정은 생산모형을 사용하되 인구의 전 · 출입은 고려하지 않고 순수한 자연증가분만 계산하고, 사회증가분은 개발사업으로 인한 인구증가를 의미한다.

$$P_n = P_{n-1}(1+rn) + P_{sn}$$

여기에서, P_n : n년 후의 추정인구

r : 자연증가율

P_s : 사회증가율

P_{sn} : n년의 사회증가율

(4) 비교유추에 의한 방법

전국의 여러 도시 가운데 산업구조, 각종 가용자원, 입지요소 등을 조사하여 추정하려는 도시와 성격이 비슷하고 규모가 대상도시보다 다소 큰 도시를 선정하여 그 도시의 인구성장과정을 계획대상 도시에 적용하여 장래인구를 추정하는 방법이다.

(5) 취업인구에 의한 방법

계획대상 도시가 앞으로 뚜렷한 산업구조 변화가 예상될 때 적용하는 방법으로, 장래의 산업계획을 기초로 업종별 취업인구의 예측을 통하여 총인구를 예측하는 방법이다. 이는 대규모 공업도시나 행정도시 등과 같이 뚜렷한 성격을 갖는 새로운 도시 건설에 아주 유효한 방법이다.

(6) 토지이용계획에 의한 방법

이 방법은 토지의 물리적 수용능력의 한계를 고려하여 계획인구를 산정하는 방법으로서 각 존(zone)을 평균 인구밀도(인/ha)의 등급에 따라 구분하며, 각 존의 인구를 합하여 산정한다.

$$P = A\alpha$$

여기에서, P : 수용(계획)인구

α : 평균인구밀도

A : 시가화 가능면적

(7) 계획인구 결정 시 고려사항

예측인구는 목표연도의 인구를 통계적으로 추계하는 것이며, 계획인구는 상위계획인구와 당해 도시의 희망사항과 비전 · 공간수요 · 재정여건 등을 고려하여 정책적으로 결정하는 것이다. 따라서 도시계획인구는 예측의 불안정을 감안하여 ±5~10% 범위 내에서 조정할 수 있다.

산출된 인구지표가 상위계획상의 인구지표와 서로 다른 경우 상위계획 지표를 사용하기 위해서는 두 지표의 신뢰도를 검토하고 그 내용을 구체적으로 밝혀야 한다. 또한 사회적 인구증가율이 최근 5년 간의 인구증가율을 상회한 경우에는 인구이동이 예상되는 인근 지역의 관련 도시계획 등과도 비교하여 주변지역으로부터의 인구이동 가능성을 입증해야 한다. 그리고 인구지표 예측은 각 부문별 계획과 연계하여 환류조정(feedback)할 수 있도록 하며, 특히 생활권별 인구배분계획과 밀접한 연계성을 유지해야 한다.

3. 주간활동인구

대도시의 경우 도심(CBD)에는 주로 업무 · 상업시설이 입지하기 때문에 주간에는 활동인구가 증가하지만 야간에는 활동인구가 감소한다. 따라서 주간(활동)인구와 야간(상주)인구는 취학 · 취업 등에 따라 크게 차이나므로 각종 시설수요의 판단을 위해서는 주간인구(시설계획인구)를 추정해야 한다. 주간인구는 야간상주인구에 유입인구를 더하고 유출인구를 감하는 것이다.

한편, 주간활동인구는 상주인구를 기준으로 추정하되, 도시주변지역의 통근 · 통학자, 관광객, 군인 등 비상주인구의 영향력을 감안하여 이를 주간활동인구로 합산할 수 있다.

$$P_d = P_n + I_p - O_p$$

여기에서, P_d : 주간활동인구

P_n : 야간상주인구

I_p : 시외에서의 유입인구

O_p : 시외로의 유출인구

4. 인구구성

(1) 성별인구

도시계획에 사용되는 인구구성 지표로는 성별 · 연령별 · 직업별 인구 등이 있다. 먼저 성별 · 연령별 인구는 도시의 노동력 공급량을 결정하고 부양부담의 경중을 나타내는 등 사회경제적으로 매우 중요한 의미를 가진 것이다. 성별인구는 여성인구에 대한 남성인구의 성비로 나타낸다.

$$S_t = \frac{M_t}{F_t} \times 100$$

여기에서, S_t : t년의 성비

M_t : t년의 남자인구

F_t : t년의 여자인구

(2) 연령별 인구

연령별 구성은 일반적으로 인구 피라미드를 통해 5세를 간격으로 추계하여 14등급으로 구분하는데, 이것은 경제활동인구(15~64세)와 노인인구(65세 이상)의 추정이나 교육시설계획 등에 활용된다.

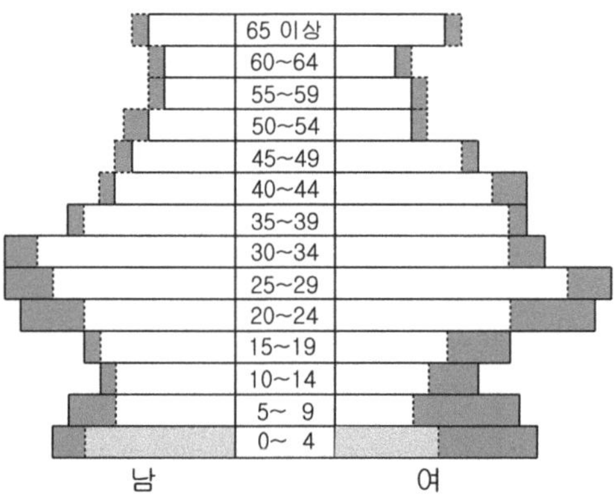

그림 5-4 연령별 인구구성(예)

5. 인구분포

도시계획이 추구하는 가장 중요한 과제의 하나는 도시지역 내 인구의 분포를 바람직한 방향으로 유도하는 것이다. 이를 위해서는 먼저 현재의 인구분포 상태를 조사하고, 이 자료를 바탕으로 생활권 구성과 토지이용계획을 연계하여 인구를 재배분하는 것이다.

인구의 분포는 기후 · 지형 등의 자연조건과 산업분포 · 토지이용 · 교통 · 주거환경 · 지가 등 사회경제적 조건에 의해 결정된다. 인구분포 분석에는 기본적으로 행정동별 인구통계자료가 이용되지만, 생활권 구성, 토지이용계획, 교통계획 등 이용목적에 따라 생활권 또는 가구(block) 단위로 구분하여 조정할 수 있다.

6. 가구지표

가구(household)는 한 사람 또는 두 사람 이상이 모여서 취사 · 취침 등의 생계를 같이 하는 생활단위로 정의하게 된다. 가구는 일반가구 · 집단가구 · 외국인가구로 구분되며, 일반가구는 다시 가족단위로 생활을 같이 하는 혈연가구, 친구 또는 혈연관계가 없는 사람들이 생활을 같이 하는 비혈연 5인 이하 가구, 혼자서 생활하는 1인 가구 등으로 나누어진다.

또한 가구원 수는 한 가구에서 함께 살고 있는 구성원의 수를 말하는데, 도시의 가구수, 가구당 평균가구원수, 1인 가구비율 · 점유형태 등은 주택수요 추정에 가장 기본적인 자료가 된다.

5.3.3 경제지표

도시계획에서 필요로 하는 경제지표는 크게 경제규모와 경제구조, 그리고 재정체계에 관한 지표로 대별된다. 경제규모는 지역총생산(GRP)을 말하고, 산업경제구조는 산업 · 소득 · 소비 등의 구조를 말하며, 재정체계는 시의 재정 규모와 연출입 구조를 뜻한다.

1. 지역총생산

지역총생산(GRDP)은 1년간 발생한 부가가치의 총액으로서, 이는 농림어업과 광공업 부문에만 존재하고 사회간접자본 및 서비스 부문에는 존재하지 않는 바, 총생산(regional output)을 구하는 수식은 다음과 같다.

$$O_t = \sum_{i=1}^{n} K_{ti} \cdot R_{ti}$$

여기에서, O_t : t년의 지역 총산출

R_{ti} : t년의 i산업 지역총생산

K_{ti} : t년의 i산업 부가가치 산정계수

2. 산업구조

산업별 생산에서는 각 산업에 대한 과거의 상황을 분석하고, 장래 성장전망과 전국에서 차지하는 비중을 고려하여 목표연도 및 단계별 지표를 설정한다. 또한 고용은 도시의 경제적 활동에 있어서 도시성장에 기여하는 기반활동(basic activities)의 현황을 분석하고 목표연도 및 단계별 생산액과 고용자수를 예측한다. 산업별 생산에는 생산액뿐만 아니라 산업별 고용자 수도 포함된다. 즉 I산업에 종사하는 인구는 Pi/E×100으로 계산되는데, 여기에서 E는 전체 고용자 수이다.

3. 시민소득

시민소득에 대한 과거 수년간에 걸친 연속적 통계가 있으면 이를 기초로 하여 장래 소득지표를 설정할 수 있다. 그러나 시민소득에 대한 총계가 없는 경우에는 지역총생산(GRP)을 가지고 1인당 총생산을 구해 시민소득으로 간주하거나, 지역총생산에서 조세부담액을 공제하고 그것의 1인당 평균을 시민소득으로 설정한다.

소득지표의 다른 하나는 소득계층 간의 분포를 구하는 것이다. 즉, 일정지역 내의 소득분배가 균등한 것인가 혹은 많은 격차를 보이는 것인가를 분석하는 방법으로서 로렌즈곡선(Lorenz curve)을 이용한 지니비율(Gini ratio)이 있다. 그림 5-5에서 X축은 지역총인구를 100으로 하고 Y축은 지역총소득을 100으로 할 때, OXUY는 정사각형

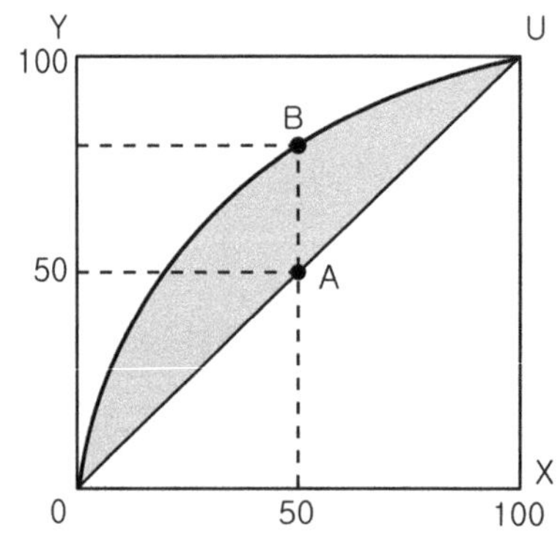

그림 5-5 로렌즈곡선에 의한 소득분배 개념

이 되고 대각선 OU는 45° 선이며 이는 지역소득의 완전균등 배분을 나타낸다. 그러므로 대각선 OU를 벗어난 불균등한 분배를 나타내는 곡선을 로렌즈커브라 하고, 불균등한 정도를 계수로 표현한 것이 지니비율이다. 지니비율은 삼각형 OXU의 면적에 대한 OAU와 OBU 사이의 면적 비율로서 1에 가까울수록 소득이 불균형하게 분배되었음을 보여준다.

4. 소비구조

소비구조지표는 건전한 가계지출을 유치할 수 있도록 주민생활의 구조를 파악하기 위한 것으로서, 과거 추세와 시민소득의 증가경향 및 소비행태의 변화 등을 고려하여 설정한다. 항목은 크게 식료품비 · 교육비 · 의복비 · 주거비 · 광열비 · 잡비로 나누고, 잡비는 다시 의료비 · 교통통신비 · 오락비 · 기타로 구분한다. 소비구조 지표에서 식료품비와 의복비의 비율은 감소하고, 주거비와 광열비 · 교육비 · 의료문화비는 증가하는 것이 일반적이다.

5. 도시재정

도시정부가 각종 도시계획사업을 원활하게 시행하고 도시재정을 건전하게 운용하기 위해서는 각 지자체의 재정여건과 공공서비스의 성격을 고려한 재정계획이 뒷받침되어야 한다.

재정지표는 총재정규모, 회계별로 과거 상황을 분석하고 목표연도 및 단계별 재정규모를 예측한다. 재정규모는 다시 일반회계와 특별회계로 구분된다. 일반회계지표는 세입원별 및 세출구조별로 금액과 구성비로 표시되는데, 도시규모가 커짐에 따라 세입의 자주재원(自主財源)을 높이고, 세출은 공익사업비와 사회복지비의 비중을 높이는 방향으로 설정해야 한다.

5.3.4 환경지표

환경지표는 성취해야 할 도시민의 생활수준을 수치로 나타내는 지표이다. 이것은 도시발전의 단계에 따라 다르게 설정되고 그 수준은 점차 향상되어야 한다. 환경지표는 크게 생활환경 · 복지환경 · 여가환경으로 구분된다. 생활환경은 주택 · 에너지 · 교통 · 정보통신 · 대기질 등 제1차적인 기본요소이고, 복지환경은 의료 · 교육문화 · 사회복지 등 제2차적인 필요요소이며, 여가환경은 체육시설 · 공원 · 유원지 등 제3차적인 선택요소라고 할 수 있다.

한편, 각종 환경지표 설정에 있어서 현재 상황과 장래 투자가능성을 고려하고, 시민소득수준 향상과 생활양식 변화 등의 전망을 토대로 해야 한다. 따라서 공동투자와 아울러 민간투자를 함께 감안하여야 하며, 도시성장의 단계에 따라 상향적으로 설정하는 것이 바람직하다.

표 5-4 도시계획의 주요지표

구 분			주 요 지 표
인구 및 가구지표		상주인구	계획단계별 구분(5년 단위)
		주간활동인구	주간활동 인구비(주간활동인구/상주인구)
		인구구성	성별 인구, 연령별 인구(경제활동인구, 노인인구)
		가구	가구수, 가구당 평균가구원수, 1인 가구비율
경제지표		지역총생산	국민총생산(GNP) 점유비, 1인당 지역총생산(GRP)
		산업구조	산업별 총생산, 산업별 고용자수
		시민소득	취업률, 월평균 가계소득, 1인당 시민소득, 소득계층별 분포
		소비구조	가계소비구조, 소비행태변화
		재정	총재정규모, 일반회계, 특별회계
환경지표	생활환경	주택	유형별 · 규모별 주택수, 주택보급률, 1인당 주거상면적, 평균 주택규모
		교통	자동차보급률, 총목적통행량, 도로율, 포장률
		정보통신	전화보급률, 통화율
		상수도	급수인구, 상수도보급률, 1인 1일 평균급수량, 시설용량(톤/일)
		하수도	처리인구, 하수도처리율, 1인 1일 평균처리량
		에너지	가구당 전기사용량, 도시가스공급률
		환경	대기질, 수질, 폐기물처리
	복지환경	의료	종합병원, 보건소, 병상수
		사회복지	아동 · 여성 · 노인 · 장애복지시설, 종합사회복지회관 등
		교육	각급 학교 학교수 · 학급당 학생수
		문화	공공도서관, 미술관, 박물관, 공연장 등
	여가환경	도시공원	유형별 공원수, 공원율, 1인당 계획공원면적, 1인당 시설공원면적
		유원지	유원지수, 1인당 유원지면적
		체육시설	종합운동장수, 체육관

PART 06 공간구조구상

6.1 도시공간구조의 형성

6.1.1 도시공간구조의 개념

1. 도시공간구조의 개념과 의의

도시는 인구 · 활동 · 토지 및 시설로 구성된 거대한 유기체이다. 도시구조(urban structure)는 분석대상에 따라 크게 성별 · 연령별 · 인구밀도 등으로 파악되는 인구구조, 산업구조 · 취업구조 · 소득계층 등으로 표현되는 경제구조, 도시의 문화 · 제도 등으로 설명되는 사회구조, 그리고 이들 구성요소들의 입지특성과 상호작용에 의해 토지 위에서 형태로 나타나는 공간구조로 나누어진다.

공간구조(spatial structure)는 개인과 집단의 상호작용과 그들 간의 상호작용으로 이루어지는 인구구조 · 경제구조 · 사회구조가 공간구조라는 틀 속에 담겨져 일정기간 상호작용을 하게 되며, 한편으로 3가지 구조의 변화가 공간구조의 변화를 초래하는 상호결정적 관계를 갖는다. 도시공간구조란 '도시 내의 물적 요소(physical elements)들이 시간적 · 공간적 변화과정을 통해 형성되는 일정한 관계와 질서'라고 할 수 있다(노춘희 외, 2008:152). 도시의 공간구조가 변화하는 데 가장 크게 작용하는 것은 간선도로 · 도시철도 등 교통시설이라고 볼 수 있다.

도시계획 분야에서 일반적으로 이해하고 있는 공간은 3차원 입체공간에 시간의 개념을 포함한다. 도시계획의 수립과정에 있어서 공간구조를 설정하는 일은 주거 · 상업 · 생산 · 교육 · 여가 등 도시의 여러 활동 기능과 토지 · 시설 등의 물적 시설들을 도시의 자연적 · 사회적 여건에 맞추어 체계적으로 분리 · 통합 · 배치 등을 통해 구조화(structuring)함으로써 시민의 입장에서는 그것들을 편리하게 이용하고, 공공

차원에서는 효율적으로 관리할 수 있도록 일정한 틀(frame)과 질서를 부여하는 것으로 그 의의가 매우 크다고 할 수 있다. 특히 도시의 공간구조는 토지이용계획과 교통계획, 주요 공공시설계획 등에 결정적인 영향을 미치기 때문이다.

한편 도시공간구조는 도시기능의 공간적 작용범위에 따라 광역도시공간·도시내부공간·도시국지공간의 3가지로 구분할 수 있으며, 일반적으로 도시계획 대상이 되는 것은 도시내부공간이다. 그러나 오늘날 도시기능의 활동범위가 그 도시지역을 훨씬 넘어서기 때문에 광역적 공간구조에 대해서도 충분히 고려되어야 한다.

2. 도시공간패턴의 형성과정

도시의 기능과 구조는 비공간적(aspatial)인 것과 공간적인 것으로 나누어진다. 여기에서 전자는 공간패턴과 무관하게 어떤 체계에서 보인 특정의 현상과 상호관계에 초점을 두며, 후자는 문화·활동·인간 등 물리적 대상들이 공간에 분포된 패턴(spatial pattern)에 관심을 두게 된다(Foley, 1964).

일반적으로 공간패턴이 형성되는 과정은 다음 3단계로 구분된다. 여기에서 ①단계는 사회적 가치, 문화패턴과 규범, 제도적 장치, 기술, 인구·활동·물리적 환경에 대한 공간패턴의 질 등의 규범적·문화적 측면이고, ②단계는 기능의 구분, 활동기능의 상호관계와 공간적 분포(인간과 제도 포함), 활동기능의 연계, 기능의 유형에 의한 조직의 공간패턴 등의 기능적·조직적 측면이며, ③단계는 지리학적 환경, 물리적 대상의 공간적 분포, 인구·토지·건물·도로 등의 분포에 따라 결정되는 공간패턴 등의 물리적·환경적 측면이다. 이들의 측면과 단계 갭(gap)의 상호연계를 위한 개념체계는 그림 6-1로 설명된다.

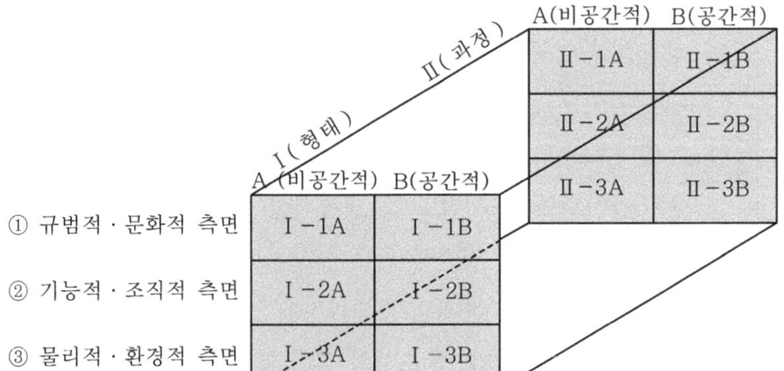

그림 6-1 도시공간패턴의 형성과정

6.1.2 도시공간구조의 구성요소

1. 도시공간체계의 구성

도시공간구조에 대한 이론은 도시공간을 구성하는 요소들 간의 상호관계에 대한 보편적인 질서와 그에 내재하는 법칙이나 논리를 밝힘으로써 도시의 공간적 현상이나 변화를 이해하는 분석적 접근이라 말할 수 있다.

공간구조를 보는 입장은 매우 다양한데, 일본의 이시미즈(石水照雄, 1974)와 영국의 보운(L. S. Bourne, 1982)의 견해가 가장 포괄적이다. 보운은 도시를 하나의 공간체계(a city system)로 파악하고, 도시공간구조를 이해하는 데 요구되는 세 가지의 구성개념을 다음과 같이 정의하였다.

- 도시공간 형태(urban form) : 건물이나 토지이용, 각종 사회집단 · 경제활동 · 공공기관 등 개별적 요소들의 공간적 패턴이나 배열상태
- 상호작용 요소(interaction) : 도시 내의 개별적 토지이용이나 집단적 도시활동과 같은 도시 하위체계를 통합하도록 작용시켜 주는 일련의 상호관계 또는 흐름

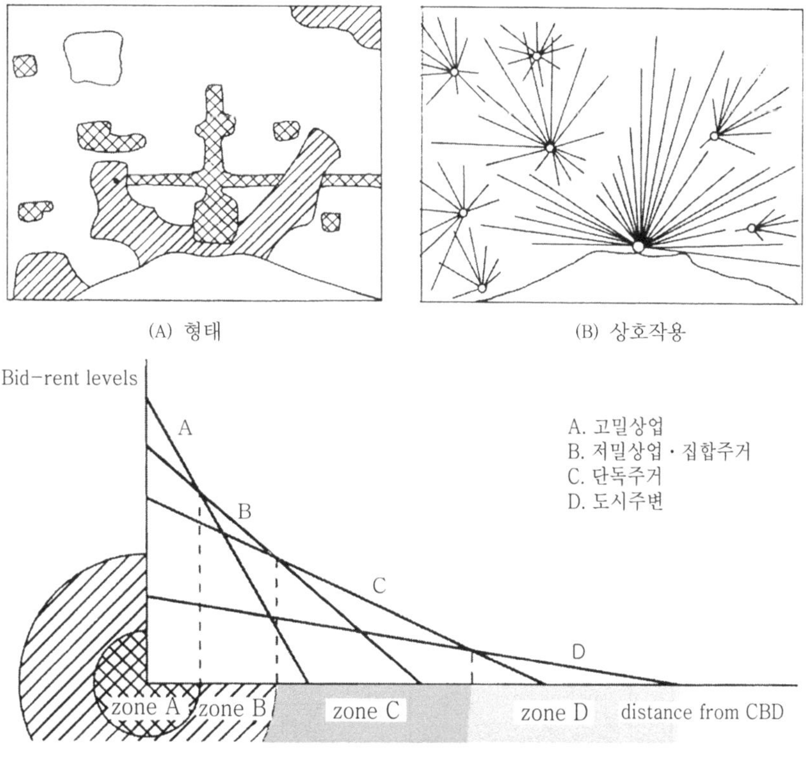

(A) 형태 (B) 상호작용

(C) 메커니즘

(출처 : Bourne, L.S., Internal Structure of the City, Oxford University, 1982 : 31)

그림 6-2 도시공간구조의 구성요소

• 공간구성 메커니즘(mechanism) : 앞의 도시 하위체계를 전체 도시체계 속에 연결시켜 주는 일련의 공간구성 원리

2. 도시의 기능과 구조

일반적으로 도시의 기능을 활동 · 상호관계 · 과정 · 동태적인 흐름(flow)으로 이해한다면, 구조는 공간 · 형태 · 정태적인 상태(stock)로 표현된다. 그러나 이 양자에 대한 개념 및 관계는 단지 분석적 의미만 가질 뿐 실제로는 도시라는 동일한 사상(事象)의 다른 측면에 불과하다. 기능은 공간구조 위에서 이루어지고, 공간구조 역시 기능에 적지 않은 영향을 미치므로 도시의 공간구조는 기능과 서로 관련지어서 살펴보아야 한다.

도시의 기능과 공간구조의 관계는 주로 토지이용과 교통의 상호작용에 의해 파악된다. 웨버(M.N. Webber)와 로드윈(L, Rodwin)은 도시의 활동체계와 이에 대응하는 공간체계의 개념을 사용하여 이들의 상호작용을 다음과 같이 설명하고 있다(노춘희 외, 2018:66~72).

도시의 활동(activities)은 장소 내(within-place) 활동과 장소 간(between-place) 활동으로 구분된다. 여기에서 전자가 주택 · 공장 · 학교 등의 국부적인 활동이라면, 후자는 장소 내 활동들 간에 일어나는 모든 형태의 흐름 또는 이동으로써 이들의 기능적 관계를 나타낸다. 또한 이러한 두 종류의 활동에 상응하는 물리적 구조는 수용공간(adapted space)과 회로공간(channel space)으로 나누어진다. 여기에서 전자가 장소 내 활동을 수용하는 토지 · 건물 등의 정태적인 활동공간인 토지이용체계를 의미한다면 후자는 장소 간의 활동을 연결해주는 도로 · 상하수도 · 전기 · 통신 등의 동태적인 교통 및 공급처리시설체계에 해당된다.

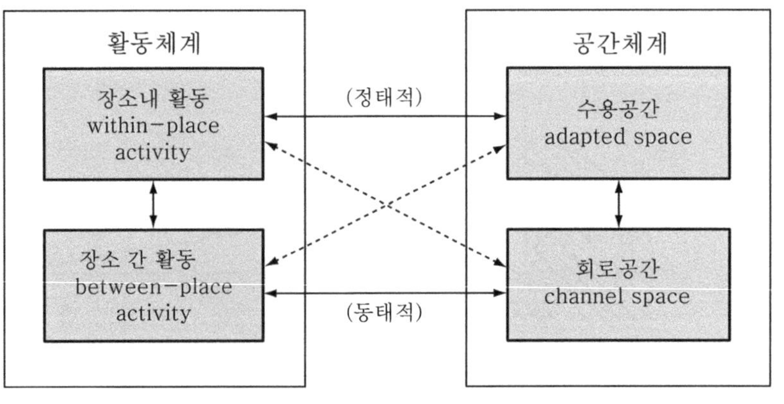

그림 6-3 도시 활동체계와 공간체계의 상호작용

6.1.3 도시공간구조의 형성요인

1. 공간구조의 형성요인

도시의 공간구조는 어떤 하나의 요인(determinant)에 의해 형성되는 것이 아니라 복합적인 요인에 의해 이루어지는 바, 도시공간구조의 형성요인은 크게 다음 세 가지로 설명된다. 첫째는 경제적 요인이다. 도시공간 형성의 가장 큰 특징은 토지이용패턴이 지대의 지불능력(rent paying capacity)에 의해 영향을 받는다는 것이다. 이는 도시공간을 하나의 재화로서 파악하며, 이 토지재화의 가격형성은 시장을 통해 이루어지게 된다. 지가를 형성하는 인자로서는 토지가 갖는 생산성 · 교통거리(접근성) · 세금 · 주변지역의 토지이용 · 공공시설 등이 있다.

둘째는 사회적 요인이다. 이는 도시생태학(urban ecology)적인 측면에서 공간의 변화를 이해하는 것으로 사회학자들에 의해 생물학에서 도입된 것이다. 즉 도시구조의 외형적 변화과정을 집중과 분산, 침입과 계승, 그리고 지배와 분리 등의 개념을 사용하여 도시사회의 시간적 · 장소적 진화와 발전을 설명하려고 하였다.

셋째는 공공복지적 요인이다. 앞에서 언급한 두 요인들이 민간부문에 의한 것이라면, 이것은 공공부문에 의해 토지이용이 영향을 받는 것이라 할 수 있다. 안전 · 보건 · 복지 등 공공복지적 요인의 특징은 민간부문에서 작용하는 자유경쟁적인 인자와 달리 공공적 요구와 주민의 이익보호 등의 동기에서 정부기관의 공식적인 개입(도시계획)을 통해 이루어지는 규제적 인자라는 점이다.

2. 공간구조의 변화요인

도시 내부공간구조의 형성과 변화요인을 설명하는 대표적인 이론으로는 콜비(C. C. Colby)의 원심력 · 구심력이론을 들 수 있다. 그는 현대도시의 공간적 변혁이 기존 기능의 변화와 새로운 기능의 부가로 이루어지는데, 그 변혁은 중심기능을 주변지대로 이동시키려는 원심력(centrifugal forces)과 일부의 기능을 중심부에서 밀어내고 다른 기능을 거기에 유인하려는 구심력(centripetal forces)의 작용에 의해 이루어진다는 것이다.

여기에서 원심력의 요인은 도심에 있어서의 혼잡 · 지가 상승, 과세액 증대, 법적 규제 강화에 따른 압출력과 주변지대에 있어서의 양호한 경관, 부동산붐, 도시정책 등에 따른 흡입력의 두 가지 요인이다. 또한 구심력의 요인은 중심기능의 집중에 의한 집적이익과 접근용이성 등 도심의 입지적 매력(site attraction)요인이라고 주장한다.

6.2 도시공간구조 제이론

6.2.1 도시 내부

1. 토지이용과 기능분화

도시의 토지이용에 관한 이론적 뿌리는 1827년 독일의 본 튀넨(von Thünen)이 체계화한 농업적 토지이용 모델이다. 튀넨은 도시 주변의 특정지점에서 이루어지는 재배작물의 유형은 시장(도시)까지의 거리와 수송비, 시장에서 판매되는 당해 농산물의 판매가격, 그리고 지대(land rent)에 의해 결정된다고 보았다. 여기서 지대는 어떤 작물의 재배자가 단위 필지의 토지사용에 대해 제시할 수 있는 최대입찰가격 또는 지대지불능력이라고도 말할 수 있다.

도시의 토지이용패턴도 농업 토지이용의 경우와 흡사한 논리로 설명될 수 있다. 즉, 농업 토지이용의 경우와 비슷하게 지대경사는 비록 교차로를 중심으로 작은 봉우리가 나타나지만 대체로 도심에서 멀어질수록 하강하는 패턴을 보여주고 있는데, 도심의 고지대지역은 은행 · 호텔 · 사무소 · 백화점 등 상업 및 업무기능이 차지하고, 그 다음 지대지역은 주거기능이, 그리고 공업기능은 도시의 외곽지대를 점유하게 된다. 요약하면, 도시의 토지이용에 관한 지대론적 설명은 기능별 지대지불능력이 유사한 기능끼리 모임으로써 자연스럽게 기능분화가 이루어진다고 하는 점이다.

2. 기능지역의 분포패턴 : 고전적 도시구조이론

도시기능은 일반적으로 주거 · 생산 · 위락 · 교통 · 유통 · 교육 · 공급처리의 7가지로 나누어지며, 이러한 도시의 활동기능은 기능지역(functional area)으로 형성된다. 또한 도시의 여러 기능은 서로 보완적 · 의존적 관계를 가지면서 도시 내부의 공간구조를 형성하게 되는 바, 기능지역의 분포를 통해 도시공간구조를 정태적 · 서술적인 개념으로 설명하는 대표적인 이론(모형)들을 개관하면 다음과 같다.

첫째, 1923년 발표된 버제스(E. W. Burgess)의 동심원이론(Concentric Zone Theory)으로서, 도시 내부는 매우 복잡하여 다원적 기능의 요소가 중심에서 교외로 뻗어 가면서 지대화되어 간다는 것이다. 동심원이론은 도심(CBD)－점이지대－근로자주택지대－중산층주택지대－통근자지대의 총 5개 지대로 구성되며, 여기에서 CBD는 도시의 중추관리기능이 입지하는 지역으로 업무 · 상업 · 사회 · 교통의 핵심지역이다.

둘째, 호이트(H. Hoyt)의 선형구조이론(Sector Theory)으로서, 1939년 발표된 이 이론은 도시 내부의 고급주택지 분포와 교통노선 형태를 중시하여 CBD를 중심으로

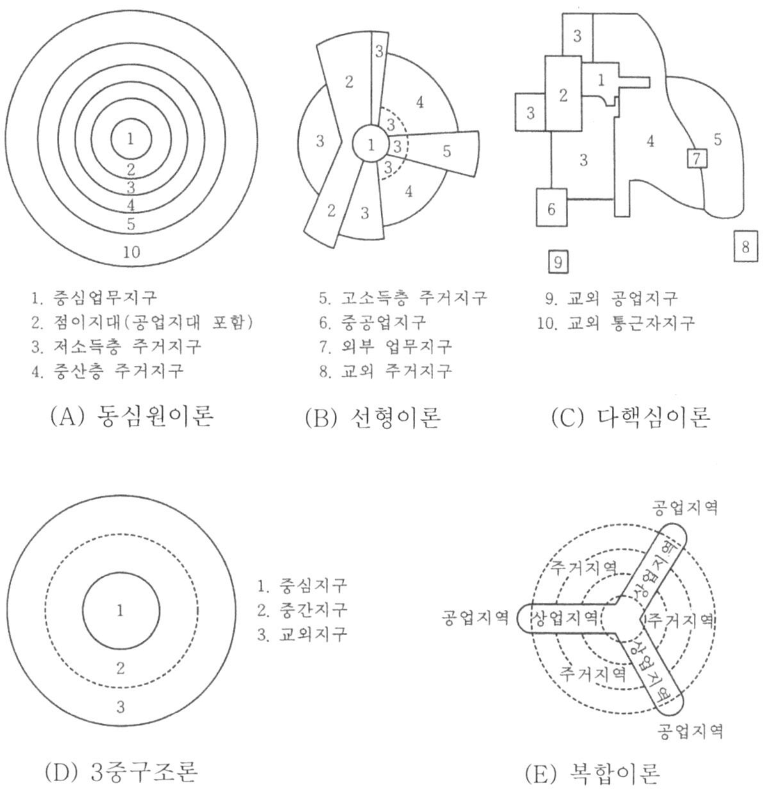

그림 6-4 고전적 도시구조이론

각 지대가 방사형으로 전개되어 부채꼴의 공간구조를 형성한다. 공업지대가 철도 · 수로를 따라 좁고 긴 대상으로 뻗어 저급 주택지가 그 주변에 부속된다는 점이 동심원구조이론과 큰 차이가 있다.

셋째, 해리스와 울만(C. D. Harris & E. L. Ullman)은 도시의 중심은 하나가 아니라 도시의 성장에 따라 발생한 기능지역들이 복수의 중심을 형성한다는 다핵심이론(Multi Nuclei Theory)을 주장하였다.

이러한 고전적 도시구조이론 외에도 유럽 역사도시의 공간구조를 설명한 디킨슨(R.E. Dickinson)의 3지대론(Three Zone Theory), 동심원이론과 선형이론을 조합하여 설명한 에릭센(E.G. Ericksen)의 복합이론(Combined Theory, 1954) 등이 있다.

3. 사회적 공간구조

도시의 내부구조는 경제적 지위와 가족적 지위 및 인종적 지위는 각기 사회적으로 동질적인 공간패턴을 만들어낸다. 머디(R. A. Murdie, 1977)는 미국의 여러 도시를 대상으로 사회적 측면에서 공간구조를 분석한 결과 3가지 유형의 규칙성이 있음을

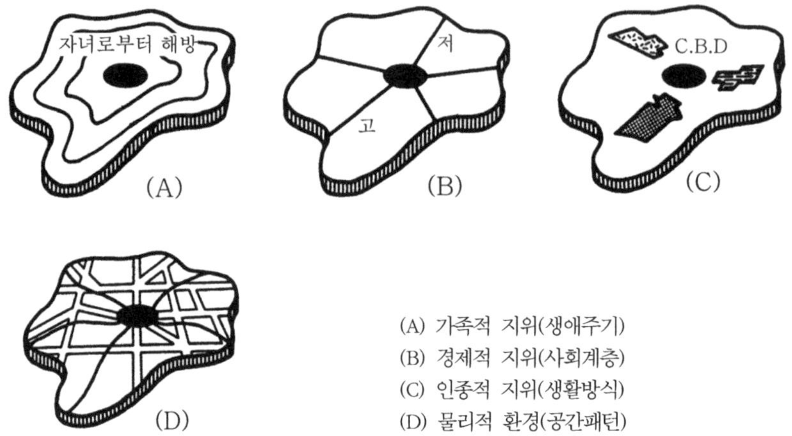

그림 6-5 Murdie의 사회적 공간구조이론

밝혔다. 그에 따르면, (A) 가족적 지위(family status), 즉 가족구성이나 세대유형은 버제스의 동심원 패턴을 나타내고 있으며, (B) 경제적 지위(economic status)는 호이트의 선형모델과 유사한 부채꼴의 공간패턴을 나타내고, (C) 인종적 지위(ethnic status)는 종류에 따라 서로 다른 인종끼리 분리되어 독자적인 지역사회를 형성함으로써 다핵패턴을 이루고 있어 결국 3개 층을 갖는 '공간적 샌드위치'가 된다.

4. 지가 · 인구밀도의 분포패턴

도시 내부의 지가는 그 위치와 접근성에 따라 엄청난 차이를 보인다. 오늘날 대도시의 지가면(land value surface)을 보면 도심(CBD)에서 상대적으로 매우 높은 피크를 나타내며, 외곽으로 갈수록 전반적으로 하락하는 경향을 보이다가 외곽의 상업지역(부도심)이나 주요 간선도로의 교차점에서 다시 국지적으로 상승을 보이게 된다. 따라서 지가의 분포를 통해서도 어느 정도 토지이용상황의 파악이 가능하다.

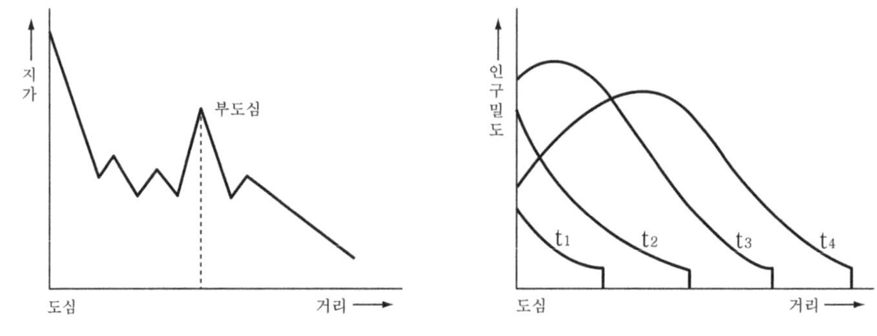

그림 6-6 도시의 지가분포(좌)와 인구밀도의 경사변화(우)

도심에서 멀어질수록 인구밀도가 하락하는 현상은 지가분포와 매우 비슷하다. 클라크(C. Clark)는 도심으로부터의 거리 증가에 따른 부지수적(negative exponential)인 인구밀도 경사를 통해 도시인의 인구분포를 설명하였다. 그리고 뉴링(B. Newling)은 북미 도시들의 사례를 통해 인구밀도가 가장 높은 곳은 도심이 아니라 도심에서 약간 떨어진 곳에서 나타난다는 이른바, 도심공동화현상을 파악하였다.

5. 도시의 성장패턴

도시의 성장형태는 도시의 중심부와 외곽부의 물리적인 연결관계를 방향과 길이를 이용한 다각형으로 단순화해서 설명할 수 있다. 하드(R. M. Hard)는 파리와 미국 도시들의 발달과정에 대한 실증적 분석을 통하여 중심적 축상 성장의 원리(Principles of Central and Axial Growth)를 도출했다. 즉, 그는 도시의 성장패턴을 동심원적 발달과 방사상의 축적 발달의 두 형태로 파악하였다.

또한 호이트(H. Hoyt)는 미국 142개 도시에 대한 토지이용도와 부동산조사결과를 이용하여 사회계층에 따른 주거지의 형성과 공간적 확대 · 이동과정과 성장패턴을 논하였다. 그는 주택지의 공간변화 패턴인 도시성장의 형태와 도시 내부의 토지이용 변화가 인구증가와 그에 따른 건축증가의 영향이라고 보는 관점에서 다음 3가지의 견해를 피력하였다. 첫째, 기성 주택지에 있는 단독주택이 공동주택(아파트)으로 바뀌고 주택지가 확대되는 수직적 확대, 둘째, 기성 주택지 내의 공지에 주택이 신설되는 충전(充塡), 셋째, 새로운 주택지 조성에 따른 기성 주택지가 도시의 외곽지대로 확산되는 수평적 확대로 구분하였다.

한편, 도시의 성장패턴이 연속적인 경우에는 교통축을 따라 확대된다. 도시의 기본적인 발전형태는 지형조건이나 도시의 크기 등에 따라 달라지지만, 일반적으로는 그림 6-7에서 보는 바와 같이 대체로 ① 선상형 →② 격자형 →③ 방사형 →④ 방사환상형 →⑤ 복합형의 순서로 전개된다.

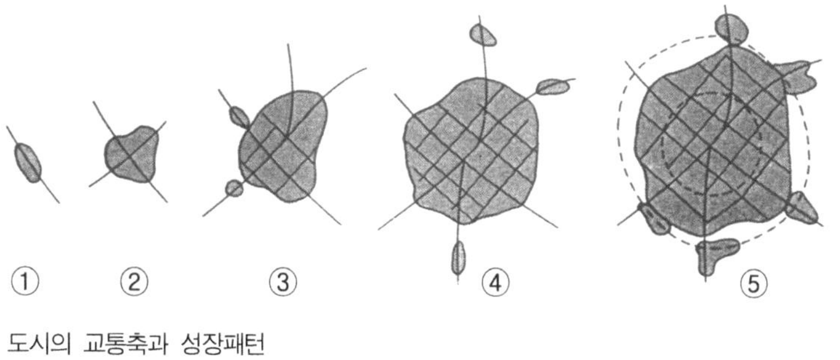

그림 6-7 도시의 교통축과 성장패턴

6.2.2 도심의 공간변화

1. 도심의 개념과 구성요소

일반적으로 도심을 중심업무지구(CBD : Central Business District)라고 정의하듯이, 도시 내에서 재화와 서비스활동 및 각종 업무활동 등 사적인 이익을 추구하는 활동이 지배적인 장소이며, 시민활동의 중심이라는 점에서 중심활동지구(CAD : Central Activity District)로 부르기도 한다. 즉 도심은 도시 내의 인간활동(생산 · 유통 · 소비)의 결과로 형성된 경제 · 사회적 중심지를 의미하며, 따라서 도심의 위치도 도시공간의 기하학적 중심에 형성되는 경우가 많다.

도심을 구성하는 주요인자는 개인과 집단의 활동 및 그들의 상호작용이라 할 수 있으며, 이들에 의해 형성되는 사회구조 · 경제구조 · 인구구조 등은 공간구조 형성에 많은 영향을 미치게 된다. 이러한 도심은 도시를 관리하기 위한 중추관리기능과 도시 전체에 대한 상업서비스 기능으로 구분된다. 중추관리기능은 다시 정부관리기능 · 기업관리기능 · 금융투자기능으로 구분되며, 상업서비스 기능은 매매업 · 위락서비스업 · 보도서비스업으로 구분된다.

2. 도심의 쇠퇴와 회귀

도심지역의 쇠퇴는 기존의 도심기능이 외곽지역으로 이전되거나 새로운 도시기능을 더 이상 수용하기 어려운 여건이 될 때 인구감소나 경제 · 물리적 환경 등의 양적 · 질적 저하현상으로 나타나게 된다. 그리고 이에 따른 경제적 활력의 상실은 공공기반시설의 부족, 건축물의 노후불량화 등을 초래하여 결국 공동화현상으로 이어지게 된다. 도심공동화는 절대적인 인구감소뿐만 아니라 중산층의 유출로 슬럼발생, 상권침체 등 도시사회문제를 일으키기도 한다.

도시화가 더욱 진전되면 그동안 교외로 나갔던 사람들이 중심부로의 출 · 퇴근 시의 시간 및 비용낭비에 염증을 느낀 나머지 다시 도심으로 이주하게 되는 도심회귀(return)현상이 나타나게 된다. 도심회귀현상이 나타나기 시작하면 공동화에 따른 도심부의 기능적 · 환경적 문제를 해결하기 위하여 새로운 주거 및 업무 · 상업중심지구로의 부활을 위한 도심재생사업이 진행됨에 따라 이른바 도심재활성화(gentrification)가 이루어지게 된다. 따라서 도심으로 이주해 오는 사람들의 대부분은 독신가구 또는 자녀가 없는 가구가 대부분이며, 학력이나 소득이 상대적으로 높은 전문직에 종사하는 사람들로 구성된다.

6.2.3 광역도시권의 공간구조

도시의 경제성장과 교통발달이 계속되어 인구 100만 명 이상의 거대도시(metropolis)로 성장하게 되면 소위 광역도시권(metropolitan area)이 형성된다. 광역도시권은 일반적으로 중심도시를 둘러싸고 몇 개의 주변도시가 동질적인 도시특성을 띠고 있을 때 이 도시들을 포함하여 광역도시권이라고 한다.

광역도시권의 공간구조와 그 범위는 중심도시와 주변지역과의 연계성 및 주변지역의 도시성 등을 기초로 결정된다. 중심도시 주변지역은 중심도시에 연접해 있으면서 거주 · 공업 · 상업지역으로의 도시화현상이 뚜렷한데 반해, 농업적 토지이용은 아주 미약하게 나타난다. 또한 주변지역에 외접해서 도시음영지역(urban shadow)이 전개되는데, 도시음영지역은 경관상 도시기반의 하부구조시설이 미비하지만 토지소유관계 및 주민의 통행패턴에 있어서 중심도시와 밀접하게 관련되어 있으며, 음영지역은 배후농촌지역으로 이어진다.

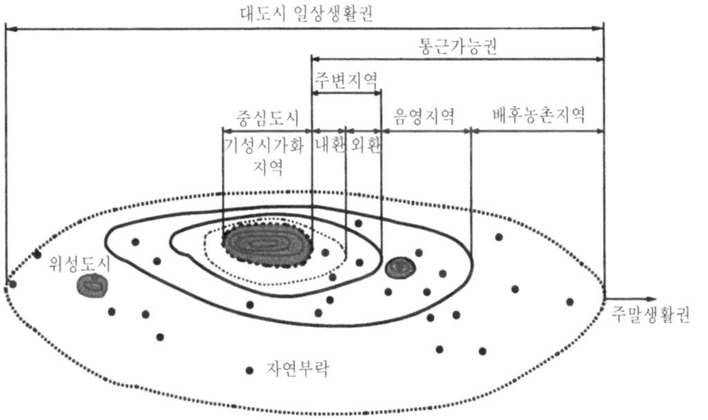

(출처 : 대한국토 · 도시계획학회, 도시계획론, 2004 : 170)

그림 6-8 대도시권의 내부공간구조

6.3 공간구조의 구상

6.3.1 도시공간구조의 기본패턴

1. 도시의 공간체계

도시의 공간구조는 물리적(physical) 측면뿐만 아니라 비물리적(non-physical) 관점으로도 파악할 수 있다. 따라서 도시를 계획할 때 이와 같은 비물리적인 관점으로부터의 정확한 공간 파악이 중요한 의미가 있다는 것은 말할 것도 없으나 물리적 계획가에게는 우선적으로 물리적 관점에 입각한 공간파악이 요구된다. 물리적 계획가는 물리적 관점을 중심으로 도시공간을 고려하는 것이 그 역할이므로 비물리적 공간의 현황에 대한 충분한 이해 위에 비물리적 공간을 물리적 공간에 투영해서 고려해야 한다.

도시공간은 커다란 지역적 범위 안에서 복잡하게 얽혀 있는데, 물리적 공간체계는 크게 다음 3가지로 나누어 볼 수 있다.

- 지형 · 수계 · 지질 · 지반 등 공간기반계
- 교통 · 정보전달 · 공급처리 등 네트워크를 구성하고 있는 순환시설계
- 여러 가지 용도로 제공되는 토지나 건물로 구성되는 이용공간단위계

2. 도시공간구조의 기본패턴

도시공간체계의 기본패턴은 산 · 강 등의 자연조건과 주거 · 상업 · 공업 등 시가화 지역(built-up area)의 배치 및 간선가로망의 형태에 따라 격자형 · 방사환상형 · 대상형 등으로 대별된다. 첫째, 격자형(gridiron pattern)은 지형조건이 평탄하여 지역배치나 성장장애가 없는 도시에 적합하며 미국에서 가장 널리 채택되었으나, 도시구조와 형태가 단조로워 강력한 도심부를 형성하기 곤란하다.

둘째, 방사환상형(loop with radial pattern)은 인구 100만 명 이상의 대도시에서 흔히 볼 수 있는 구조로서 중심에 행정 · 업무 · 상업 등 도심기능이 입지되고 주변에 주거 · 공업 · 레크리에이션 활동 등이 입지된다.

셋째, 대상형(linear pattern)은 해안도시나 공업도시에 적합하나 도심형성이 불리하고 교통거리가 길어지는 단점이 있다. 그러나 도시 규모가 커지면 다수의 부도심이 형성되고, 또 이들을 계통 짓는 교통기관이 필요하기 때문에 일정한 구조로 규정하는 것은 사실상 무의미하다.

6.3.2 도시공간구조의 구상

1. 공간구조의 진단

도시의 공간구조를 위해서는 먼저 공간구조 진단과정을 거쳐야 한다. 공간구조의 진단과정에서는 시가지면적(built-up area)의 변화추이, 주요 교통축의 변화추이, 도시의 중심지 구조(단핵구조, 다핵구조)와 도시의 성장형태(확산, 축소, 정체) 등을 분석한다. 그리고 인구, 산업 및 기능, 토지이용분포 등을 고려하여 기존 공간구조의 문제점을 종합적으로 분석해야 한다.

2. 공간구조의 구상

도시계획에서 공간구조의 구상은 대안계획(alternative plan) 과정에서 이루어진다. 따라서 당해 도시의 지형·개발상태·환경오염 등의 여건과 목표연도의 개발지표에 의한 중심지체계를 설정하고, 토지이용계획·교통계획·기타 도시기본계획에 근간이 되는 사항을 대상으로 하여 적어도 2개 대안 이상의 기본골격안을 구상한다.

공간구조 구상에서는 대안별로 도시발전축과 녹지보전축을 설정한다. 도시발전축에는 도시개발축·산업개발축 등으로 구분하고 성장주축과 부축을 설정하여 개발축별로 부도심·생활권중심 등 핵심기능을 부여하고, 녹지보전축에는 산악녹지축·수변축·농업생산축 등 다양한 형태로 배치하고 이들을 연결하여 공원녹지로 네트워크화한다. 따라서 도면의 작성도 시각적으로 설명되어 이해하기 쉽도록 해야 한다. 그 이유는 기본구상도의 목적에 맞지 않게 너무 상세하게 표현될 경우 오히려 그 정확도에 대한 오해를 불러일으킬 수 있기 때문이다.

그리고 각 대안에 대한 지표·개발전략·기본골격 등 내용의 차이점을 명시한 후 계획의 합리성·경제적 타당성·적정성·환경성 등에 대한 장단점을 비교·분석함과 동시에 결정된 대안의 선택 이유를 밝혀야 한다.

한편, 공간구조의 설정에 있어서는 계획대상도시뿐만 아니라 보다 광역적 차원에서 자연환경·토지이용·교통 등의 현황과 발전잠재력을 고려하여 도시발전축과 녹지보전축의 연계성을 도모해야 한다. 그리고 도심·생활권 중심의 기능강화방안을 모색하고, 쇠퇴지역의 활성화방안도 고려해야 한다.

표 6-1 도시공간구조 구상(예)

<table>
<tr><th>공간구조 구상</th><th colspan="2">도시축</th><th>기본방향</th></tr>
<tr><td rowspan="5">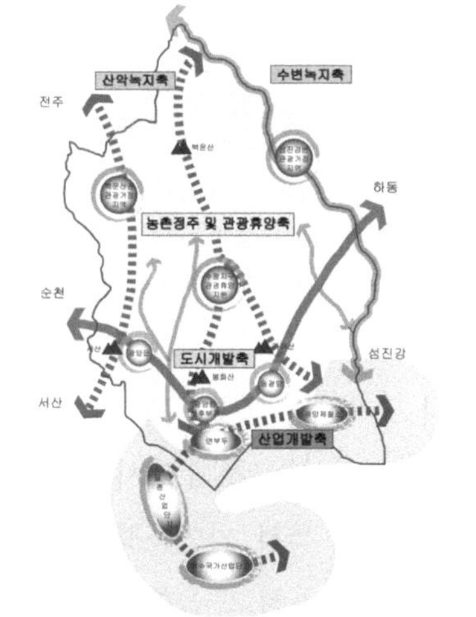
</td><td rowspan="3">도시발전축</td><td>U자형
도시개발축</td><td rowspan="3">대내·외적 여건변화에 탄력적으로 대응할 수 있는 3중심 체계를 유지하여 광역적 산업개발축을 형성</td></tr>
<tr><td>C자형
산업개발축</td></tr>
<tr><td>T자형
농촌정주 및
관광휴양축</td></tr>
<tr><td rowspan="2">녹지보전축</td><td>산악녹지축</td><td rowspan="2">도시발전축과 녹지축이 교차하는 지역에 대해서는 가급적 공원·녹지로 계획</td></tr>
<tr><td>수변녹지축</td></tr>
</table>

(출처 : 2025년 광양도시기본계획, 광양시, 2007)

6.3.3 생활권 및 인구배분계획

1. 생활권계획의 의의

도시 생활권계획의 의의는 크게 사회적 측면과 물리적 측면으로 나누어 볼 수 있다. 먼저 사회적 측면에서는 하나의 생활공동체(community)로서 주민들의 사회적 상호작용을 도모하고, 공동유대(common ties)를 강화하며, 영역성을 제고하고, 나아가서 주민들이 보다 긍지를 갖게 할 수 있다. 또한 물리적 · 공간적 측면에서는 인간척도(human scale)와 주민활동의 주기성이라는 두 가지의 기본척도에 알맞게 각종 편익시설을 확보 · 배치함으로써 주민들의 생활을 보다 편리하고 쾌적한 일상생활의 장을 만들어 준다.

한편, 도시의 생활권계획은 법적 성격을 갖고 있지는 않으나 토지이용계획 · 교통계획 · 공공시설배치계획 등 주요 부문계획 수립에 기본전제가 된다.

2. 생활권의 구분 · 설정

생활권 설정에 있어서는 보행권 · 통학권 · 일상생활권 · 행정단위 등의 기준이 된다. 생활권 계획에서 중심적인 과제는 일상적인 활동, 즉 취학아동의 등하교, 공원과 어린이놀이터 등에서의 레크리에이션 · 생활필수품 구매나 이웃과의 교류 등과 같은 활동을 보행권 내에서 해결하려는 데 있다. 물론 노약자나 신체장애인 등의 특수한 경우나 악천후와 같은 상황에서의 차량에 의한 활동이 보장되어야 하지만, 사람이 일상생활을 영위함에 있어서 무리 없는 보행거리의 한계는 600~800m 정도이다.

표 6-2 각급 학교별 통학거리기준

구 분	적정거리	적정시간	접근수단
유치원	200m ~ 400m	0 ~ 5분	도보
초등학교	400m ~ 800m	5 ~ 10분	도보
중학교	800m ~ 1,200m	10 ~ 15분	도보
고등학교	1,200m ~ 1,600m	15 ~ 30분	도보 및 버스

도시의 생활권 계획은 인구의 배분이나 토지이용 및 교통계획의 가장 기본적인 기초자료가 된다. 따라서 생활권을 설정함에 있어서는, 첫째 도시의 발전과정, 도시개발축, 도시기능 및 토지이용의 특성, 주거밀도의 특성, 자연환경 및 생활환경여건 등을 고려함으로써 도시구조와의 일관성을 유지해야 하고, 둘째 도시여건에 따라 위계별로 구성할 수 있으며, 하나의 생활권은 적정한 규모가 되어야 하고 그 위계와 규모

에 맞도록 인구배분은 물론 교육 · 문화 · 체육 · 공원녹지 등의 공공시설을 합리적으로 배치해야 한다.

그리고 생활권의 경계는 생활서비스의 공간적 제공범위와 물리적 · 사회문화적 동질성 및 각종 자료 취득의 용이성 등을 고려하여 설정해야 한다.

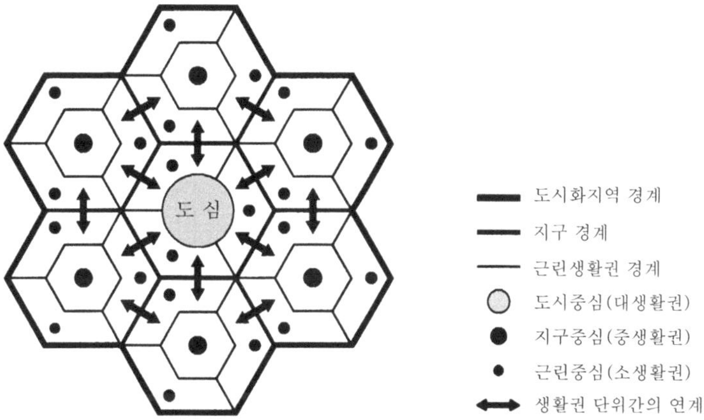

그림 6-9 도시생활권의 위계구성 개념

3. 생활권의 위계와 공공시설

도시생활권의 위계는 도시 규모에 따라 다르지만 대도시인 경우에는 대체로 소생활권(근린생활권) · 중생활권 · 대생활권의 3단계로 구분되며, 도시규모에 따라 차이가 있지만 생활권의 위계는 다음 기준에 의해 형성될 수 있다.

먼저 소생활권은 근린주구(neighborhood unit) 크기로서 초등학교 · 중학교의 보행에 의한 통학권을 가지고 시장 · 주민센터 · 경찰지구대 등이 배치되는 일상생활권이다. 인구는 10,000~20,000명 규모이며, 생활권의 경계는 간선도로에 의해 구분한다. 그러나 소생활권은 주거밀도나 형태에 따라 모든 공동시설의 이용을 완전한 자급자족보다는 경우에 따라서는 상호 중첩시킬 필요가 있다.

둘째, 중생활권은 보통 고등학교의 통학권 · 간선도로망 등의 조건을 고려하되 3~5개의 근린생활권을 모아 이루도록 한다. 따라서 인구는 5~10만 명을 기준으로 하며, 중생활권의 중심에는 업무 · 상업 · 위락시설 등을 배치하여 지구중심(district center)의 역할을 담당하도록 한다.

셋째, 대생활권은 대도시 규모의 생활권으로서 구청 · 경찰서 · 쇼핑센터 등을 갖출 수 있는 자기완결(self-containd) 성격을 가지며, 인구는 3~5개의 중생활권이 합해진 20~30만 명 정도로 하되 가급적 자치구의 행정구역과 일치시키는 것이 생활권 형성에 유리하다. 또한 현재 부도심(subcivic center)의 역할을 수행하고 있거나 앞으로 역할이 기대되는 중심으로 설정하는 것이 좋다.

표 6-3 생활권 위계별 공공시설

구 분	행 정	여 가	교 육	사회복지	보 건	유 통
소생활권	• 주민센터 • 경찰지구대 • 우체분국	• 어린이공원 • 근린공원 • 소운동장	• 유치원 • 초등학교 • 중학교	• 보육원 • 경로당 • 집회소 • 주민회관	• 병원 · 의원 • 치과의원 • 한의원 • 약국	• 근린중심 쇼핑센터 • 소매시장 • 은행 · 금고
중생활권	• 출장소	• 지구공원 • 운동장	• 고등학교 • 도서관	• 종합복지센터 • 청소년회관 • 직업보도소 • 직업상담소	• 보건소 • 종합병원	• 지구중심 쇼핑센터 • 소단위 도매시장
대생활권	• 구청 • 경찰서 • 소방서	• 도시공원 • 종합운동장	• 전문대학 • 대학 • 연구기관	• 특수복지센터 • 양로원 • 고아원 • 장애인보호소	• 대단위종합 병원 • 특수병원 • 보건연구원	• 지역중심 쇼핑센터 • 백화점 • 유통단지

(출처 : 박병주 · 김철수 외, 도시계획, 형설출판사, 2005 : 187)

4. 생활권별 인구배분계획

생활권별로 인구 · 가구 분포현황 및 인구밀도 변화요인을 분석하여 목표연도의 계획인구(상주인구 · 주간인구 · 인구구조 등)를 생활권별로 추정하고, 단계별 인구배분계획을 수립한다.

인구배분계획 수립 시에는 생활권별을 인구증감 추세, 재개발 및 재건축 · 개발가능지(미개발지, 저개발지), 중심지와의 거리 등을 고려한 적정 인구밀도를 계획하고, 인구밀도계획 시에는 학교 · 상하수도 · 도로 등 기반시설을 고려하여 수용가능한 인구배분계획이 될 수 있도록 해야 한다. 그리고 인구배분계획은 토지이용계획 · 교통계획 · 산업개발계획 · 환경계획 등과 연계되고, 지역여건을 고려하여 생활권별로 수립한다. 특히 역세권에는 다양한 용도의 기능을 복합할 수 있도록 생활권별 인구배분계획에 반영해야 한다.

PART

07 토지이용계획

7.1 토지이용계획의 목표와 과정

7.1.1 토지이용계획의 개념

토지이용은 일정한 물리적 구조를 구비한 토지 위에서 일어나는 인간의 제반 활동 또는 그 활동을 수용하기 위한 유형 · 밀도 · 용도와 같은 이용형태라고 할 수 있다. 그러나 토지이용의 의미는 인간의 이용 여부에 따라 이용과 미이용으로 구분할 수 있으며, 또한 토지이용을 파악하는 데 있어서도 '기능'에 기초할 것인가 또는 형태에 기초힐 것인가에 대한 논쟁이 있다(대한국토 · 도시계획학회, 2010:31).

도시의 토지이용계획은 도시계획구역 내의 토지를 어떻게 이용할 것인가를 결정하는 계획이다. 즉, 도시공간 속에서 이루어지는 다양한 활동기능의 종류를 고려하여 토지의 용도를 구분하고, 주거 · 상업 · 공업 등 다양한 용도의 토지수요(space requirement)를 밀도계획 기준에 맞추어 예측하고, 그것을 자연적 · 사회경제적 여건과 용도 간의 상호관계를 고려하여 공간적으로 배분(allocation)하는 작업이다. 따라서 토지이용계획은 교통계획 · 도시시설계획 · 공원녹지계획과 더불어 도시계획의 근간을 이루는 가장 중요한 부분이라 할 수 있다.

도시의 토지이용계획에 대한 내용에 있어서는 보는 관점에 따라 두 가지 견해가 있다. 하나는 흔히 미국형으로 분류되는 것으로서, 토지이용계획을 교통계획 · 시설계획과 상호 긴밀한 관계를 갖고 있는 광범위한 도시계획의 한 분야라고 보는 것이고, 다른 하나는 유럽형으로 토지이용계획을 교통계획이나 시설계획을 포함하는 종합적인 기본계획(독일) 내지 구체적인 토지의 이용계획(프랑스)으로 보는 것으로서, 토지이용계획을 도시계획의 내용과 궁극적으로 동일하다고 생각하는 것이다. 그러나 미국형과 유럽형의 모든 토지이용계획은 도시계획의 기본이라는 점에서 일치하고 있다.

한편, 토지이용계획이 지역지구제와 혼돈되는 경우가 있는데, 토지이용계획이 도시의 제반 인간활동을 토지 위에 수용하기 위한 계획행위라면, 지역지구제는 토지이용계획을 구체적으로 실현하는 제도적 수단 중의 하나라고 볼 수 있다.

7.1.2 토지이용의 결정요인

토지이용계획 수립에는 도시현상의 실체에 대한 지식이 필요하다. 개인 또는 집단(기업, 공공단체)의 개개 의사결정에 의해 대지별로 토지이용이 결정되고, 이의 집적으로 특정지구 또는 도시 전체의 토지이용이 실현된다.

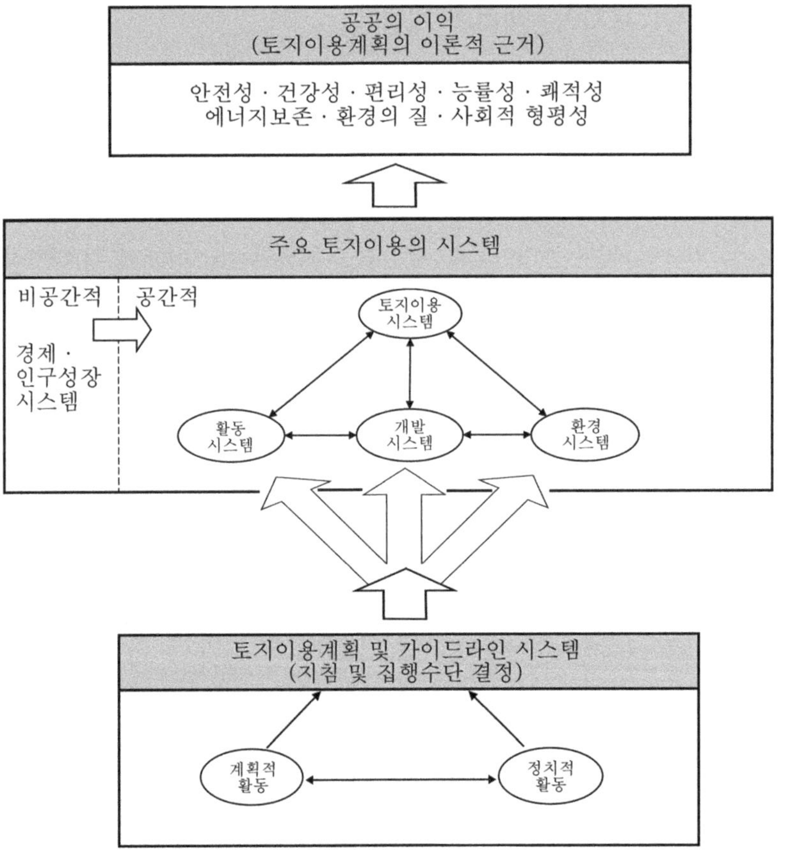

(출처 : F. S. Chapin, Urban Land Use Planning , University of Illinois Press ,Urbana, 1965 : 65)

그림 7-1 도시 토지이용의 결정체계

샤핀(F. S. Chapin, 1965)은 토지이용을 결정함에 있어 경제적 결정요인, 사회적 결정요인, 공공의 이익 세 가지 요인이 고려되어야 하며, 이들 요인이 조화를 이루어야 한다고 주장하였다. 첫째, 경제적 요인은 토지도 일종의 재화이기 때문에 시장기능에 의해 가치를 부여받게 되므로 토지 자체에 부합하는 토지이용이 이루어져야 한다는 것이다. 둘째, 사회적 요인으로서 집단사회에 있어 토지공간의 공유개념에서 비롯된다. 따라서 토지이용을 결정하는 데 있어 사회적 요인에 대한 신중한 고려가 요구된다. 셋째, 공공의 이익이다. 이 공공의 이익 요소로는 안전성 · 보건성 · 편리성 · 쾌적성(amenity) · 경제성 등이 있으며, 이 같은 요소들이 계획수립과정에서 충분히 반영되어야 한다는 것이다.

또 샤핀은 토지이용 시스템을 결정하는 주체를 크게 경제 · 사회 · 인구 등의 비공간적(aspatial) 측면과 활동 · 개발 · 환경의 공간적 측면으로 나누고 있다. 여기에서 활동주체는 개인 및 가구 · 기업 · 기관(정부)이며, 개발주체는 개발 전 토지소유자 · 개발자 · 소비자 · 자금중재자 · 행정기관이고, 환경은 생물적 환경과 무생물적 환경으로 구분한다. 즉, 토지이용을 결정하는 다양한 시스템을 조정함으로써 토지이용계획의 이론적 근거인 안전성 · 건강성 · 능률성 · 쾌적성 등 공공의 이익(public interest)을 달성하게 된다는 것이다.

7.1.3 토지이용계획의 역할과 목표

1. 토지이용계획의 역할

토지이용계획에 대한 최종결과는 토지개발과정의 성과를 넘어선 도시환경 전체에 영향을 미치게 된다. 좋은 토지이용계획이 좋은 도시환경을 조성한다는 관점에서 볼 때 토지이용계획의 주요 역할은 다음과 같다.

첫째, 도시공간의 기능과 구조를 결정한다. 토지라는 공간적 기반 위에 구축되어 있는 현재의 도시기능과 구조에 대한 미래의 운명을 결정하는 것도 토지이용계획을 통해서이고, 도로 · 공원 · 광장 등 도시의 기반시설이 배치되고 정비되는 데에도 토지이용계획은 주요한 인자가 된다.

둘째, 도시설계를 위한 지침을 제시한다. 토지이용계획은 단순히 지상뿐만이 아니라 공중 · 지하 등 3차원적 공간을 대상으로 해야 하며, 기능배치는 용도뿐만 아니라 밀도와 형태를 포함하여 이루어져야 한다.

셋째, 난개발을 방지한다. 토지의 개발이 소유자의 자의에 의해 이루어지거나 방치되면 공공비용의 투자를 증가시키고 토지이용의 경제성을 감소시키게 된다. 이의 대표적인 것이 무계획적인 시가지의 외면적 확산(urban sprawl)과 도심의 과밀현상으로서 토지이용계획은 이러한 난개발 방지 역할을 한다.

넷째, 장래에 대비한 토지를 보존한다. 현재 예측과 추정이 어려운 토지는 장래를 위해 보존되어야 한다. 어느 곳을 개발할 것인가에 대한 판단을 내리는 것이 토지이용계획의 주요한 역할이지만, 어느 곳을 남겨 놓을 것인가에 대한 결정 또한 토지이용계획의 중요한 핵심역할 중 하나이다.

끝으로, 토지이용의 규제와 실현수단을 제공한다. 즉 토지이용계획은 목표연도의 토지이용을 공간적으로 배열하는데 그치지 않고 토지이용의 규제, 개발의 억제와 권장, 공공투자계획 등 정책수단의 수립까지 수행해야 한다.

2. 토지이용계획의 기본목표

토지이용계획의 궁극적인 목적은 공공의 이익(public interest)이며, 공공이익의 요소로는 안전성 · 건강성 · 편의성 · 쾌적성 · 경제성 등을 들 수 있는데, 이의 실현을 위한 토지이용계획의 기본목표는 다음과 같다.

- 도시의 물리적 · 지리적 · 역사문화적 지역의 특성을 계획에 반영하고 수용능력의 한계를 감안하여 개발과 보존의 조화 · 균형을 유지한다.
- 난개발을 방지하고 장래 확장과 토지이용 변화에 무리 없이 대응할 수 있도록 유보지를 포함한 융통성 있는 토지이용패턴을 형성한다.
- 도시기반시설의 건설 · 관리비용을 최소화할 수 있도록 효율적인 토지이용 패턴을 구성한다.
- 도시의 가로망체계 · 녹지체계 및 공공편익시설체계와 조화를 이루도록 하고, 서로 상충되는 용도 간의 분리와 보완적인 용도 간의 연계를 유도한다.

7.1.4 토지이용계획의 과정 및 방법

1. 토지이용계획의 수립과정

도시 토지이용계획의 수립과정은 크게 ① 목표설정 ② 조사 · 분석 ③ 계획입안 및 결정 ④ 집행의 4단계로 이루어진다. 첫번째 단계는 당면한 문제의 인식과 장래의 도시성장과 도시성격의 전망에 근거하여 토지이용계획에서 추구하는 계획목표와 계획지표를 도출하는 작업이다. 두번째 단계는 현황조사 · 분석결과를 토대로 하여 기존의 여건을 검토하며, 세번째 단계는 장래의 바람직한 토지이용계획안을 작성하는 것으로 토지용도별 수요 전망과 토지용도별 공간적 배분을 통해 토지이용계획의 대안들을 설정하여 이 대안들을 평가하고 계획안을 확정하는 작업이다. 마지막 단계는 확정된 계획내용을 실현하는 토지이용규제(지역제)·도시계획사업 등의 정책수단을 수립하는 것이다.

이상의 토지이용계획 수립과정에서는 다음 사항에 대한 고려가 중요하다. 첫째, 계획은 위와 같은 4단계를 거치게 되지만 이들은 반드시 한 방향의 일관작업이 아니라 상호 환류과정이 중요하다. 계획의 입안과정에서도 조사·해석이 필요하게 되기도 하고, 계획의 실현가능성을 점검할 필요가 생기는 경우가 많기 때문이다. 둘째, 토지이용계획에서는 대안계획(alternative plan) 과정이 필요하다. 이들 선택안은 조사·해석에 의해 상세히 검토되고 각 안에 대한 비교·평가를 통해 하나의 안으로 좁혀 들어가야 한다. 셋째, 토지이용계획은 교통계획과 매우 밀접한 관계가 있으므로 계획입안의 단계에서는 통행발생량·이용교통기관별 통행수·통행배분 등과 같은 교통계획은 물론 도시시설계획·공원녹지계획·경관계획 등 다른 중요한 부문계획도 동시에 고려되어야 한다.

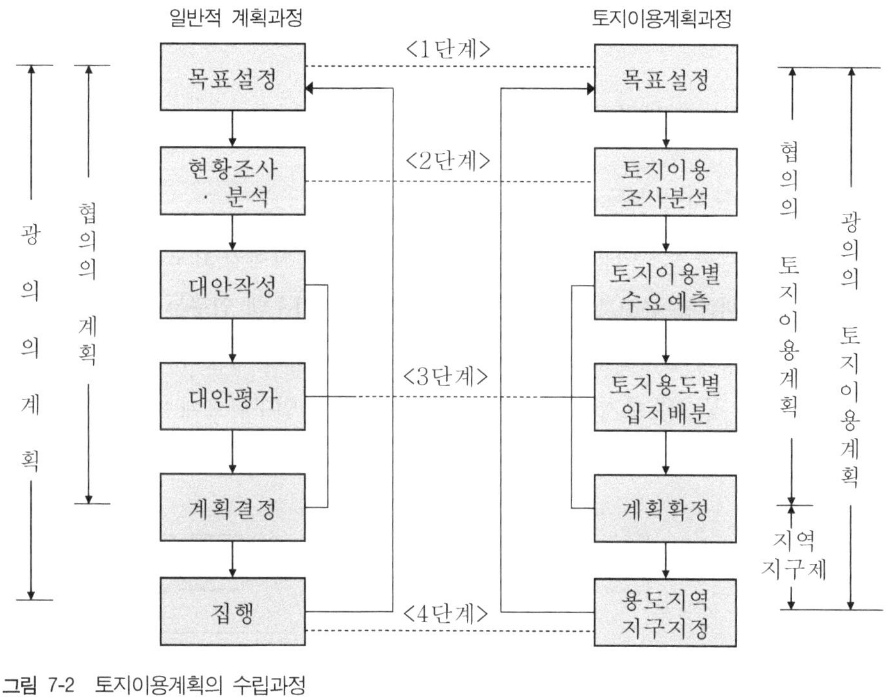

그림 7-2 토지이용계획의 수립과정

2. 토지이용계획의 접근방법

토지이용계획 과정은 접근방법에 따라 상향적(bottom-up) 접근과 하향적(top-down) 접근으로 구분된다. 상향적 접근은 상세한 현황조사에서 지구를 구분하고 지구마다의 계획과제를 도출하여 지구수준에서 계획을 세우고 각 지구계획들을 집성한 것을 토대로 도시 전체의 토지이용계획을 작성하여 도시공간의 기본구조와 상위계획과의 조정으로 도시 전체의 토지이용계획을 입안하는 것이다. 한편, 하향적 접근은 인구 및 경제 전망 또는 상위계획의 지침을 받아 도시의 기본계획(인구·산업·토지 등의 규모)을 설정하고 현황과의 차이를 감안하여 새로운 수요를 예측한다. 도시 전역의 새로운 수요를 지구의 현황에 따라 배분지구 간의 조정에 의해 전체계획을 입안하며 전체계획에 근거하여 지구계획을 수립하는 방법이다.

여기에서 상향적 접근방법이 기존 도시의 축적(stock) 상태를 중요시하는 것이라면, 하향적 접근방법은 도시의 새로운 개발을 중시하는 것이라 할 수 있다. 그러나 실제 계획에서는 2가지 유형의 요소가 동시에 배려되는 것이 통례이고 단지 어느 것에 큰 비중을 두는가의 차이만 있을 뿐이다.

7.2 토지수요 추정

7.2.1 도시활동과 토지용도

1. 도시의 활동체계와 토지이용

각종 토지이용에 대한 수요를 결정짓는 일차적인 요소는 계획대상지역 내 인구와 경제활동 규모 및 이의 공간분포이다. 이 가운데 인구는 주로 주거용 토지와 녹지, 그리고 경제활동은 주로 공업과 업무용 토지에 대한 수요에 직접적인 영향을 미친다. 상업용 토지에 대한 수요는 기본적으로 인구규모에 따라 달라지나 경제활동 규모에 의해서도 영향을 받는다.

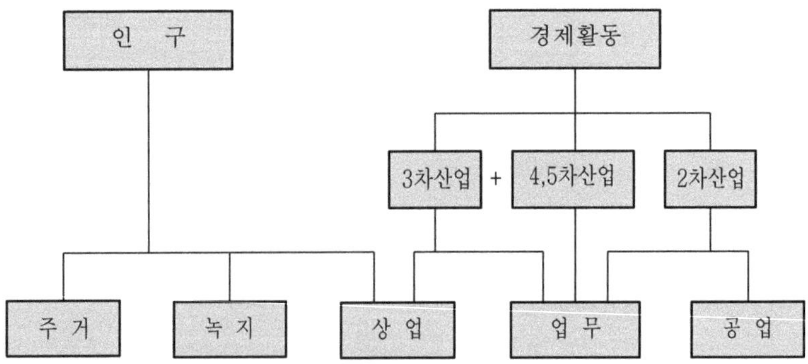

(출처 : 대한국토·도시계획학회, 토지이용계획, 2003 : 200)

그림 7-3 인구·경제 활동과 용도별 토지이용

각 기능별 도시활동의 공간분포는 용도별 토지이용의 입지수요를 결정하는 요소이며, 동시에 공간구조체계를 이해하고 용도별 · 입지별 토지이용의 밀도기준을 설정하는데 중요한 기초자료가 된다. 도시활동의 공간분포를 체계적으로 파악하기 위해서는 인구 및 경제활동이 상대적으로 집중분포하고 있는 지역을 중심으로 생활권 및 경제활동권을 분류하여 이들 간의 상호관계 또는 위계관계를 구체화할 필요가 있다.

2. 토지의 용도

도시의 토지이용은 도시에서 이루어지는 인간의 사회경제적 활동, 근대국제건축회의(CIAM)의 아테네헌장에서 제안된 4대 활동기능, 즉 주거 · 노동 · 휴식 및 교통이라는 4가지 기능에 의해 유도된다고 볼 수 있다. 여기에서 주거활동은 생활터전으로의 주거지역과 초등학교 · 중학교 · 근린점포 등의 커뮤니티 시설을 만들어내며, 노동활동은 도시의 업무 · 상업지역을 형성하고, 휴식과 레크리에이션 활동은 대규모의 공원이나 위락지역 및 교육 · 문화시설을 창출한다. 그리고 교통활동은 인간이나 물자의 이동을 가능하게 해주는 대량 수송기관이나 간선도로 등의 교통시설 용지와 하천이나 강을 필요로 하게 된다.

한편, 용도별 토지의 기능과 이용목적에 부합하도록 규제 · 유도하기 위한 토지이용계획의 제도적 실현수단의 하나로서 지역제(zoning)가 있는데, 우리나라 국토계획법상의 용도지역제에서는 토지의 용도를 크게 도시지역 · 관리지역 · 농림지역 · 자연환경보전지역의 4가지로 구분하고, 도시지역에 구분되어 있는 주거지역 · 상업지역 · 공업지역 및 녹지지역을 세분하여 지정할 수 있으며, 또한 관리지역은 보전관리 · 생산관리 · 계획관리지역으로 구분하여 지정하도록 규정하고 있다.

7.2.2 토지이용밀도

도시의 토지수요를 예측하기 위해서는 기본적으로 인구 및 산업경제지표가 고려되지만, 궁극적으로는 물리적 밀도(physical density) 개념이 적용된다. 밀도는 단위면적당 발생하는 활동 또는 시설의 강도(intensity)라고 정의할 수 있는데, 밀도는 시가화의 상황, 시가지의 환경 등을 판정 · 평가하는 척도로서 이용되며, 인구와 공공시설 간의 균형을 도모하는 지표이고, 시가지 형성의 유도 혹은 규제의 수단으로 활용된다. 도시계획에서 가장 기본적으로 사용되는 토지이용 밀도의 지표는 인구 · 토지 · 건물의 세 가지 요소의 관계에 의해서 나타난다.

또한 건축물이나 인구를 대신하여 취업인구수, 상공업 판매액, 출하액 등의 도시활동지표를 활용함으로써 취업인구밀도, 고용자 1인당 부지면적, 판매액당 토지면적 혹은 건물면적 등 경제활동을 나타내는 밀도지표가 산정되며, 이들도 토지이용계획 과정에서 자주 활용된다.

한편, 밀도는 산정방법(기준)에 따라 총밀도(gross density)와 순밀도(net density)로 구분된다. 총밀도는 하천 · 임야 등 지구 전체 토지면적에 근거한 밀도의 산출이고, 순밀도는 도시 활동에 직접 이용되는 토지에 근거하여 산출하는 경우이다.

표 7-1 토지이용밀도의 유형

구 분	밀도 지표	단위
인구밀도	상주인구밀도	인/ha
	주간인구밀도	인/ha
거주밀도	1인당 주거면적	m^2 /인
	가구당 주거면적	m^2 /가구
건축밀도	용적률	%
	건폐율	%
	호수밀도	호/ha

7.2.3 토지용도별 수요추정

1. 토지수요의 측정과정

장래 토지이용의 수요추정은 도시의 성격이 기성도시인가 신도시인가, 도시의 성장속도가 완만한가 빠른가에 따라 기법 적용이 서로 다르다. 즉, 기성도시이고 완만한 시가지 확장이 예상되는 도시인 경우에는 기존 시가지의 토지이용 현황 · 변화를 중시하는 접근방법이 적용되고, 신도시이거나 시가지의 급속한 팽창이 예상되는 기성도시의 신시가지인 경우에는 기준밀도(원단위)를 적용하게 된다. 일반적으로 기성도시의 경우 토지이용 수요추정은 다음 4단계를 거쳐 이루어지며, 신도시의 경우에는 ②~④단계를 거치게 된다.

① 토지이용 유형별 기존 토지이용밀도 현황조사 및 평가

② 목표연도의 인구 및 경제활동 등 규모 예측(A)

③ 토지이용 유형별 기준밀도의 설정(B)

④ 목표연도의 용도별 토지수요 산정(= A÷B)

토지이용 수요추정은 위의 4단계 작업이 독자적으로 진행되는 것이 아니라 토지이용 배분과 교호적으로 진행된다. 먼저 개략적인 시가지밀도의 기준에 근거하여 총량적인 시가지 규모를 산정하고, 다음으로 공간구조의 목표와 전략에 근거하여 입지별로 밀도기준을 점차 정교화하여 토지이용 수요추정작업을 반복적으로 시행함으로써 토지의 수요와 공급 간의 균형화를 도모할 수 있도록 해야 한다.

2. 토지수요 추정의 기본원칙

토지수요 추적에 있어서는 먼저 토지이용현황을 분석하고, 토지적성평가 결과를 활용하여 기개발지 · 개발가능지 · 개발억제지 · 개발불가능지로 구분해야 한다. 기개발지는 비효율적인 토지이용 발생지역과 도시기능 왜곡지역을 조사 · 분석하여 기존 토지이용계획을 변경할 필요가 있는 곳을 선별하고, 도시지역에 위치한 개발가능지는 단계별로 시차를 두어 개발계획을 세운다.

또한 시가지 외곽의 난개발 발생지역과 신규 개발잠재력이 큰 지역을 파악해야 하며, 하천 주변지역은 보전과 개발의 조화를 원칙으로 하여 토지이용을 예측해야 한다.

3. 용도별 토지수요 추정

(1) 토지수요 추정방법

용도별 토지수요 예측은 원단위법이 가장 널리 사용되고 있다. 이 방법은 당해 지역의 인구 및 경제활동 규모에 대한 예측을 기초자료로, 원단위 혹은 인구밀도를 활용하여 면적으로 환산함으로써 기능별 토지 수요를 추정하는 방법이다. 따라서 비물리적인 환경에 대한 고려가 부족하다는 것이 단점이기는 하지만 기초자료 수집이 용이하고, 정확할 경우 비교적 쉽고 간편하게 토지수요를 추정할 수 있다는 장점이 있는 바, 용도별 토지수요 예측방법은 다음과 같다.

(2) 주거 · 용지

기존 도시에서 신규로 확보해야 할 주거용지를 산출하는 경우에는 인구예측에 근거한 미래의 주택 및 토지수요를 산정한 후 추정하고, 신규 주거용지의 개발물량은 기존 시가지 내의 미개발지 · 저개발지를 최대한 고려하고, 재개발 · 재건축 · 도시재생 등을 예상하여 계획에 반영한다.

주거용지의 면적소요 추계에 가장 기본적인 전제가 되는 것은 가구당 평균 가구원수, 주택유형별 선호성향, 주택유형별 주거밀도이며, 주택유형별 주거밀도와 면적 등에 따라 달라진다. 주거지역의 면적 산정방법은 상정인구밀도에 의한 방법, 주택 1호당 부지면적에 의한 방법이 흔히 사용된다.

(3) 상업용지

상업용지의 수요추정에 있어서는 미래 인구규모와 도시특성에 의한 적정 규모의 산출이 중요하며, 기존 시가지에서 상업용도로의 전환, 적정한 분포 등을 감안해야 한다. 그리고 비도시지역에서는 유통 및 관광 · 휴양 등의 수요를 판단하여 신규 상업용지의 면적 산정에 반영한다.

상업용지의 소요면적 추계는 도시 주변 상권의 특성과 규모, 계획대상 도시의 기능과 성격을 고려하여 적정한 방법을 적용하거나 마케팅 분석방법을 사용할 수도 있으나, 일반적으로는 상업지역 이용자수에 의한 방법, 종사자수에 의한 방법, 그리고 상업지역 유형별 계획기준에 의한 방법이 사용된다. 상업지역 유형별 이용반경 · 최소 이용인구 · 면적 등의 계획기준은 표 7-2에서 보는 바와 같다.

표 7-2 상업지역 유형별 계획기준

구 분	근린중심상업지역	지역중심상업지역	중심상업업무지역
주요기능	일상용품 및 개인서비스	일상용품 · 가전제품 및 기호품	고급장신구 · 전문서비스 · 문화 · 위락
주요시설	시장 · 슈퍼마켓 · 노천상가	백화점 분점 · 쇼핑센터 · 노선상가	백화점 · 호텔 · 금융기관 · 사무실
이용반경	800m	3km	6km
최소 이용인구(인)	4,000	35,000	150,000
면적(천m^2)	16~32	40~120	160~400
전체면적에 대한 면적 비율(%)	1.25	1.00	0.50

(출처 : 한국토지공사, 생태환경도시개발 편람, 2005 : 92)

(4) 공업용지

공업용지의 면적 산정은 공업지역(제조업) 종사자 수에 의한 방법, 업종별 부지면적 원단위에 의한 방법, 그리고 공업출하액 원단위에 의한 방법이 있다. 공업용지는 평면적인 토지이용 특성을 가지므로 입체적 · 토지이용을 상정한 용적률 등 밀도지표는 큰 의미가 없다.

공업용지의 수요추정에서는 해당 도시 및 상위계획의 산업정책에 입각하여 수요를 판단한다. 그리고 도시지역 내에서는 신규 토지를 확보하기 보다는 기존 공업용지 중 저개발 또는 미개발된 곳을 최대한 활용하는 것을 검토해야 한다.

(5) 공원녹지용지

공원녹지용지의 면적은 도시의 자연조건과 환경목표 수준 등에 따라 크게 좌우된다. 따라서 공원 녹지의 면적 산정은 먼저 도시의 오픈스페이스체계 형성에 대한 구상을 하고 생활권에 따라 배치해야 할 생활권공원 · 주제공원(theme park) 등 유형별 공원 · 녹지를 계획하여 각 시설별 공간수요를 고려하거나 공원녹지율 또는 1인당 공원녹지면적을 적용하는 경우가 많다.

한편, 도시지역 안에서의 도시공원 확보기준은 주민 1인당 $6m^2$ 이상으로 되어 있으며, 개발제한구역(greenbelt) · 녹지지역을 제외한 도시지역 안에 있어서의 도시공원면적은 주민 1인당 $3m^2$ 이상을 확보하도록 규정하고 있다(도시공원 및 녹지 등에 관한 법률).

표 7-3 토지용도별 면적 산정방법

구분		계산식	변수 정의
주거 용지	상정인구밀도에 의한 방법	$Ra = \sum_{i}^{n} \frac{Ai}{di}$	Ra : 주거지역 면적 Ai : 주거입지별 배분된 상정인구 di : 주거입지별 상정인구밀도 I · · · n : 주거입지별 인구밀도 계층
	주택 1호당 부지면적에 의한 방법	$Ra= \frac{P \times b \times r \times d}{H \times (1-a) \times (1-c)}$	Ra : 주거지역 면적 P : 주거지역 대상인구 b : 시가지내 보급률 r : 주거지율 d : 호당 부지면적 H : 가구당 인구수 a : 공공용지율 c : 혼합률
상업 용지	상업지역 이용자 수에 의한 방법	$Ca = \frac{P \times a}{r \times n \times (1-e)}$	Ca : 상업지역 면적 r : 건폐율 n : 평균층수 e : 공공용지율 a : 이용인구 1인당 평균상면적 p : 상업지역 이용인구
	종사자 수에 의한 방법	$Ca = \frac{Pb \times a}{r \times n \times (1-e)}$	Ca : 상업지역 면적 r : 건폐율 n : 평균층수 e : 공공용지율 a : 이용인구 1인당 평균상면적 Pb : 상업기능 종업원수
공업 용지	종사자 수에 의한 방법	$Ia = \frac{a \times Ai \times r}{(1-e) \times (1-c)}$	Ia : 공업지역 면적 e : 공공용지율 a : 1인당 부지면적 Ai : 공업지역 활동대상 인구 r : 공공용지율 c : 혼합율
	업종별 부지면적 원단위에 의한 방법	$Ia = \frac{\sum_{i}^{n} ai \times bi}{(1-e) \times (1-c)}$	Ia : 공업지역 면적 ai : 업종별 업체수 bi : 업종별 업체당 부지면적 e : 공공용지율 c : 혼합률 I · · · n : 업종

7.2.4 토지이용계획 사례

수도권의 주택공급 확대정책의 일환으로 추진된 수도권 5개 신도시 개발밀도 및 토지이용계획은 표 7-4에서 보는 바와 같다. 5개 신도시의 평균 총인구밀도는 279.0 인/ha이며, 용도별 토지이용 비율을 보면 주택용지 36.2%, 상업 · 업무용지 7.0%, 그리고 도로 · 공원 등 공공시설용지는 56.7%로서 공공용지가 비교적 많은 편이다.

표 7-4 수도권 신도시의 토지이용계획

<table>
<tr><th colspan="3">구분</th><th>분당</th><th>평촌</th><th>일산</th><th>중동</th><th>산본</th><th>평균</th></tr>
<tr><td colspan="3">총면적(ha)</td><td>1,964</td><td>510</td><td>1,573</td><td>542</td><td>420</td><td>1,001.8</td></tr>
<tr><td colspan="3">계획인구(천인)</td><td>390</td><td>168</td><td>276</td><td>166</td><td>168</td><td>233.6</td></tr>
<tr><td colspan="3">세대수(천호)</td><td>97.5</td><td>42</td><td>69</td><td>42.5</td><td>42</td><td>58.6</td></tr>
<tr><td colspan="3">총인구밀도(인/ha)</td><td>197</td><td>327</td><td>174</td><td>301</td><td>396</td><td>279.0</td></tr>
<tr><td colspan="3">용적률(%)</td><td>184</td><td>204</td><td>169</td><td>225</td><td>205</td><td>197.4</td></tr>
<tr><td rowspan="8">토지이용 비율 (%)</td><td colspan="2">주택용지</td><td>32.3</td><td>37.8</td><td>33.4</td><td>34.4</td><td>43.1</td><td>36.2</td></tr>
<tr><td colspan="2">상업 · 업무용지</td><td>8.3</td><td>4.9</td><td>7.8</td><td>10.4</td><td>3.9</td><td>7.0</td></tr>
<tr><td rowspan="6">공공시설용지</td><td>소계</td><td>59.3</td><td>57.3</td><td>58.7</td><td>55.2</td><td>53.1</td><td>56.7</td></tr>
<tr><td>도로</td><td>19.7</td><td>24.2</td><td>20.9</td><td>25.5</td><td>15.2</td><td>21.1</td></tr>
<tr><td>공원녹지</td><td>19.3</td><td>13.0</td><td>23.1</td><td>13.5</td><td>15.4</td><td>16.8</td></tr>
<tr><td>공공청사</td><td>0.1</td><td>2.9</td><td>0.1</td><td>3.1</td><td>2.4</td><td>1.7</td></tr>
<tr><td>학교</td><td>3.7</td><td>6.7</td><td>3.7</td><td>7.6</td><td>7.8</td><td>5.9</td></tr>
<tr><td>기타</td><td>15.7</td><td>10.5</td><td>10.5</td><td>5.5</td><td>12.3</td><td>10.9</td></tr>
</table>

(출처 : 한국토지공사, 살고 싶은 신도시모델 설정, 2006 : 30~48)

7.3 토지용도별 입지배분

7.3.1 기본방향

장래의 용도별 토지수요를 공간적으로 적절히 배분시키는 과정은 토지이용계획의 핵심적 사항일 뿐만 아니라 도시계획수립과정에서 계획입안자가 결정해야 할 가장 중요한 과제 중 하나이다. 토지용도별 입지패턴은 도시의 교통계획은 물론 공원녹지계획, 기반시설계획 등에 결정적인 영향을 미치기 때문이다.

토지이용별 입지배분에 있어서는 계획대상지의 지형 · 지세 · 기후 등의 자연환경, 개발목적, 교통체계, 오픈스페이스, 경관 등은 물론 지속가능성, 압축개발, 혼합용도, 직주근접, 대중교통지향개발(TOD : Transit Oriented Development) 등 시대적 도시개발 패러다임도 충분히 검토하여 기본방향을 미리 정책적으로 결정해야 한다.

- 점적 · 선적 · 면적 · 신도시 등의 공간적 개발형태
- 저밀 · 중밀 · 고밀 등의 개발밀도
- 기존 시가지의 재정비(재개발) 혹은 신개발 등의 개발유형
- 기능분리형 · 기능혼합형 등의 활동기능의 배분형태
- 개발과 보전, 연계와 상충 · 마찰의 조정
- 개발의 단계와 전략

7.3.2 입지배분의 기본요소

1. 입지배분의 기본원칙

도시지역 내 토지이용 배분의 일차적 기준은 주거 · 상업 · 공업지역 등 시가화지역(build-up area)과 비시가화지역으로 구분하는 것이다. 이를 위해서는 먼저 토지이용현황을 조사분석하고 토지적성평가 결과를 활용하여 기개발지 · 개발가능지 · 개발억제지 · 개발불가능지로 구분해야 한다.

그리고 기존 시가화지역에 대해서는 기존 용도지역의 변경 여부도 검토해야 하고, 개발가능지에는 단계별 개발을 고려하여 주거 · 상업 · 공업 · 녹지지역을 배분하며, 개발억제지와 개발불능지에는 공원녹지를 우선적으로 배분한다. 특히 하천주변지역은 개발과 보전의 조화를 원칙으로 토지용도를 배분해야 한다.

2. 공간구조와 토지이용

개별적인 토지이용의 입지배분에 앞서 설정된 도시공간구조를 충분히 반영하고, 지형 · 지세 등의 도시의 자연적 조건과 발전 경위와 관련하여 토지이용의 변천을 파악하여 장래의 입지배분에 대한 개념을 설정해야 한다. 도시공간구조의 개념은 거시적 도시형태와 미시적 도시 내부 형태로 나누어 볼 수 있다.

먼저, 거시적 도시형태는 인접도시와의 관계, 도시의 지형지세 시가지의 성장패턴, 도시발전축의 형태, 간선교통체계의 형태, 오픈스페이스 등에 의해 결정된다. 또한 미시적 도시 내부 형태의 설정에 있어서는 도시공간구조의 전략을 기존 도심 중심의 단핵인가, 부도심을 개발하여 다핵으로 할 것인가, 부도심을 개발한다면 어떤 입지와 기능으로 개발할 것인가 등이 고려되어야 한다. 그리고 도시구조의 골격(framework)

을 이루는 간선도로 · 철도 · 공공청사 · 상업업무시설 · 공원녹지축 · 주요보행축 등의 배치도 동시에 검토되어야 한다.

3. 활동기능별 입지성향

도시를 구성하는 각종 토지이용은 각기 고유의 입지성향이 있다. 토지이용 배분에 있어서는 입지성향에 대한 지식이 필요하다. 도심부와 주요 교통 요충지는 상업 · 업무 · 서비스 기능 등 여러 기능의 치열한 입지경쟁에서 우위를 점하는 은행 · 호텔 · 사무기능 · 백화점 등 상업업무기능이 차지하고, 그 다음 지역은 주거기능이 유리하며, 공업기능은 종류에 따라 도심 주변이나 도시의 외곽지를 점하게 된다. 같은 주거지역도 소득계층에 따라 도심 근접지역이나 공장 주변지역은 근로자 주택의 입지성향이 높고 주거환경이 양호한 지역은 고소득층의 점유성향이 강하다.

4. 활동기능의 배분형태

지역제(zoning)는 토지자원을 장래의 용도별 공간수요와 입지요구에 맞추어 합리적으로 배치함으로써 도시공간구조에 질서를 부여하고 쾌적한 생활환경을 조성하기 위한 토지이용계획의 유용한 실현수단으로 널리 이용되어 왔다. 그러나 이러한 기능분리형 토지이용은 도심의 공동화현상, 토지이용의 효율 저하, 과다한 교통량 발생, 도시 하부구조의 비효율 초래, 에너지 낭비 및 환경 훼손, 공동체의식 상실 등 여러 측면에서 문제를 발생시키고 있다.

따라서 최근에는 도시의 여러 활동기능을 분산시켜 교통으로 연결하는 기능분리형 토지이용을 탈피하여, 주거를 중심으로 상업 · 업무기능을 복합시킴으로써 활기 있는 도시공간을 조성하는 기능복합형(mixed use) 토지이용, 순밀도(net density)를 높여 보다 많은 오픈스페이스를 확보하는 압축도시(compact city) 등 새로운 개념이 널리 활용되고 있다.

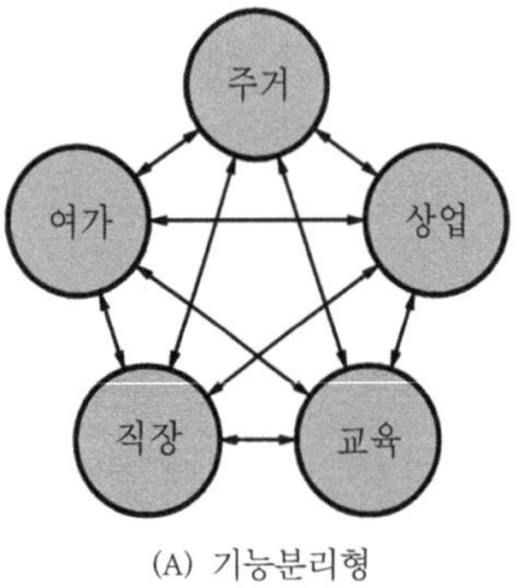

(A) 기능분리형

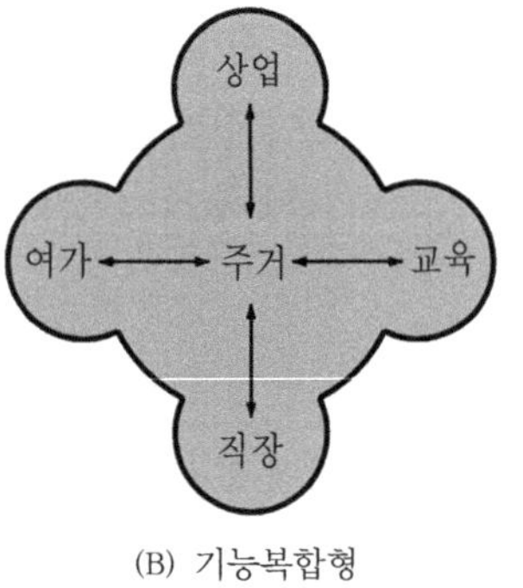

(B) 기능복합형

그림 7-4 도시 활동기능의 배분형태

5. 도로유형과 토지이용

대부분의 토지용도는 도로에 의한 접근성 제고를 위해 도로에 인접하기를 선호하고 있다. 그러나 다른 한편으로는 도로 인접지역 주민에게는 프라이버시 침해와 소음 공해를 야기하게 된다는 양면성을 가진다. 따라서 도로의 규모나 성격과 교통영향 등에 따라 접도지역에 입지한 용도는 서로 달라지게 마련인데, 도로의 유형과 토지용도 간의 상관관계를 비교하여 나타내면 표 7-5와 같다.

표 7-5 도로유형과 접도지역의 토지용도

구 분	녹지	공업	유통 상업	중심 상업	업무	근린 상업	고밀 주거	저밀 주거	전용 주거
고속도로	○	○	○	×	×	×	×	×	×
지역간 주간선도로	○	○	○	×	×	×	×	×	×
도시 주간선도로	×	○	○	○	○	×	×	×	×
보조간선도로	×	○	×	○	○	○	○	×	×
지구간선 · 집산도로	×	×	×	×	×	○	○	○	○
국지 · 구획도로	×	×	×	×	×	×	×	○	○

(출처 : 국토개발연구원, 삶의 질 향상을 위한 주거단지계획지침연구, 1997 : 173)

7.3.3 토지용도별 입지배분

1. 주거용지

주거지역 입지배분에는 단독주택지 · 연립주택지 · 아파트용지 등을 도시의 규모와 성격에 따라 세분화하여 계획해야 한다. 그리고 주거지역은 주거생활환경의 보호를 위하여 지대가 비교적 높고, 배수처리가 용이하며, 공업지역으로부터 매연 · 분진 · 유독가스 · 소음 등의 공해를 유발하지 않는 곳에 배분하여야 한다.

주거지역은 양호한 주거환경을 유지하고 적절한 밀도구성에 따라 주택지를 배분해야 한다. 특히 고밀 · 고층주거지의 입지배분은 주변지역 주거지역 전체의 스카이라인과 일조권 · 조망권 · 바람길 등을 고려해야 한다. 주거생활에 필요한 교육시설 · 상업시설 · 공원녹지, 기타 필요 공공시설이 구비되어야 하며, 다양한 주택수요에 부응하도록 배치되어야 한다. 그리고 자연재해의 위험성이 없고 공해의 영향이 미치지 않아야 함은 도로 · 상하수도 등 물론 기반시설의 확충 · 정비가 용이한 지역이어야 한다.

2. 상업용지

상업지역은 도시민들의 일상용품 및 서비스 기능을 제공할 뿐 아니라 업무·위락과 같은 시설들을 집중해서 입지시킴으로써 토지이용 상호 간의 상충성과 보완성을 다같이 살려 나가야 한다.

대도시 상업지역의 경우에는 그 역할의 위계성과 서비스하는 공간적 범위 및 기능의 다양성 등에 따라 광역도시지역 또는 대도시 도심(CBD) 성격의 중심상업지역, 도시 내의 한 지역을 지원하는 지역중심(district center) 성격의 일반상업지역, 일상생활권(근린주구)의 중심으로서 근린상업지역, 그리고 도시의 유통기능을 담당할 유통상업지역으로 구분된다. 상업지역의 입지배분에 있어서 일반적 고려사항은 다음과 같다.

- 도심(CBD)은 도시의 경제권 및 생활권 규모와 구조를 감안하되, 상업·업무·사회·문화시설 등의 집적을 도모할 필요가 있는 토지공간 확보
- 주거지역과 공업지역과의 관련성을 기초로 하여 생활편익시설·중심업무시설 등과 유기적으로 배치하되, 주상복합용지의 배분도 고려
- 상업지역의 입지는 도로·철도와 같은 교통시설의 현황과 교통계획을 감안하고 사람과 물자의 유동량에 적절하게 배분
- 대규모 유통업무 설비는 사람과 화물의 유동을 정확히 파악하여 도시의 외곽부에 집단적으로 배치

3. 공업용지

공업지역의 입지조건은 크게 외부적·거시적 입지조건과 자연적 입지조건의 두 가지로 구분할 수 있는 바, 입지 선정에 있어서는 먼저 다음과 같은 외부경제·교통·환경 등 거시적 차원에서의 입지조건에 대한 검토가 중요하다.

- 투자효율의 극대화를 위해 토지가격과 기반시설 설치비용 등 사회·경제적 조건을 연관시켜 선정
- 원료·제품의 대량수송량을 처리할 수 있도록 광역교통체계를 분석하고, 종사자의 통근교통 조건 고려
- 지역주민의 생활환경을 저해하지 않도록 풍향을 고려하고, 차단녹지·하수처리장 등을 설치
- 장래 인구증가와 주거지역 확대를 감안하여 입지를 선정하고, 공업지역의 확장·변화도 고려하며, 인접지역의 주거지역 배치도 검토

자연적 입지조건으로는 경사도(5% 이하)와 우수 및 오수처리 관련 지형조건, 토지 조성공사의 난이도와 비용 및 지내력(地耐力) 등과 관련한 지질조건, 풍향 · 풍속 등의 기상조건, 공업용수 및 동력의 확보조건 등이 고려되어야 한다.

한편, 도시 내에 분포되어 있는 기존 공업지역도 주변의 토지이용 상황에 따라 존치 · 확장시키는 것보다 오히려 이전을 통해 공장과 인접지역의 상호기능 갱신과 토지이용의 순화가 바람직한 경우도 있으므로 전체적인 관점에서 배치계획을 수립 · 조정해야 하는 경우도 있다. 그리고 시가지와 인접한 위치에 대형 공업지역을 배치하는 경우에는 반드시 완충녹지(buffer zone)를 확보할 수 있도록 사전에 대비해야 한다.

4. 공원녹지용지

과거 공원녹지는 미개발지역이나 개발유보지로 인식되는 경우가 많았으나 최근에는 지속가능한 개발이나 생태도시 조성이라는 관점에서 좀 더 적극적으로 녹지의 입지를 결정하고 있다. 특히 도심과 생활권 중심을 유기적으로 연결하는 공원이나 녹지축 형성은 생활환경을 더욱 쾌적하게 하므로 이에 대한 적정입지 선정의 중요성은 점점 커지고 있다. 따라서 하천 · 산 등의 녹지체계망(green network)은 자연생태계와 연계되고 도시시설과 공간적으로 융합되어야 하며, 특히 상업지역에도 충분한 오픈스페이스를 배분하여 상업 · 여가기능의 활성화에 기여하도록 해야 한다.

7.4 토지이용계획의 평가 · 조정

7.4.1 평가의 목적 및 기준

1. 평가의 목적

일반적으로 평가는 목표와 수단 간의 상호관계 속에서 이루어진다. 평가는 크게 사전평가와 사후평가로 구분된다. 사전평가가 계획안을 개선하고 여러 대안들 중에서 하나를 선정하기 위한 것이라면, 사후평가는 이미 집행된 계획안이 얼마나 목표를 달성했는가를 측정하기 위한 것이다.

평가는 계획가 · 일반시민, 의사결정자들에게 계획안에 대한 판단근거를 제공하는 중요한 역할을 한다. 특히 토지이용계획 수립과정 중에서도 평가단계는 체계적인 방법으로 이루어진다. 각각의 계획안을 평가하고, 필요한 부분을 조정하며, 전체적으로 유용하게 부분을 종합하고, 최종 결과물을 검토하고 채택하며 관리하도록 한다. 체계적인 평가 방법의 목적은 직관적이고 주관적인 판단에 의존하는 것을 줄이고 의사결정결과에서의 불확실성 범위를 줄이기 위한 것이다.

2. 평가기준

평가기준 설정은 토지이용계획의 내용이 최소한의 질적 수준을 갖출 수 있도록 지침을 제시하는 데 목적이 있다. 계획평가기준을 단순하게 계획가가 계획수준을 판단하는 기준이 아니라 계획과정과 세부계획내용의 전반에 걸쳐 그 수준을 검토할 수 있는 체계를 갖추고 있어야 한다.

토지이용계획의 평가에 있어서 가장 핵심적인 과제는 상호대조의 척도가 되는 규범적 기준을 어떻게 설정하는 것이냐의 문제인데, 토지이용계획 평가의 목적에 비추어 볼 때 다음과 같은 사항을 판단할 수 있는 규범적 기준설정이 필요하다. 첫째는 토지이용계획의 형성요건으로써 계획수립절차 상의 요건, 계획서의 구성요건, 보고서의 내용요건 등이다. 둘째는 계획수립과정의 합리성 여부로써 계획수립의 핵심 과제인 목표설정 · 현황분석 · 전략수립 · 구상 및 계획 단계에서 자료수집 · 분석기법 활용 등이 과학적 객관성과 신뢰성에 관한 것이다. 끝으로는 계획과정의 적정성 여부로써 최종결과에 표기된 수량 및 입지에 관한 사항이 과연 무리없이 채택될 수 있느냐를 판단하는 것이다. 표 7-6은 토지이용계획의 내용항목과 평가기준항목 간의 상호관계를 나타내고 있다.

표 7-6 토지이용계획내용과 평가기준항목의 관계

구분		내용항목의 유 무	논리의 합리성	현황자료의 신뢰성	기법의 적정성	양적 적정성
계획의 배경지침 목표설정		●	●	◐	○	◐
부문별 계획	현황분석	●	○	●	◐	○
	개발방향과 전략	●	●	○	○	○
	수요추정 및 계획	●	○	○	●	●
	입지계획	●	○	○	○	○
계획시행		●	○	◐	◐	○

관련정도 : ● 상, ◐ 중, ○ 하
(출처 : 대한국토 · 도시계획학회, 토지이용계획, 2010 : 318)

7.4.2 계획요소의 종합과 조정

1. 교통계획 · 환경계획과의 종합

토지이용계획은 도시계획에서 가장 기준이 되는 계획으로 교통계획 · 기반시설계획 · 환경계획 등 다른 부문 계획의 근본이 되므로 계획의 수립과정을 통하여 다른 부문 계획들과의 관계가 종합 · 조정되어야 한다. 교통은 시민들의 행동양식을 결정하는 서비스체계이며, 기본적인 토지이용정책은 교통계획에 의해 변화될 수 있고, 교통은 토지이용을 결정하는 중요한 요소이기 때문이다.

또한 오늘날 지속가능한 도시발전이라는 차원에서 자연환경은 토지이용계획에서 매우 중요한 고려사항이 되었다. 토지는 생태계 보호, 대기 및 수질 관리, 고형폐기물 관리, 오픈스페이스 보호 등과 가장 관련이 큰 자원이기 때문이다.

2. 기타 영향관계 검토

토지이용의 계획 · 변경안과 개발계획안은 지역사회의 인구구성을 변화시키고, 새로운 시설수요를 발생시키며, 교통 · 소음 등의 영향을 주게 된다. 따라서 토지이용계획안 혹은 개발계획안에 대해 상세한 흐름과 영향관계를 파악하며 이를 최소화할 수 있는 방안을 마련하여 계획안에 반영하는 피드백과정이 필요하다. 영향관계는 대체로 다음 4가지 변수로 나누어 분석한다(대한국토 · 도시계획학회, 2010:330).

첫째는 물리적 변수로써 새로운 계획 · 개발에 의해 새로 건축되는 건축물의 높이 · 형태가 지역의 특성과 경관 및 오픈스페이스 등에 어떠한 영향을 줄 것인지 분석해야 한다.

둘째는 경제적 변수로써 고용의 양적 · 질적 변화가 중요한 변수가 되며, 지역사회의 부동산 자산가치 변화 및 지방자치단체의 세수(세입과 세출) 변화도 포함되어야 한다.

셋째는 사회적 변수로써 크게 근린 차원과 지역사회 차원으로 나누어 인구특성 · 정치 · 사회 · 종교와 사회계층별 특성을 검토한다. 그리고 최근 사회적으로 관심의 대상이 되고 있는 홍수 · 지진 · 화재 등 재해의 영향도 토지이용을 결정하는 중요한 인자의 하나이다.

끝으로는 재해영향도 중요한 인자 중의 하나이다. 홍수 범람원 내 혹은 이에 인접한 위치에 토지이용이나 개발이 일어날 경우에는 제방 등의 구조물을 통해 홍수를 억제하거나 건축물의 높이, 기타 홍수조절시설 등을 통해 피해를 완화하거나 아예 토지이용 또는 개발규모를 조정하는 노력이 필요하다.

7.5 토지이용계획의 실현

7.5.1 토지이용규제와 지역제

1. 토지이용계획의 실현수단

우리나라 토지이용계획의 실현수단은 크게 직접적 수단과 간접적 수단으로 구분된다. 직접적 수단이 개발사업이나 개발행위허가에 토지이용을 즉시 실현하는 개발수단이라면, 간접적 수단은 향후 실시될 개발사업이나 개발행위의 방향 및 규모 등을 정하여 장기적으로 토지이용을 실현시키는 수단은 크게 규제수단 · 계획수단 · 유도수단으로 나눌 수 있다.

개발수단은 정부 · 개발사업자 · 개인 등이 토지를 확보하여 직접 토지이용계획 내용에 따라 건축행위를 하거나 건축물의 건축 또는 공작물 설치 등 개발행위를 하는 방법이다. 규제수단은 당해 토지 위에서 건축할 수 있는 건축물의 용도 · 규모 · 배치 등을 정하여 토지이용을 실현시키는 수단이다.

그리고 계획수단은 특정 토지를 대상으로 하여 특정 토지의 여건에 맞는 구체적인 개발행위나 규모 등을 정하거나 당해 토지의 기반시설 상태에 따라 개발규모를 유연하게 설정하여 토지이용을 실현하는 수단이며, 유도수단은 세제 혜택이나 금융 상의 지원을 통해 토지이용계획에서 정하는 바람직한 방향으로 유도하거나 도로 · 공원 · 상하수도 등 도시계획시설을 설치하여 도시개발을 촉진시키는 토지이용계획의 실현수단이다.

표 7-7 토지이용계획의 실현수단

구 분		주요 실현수단
직접 수단	개발수단	• 시가지개발사업, 도시재개발사업 등 도시계획사업 • 택지개발사업, 주택건설사업 및 대지조성사업 등 • 산업단지개발사업 등 기타 도시개발사업
간접 수단	규제수단	• 「국토계획법」에 의한 지역 · 지구 · 구역의 지정(용도지역제) • 기타 개별법에 의한 토지이용규제, 토지거래계약허가 등
	계획수단	• 지구 차원의 토지이용지침(지구단위계획) • 기반시설연동제(개발밀도관리구역, 기반시설부담구역)
	유도수단	• 조세나 부담금 감면, 보조금 지원 • 도로 · 철도 · 공원 · 상하수도 등 도시계획시설 설치 • 용적률 등의 인센티브 부여

2. 토지이용계획과 지역제

지역제(zoning system)는 토지이용의 특화 또는 순화를 도모하기 위하여 도시의 토지용도를 구분함으로써 이용목적에 부합하지 않는 건축 등의 행위를 규제하고 부합하는 행위를 유도하는 제도적 장치이다.

우리나라에서 토지이용계획 실현을 위한 제도적 장치는 「국토의 계획 및 이용에 관한 법률」에 의한 도시기본계획과 도시관리계획으로 운영되고 있다. 도시기본계획은 토지이용계획, 교통계획, 공원녹지계획, 경관계획 등 여러 부문별 계획으로 이루어진다. 그러나 토지이용계획은 여러 종류의 부문계획 중 하나지만, 여타 부문계획들의 기본전제가 되기 때문에 매우 중요한 위치를 차지한다.

그러나 도시기본계획은 직접 집행을 하기 위한 계획이 아니라 정책방향을 제시하는 계획이다. 즉, 도시기본계획 상의 토지이용계획은 곧바로 실현되는 것이 아니라 용도지역지구제, 도시기반시설계획, 도시개발·정비계획 등 도시관리계획의 지침(guidelines)으로서 역할을 한다.

도시관리계획은 도시기본계획에서 정한 내용을 단계적으로 집행하기 위한 실천계획이라 할 수 있다. 다시 말해서 도시기본계획의 토지이용계획은 토지이용 목표를 제시하고, 도시관리계획의 토지이용계획은 그 목표를 달성하기 위한 수단이 된다.

또한, 도시관리계획에 의해 결정되는 지구단위계획도 토지의 용도, 건축물의 용도·밀도·배치 등에 내해 구체적·입체적으로 규제·유노함으로써 토지이용계획을 실현하는 제도적 장치의 하나라고 할 수 있다.

표 7-8 토지이용계획과 지역지구제의 비교

구 분	토지이용계획	지역지구제
수립단계	• 도시기본계획에서 수립 • 지속적이며 광범위하게 적용	• 도시관리계획에서 수립 • 단기적이며 작은 범위에 적용
표현방식	• 개념적·계획적 표현	• 법적·구체적 표현
토지이용제한	• 용도지역의 지정을 위한 기본이 될 뿐 개인 토지이용의 제한과는 무관	• 용도지역지구 지정 후 국토계획법·건축법에 의한 개인 토지이용을 제한

3. 우리나라 지역제의 성격

우리나라의 지역제는 「국토의계획및이용에관한법률」에 따라 용도지역·용도지구·용도구역으로 구분되며, 도시관리계획으로 결정되는 바, 각각의 규제적 성격을 비교하면 다음과 같다.

첫째, 용도지역은 토지의 이용 및 건축물의 용도 · 건폐율 · 용적률 · 높이 등을 제한함으로써 토지를 경제적 · 효율적으로 이용하고 공공복리 증진을 도모하기 위하여 지정하고, 둘째, 용도지구는 토지의 이용 및 건축물의 용도 · 건폐율 · 용적률 · 높이 등에 대한 용도지역 제한을 강화 또는 완화하여 적용함으로써 용도지역의 기능을 증진시키고 미관 · 경관 · 안전 등을 도모하기 위하여 지정하며, 셋째, 용도구역은 토지의 이용 및 건축물의 용도 · 건폐율 · 용적률 · 높이 등에 대한 용도지역 및 용도지구의 제한을 강화 또는 완화하여 따로 정함으로써 시가지의 무질서한 확산방지, 계획적이고 단계적인 토지이용의 도모, 토지이용의 종합적 조정 · 관리 등을 위하여 도시관리계획으로 결정한다.

다시 말해, 용도지역이 주로 건축물의 용도를 제한하는 것이라면, 용도지구는 특정 목적에 따라 건축물의 용도나 형태에 제한을 가함으로써 용도지역제를 보완하는 성격을 가지며, 따라서 용도지역은 서로 중복 지정될 수 없으나 지역과 지구 또는 지구와 지구는 서로 모순되지 않는 한 중복지정이 가능하다. 한편, 용도구역은 시가지의 개발 · 정비방침을 정함으로써 각종 계획 · 규제 · 사업을 연동시켜 개발행위나 토지이용을 종합적으로 제어하는 특징을 가진다고 할 수 있다.

토지이용계획과 지역지구제는 다음과 같이 구별된다. 전자가 도시공간을 효율적으로 이용하기 위한 장기적인 개념적 계획이라고 한다면, 지역지구제는 중단기적인 실천적 계획이라고 할 수 있다.

7.5.2 도시계획구역

도시계획구역이란 도시의 토지이용계획지역지구제를 비롯하여 각종 도시시설계획 및 도시계획사업시행 등의 대상이 되는 구역을 말한다. 그러므로 도시계획구역은 계획대상 도시를 중심으로 하여 통근 · 통학 · 쇼핑 · 레크리에이션 등 일상생활의 범위에서 지역적인 일체성을 갖는 구역으로 설정하는 것이 바람직하다.

도시계획구역을 설정하기 위해서는 대상도시의 통근권 · 상권 · 교육 및 문화시설의 이용권뿐만 아니라 도시세력권의 인구 · 자연 · 산업 · 취업 및 취학 · 토지이용 · 교통 등 현황과 발전추이를 충분히 고려해야 한다. 도시계획구역을 결정하는 데 필요한 조사내용 및 고려사항은 다음과 같다.

- 도시연혁 : 대상도시의 발전경위 및 세력권 내 시 · 군지역과의 상호관계, 행정구역 · 상권 · 학교와 병원 등 각종 교육 및 문화시설의 이용권 등
- 인구의 변화추세 : 총인구, 연령별 인구 등

- 자연환경현황 : 지형, 지세, 지질, 기상 등
- 교통상황 : 도로망 · 철도 · 궤도의 노선, 사람통행의 OD표, 교통수단별 및 목적별 OD표, 물자유동조사표, 자동차의 OD표, 도로의 단면, 교통량, 버스 · 철도 · 궤도 등의 운행현황과 운송실적 등
- 산업 및 경제상황 : 농림수산업 종사자수, 공업관계의 공장수, 제조업 종사자수, 출하액 상업관계의 사업소 수와 종업원수, 소득 등의 경제지표 추이
- 자원분포현황 : 농림수산자원 · 관광자원 등의 분포 등

도시계획구역의 설정기준은 도시의 규모뿐만 아니라 도시계획의 목적이나 목표에 따라 달라진다. 특히 대도시의 경우에는 성장촉진 또는 성장억제 등 도시개발정책의 목적에 따라 크게 달라진다. 즉, 도시계획구역은 계획수립주체가 장래의 바람직한 시가지역 형성을 의도하여 설정한 공간적 범위라고 할 수 있다.

7.5.3 용도지역 · 지구 · 구역의 지정

1. 용도지역의 지정

「국토의계획및이용에관한법률」에서는 전 국토의 용도지역을 도시지역 · 관리지역 · 농림지역 · 자연환경보전지역의 4개 지역으로 구분하고 있다. 도시지역은 인구와 산업이 밀집되어 있거나 밀집이 예상되어 당해 지역에 대하여 체계적이고 효율적인 개발 · 정비 · 관리 · 보전 등이 필요한 지역이다. 관리지역은 도시지역의 인구와 산업을 수용하기 위하여 도시지역에 준하여 체계적으로 관리하거나 농림업의 진흥, 자연환경 또는 산림의 보전을 위하여 농림지역 또는 자연환경보전지역에 준하여 관리가 필요한 지역이다.

농림지역은 도시지역에 속하지 아니하는 농지법에 의한 농업진흥지역 또는 산지관리법에 의한 보전산지 등으로서 농림업의 진흥과 산림의 보전 · 육성을 위하여 필요한 지역이다. 그리고 자연환경보전지역은 환경오염 방지, 자연경관 · 수질수자원 · 해안 · 생태계 · 수자원 및 문화재의 보전과 수산자원의 보호 · 육성을 위하여 필요한 지역으로 설정하고 있다.

한편, 시가화지역(build-up area)인 도시지역은 다시 주거지역 · 상업지역 · 공업지역 · 녹지지역으로 구분하여 보다 구체적으로 토지이용행위를 규제하고 있으며, 관리지역의 경우도 보전관리 · 생산관리 · 계획관리지역으로 구분하여 도시지역에 준하는 비교적 상세하게 토지이용을 제한하고 있다.

표 7-9 용도지역의 지정목적

용도지역			지정목적
도시지역	주거지역	제1종 전용주거지역	단독주택 중심의 양호한 주거환경을 보호
		제2종 전용주거지역	공동주택 중심의 양호한 주거환경을 보호
		제1종 일반주거지역	저층주택을 중심으로 편리한 주거환경을 조성
		제2종 일반주거지역	중층주택을 중심으로 편리한 주거환경을 조성
		제3종 일반주거지역	중고층주택을 중심으로 편리한 주거환경을 조성
		준주거지역	주거기능에 일부 업무·상업기능 보완
	상업지역	중심상업지역	도심·부도심의 업무 및 상업기능 확충
		일반상업지역	일반적인 상업 및 업무기능 담당
		근린상업지역	근린지역에서의 일용품 및 서비스 공급
		유통상업지역	도시내 및 지역간 유통기능의 증진
	공업지역	전용공업지역	주로 중화학공업·공해성 공업 등의 수용
		일반공업지역	환경을 저해하지 아니하는 공업 배치
		준공업지역	경공업·공업 수용 및 일부 주거·상업기능 보완
	녹지지역	보전녹지지역	도시의 자연환경·경관·산림 및 녹지공간 보전
		생산녹지지역	주로 농업적 생산을 위해 개발 유보
		자연녹지지역	도시의 녹지공간 확보, 확산방지 등을 위해 보존하되 불가피한 경우 제한적 개발 허용
관리지역		보전관리지역	주변 용도지역과 관계를 고려할 때 자연환경보전지역으로 지정하여 관리하기가 곤란한 지역
		생산관리지역	주변의 용도지역과 관계를 고려할 때 농림지역으로 지정하여 관리하기가 곤란한 지역
		계획관리지역	제한적인 이용·개발을 하려는 지역으로 계획적·체계적인 관리가 필요한 지역
농림지역			농림업의 진흥과 산림의 보전
자연환경보전지역			자연환경·수자원·해안·생태계·상수원 및 문화재의 보전과 수산자원의 보호 육성 등

(출처 : 국토의 계획 및 이용에 관한 법률 제36조)

2. 용도지구의 지정

용도지구는 토지의 이용 및 건축물의 용도·건폐율·용적률·높이 등에 대한 용도지역 제한을 강화 또는 완화하여 적용함으로써 용도지역의 기능을 보완·증진시키고, 목적하는 환경을 조성하며, 미관·경관·안전 등을 도모하기 위하여 도시관리계획으로 결정하는 지역으로서 총 12가지로 구분하고 있는데, 각 용도지구의 지정목적은 다음과 같다(법 제37조).

① 경관지구 : 자연·수변·시가지 경관의 보호 및 유지

② 미관지구 : 중심지 · 역사문화자원 · 기타 도시미관의 유지 및 관리
③ 고도지구 : 도시의 환경과 경관을 보호하고 토지이용을 고도화하기 위하여 건축물의 높이를 규제
④ 방화지구 : 화재의 위험을 예방
⑤ 방재지구 : 풍수해 · 산사태 · 지반의 붕괴 등 재해를 예방
⑥ 보존지구 : 문화재 · 중요시설물 · 생태계 등 보존가치가 큰 지역의 보호와 보존
⑦ 시설보호지구 : 학교시설 · 공용시설 · 항만시설 또는 공항의 보호, 업무기능의 효율화, 항공기의 안전한 운항
⑧ 취락지구 : 녹지지역 · 관리지역 · 농림지역 · 자연환경보전지역 또는 개발제한구역 안의 취락을 정비
⑨ 개발진흥지구 : 주거 · 산업 · 유통 · 관광 및 휴양 · 복합기능 등을 집중적으로 개발 · 정비
⑩ 특정용도제한지구 : 주거기능 · 청소년 보호 등을 목적으로 유해시설 입지를 제한
⑪ 위락지구 : 위락시설을 집단화하여 다른 지역의 환경을 보호
⑫ 리모델링지구 : 새로운 개발보다 현재의 환경을 유지하면서 정비

3. 용도구역의 지정

용도구역은 토지의 이용 및 건축물의 용도 · 건폐율 · 용적률 · 높이 등에 관한 용도지역 및 용도지구 제한을 강화 또는 완화하여 따로 정함으로써 시가지의 무질서한 확산방지, 계획적 · 단계적인 토지이용 도모, 토지이용의 종합적 조정 · 관리를 위하여 도시관리계획으로 결정하는 지역으로서 다음 4가지가 있으며, 각각의 지정목적은 다음과 같다(법 제38~40조).

① 개발제한구역 : 도시의 무질서한 확산을 방지하고, 도시 주변의 자연환경을 보전하여 도시민의 건전한 생활환경을 확보하기 위하여 도시 개발을 제한
② 도시자연공원구역 : 도시의 자연환경 및 경관을 보호하여 도시민에게 건전한 여가 · 휴식공간을 제공하기 위하여 도시지역 안의 식생이 양호한 산지 개발을 제한
③ 시가화조정구역 : 도시지역과 주변지역의 무질서한 시가화를 방지하고, 도시의 계획적 · 단계적 개발을 도모하기 위하여 일정기간 시가화를 유보
④ 수산자원보호구역 : 수산자원의 보호 · 육성을 위하여 필요한 공유수면이나 그에 인접한 토지에 지정

7.5.4 용도지역 · 지구 · 구역의 행위제한

1. 용도지역의 규제내용

용도지역에 따른 행위제한은 건축물의 용도규제와 더불어 건폐율 · 용적률 · 대지분할제한 · 높이제한 등으로서 각각의 규제목적과 내용은 다음과 같다.

- 건축제한 : 토지이용의 합리화와 쾌적한 도시환경 조성을 위하여 건축물의 용도 · 종류 및 규모 등을 제한
- 건폐율 : 거주환경의 쾌적성을 확보하고, 시민의 위생과 안전을 강화하며, 화재발생 시 연소방지 등을 위해 지상의 공지를 확보하기 위한 최대한도를 규정

표 7-10 용도지역별 토지이용 규제

구 분			건폐율(%)	용적률(%)	대지규모(m^2)
도시지역	주거지역	제1종 전용주거지역	50 이하	50~100	60 이상
		제2종 전용주거지역	50 〃	100~150	
		제1종 일반주거지역	60 〃	100~200	
		제2종 일반주거지역	60 〃	150~250	
		제3종 일반주거지역	50 〃	200~300	
		준주거지역	70 〃	200~500	
	상업지역	중심상업지역	90 〃	400~1500	150 이상
		일반상업지역	80 〃	300~1300	
		근린상업지역	70 〃	200~900	
		유통상업지역	80 〃	200~1100	
	공업[1] 지역	전용공업지역	70 〃	150~300	150 이상
		일반공업지역	70 〃	200~350	
		준공업지역	70 〃	200~400	
	녹지[2] 지역	보전녹지지역	20 〃	50~80	200 이상
		생산녹지지역	20 〃	50~100	
		자연녹지지역	20 〃	50~100	
관리지역	보전관리지역		20 〃	50~80	–
	생산관리지역		20 〃	50~80	–
	계획관리지역		40 〃	50~100	–
농림지역			20 〃	50~80	–
자연환경보전지역			20 〃	50~80	–

1) 「산업입지및개발에관한법률」상 산업단지인 경우 공업지역의 건폐율은 80%
2) 수자원보호구역의 경우 녹지지역의 건폐율은 40%

- 용적률 : 양호한 도시공간을 형성하여 일조 · 채광 · 통풍 · 개방감 등 시가지 환경을 종합적으로 유지하고 건축물과 이를 서비스하는 공공 기반시설과의 균형을 유지하기 위해 최대한도를 규정
- 대지의 분할제한 : 건축물이 있는 대지의 영세한 분할을 금지하여 소규모 건축물이 들어섬으로써 발생할 수 있는 일조 · 채광 · 통풍 · 소방 · 교통 등에 지장이 초래되는 것을 방지하고, 영세 · 부정형 필지에 의한 도시미관의 악화를 예방하기 위하여 최소한도를 규정(건축법 제49조)
- 건축물의 높이 : 건축물의 높이를 제한하여 일조 · 채광 · 통풍 등의 위생환경 확보, 화재 · 지진 등의 재해에 따른 피해 축소, 교통발생량 조정, 개방감 확보, 프라이버시 보호 등을 위하여 지정

2. 용도지구의 규제내용

용도지구 안에서의 건축 및 기타 행위의 제한이나 금지에 관하여는 「국토계획법」 시행령의 범위 안에서 지방자치단체들이 도시계획조례로 정하도록 하고 있는 바, 규제내용의 성격은 다음 3가지로 나누어 볼 수 있다.

- 목적하는 환경을 보호하기 위해 부정적 용도를 방지하는 것 : 방화지구 · 시설보호지구 · 보존지구 · 특별용도제한지구 등
- 목적하는 환경을 조성하기 위해 건물의 형태 등 추가로 수용해야 할 지침을 제시하는 것 : 방화지구 · 경관지구 · 미관지구 · 고도지구 등
- 목적하는 환경을 조성하는 것 : 취락지구 · 개발진흥지구 · 리모델링지구 등

3. 용도구역의 규제내용

용도구역은 대체로 도시의 무질서한 개발을 방지하고 자연환경을 보전하기 위해 지정하는데, 용도구역별 규제내용은 다음과 같다. 첫째, 개발제한구역 안에서는 「개발제한구역의지정및관리에관한특별조치법」에 따라 그 지정목적에 위배되는 건축물의 건축, 공작물의 설치, 토지의 형질변경, 토지면적의 분할 또는 도시계획사업을 시행할 수 없다. 개발제한구역 내에서 지구단위계획을 수립할 때에는 개발제한구역의 지정목적이나 주변환경이 훼손되지 않아야 한다. 다만, 도로 · 철도 · 상하수도 등 공공용시설 설치나 농림수산업용 건축물, 주민공동이용시설 등은 시장 · 군수의 허가를 받아 제한적으로 허용되고 있다.

둘째, 시가화조정구역은 인구동태, 토지이용 및 산업발전상황 등을 고려하여 5~20년의 범위 내에서 지정하도록 되어 있다. 이 구역 안에서는 국방상 또는 공익

상 사업시행이 불가피한 경우로 관계 중앙행정기관의 장의 요청에 의하여 국토교통부장관이 지장이 없다고 인정하는 도시계획사업에 한하여 시행할 수 있다.

셋째, 수산자원보호구역 내에 있는 산림 안에서의 입목의 벌채·조림 및 육림의 허가기준에 관하여는 「산림법」에 따르도록 규정하고 있다.

끝으로, 도시자연공원구역에서는 건축물의 건축 및 용도변경, 공작물의 설치, 토지의 형질변경, 토석의 채취, 토지의 분할, 죽목의 벌채, 물건의 적치 또는 도시계획사업의 시행을 할 수 없다.

7.5.5 외국의 지역제

1960년대를 지나면서 평면적이고 단순한 용도지역 제한만으로는 다양하고 복잡한 현대도시의 기능과 토지이용을 효과적으로 관리하기 어렵게 됨에 따라 여러 나라에서는 다음과 같은 다양한 용도지역제가 시행되고 있다.

- 광역지역제(Regional zoning) : 지역간 행정구역에서 발생되는 편협적인 규제의 폐단을 방지하기 위해 적용범위를 확장해서 광역적으로 지정하는 지역제
- 계약지구지정(Contract zoning) : 일정한 조건을 전제로 계약형식을 통해 토지소유자의 개발계획을 승인해 주는 지역제
- 유도지역제(Incentive zoning) : 특정 정책목표를 달성하기 위해 용적률의 할증을 인정하는 제도로 오픈스페이스 확보와 교통시설 개선 등에 이용하는 지역제
- 한시지역제(Time zoning) : 토지에 대한 가개발, 가수요 문제를 해결하기 위해 수요가 필요한 시점에 맞추어 개발을 유도하는 지역제
- 성능규제지역제(Performance zoning) : 주거·상업·공업 등의 용도규제가 아니라 실제의 토지이용에 기초하여 발생하는 각종 결과(소음·진동·화재·쓰레기 등)를 기준으로 주변에 대한 영향에 따라 규제하는 지역제
- 부동지역제(Floating zoning) : 지역제의 대상범위를 미지정 교외지역까지 포함하여 특정 용도지역을 설정하지만 위치는 결정하지 않고 차후에 개발자의 구체적인 제안을 기다렸다가 행정절차를 거쳐 배치하는 방법
- 이중지역제(Overlay Zoning) : 이미 지정된 용도지역에 토지의 실제 개발상황과 도시개발 목표를 달성하기 위해 또다른 용도지역·지구를 지정하여 보완하는 지역제

PART

08 교통계획

8.1 교통계획의 목표와 과정

8.1.1 교통의 개념과 구성요소

1. 교통의 개념과 의의

일반적으로 교통(transport)은 통근 · 통학 · 업무 · 구매 · 방문 등의 특정 통행목적을 달성하기 위하여 사람이 이동하거나, 또 필요를 일으킨 사람의 의사에 따라 물자 및 정보 등을 이동시키는 수단을 말한다. 하나의 통행목적을 달성하기 위하여 몇 개의 다른 교통수단을 이용하게 되는데, 이를 수단통행(unlinked trip)이라 하고, 통행 전체를 목적통행이라고 하는데, 일반적으로 통행이라 하면 목적통행(linked trip)을 의미한다. 또한 통행(trip)은 그 자체가 활동의 목적이 아니라 활동을 보조해 주는 의미를 가지며, 일반재화와는 달리 저장할 수 없다는 특징을 지닌다.

도시의 모든 활동기능들이 공간적으로 분화되어 있으므로 그 시설들이 제 기능을 위한 유기적인 상호연결을 요구하게 되는데, 이것이 도시교통의 의의이다. 그러나 교통의 발달은 도시기능을 원활하게 해주지만 한편으로는 그 영향을 직접 받는 주민들에게는 자연자원의 오염, 소음공해의 발생, 경관의 악화, 이웃 간의 소외 · 단절 등과 같은 도시환경문제를 일으키는 원인이 되기도 하며, 교통혼잡에 의한 사회적 비용(social cost) 증가를 초래하기도 한다.

2. 교통의 구성요소

교통은 크게 교통주체 · 교통수단 · 교통시설의 3대 구성요소에 의해 이루어진다.

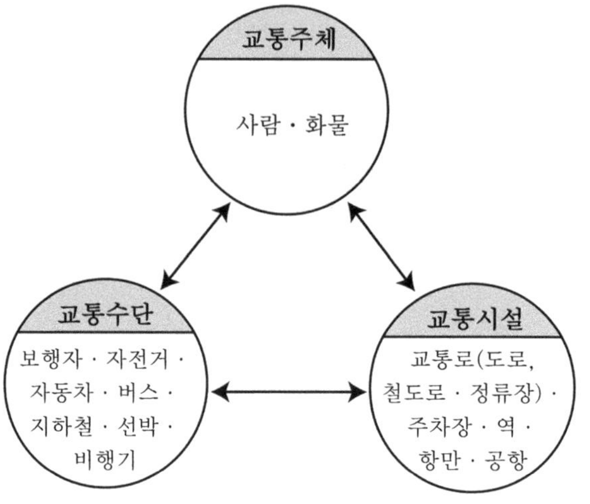

그림 8-1 교통의 3대 구성요소

교통주체는 사람과 화물이고, 교통수단은 승용차 · 화물차 · 버스 · 지하철 등이며, 교통시설은 그 기능에 따라 도로 · 철도 · 항만 등의 토목적 시설과 버스터미널 · 철도역 · 공항 등의 건축적 시설로 구분된다.

3. 도시교통수단의 종류

도시교통은 자가용승용차 · 버스 · 택시 · 지하철 등의 다양한 교통수단을 통하여 사람들에게 서비스를 제공하고 있다. 도시의 교통수단을 그 기능에 따라 분류하면 다음과 같다.

- 보행교통수단 : 도보에 의해 어떠한 통행목적을 충족시키거나 다른 교통수단의 연계기능을 하는 교통수단
- 개인교통수단 : 자가용승용차 · 택시 · 오토바이 · 자가용버스 · 렌트카 · 자전거 등을 이용하는 부정기적인 교통수단
- 대중교통수단 : 버스 · 지하철과 같은 대량 수송수단으로서 일정한 노선과 스케줄에 의해 운행되는 교통수단
- 준대중교통수단(paratransit) : 택시 · 콜택시 · 합승 등과 같이 자가용 승용차와 대중교통수단의 중간 성격이면서 고정적인 운행스케줄이 없는 교통수단
- 화물교통수단 : 철도 · 트럭 · 트레일러 등을 이용하여 화물을 수송하는 교통수단으로서 장거리 · 대량화물은 철도, 중 · 단거리 소형화물은 화물자동차가 담당
- 서비스교통수단 : 소방차 · 구급차 · 이동우편차 · 이동도서차 · 청소차 등 공공서비스를 제공하는 교통수단

8.1.2 도시교통의 특성

도시의 규모가 어느 정도 이상 성장하게 되면 교통계획으로 이에 충분히 대응할 수 없게 되기 때문에 통근 시의 교통혼잡과 이에 따른 시간지체 · 교통거리의 원거리화 · 교통공해의 발생 · 교통사고 · 교통비용 증대 등 소위 도시의 교통문제를 가져오게 되어 결국 도시기능 저하와 생활환경 악화 등 사회적 마이너스 요소가 점점 더 증대하게 된다. 이러한 도시의 교통문제들은 다음에 지적하는 도시교통의 특성에서 기인된다고 볼 수 있다.

- 교통의 발생집중밀도가 높고, 또한 교통의 흐름이 도심을 향해 구심적이다.
- 도시 규모가 크고 다양화될수록 1인당 통행횟수(trip)가 증가되어 1일 통행량이 증가한다.
- 이들 대량의 교통량이 통근 · 통학시간, 즉 피크시간(오전 7~9시, 오후 6~8시 사이)에 발생한다.
- 도심의 통근 · 업무교통을 중심으로 한 근거리 교통이다.
- 도시교통은 대량수송을 요구한다.

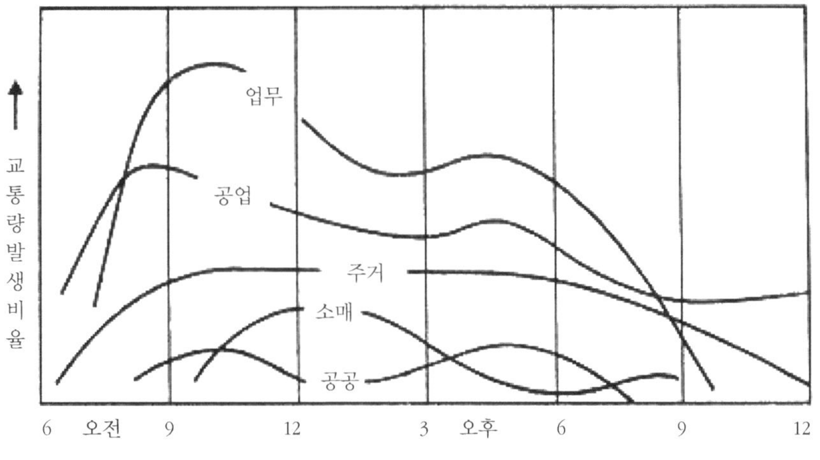

그림 8-2 도시활동의 시간대별 통행량

8.1.3 교통계획의 목표

1. 교통계획의 의의

교통계획은 토지이용계획과 함께 도시계획의 가장 근간을 이루는 계획이라고 말할 수 있다. 교통체계는 도시공간구조의 골격을 형성하고 이에 따라 토지이용 패턴도 직접적으로 영향을 받으며, 특히 간선가로망 구성은 도시주민들의 생활편익시설 이용은 물론 전기 · 상하수도 · 가스 등 기반시설 배치를 결정하게 되기 때문이다.

특히 가로망계획은 도시개발 비용을 좌우할 뿐만 아니라 개발된 후에도 도시의 제 기능을 원활히 수행하며, 계속적으로 성장하는데 있어서도 많은 영향을 미치게 된다는 점에서 그 의의가 매우 크다고 할 수 있다.

2. 토지이용과 교통

도시의 교통체계는 토지이용체계와 함께 도시를 지탱시키고 유지시키는 가장 중요한 요소이다. 토지이용계획이 일정한 토지 위에서 일어나는 다양한 활동을 담는 그릇에 관한 계획이라면, 교통계획은 다양한 활동을 효과적으로 연결하는 계획이다. 즉, 토지이용과 교통체계 간의 관계는 '닭과 계란'과 같이 상호 밀접하게 작용한다.

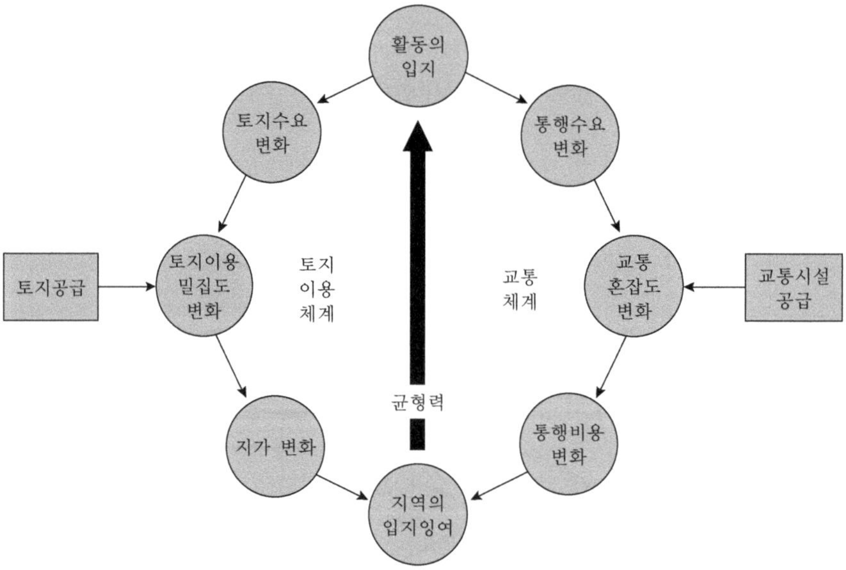

그림 8-3 토지이용과 교통의 상호작용

먼저 토지이용 상태에 변화가 생기면 통행발생량이 증가되어 교통시설의 추가적인 확충(도로확장 · 새로운 도로 · 지하철 건설 등)이 필요하게 되고 교통시설이 추가로 확충되어 종전보다 접근성이 향상되면, 이는 지가를 상승시키는 요인으로 작용한다. 지가가 상승되면 새로운 토지시장이 형성되어 빌딩을 건설하거나 도시개발사업에 의해 토지이용패턴이 변하게 되며, 새로운 토지이용패턴은 또다시 통행을 유발하는 동일한 과정을 거쳐 끊임없이 상호작용을 하게 된다.

3. 교통계획의 목표

교통계획의 목표는 교통체계가 지향해야 하는 안전성 · 편리성 · 신속성 · 정시성 · 범용성 등의 가치를 현재화시킨 것으로 당위적인 의미를 포함하고 있다. 그러나 교통계획의 목표는 현실문제에 준거해야 하므로 교통의 현실적인 조건을 토대로 하면서 교통이 당면하고 있는 특성을 감안하여 구체적이고 객관적인 목표를 세워야 한다.

표 8-1 교통계획의 상위 및 하위목표

상 위 목 표	하 위 목 표
교통서비스 향상	• 통행의 서비스 수준 향상 • 통행의 신뢰성 향상 • 자가용승용차의 이용 억제를 위한 대안적 교통수단 제공 • 노인 · 지체부자유자 등에 대한 양호한 교통서비스 제공 • 보행자와 자전거 등을 위한 교통시설 개선
교통사고의 감소	• 교통사고 건수의 감소 • 사망 · 중경상 사고의 감소
환경의 질적 개선	• 자동차 방출가스의 영향 감소 • 소음 · 진동의 감소 • 자연환경에 대한 악영향 감소 • 도시환경의 심미성 향상
에너지 절약	• 통행에 소요되는 연료소비량의 감소
교통경제적 효율성 증진	• 현 교통체계의 사람과 화물의 처리능력 향상 • 개인통행비용의 감소 • 교통체계의 공공비용 감소 • 화물수송비용 감소 • 교통에 의해 초래되는 경제적 악영향 최소화 및 효과의 최대화

(출처 : 원제무, 도시교통론, 1999 : 53)

교통계획의 목표는 상위목표(goal)와 하위목표(objective)로 나눌 수 있다. 상위 목표로는 교통서비스 향상, 교통사고 감소, 환경의 질 개선, 에너지절약, 교통경제적 효율성 증진 등을 들고 있다.

4. 교통계획의 유형

일반적으로 교통계획은 계획기간에 따라 장기계획 · 중기계획 · 단기계획으로 나눌 수 있고, 계획의 공간적 범위에 따라 국가교통계획 · 지역교통계획 · 도시교통계획 · 지구교통계획 · 교통축계획으로 나눌 수 있으며, 계획수단과 대상의 특성에 따라 관리 · 운영계획 · 가로망계획 · 대중교통계획 · 간선도로계획 · 이면도로계획 등으로 나눌 수 있다.

도시교통계획은 도시 내 교통을 주된 대상으로 하지만 도시주변의 지역간 도로까지도 대상영역이 되며, 지구교통계획은 도시 내의 블록이나 근린지구와 같은 소규모 지구를 다루는 교통이다. 그리고 교통축계획은 도시 내에서 토지개발이 고도로 집중된 도심 및 부도심지역을 선형으로 연결하는 교통망의 일부에서 일어나는 교통현상을 대상으로 한다. 특히 교통축계획에서는 지하철로선망을 충분히 고려하여 계획하여야 한다.

8.1.4 교통계획의 수립과정

도시의 교통계획은 토지이용계획과 함께 도시계획의 가장 근간을 이루는 계획이라 할 수 있다. 따라서 교통계획은 복잡한 과정을 거쳐 이루어지게 되지만 간략하게 설명하면 다음과 같다.

먼저 도시계획을 검토하여 교통계획의 목표 · 지표를 설정하고, 토지이용계획을 고려하여 교통존(traffic zone)을 구분하여 존별로 교통량 · 사람과 화물의 기종점조사(O-D Survey) · 교통특성조사 · 도로 · 철도 · 터미널 등의 교통현황을 조사 · 분석한다.

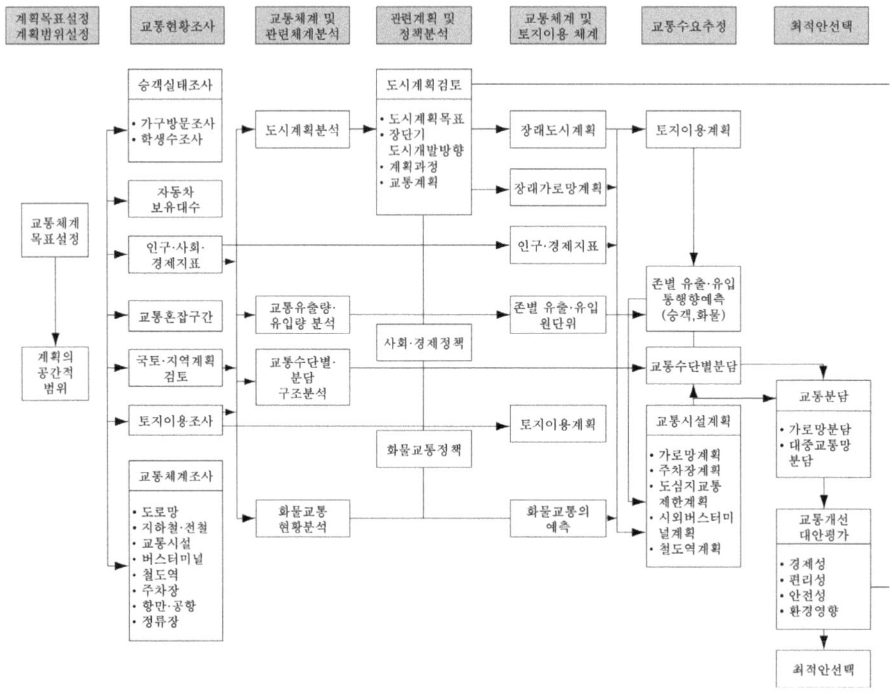

(출처 : 원제무, 도시교통론, 1999 : 50)

그림 8-4 도시교통계획 수립과정

이어서 존별로 통행수요를 예측하고, 통행수요를 주요 통행목적에 따라 분류하며, 통행단(trip ends)을 예측하여 이를 각종 교통수단별로 배분하며(modal split), 다시 가로·철도·버스노선 등 교통노선에 배정하여 종합적인 도시교통체계를 조직화한다. 이를 기초로 가로·교통광장·철도·공항·항만 등의 교통시설을 계획·설계함으로써 사업의 실현을 꾀하는 일련의 과정을 거치게 된다(그림 8-4 참조).

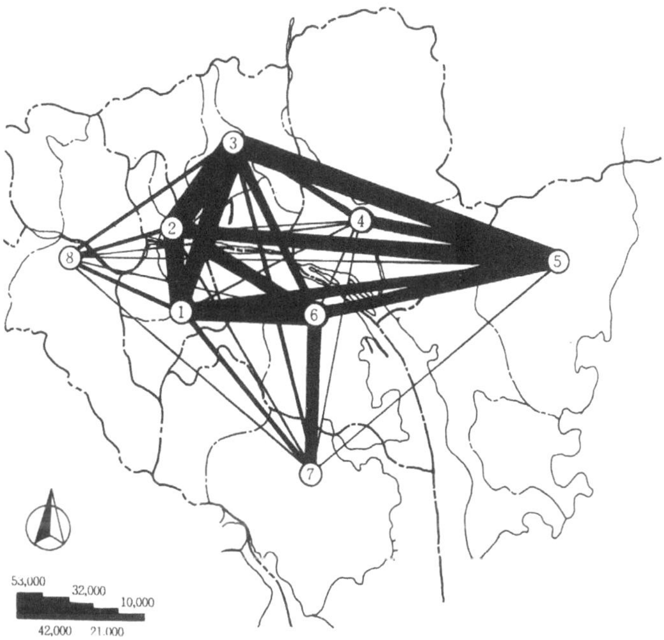

그림 8-5 목적통행의 O-D 분포도(예)

8.1.5 교통·물류계획

교통계획은 도시의 공간구조와 교통특성 및 인접도시와의 연계성 등을 충분히 검토하여 광역교통과 도시교통의 총체적 교통체계를 구상한 후 계획을 수립해야 한다. 그리고 장래의 교통량을 추정하여 교통수단별·지역별 배분계획을 수립하여 기능별 도로의 배치 및 규모에 대한 원칙을 제시해야 하는 바, 교통·물류계획 수립을 위한 기본방향은 다음과 같다.

- 국도·지방도 등 지역간 연결도로와 도시 내 주간선도로는 통과기능을 유지하여 교통량이 도심에 집중되지 않도록 한다.
- 토지이용계획과의 상관성을 고려하여 불필요한 교통량 발생을 최소화한다.

- 각종 차량 및 교통시설에 의한 대기오염, 소음, 진동, 경관 저해, 자연생태계 단절 등의 환경문제가 없도록 한다.
- 철도, 지하철, 경전철, 공항, 주차장, 환승시설, 자동차정류장 등은 지구 내의 교통 및 기반시설과 연계되도록 한다.
- 교통시설들은 환승시간을 단축시킬 수 있도록 하고, 여러 기능을 복합적으로 계획하여 이용자의 편익을 도모하도록 한다.
- 대중교통시설은 보행접근이 용이하도록 보행네트워크와 연계하여 배치한다.
- 각 생활권과 개발대상지역을 상호 유기적으로 연계시킬 수 있는 교통 및 물류계획을 수립한다.
- 도시 내의 대규모 개발사업 등에 물류시설계획을 고려하며, 복합기능형 물류시설의 확충을 도모한다.

8.2 교통수요 추정

8.2.1 교통수요의 의의

교통계획을 수립하기 위해서는 먼저, 장래의 교통수요를 추정해야 한다. 이는 장래에 교통체계에서 발생되는 교통수요를 현재의 시점에서 예측하는 작업이다. 즉, 교통수요는 교통서비스나 교통시설 등 교통체계를 이용하는 규모 혹은 정도라고 정의할 수 있으며, 일반적으로 교통에 대한 욕구는 공간상에서 일어나는 사회 · 경제활동으로부터 일어나게 되는데, 따라서 이 같은 복잡한 사회 · 경제활동에서 파생되는 교통수요를 이해하려면 체계적이고 수학적인 모형이 필요하다.

교통수요는 보편적으로 통행량으로 표현되는데, 이 통행량은 도로의 차량대수나 버스의 승객 혹은 화물의 물동량(톤) 등의 형태로 나타난다. 어느 교통시설(도로 혹은 지하철)의 통행량은 이 교통시설의 서비스 특성과 교통수요의 상호작용에 의해 파생된다.

8.2.2 교통수요의 추정

수요 추정에는 개략적 수요 추정방법, 직접수요 추정방법, 4단계 수요 추정방법이 사용되는데, 일반적으로 이 방법들은 계획기간, 자료의 한계성, 분석 정도 등을 감안하여 선택된다.

첫째, 개략적 수요 추정방법은 단기적인 교통계획이나 구체적이고 미시적인 분석이 필요하지 않거나 자료를 쉽게 구할 수 없는 경우에 이용할 수 있는 기법으로서, 주로 과거의 연도별 교통수요 자료를 토대로 하여 도면상에서 미래의 목표연도까지 연장시켜 수요를 추정하는 방법이다.

둘째, 직접수요 추정방법은 도시교통 모형과정과 같은 연속적인 분석단계를 거치지 않고, 동일한 변수를 이용하여 통행자의 여러 가지 형태를 찾아내려고 시도한 수요 추정방법이다.

셋째, 4단계 수요 추정방법은 전통적으로 가장 많이 사용되어온 방법으로서, 현재의 교통여건을 지배하고 있는 교통체계의 메커니즘이 장래에도 크게 변하지 않는다는 기본적인 가정을 토대로 하여 ① 통행발생 ② 통행배분 ③ 교통수단 선택 ④ 노선배정의 4단계 과정을 거쳐 통행량을 추정한다.

표 8-2 4단계 교통수요 추정방법의 개념

단 계	개 념	주요업무
① 통행발생 (trip generation)	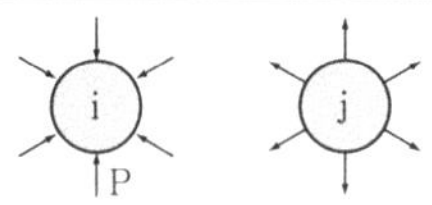	존별 통행발생량(유출량과 유입량) 산출
② 통행배분 (trip distribution)	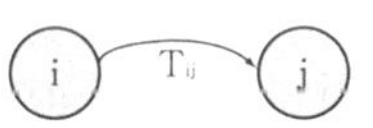	통행 출발지(i)와 목적(j)을 연결하는 통행량을 배분
③ 수단선택 (modal split)	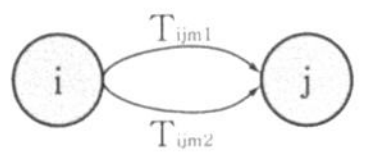	배분된 존간 통행량을 교통수단으로 분류
④ 노선배정 (trip assignment)	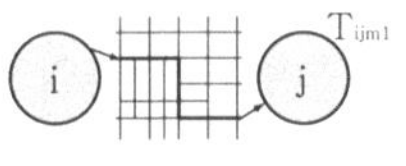	교통수단별 통행량을 각 존 간의 개별 노선에 할당

(출처 : 원제무, 도시교통론, 1999 : 136~138)

8.3 도로계획

8.3.1 도로의 기능과 위계

1. 도로의 기능과 유형

도로는 사람과 화물의 원활한 통행을 가능하게 하는 것으로 도시 내 가로망 체계의 효율적 구성 여부는 도시활동체계와 결부되어 도시의 물리적 구조를 형성하는데 핵심적인 요소이다. 이러한 교통기능 이외에도 다음과 같은 중요한 기능이 있다. 첫째, 도시공간구조의 골격을 형성하며 주구나 가구(block)를 연결시킨다. 둘째, 도시의 공공개방공간(public open space)으로서의 기능인데, 이는 도시 방재상 필요한 방화대나 피난로로서 매우 중요할 뿐만 아니라 통풍 · 채광 등 좋은 도시환경 조성에 있어서도 필수적인 요소이다. 셋째, 상하수도 · 전기 · 가스 · 전화선 등 도시의 하부구조를 수용하는 장소로서의 기능, 그리고 산책로나 광장처럼 도시민에게 휴식이나 레크리에이션 활동을 제공하며, 도시의 경관조성에도 크게 기여한다.

한편, 도로는 그 사용목적과 설치형태에 따라 다음 유형으로 구분된다(도로의 구조 및 시설기준).

- 일반도로 : 폭 4m 이상의 도로로서 통상의 교통소통을 위하여 설치되는 도로
- 자동차 전용도로 : 대량교통량을 처리하기 위한 도로로서 자동차만 통행할 수 있도록 하기 위하여 설치하는 도로
- 보행자전용도로 : 폭 1.5m 이상의 도로로서 보행자의 안전하고 편리한 통행을 위하여 설치하는 도로
- 자전거 전용도로 : 폭 1.1m(길이가 100m 미만인 터널 및 교량의 경우에는 0.9m) 이상의 도로로서 자전거의 통행을 위하여 설치하는 도로
- 고가도로 : 지상교통의 원활한 소통을 위하여 공중에 설치하는 도로
- 지하도로 : 지상교통의 원활한 소통을 위하여 지하에 설치하는 도로(입체교차를 목적으로 지하에 도로를 설치하는 경우는 제외)

2. 도로의 위계구성

도로의 위계(hierarchy)는 교통량과 차량의 속도 및 차량의 구성 등에 따라 구분되며, 이러한 위계에 따라 도로의 통과 및 접근기능, 도로의 폭과 단면의 구성, 가로변의 토지이용 등이 달라진다. 도로의 위계가 높을수록 이동(movement)기능을 담당하고, 위계가 낮을수록 접근(access)기능을 하게 된다.

도시지역 도로의 위계는 일반적으로 그 기능에 따라 도시고속도로 · 주간선도로 · 보조간선도로 · 집산도로 · 국지도로 · 특수도로(보행자 전용도로) 등으로 구분할 수 있다.

- 주간선도로 : 도시 내의 주요지역을 연결하거나 도시 간 또는 주요 지방 간을 연결하여 대량 통과교통을 처리하는 도로로서 도시의 골격을 형성하는 도로
- 보조간선도로 : 주간선도로를 집산도로 또는 주요 교통발생원을 연결하며 도시교통의 집산기능을 하는 도로로서 근린생활권의 외곽을 형성하는 도로

• 집산도로 : 근린생활권의 교통을 보조간선도로에 연결하여 근린생활권내 교통의 집산기능을 하는 도로로서 근린생활권의 골격을 형성하는 도로
• 국지도로 : 가구(도로로 둘러싸인 일단의 지역)를 구획하는 도로
• 특수도로 : 보행자 전용도로 · 자전거도로 등 자동차 외의 교통에 전용되는 도로

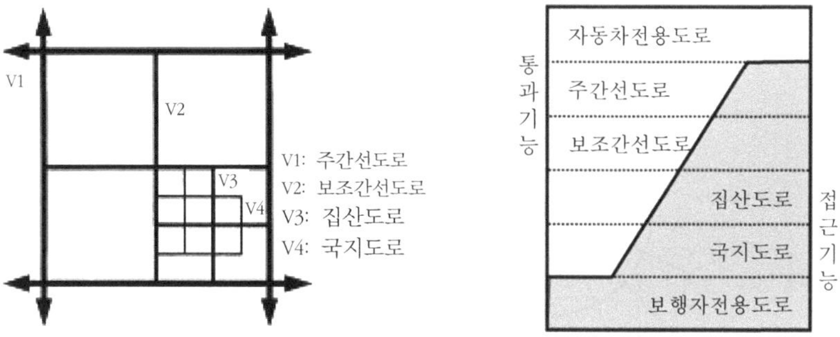

그림 8-6 도로의 위계와 기능

표 8-3 도로기능의 구분지침(도시지역)

구분	주간선도로	보조간선도로	집산도로	국지도로
도시계획도로 분류기준	광로 · 대로	대로 · 중로	중로	소로
평균통행거리(km)	3 이상	3 미만	1 미만	0.5 미만
평균주행속도(km/h)	50	40	30	20
유출입지점간 평균간격(m)	500	300	150	50
동일 기능도로 간의 간격(m)	1,000	500	250	100
계획교통량(대/일)	20,000 이상	5,000~20,000	2,000~5,000	2,000 미만

(출처 : 건설교통부, 도로의 구조 · 시설기준에 관한 규정 해설 및 지침, 2003)

한편, 도시계획도로는 도로폭을 기준으로 하며 도로의 규모를 광로(40m 이상) · 대로(40~25m) · 중로(25~12m) · 소로(12m 미만)로 구분하고 있다.

8.3.2 도로망의 형태

1. 간선도로 · 보조간선도로

가로는 체계적인 조직을 갖고 있지 않으면 안 되며, 이 조직을 가로조직 또는 가로

망이라 한다. 즉, 가로는 망(network)으로 구성됨으로써 그 기능을 발휘하게 된다. 가로망 패턴은 지형조건과 도시(시가지)의 형태 등에 따라 달라지게 된다.

간선 및 보조간선가로는 도시 내의 주요 지역 간을 연결하는 도시의 골격을 형성하는 역할을 하는데, 그 기본형태는 방사환상형 · 격자형 · 격자방사혼합형 · 격자사선형 · 6각형 또는 8각형 등으로 구분된다.

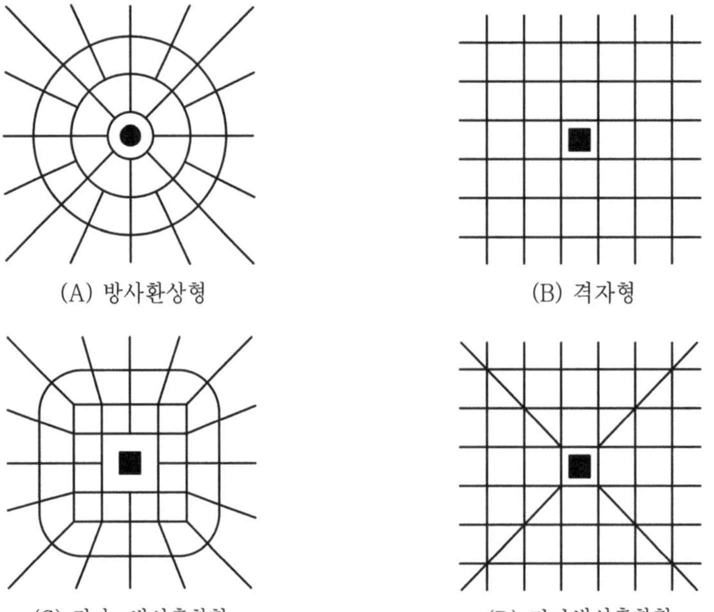
(A) 방사환상형 (B) 격자형 (C) 격자 · 방사혼합형 (D) 격자방사혼합형

그림 8-7 간선도로망의 기본패턴

방사환상형은 자연발생적 도시에서 방사선이 발달되었으며 환상선이 필요에 따라 연결된다. 인구 100만 명 이상의 대부분의 대도시에 많이 채택되고 있으며, 도심부에서 외곽지 사이의 종적 연결은 방사선으로 횡적 연결은 환상선으로 이루어진다(서울 · 동경 · 파리 등). 격자형은 지형이 평탄한 도시에 많이 사용되는 형태로 직선에 의해 교차됨으로써 부정형한 토지가 적어 토지이용에는 유리하나 광범위하게 적용되면 획일화되어 단조롭고 교통을 차단하는 경우가 많다(뉴욕 · 필라델피아 등). 격자방사혼합형은 두 가지 이상 혼합된 형태로, 도심부는 격자형이고 교외부는 방사환상형이 대부분이다(모스크바 · 서울 · 대구 등). 격자방사혼합형은 격자형의 결함을 보완하기 위한 것으로 단조로움을 구제할 수 있으나 연도에 삼각지가 생겨 토지이용상 문제가 있고 6방향의 교차가 불가피하게 되어 교통혼잡의 원인이 된다(워싱턴 D.C.).

2. 집산도로

집산도로는 간선도로와 국지도로를 상호 연결시켜 주는 중요한 역할을 하는데, 가로망형태는 지구간선도로와의 접속상태에 따라 크게 개방형 · 폐쇄형 · 간선분리형으로 구분할 수 있다.

개방형은 간선도로와 국지도로와의 접속에 제한이 없고 자유로운 출입이 가능한 형태이고, 폐쇄형은 간선도로와 국지도로의 직접적인 제약이 거의 제한되기 때문에 외부 통과교통을 배제할 수 있는 형태이며, 간선분리형은 개방형과 폐쇄형의 절충형이라고 할 수 있다.

3. 국지도로

국지도로는 건물이나 획지로 접근하는 접근로로서 블록을 구분하는 역할도 하는데, 이는 크게 격자형 · T자형(엇격자형) · Cul-de-sac형 · Loop형으로 나눌 수 있다.

격자형은 가로망의 형태가 단순 · 명료하고 가구 및 획지구성상 택지의 이용효율이 높기 때문에 계획적으로 조성되는 시가지에 가장 많이 이용되어 온 형태이다. T자형은 격자형이 갖는 택지의 이용효율을 유지하면서 지구 내 통과교통을 배제하고 주행속도를 감속하기 위해 도로의 교차방식을 주로 T자 교차로 한 형태이다. Cul-de-sac형은 불필요한 차량의 진입을 방지할 수 있기 때문에 보행의 안전성과 주거환경의 쾌적성 및 주민의 일체성 확보에 유리하며 부정형 지형에 적용이 용이하다. 끝으로, Loop형은 불필요한 차량 진입이 배제되는 이점을 살리면서 우회도로가 없는 Cul-de-sac의 결점을 개량하여 만든 패턴이다.

표 8-4 국지도로의 유형별 특징 비교

구분	격자형	T자형	cul-de-sac형	loop형
기본 패턴	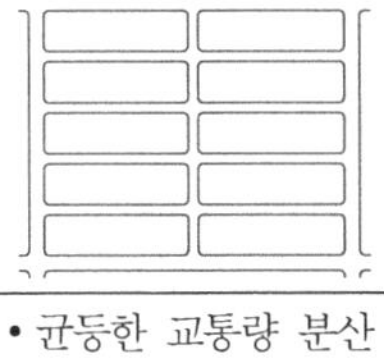		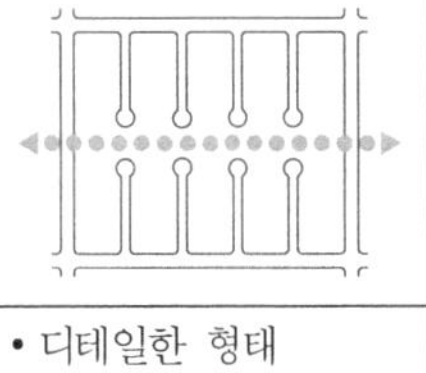	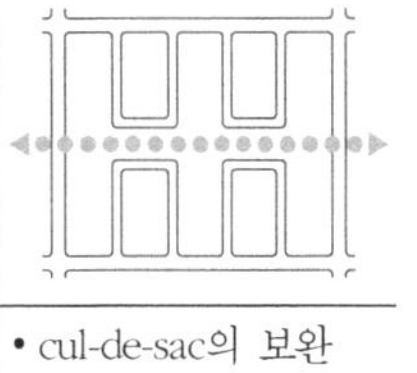
특징	• 균등한 교통량 분산 • 자유로운 토지이용	• 격자형과 cul-de-sac 겸용	• 디테일한 형태 • 독립적인 도로 이용	• cul-de-sac의 보완 • 큰 단지에 이용
장점	• 용이한 접근성 • 다양한 경로 선택	• 명확한 도로위계 • 적절한 프라이버시 확보	• 안전 · 쾌적한 환경 • 완전한 통과차량 억제	• 통과차량 억제 • U - turn장치 불필요
단점	• 단조로운 경관 • 차량 과속 우려	• 통행거리 길어짐 • 길이 막힐 경우 혼잡 심각	• U - turn장치 필요 • 보행전용로 필요	• 도로율 증가

(출처 : 김철수, 단지계획, 기문당, 2016 : 197)

4. 교차로 형태

교차로의 형식은 크게 평면교차와 입체교차로 구분된다. 평면교차로의 기본형태는 크게 4교차인 +자형과 3교차인 T자형으로 나누어진다. +자형은 전통적으로 사용되어 온 교차방식으로서 방향성이 분명하고 목적지까지 무리하게 선회하지 않아도 되며, 주택의 배치가 용이하고 토지이용률이 높다는 이점이 있다. 그러나 도로의 우선방향이 불명확하기 때문에 안전성이 적다. T자형은 +자형에 비해 교차횟수가 적어서 회전 시의 대기시간이 단축되고, 교차로의 우선방향이 명확하기 때문에 교통사고가 적으며, 양호한 환경을 조성할 수 있으므로 주택지에서 적극 이용할 수 있다.

한편 입체교차로의 형태는 연결로(ramp)가 없는 단순입체교차로와 연결로가 붙어 있는 인터체인지로 구분된다. 단순입체교차로는 주된 차선의 교통량이 3,000대 / 일 이상일 때 설치한다. 또한 인터체인지는 교차도로 · 램프 · 변속차선으로 구성되며, 출입교통량 3,000대/일 이하, 설치간격 20~30km, 인구 3만 이상의 도시(주변 세력권 인구가 5~10만일 때)에 설치한다.

8.3.3 인간친화형 도로계획

1. 보차도 분리

교통사고의 가장 큰 원인 중 하나는 보행자와 자동차의 교통이 같은 공간에서 이루어지기 때문이다. 따라서 교통사고를 줄이고 보다 안전하고 쾌적한 보행여건을 만들기 위해서는 이 양자를 분리시키는 것이 효과적인 바, 보행자와 자동차를 분리시키는 기법은 크게 평면적 분리와 입체적 분리 및 시간적 분리로 구분할 수 있다.

- 평면분리형
  - 보도(sidewalk)
  - 보행자 전용도로(pedestrain mall)
  - 특정 시간과 장소에서 차량 통제
  - 건축화한 공간(건물통과 도로 · 아케이드 등)
- 입체분리형
  - 지상 : 보행자 데크(pedestrain deck) · 육교 등
  - 지하 : 지하도 · 지하상가 · 지하철 입구 등
- 시간분리형 : 보행자 천국 등

사람과 차를 분리할 경우에는 당연히 우선해야 한다. 자동차는 우회하여 다소 거리가 길어져도 지장이 없으므로 가능한 한 보행거리를 단축시켜야 하며, 특히 노인 · 유아 · 신체장애인에 대한 배려가 필요하다.

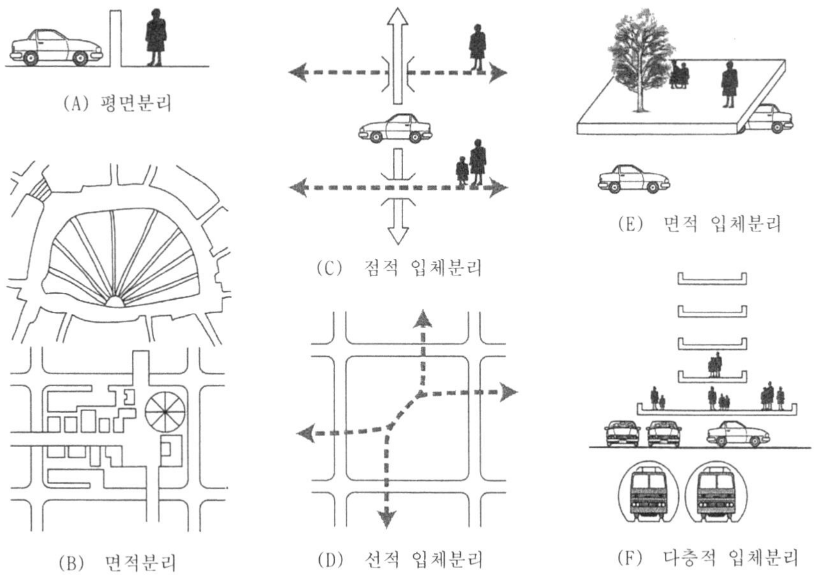

그림 8-8 보차분리기법의 종류

2. 보차공존도로

보차공존도로는 보행자통행이 위주이고, 차량통행이 부수적이라는 점에서 일반적 구획도로인 보차혼용 도로와는 명확히 구분된다. 그 대표적인 예가 1972년 네덜란드의 델프트 시에서 외부교통의 주거지역 침입에 대항하기 위하여 처음 등장한 본엘프(Woonerf)이며, 독일의 보차공존구간(Michflachen)이나 일본의 커뮤니티도로 등도 이에 해당된다.

설계의 핵심은 도로 전체를 보도와 같은 위계로 계획하고, 차량의 속도를 시속 30km 이하로 조심스럽게 통행하도록 도로형태에 굴곡을 주거나 과속방지턱(hump)을 설치하고, 식재대(planter) · 벤치 · 가로등 등을 설치하여 쾌적한 보행환경을 조성하는 것이라 할 수 있다.

3. 보행자 · 자전거 전용도로

보행자 전용도로는 차량통행으로 인하여 보행자의 통행에 지장이 많을 것으로 예상되는 지역에 설치한다. 보행자 전용도로는 도심지역 · 부도심지역 · 주택지 · 학교 또는 하천 주변지역 등에서는 일반도로와 그 기능이 서로 보완관계를 유지하도록 하여야 한다. 보행의 쾌적성을 높이기 위하여 녹지체계와 연계시키고 주된 통행발생지점과 버스정류장 · 지하철역 등 대중교통시설, 공원 · 녹지 · 학교 · 공공청사 및 문화시설 등과 체계적으로 연결되도록 해야 한다.

자전거 전용도로는 통근·통학·산책 등 일상생활에 필요한 교통을 위하여 설치한다. 자전거 전용도로는 단절되지 않고 버스정류장·지하철역·학교·공공청사·도서관·문화시설 등과 원활하게 연결되도록 해야 한다.

8.3.4 용도지역별 도로계획

도시의 도로계획은 용도지역에 따라서도 그 접근방법의 계획기준이 상이한데, 주거지역·상업지역·공업지역 도로계획의 기본방향을 살펴보면 다음과 같다.

첫째, 주거지역에서는 근린주구이론에 따라 주구의 내부에는 간선가로를 배치하지 말아야 하며, 또한 주구 내에 배치하는 보조간선도로도 슈퍼블록(super block) 개념을 도입하여 통과식으로 하지 않도록 한다. 그리고 학교·공원에의 안전한 접근을 위하여 보행자 전용도로와 자전거도로를 배치한다.

둘째, 상업지역에서는 원칙적으로 간선도로가 지역 내를 통과시키지 않아야 하지만 부득이한 경우에는 상업지를 몇 개의 단위로 분할하여 그 외곽에 배치되도록 한다. 이 경우에 상업지역의 공간의 일체성을 확보할 필요가 있을 때에는 간선도로를 입체화시켜 보행자와의 평면교차를 피해야 한다.

셋째, 공업지역의 경우 간선도로 배치는 주택지·상업지 등의 시가화 지역과의 분리를 도모할 수 있도록 하고, 공업지에 집산하는 교통이 주택지나 상업지를 통과하지 않으면서 도시 간의 도로와 연결되도록 해야 한다. 또한 통근자를 위한 동선은 교통거점시설과의 관계를 고려하여 방사선으로 하되 자전거도로를 우선으로 하는 것이 바람직하다.

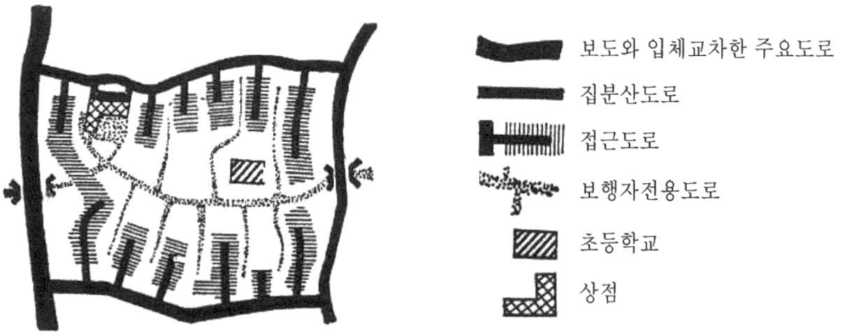

그림 8-9 슈퍼블록의 공간구성 개념

한편 용도지역에 따라 도로율 및 도로위계별 구성비율이 달라지는데, 일반적인 용도지역별 도로율 계획기준은 표 8-5와 같다.

표 8-5 용도지역별 도로율 기준

구분	합계	간선 · 보조간선도로	집산 · 국지도로
주거지역	20~30%	10~15%	10~15%
상업지역	25~35%	10~15%	15~20%
공업지역	10~20%	5~10%	5~10%

(출처 : 도시계획시설기준에 관한 규칙 제12조)

8.3.5 도로교통체계관리(TSM)

교통체계관리(TSM : Transportation System Management)는 어떤 특정 기법이나 물리적 대안만 의미하는 것이 아니고, 각종 제도의 개선이나 각종 시설의 운용방법 개선까지도 포괄하는 광범위한 개념이다. 교통체계관리의 목표는 서비스 수준(LOS)의 향상, 도로의 처리용량 증대, 환경보전 및 에너지절약 등을 들 수 있으며, 교통체계관리기법(교통운용 효율화 기법)은 그 목적에 따라 다음과 같은 유형이 있다.

- 교통수요 억제 : 합승 권장, 대중교통 권장, 대중교통수단과 주차연계(park and ride), 대중교통서비스 개선, 요금정책 등
- 교통처리능력 향상 : 도로관리, 트럭통행 규제, 시차제 실시, 신호체계 개선, 교차로 구조 개선, 일방통행 등
- 교통수요와 공급을 동시에 감소 : 버스전용차선제, 대중교통 우선통행, 자동차 통행제한구역(free zone), 노외주차면적 감소, 노상주차장 확충 등
- 공급 증대와 수요 감소 : 버스전용차선제, 노상주차 제한 등

8.4 지구교통계획과 교통정온화

8.4.1 지구교통계획의 의의

1. 지구교통계획의 개념

도시의 활동기능이 다양하고 공간구조가 복잡한 현대도시에서는 해결하기 힘든 여러 교통문제가 발생하게 된다. 이러한 교통문제를 해소하고 쾌적한 도시환경을 조성하기 위해서는 도시 전체에 대한 교통체계를 취급하는 도시교통계획과 지구레벨의 교통환경을 취급하는 지구교통계획이 서로 유기적으로 기능을 수행해야 한다. 과거 교통기반 시설이 불충분했던 시기에는 간선도로 위주의 교통계획이 중요했지만,

이제 교통시설이 어느 정도 정비된 현시점에서는 안전과 환경을 중시하는 국지도로 위주의 교통계획 역할이 더욱 강조되고 있기 때문이다.

지구교통계획에서 지구의 개념은 주거지역의 근린주구(neighbourhood unit)와 도심권의 상업 · 업무지구 등 비교적 작은 공간범위를 의미한다. 계획의 목표도 교통안전 · 교통환경 · 방재환경 · 경관 등 물리적 교통시설의 정비뿐만 아니라 교통량과 주행속도 제한, 주차관리 등 소프트적인 교통체계 관리가 요구된다. 모든 지구교통계획의 기본목표는 안전한 보행환경을 창조하는 것이다.

2. 지구교통계획의 대상과 목적

지구교통계획의 대상은 지구의 활동특성, 즉 토지이용의 유형에 따라 주거지역, 주상혼합지구, 상업 · 업무지구, 역사지구, 레크리에이션지구, 터미널지구 등으로 구분된다. 먼저 도시계획도로 측면에서 보면 차량보다는 보행자가 중심이 되는 도로이므로 주거지역의 경우는 폭 12m 미만의 국지도로(생활도로)가 대상이 되지만, 상업 · 업무지구의 경우는 폭 20m 정도의 집산도로도 지구교통계획 대상이 된다고 할 수 있다.

또한 계획목적 측면에서 보면 주거지역의 경우는 거주자들의 안전성 · 쾌적성 등 지구교통환경이나 주거환경 개선에 중점을 두지만, 상업 · 업무지구 · 터미널지구 등의 경우는 이용자들의 안전성 확보와 어메니티(amenity) 향상, 지구의 활성화, 교통의 원활화 등에 중점을 두게 된다.

8.4.2 지구교통계획의 발전

1. 거주환경지역과 홈존(Home Zone)

거주환경지역(Environmental Area)은 1960년대 영국의 뷰캐넌보고서(Buchanan Report)에서 제안된 개념으로서 통과교통을 허용하는 환상도로에 둘러싸여 사람들이 자동차의 위험 없이 생활하고 일하고 쇼핑하고 걸어 다닐 수 있는 '도시의 방'이라고 볼 수 있다. 그러나 이 지역 내에서도 차량진입이 전혀 배제되는 것은 아니고 생활환경을 침해하지 않는 범위 내에서는 허용되며 일상생활에서는 보행자가 완전히 우선하도록 하는 것으로, 네덜란드의 본엘프(woonerf)나 우리나라의 지구교통개선사업(TIP)에서 사용하는 공간단위와 거의 같다고 할 수 있다.

1990년대 중반부터 영국에서 시행되고 있는 홈존은 주택가의 도로공간 내에서 차량과 보행자의 공존을 추구하면서 보행자 보호 및 어린이 생활놀이공간 확보에 중점을 두는 지구교통관리기법으로서 차량 감속, 통과교통 최소화, 생활도로공간의 질적

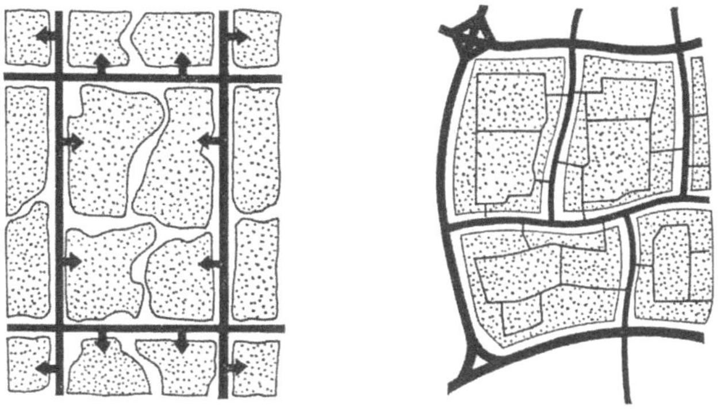

그림 8-10 도로의 위계구성과 주거환경지역

개선을 주요내용으로 하고 있다. 홈존의 시행주체는 지방교통국(Local Traffic Authority)이며, 계획에는 지역주민 · 지방정부 · 경찰서 · 소방서 · 도시디자이너 · 건축가 등이 함께 참여한다.

2. 종합교통관리(CTM)

종합교통관리(Comprehensive Traffic Management)는 1980년대 영국에서 등장한 개념이다. CTM은 지구의 특성에 따라 개인의 이동성 · 접근성 확보와 보행자 · 거주지의 안정성 · 쾌적성 개선 간의 균형 측정을 목적으로 하고, 중소도시의 도심지구를 대상으로 적용된다. CMT의 구체적 수법으로는 과속방지턱, 도로 차단, 보행자전용지구 등 자동차의 교통억제수법과 보차공존도로수법 등이 있다. 이 CTM개념은 부분적인 도로개량, 대중교통개선, 교통운영관리 등 단기적인 수법과 함께 지구교통계획의 구체적인 수법으로 발전되었다.

3. 지구교통개선사업(STM)

지구교통개선사업(Site Transportation Managenent)은 통행 위주의 간선도로보다는 안전 위주의 이면도로 교통개선사업으로 지구 내 도로공간에 녹색교통의 안전성과 편리성을 부여하는 생활환경개선 차원의 '우리동네 교통정비사업'이다.

STM은 교통체계의 기능성 · 효율성보다는 안전성 · 편리성 · 쾌적성을 더 중시하는 계획으로 주거공간의 환경 · 조경 · 미관 등 지구특성을 고려함으로써 계획 수립과정에서 지역주민의 의사를 충분히 반영하여 원활한 사업추진을 도모할 수 있다는 장점이 있는 교통개선사업이라 할 수 있다.

8.4.3 교통정온화기법

1. 교통정온화 관련법제

교통정온화(traffic calming) 기법이란 차량의 통행과 속도 향상을 위해 도로교통시설이 개발되던 시기의 양적 해결을 위한 패러다임에서 벗어나 사람의 삶이 안전하고 쾌적해질 수 있는 보행 위주의 교통환경을 만들어야 한다는 필요성에 의해 1970년대 이후 유럽에서 시작된 자동차 이용을 가능한 한 억제하는 지구교통관리개선기법이라 할 수 있다.

영국은 다른 나라들보다 지구교통계획에 대한 연구를 일찍 시작하였고 1983년 과속방지턱법을 제정한 이후 20마일 속도제한, 교통정온화, 보차공존도로 등에 관한 법적 근거를 마련하여 시행하고 있다. 독일은 1981년에 제정된 도로설계지침(RAS-E)에 의해 교통억제구역을 지정하고 1982년에 Zone 30을 법제화하였다. 네덜란드는 1972년 본엘프(Woonerf) 개념의 시행을 위한 관련 법제를 제정하고, 1987년에는 죤30의 시행을 위한 매뉴얼을 발행하였다.

덴마크에서는 1976년에 교통억제방안으로 2개 유형의 지구도로형태(Quiet Road Areas, Rest and Play Areas)가 도로교통법에 등장하였고, 도로설계기준에 과속방지턱과 시케인(차도의 굴곡 · 굴적) 등의 설계 사례를 정하였다. 그리고 미국과 캐나다에서도 과속방지턱과 교통정온화에 관한 지침서를 발행하였다.

한편, 일본에서는 1970년에 교통안전대책기본법을 제정하고, 1974년 경찰청에 의해 커뮤니티도로를 시행하였으나, 보다 종합적인 지구교통관리의 필요성이 부각됨에 따라 1996년 이후 커뮤니티존조성사업을 도입하여 시행하고 있다.

2. 본엘프(Woonerf)

주거지역의 보행자우선도로인 본엘프의 발상지인 네덜란드는 1976년에 본엘프에 관한 교통법규 및 설계기준을 제정하고, 1988년에 관계법이 개정되어 설계기준 완화와 대상지역 확대가 이루어졌는데, 도로교통법에 의한 설계기준은 다음과 같다.

- 보행자는 본엘프로 정해진 도로 내에서 도로폭원 전부를 사용할 수 있다.
- 본엘프에서 운전자는 사람의 보행속도보다 빨리 운전해서는 안 된다.
- 본엘프에서 운전자는 보행자를 방해해서는 안 되며, 보행자도 불필요하게 운전자를 방해해서는 안 된다.
- 본엘프 내에서 이륜차 이상의 차량은 정해진 주차구역 이외의 구역에 주차해서는 안 된다.

(A) 일반도로 (B) 보차공존도로

그림 8-11 본엘프사업의 전 · 후 비교

3. 자동차 속도제한

1976년 독일에서는 네덜란드의 본엘프 성공에 착안하여 주택단지에서의 자동차 제한속도가 50~60km/h이던 것을 30km/h로 억제하는 템포30이라는 교통정책을 시행하였는데, Zone 30 지구는 가능한 한 도시계획과 조화되어야 함을 강조하고 있다. 네덜란드에서는 주거지역 내에서 교통사고 감소, 주거환경 보전 등을 위하여 제한속도 30km/h를 면적(面的)으로 시행하였다. 그리고 영국에서는 1990년대 이후 Zone20(20mph)을 국가보조사업으로 시행하고 있다.

한편, 덴마크에서는 도로공간의 보다 적극적인 안전성과 쾌적성을 창출하기 위하여 도로교통법에 따라 다음과 같은 2개 유형의 도로를 규정하고 있다.

- Rest and Play Areas : 지선도로 등 교통기능보다 연도주민의 휴식과 놀이의 장(場)으로서 기능을 중시(네덜란드의 본엘프)
- Quiet Road Areas : 조용한 도로의 장(場)으로서 기능을 가지면서 교통기능을 우선하는 도로(일본의 커뮤니티도로)

4. 커뮤니티도로

일본에서는 1970년대에 '커뮤니티도로'를 도입하여 일정 생활존에서는 일방통행, 좌우회전 금지, 대형자동차 통행금지, 일시정지와 속도규제가 실시되었다. 그러나 1980년대 이후 그 효과가 미미해졌고, 특히 기존 시가지의 대부분이 보차도 구분이 없는 폭 6~8m라는 점을 감안하여 보행자 통행이 우선되어야 하는 주거지 등을 대상으로 한 교통안전대책으로 '커뮤니티존' 조성사업이 1996년에 도입되어 전국적으로 활발하게 시행되고 있다.

커뮤니티존 사업은 정부보조금 지원 하에 각 자치단체의 관련부서(도시과, 도로과, 도로교통과 등)와 경시청이 사업주체가 되어 추진하고 있다. 그리고 이 시책을 보다 효율적으로 추진하기 위하여 안심하고 쇼핑할 수 있는 도로공간을 정비하는 지구에 대해서도 적극 지원하고 있다.

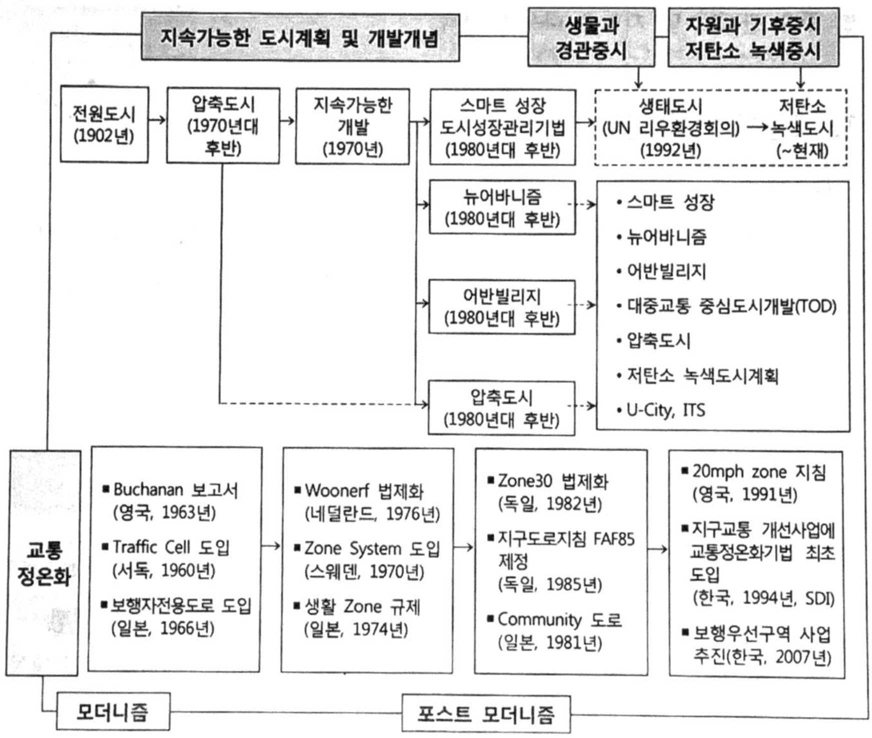

(출처 : 정병두, 지구교통계획, 청문각, 2015 : 45)

그림 8-12 도시계획과 지구교통 관련 패러다임의 변화

PART 09 도시시설계획

9.1 도시시설의 의의 및 특성

9.1.1 도시시설의 의의와 체계

1. 도시시설의 의의

현대도시의 형성과 발전은 도로 · 철도 · 상하수도 · 학교 · 행정시설 · 병원 등의 각종 공공시설과 밀접한 관계가 있다. 도시시설은 일반적으로 크게 기반시설과 이용시설로 나누어진다. 여기에서 전자는 · 전기 · 통신 등의 하부구조(infra structure)라고 불리는 토목적 시설이고, 후자는 주거 · 점포 · 사무소 · 학교 등의 건축적 이용시설(super structure)이다. 도시 성장에 대응하여 이 양자 간의 균형을 맞추는 것은 도시계획에 있어서 가장 기본적인 과제이다.

2. 도시기반시설의 성격과 체계

기반시설은 기본적으로 도시 내 인간의 활동을 위해 공공에 의해 필수적으로 공급되어야 한다. 최근 공공의 재정적 한계와 기반시설의 시장성 확대로 기반시설로 분류된 시설에 대한 민간의 투자도 증가하고 있으며, 사회경제적 변화에 따라 도시활동에 필수적인 시설도 변화하고 있으므로 이를 일률적으로 정의하기는 곤란하다.

도시의 기반시설은 건물 내부와 외부에 있어서 기계적 구성요소(mech-anical components)와 서비스적 구성요소로 이루어진다. 여기에서 건물 외부의 서비스체계(Exterior Service Systems)는 다시 배수 · 상하수도 · 쓰레기처리시설 등의 공적 설비와 에너지 · 통신시설 등의 사적 설비로 구분되며, 이들은 건물 내부의 기계적 체계(Interior Mechanical Systems)로 바뀌어져 그 기능을 발휘하게 된다.

한편, 도시설비(urban utilities)란 건물 내·외에서 인간생활의 편익에 제공되는 기계적 구성요소라고 정의될 수 있는데, 도시의 설비계획은 대별하여 교통수송계획·상하수도 및 폐기물 처리계획·에너지 계획·정보통신 계획·특수설비계획으로 분류하여 도시규모에 대응하게 체계화시켜야 한다.

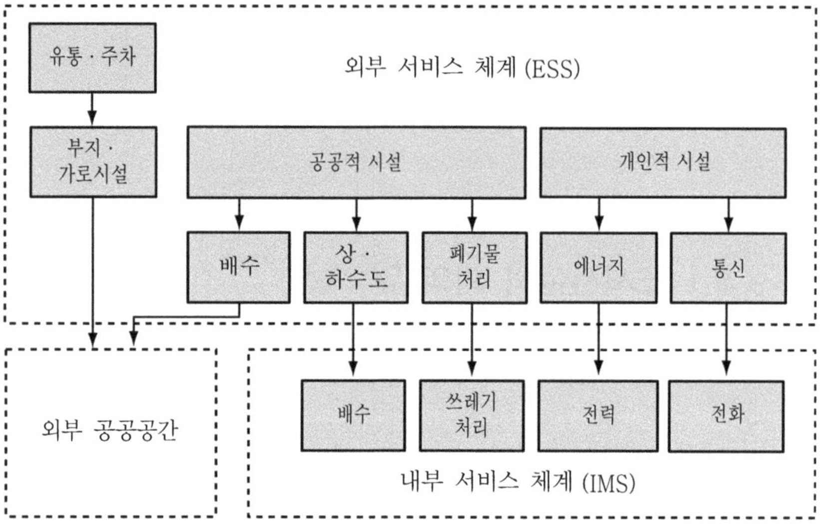

(출처 : 박병주·김철수, 도시계획, 형설출판사, 2005 : 224)

그림 9-1 도시기반시설의 체계

9.1.2 도시시설의 특성

도시시설은 공익성·사익성 기준과 필수성·선택성 기준을 중첩하면 4가지 유형 분류가 가능하다. 이 네 가지의 기반시설 서비스는 표 9-1과 같은 특성이 있다. 여기

표 9-1 도시시설의 공익성·필수성에 의한 분류

구분	필수성	선택성
공익성	• 공익적·필수적 서비스 • 편익의 사회적 귀속성이 있어 공공부문이 공급을 담당하고, 조세를 통해 서비스 비용을 부담 • 도로·공원·학교 등	• 공익적·선택적 서비스 • 편익이 주로 특정지역에 귀속되므로 준공공 부문이 공급을 담당하며, 공익부담 원칙에 의해 서비스 비용 부담 • 문화시설·광장 등
사익성	• 사익적·필수적 서비스 • 필수적 서비스이나 편익이 개인에게 귀속되므로 공공부문뿐만 아니라 다양한 방법에 의해 공급될 수 있으며, 서비스 비용은 공공부담이 원칙 • 종합의료시설·사회복지시설 등	• 사익적·선택적 서비스 • 편익이 개인에게 귀속되므로 민간부문에 의해 공급되며 개인이 서비스비용 부담 • 주차장·수영장 등

(출처 : 대한국토·도시계획학회, 도시계획론, 2004 : 412)

에서 사익적·선택적 서비스는 민간부문에 의한 공급이 가능하나 공익적·필수적 서비스는 공공재적 성격이 매우 강하다.

9.2 도시시설계획

9.2.1 도시시설의 종류

1. 기반시설

기반시설은 시설의 효율적인 공급과 도시의 토지이용이나 교통체계, 환경 등에 미치는 외부효과를 고려하여 시설의 입지, 규모, 형태 등을 체계적으로 계획·관리할 필요가 있다. 도시의 기반시설은 자율적인 시장기구를 통한 시설 공급이 어렵고, 시설의 입지로 인한 영향이 매우 크기 때문이다. 도시계획을 통해 기반시설을 결정·설치하게 되는 이유는 다음과 같다.

- 도시계획을 통해 공공시설용지를 효율적으로 확보할 수 있다.
- 외부불경제를 방지할 수 있다.
- 미래에 대비한 효율적인 토지이용을 도모할 수 있다.

기반시설은 국토계획법에 의해 총 53개 시설로 규정하고 있는데, 유사한 기능특성을 기준으로 교통시설, 공간시설, 유통·공급시설, 공공·문화체육시설, 방재시설, 보건위생시설, 환경기초시설의 7가지 유형으로 분류하고 있다.

표 9-2 기반시설의 종류

구 분	종 류
교통시설(10)	도로, 철도, 항만, 공항, 주차장, 자동차 정류장, 궤도, 운하, 자동차 및 건설기계검사시설, 자동차 및 건설기계운전학원
공간시설(6)	광장, 공원, 녹지, 유원지, 공공공지
유통·공급시설(9)	유통업무설비, 수도, 전기공급설비, 가스공급설비, 방송·통신시설, 공동구, 시장, 유류저장 및 송유설비, 열공급설비
공공·문화체육시설(10)	학교, 운동장, 공공청사, 문화시설, 체육시설, 도서관, 연구시설, 사회복지시설, 공업직업훈련시설, 청소년수련시설
방재시설(8)	하천, 유수지, 저수지, 방화설비, 방풍설비, 방수설비, 사방설비, 방조설비
보건위생시설(7)	화장장, 공동묘지, 봉안시설, 자연장지, 장례식장, 도축장, 종합의료시설
환경기초시설(4)	하수도, 폐기물처리시설, 수질오염방지시설, 폐차장

(출처 : 국토의계획및이용에관한법률시행령 제2조)

2. 도시계획시설

(1) 도시계획시설의 정의

도시계획시설이란 기반시설 중에서 시민의 공동생활과 도시의 경제 · 사회활동을 원활하게 지원하기 위하여 정부가 직접 설치하거나 민간이 정부의 지원 또는 자력으로 설치하되 도시 전체의 발전 및 여타 시설과의 기능적 조화를 도모하기 위하여 도시관리계획에 의하여 설치되는 시설이라고 정의할 수 있다. 그러나 도시관리계획의 절차를 거치지 않고도 기반시설을 설치할 수 있는데, 도시관리계획으로 결정해야만 하는 시설을 의무시설이라 하고, 민간부문에 의해서도 공급이 가능한 시설로 시설별 개별법이나 건축법에 의해 설치할 수 있는 시설을 임의시설이라고 한다.

(2) 지구단위계획 대상시설

지구단위계획은 도시관리계획으로 결정되며, 그 내용 중에는 기반시설에 대한 내용이 반드시 포함되어야 하므로 지구단위계획을 통해 설치되는 기반시설도 당연히 도시계획시설이 된다.

지구단위계획에서 다루어야 하는 기반시설은 국지적인 단위의 지역을 대상으로 하는 시설이다. 지구단위계획에서 그 배치와 규모를 정하여야 하는 시설은 도로 · 주차장 · 광장 · 공원 · 녹지 · 공공공지 · 수도 · 공동구 · 시장 · 공공청사 · 학교 · 하수도 · 폐기물처리시설 등 20개 시설이다.

또한 지구단위계획을 수립함에 있어서 도로 · 주차장 · 공원 · 수도 · 전기 · 가스 · 열공급설비 · 초등학교 및 중학교 · 하수도 및 폐기물처리시설 등은 지구단위계획구역 안에 있는 수용인구와 건축물연면적 등의 개발밀도와 적정한 조화를 이루어야 한다.

(3) 도시계획시설의 결정

기반시설이 단순히 시설 자체를 의미한다면 도시계획시설은 그 기반시설의 설치가 도시관리계획으로 규정된 절차를 통해 계획으로 결정되어 법적 지위를 지니게 되었다는 것을 의미한다. 도시계획시설을 결정할 때에는 도시계획시설의 기능에 따라 그 위치 · 면적 등을 결정해야 하며, 특히 시장 · 공공청사 · 문화시설 · 연구시설 · 사회복지시설 · 종합의료시설 등 건축물인 시설로서, 그 규모로 인하여 지역의 공간이용에 상당한 영향을 주는 경우에는 건폐율 · 용적률 및 높이의 범위를 함께 결정하도록 규정하고 있다.

또한 항만+공항 · 유원지 · 유통업무설비 · 학교 · 운동장 · 문화시설 등을 도시계획시설로 결정하는 경우에는 그 시설의 기능발휘를 위하여 설치하는 중요한 세부시설에 대한 조성계획을 함께 결정하도록 규정하고 있다.

(4) 도시계획시설의 실효

도시계획시설은 장래의 도시에 필요한 기반시설을 예측하여 그 위치와 규모를 사전에 결정함으로써 도시발전에 필요한 기반시설을 원활히 공급하기 위해 기반시설을 도시계획으로 결정한 것이다. 도시계획시설은 대부분 사유지가 그 대상이 되는데, 도시계획시설 결정에 따라 재산권행사가 제한되므로 적절한 수요예측에 기반한 시설결정이 필요하다.

그럼에도 불구하고 행정의 편리를 위해 과도한 도시계획결정이 관행적으로 이루어졌고, 장기간 집행되지 않는 시설에 대한 민원이 발생하게 되었다. 이에 따라 도시계획시설 결정 · 고시일로부터 20년이 경과될 때까지 당해 시설의 설치에 관한 도시계획시설사업이 시행되지 아니하는 경우에는 도시계획시설로서의 효력을 상실한다는 일몰제가 도입되었다(「국토계획법」 제48조).

3. 기타 도시시설

(1) 광역시설

광역시설은 기반시설 중 광역적인 정비체계가 필요한 둘 이상의 특별시, 광역시 또는 시 · 군의 관할구역에 걸쳐 있는 도로 · 철도 · 운하 · 광장 · 녹지, 수도 · 전기 · 가스 · 열공급설비, 방송 · 통신시설, 공동구, 유류저장 및 송유설비, 하천 · 하수도(하수종말처리장 제외) 등 14종과 도시 · 군이 공동으로 이용하는 시설(항만 · 공항 · 자동차정류장 · 공원 · 유원지 · 유통업무설비 · 운동장 · 체육시설 등) 21종으로 나누어진다.

광역시설의 성격은 망형(network pattern)의 배치형태를 취하는 도로 · 철도 등 교통운수시설, 수도 · 전기 공급시설 등 유통 및 공급시설, 그리고 혐오시설로서 그 입지가 제한되는 보건위생시설 및 환경기초시설이 주류를 이룬다. 그리고 공항 · 항만 · 광장 · 공원 · 유원지 · 운동장 등은 점형(point pattern) 배치형태를 취하지만 공동이용의 필요성이 크므로 광역시설로 지정되어 있다.

한편, 공동구(共同溝)는 전기 · 가스 · 수도 등의 공급설비, 하수도 등 지하매설물을 공동으로 수용함으로써 미관 개선, 도로구조 보전 및 교통의 원활한 소통을 위하여 지하에 설치하는 시설물을 말한다.

표 9-3 광역도시시설의 분류와 의의

<table>
<tr><th>분류기준</th><th colspan="2">시설분류</th><th>의의 또는 시사점</th></tr>
<tr><td rowspan="2">① 서비스의 기본성</td><td>기본적 시설</td><td>도로, 상수도</td><td rowspan="2">• 기반시설 설치의 우선순위 부여
• 쾌적 서비스시설의 설치 미흡 우려</td></tr>
<tr><td>쾌적시설</td><td>공원, 도서관</td></tr>
<tr><td rowspan="2">② 서비스제공의 의무성</td><td>의무적 시설</td><td>소방서, 경찰서</td><td rowspan="2">• 선택적인 시설은 정부의 재정능력, 지역사회복지 수준에 영향 받기 쉬움</td></tr>
<tr><td>선택적 시설</td><td>운동장, 유원지</td></tr>
<tr><td rowspan="3">③ 물리적인 배치구조</td><td>점형 시설</td><td>우체국, 도서관</td><td rowspan="3">• 점형시설은 공간적인 균형배치
• 선형시설은 지역간 연결성이 중요하므로 지자체간 충분한 협의 필요</td></tr>
<tr><td>선형 시설</td><td>상하수도, 전기</td></tr>
<tr><td>면형 시설</td><td>자연공원</td></tr>
<tr><td rowspan="3">④ 서비스의 집분산체계</td><td>시설위치 서비스</td><td>학교, 병원</td><td rowspan="3">• 서비스의 집분산체계에 부합되는 시설의 적정배치 필요</td></tr>
<tr><td>수요지 서비스</td><td>쓰레기 수거</td></tr>
<tr><td>구역단위 서비스</td><td>하수종말처리장</td></tr>
<tr><td rowspan="2">⑤ 시설이용의 배제가능성</td><td>배제 가능</td><td>철도, 학교, 병원</td><td rowspan="2">• 공공재의 개념화 기준
• 공공부문과 민간부문의 역할분담 기준</td></tr>
<tr><td>배제 불가능</td><td>도로, 하천, 제방</td></tr>
<tr><td rowspan="2">⑥ 소비의 경합성</td><td>배타적(경합적)</td><td>상수도, 주차장</td><td rowspan="2">• 공공재의 개념화 기준
• 공공부문과 민간부문의 역할분담 기준</td></tr>
<tr><td>비배타적(비경합적)</td><td>도로, 방재시설</td></tr>
<tr><td rowspan="2">⑦ 주변지역에 대한 부의 영향</td><td>혐오시설</td><td>공동묘지, 분뇨처리장</td><td rowspan="2">• 시설입지 주변지역 주민의 반발 야기
• 시설의 수혜지와 입지가 서로 다를 경우 관할 지자체 간의 분쟁 유발</td></tr>
<tr><td>비혐오시설</td><td>병원, 공원, 학교</td></tr>
</table>

(출처 : 국토개발연구원, 광역도시시설의 입지 및 관리에 관한 연구, 1988 : 26~27)

(2) 공공시설

공공시설은 주민의 복지증진을 위해 반드시 필요하고 대부분 경제적 지불(이용료) 없이 이용할 수 있도록 공공의 이익을 위하여 만든 공공용 시설로서, 다음과 같이 6가지 유형으로 나누어진다(국토계획법).

- 도로 · 공원 · 철도 · 항만 · 공항 · 공동구 · 하천 · 하수도 · 유수지 · 방화설비 · 방풍설비 · 하수도 · 구거 등 기반시설
- 주차장 · 운동장 · 저수지 · 화장장 · 공동묘지 · 봉안시설 등 행정청이 설치하는 시설
- 유비쿼터스도시 통합운영센터와 비슷한 시설
- 판매시설 · 업무시설 · 의료시설 등 거주자의 생활복리를 위한 시설
- 도시형공장 · 벤처기업집적시설 · 소프트웨어진흥시설 · 문화 및 집회시설 · 일반업무시설(오피스텔 제외) · 농업관련시설 등 지역의 자족기능 확보를 위한 시설
- 공공시설 등의 관리시설

한편, 개발행위에 의해 새로이 설치된 공공시설이나 기존의 공공시설에 대체되는 공공시설을 설치할 경우 새로이 설치된 공공시설은 그 시설을 관리할 관리청에 무상으로 귀속된다. 그리고 개발행위로 용도가 폐지되는 공공시설은 새로 설치한 공공시설의 설치비용에 상당하는 범위 내에서 개발행위를 허가받은 자에게 무상으로 양도할 수 있도록 규정되어 있다.

9.2.2 도시시설의 규모

장래 도시공공시설의 수요를 추정하기 위해서는 원단위기준을 설정하기에 앞서 먼저 시설의 성격을 규명하고, 계획목표연도에 있어서의 행정구역 면적과 계획인구, 기존 시설의 노후도, 그리고 시민생활 수준의 향상에 상응하는 시설의 양·질적 수준을 정해야 한다.

시설원단위란 교통통신시설·공급처리시설·교육문화시설·보건후생시설 등 각종 도시시설의 규모를 추정하기 위하여 인구와 토지면적·인구와 시설면적·점유인구에 대한 건축면적·시설비율·개소 수 등의 지표를 표시하는 것으로서, 이것은 도시의 규모와 성격 및 인구밀도 등에 따라 달라진다.

도시공공시설의 규모계획을 수립하는데 있어서 원단위는 크게 두 가지 기준으로 분류할 수 있다. 하나는 지역지구계획상의 인구밀도 등에 따른 토지단위기준이고, 다른 하나는 도시공공시설에 대한 수요도에 따라 시설 단위기준을 정하는 것으로서, 이 두 가지의 원단위기준은 각각 인구·경제성장률·주민의 욕구 등에 근거를 두고 산정되어 가는 물리적 기준이다.

각종 시설의 원단위를 추정하는 방법은 과거(최소 10년간)의 추세를 계획목표연도까지 회귀방정식에 따라 연장시키는 방법, 외국의 유사한 인구규모와 지역총생산(GRP)을 가진 도시의 경우를 참고하여 규범적(normative)으로 판단하는 방법, 그리고 당해 시설을 사용하는 사람의 행위를 감안하여 그 행위를 영위하기 위한 소요량을 추정하는 방법 등이 있다. 한편, 개별 시설에 따라 각종 관계법령에 의해 규모기준이 정해져 있는 경우에는 이러한 수치에 의거하여 도시의 실정에 맞게 산정한다.

9.2.3 도시시설의 배치

1. 시설의 입지패턴 유형

도시의 공공시설을 입지패턴 특성에 따라 구분하면 주변요소 의존형, 지역연결형,

기능의 지역연계형, 입지제한형, 기반규모 의존형 등 다섯 가지로 분류할 수 있다. 이 구분은 유형별로 적정 입지기준을 도출하고 효율적 운영 · 관리 방안을 모색하는 데 적합하다.

- 주변요소 의존형 : 광역적으로 입지하고 있는 자원 또는 요소들이 해당시설과 필연적으로 관련성을 갖거나 직접적으로 투입되어야 하는 시설(하수종말처리장)
- 지역연결형 : 시설 자체가 물리적으로 지역 간 연결성을 유지하지 않으면 서비스를 제공할 수 없는 시설(도로, 상수도, 철도 등)
- 기능의 지역연결형 : 시설의 물리적인 형태가 지역 간에 연결되지는 않지만 시설이 수행하는 기능 또는 제공하는 서비스가 여타 지역과 연계되는 시설(자동차정류장, 항만, 도매시장, 유통업무설비 등)
- 입지제한형 : 시설이 갖는 고유기능 때문에 서비스를 제공하는 과정에서 주변 지역에 부의 영향을 초래하거나 법적 기준을 충족시킬 수 있는 입지가 극히 제한되기 때문에 모든 지역에 균등하게 설치할 수 없는 시설(쓰레기처리장, 공동묘지 등)
- 기반규모 의존형 : 일정 규모의 서비스 면적(catchment area) 또는 임계인구(threshold population)가 시설이 입지하는 지역의 면적 또는 인구를 훨씬 초과하는 시설(종합병원, 종합운동장, 사회복지시설 등)

2. 시설의 배치형태

도시의 공공시설은 그 배치형태에 따라 다음 세 가지의 유형으로 구분된다. ① 공원 · 녹지 등과 같이 일정한 면적을 가지는 면적(面的) 시설, ② 도로 · 철도 · 상하수도 · 가스 · 전기 등과 같은 선적 시설, ③ 학교 · 병원 · 시장 · 도서관 등 건축적 시설을 위주로 하는 점적 시설인데, 점적 시설은 핵으로서 그 주변지역에 유치권(service area)을 가지고 있다.

또한 시설과 주변인구와의 이용상 상호관계를 보면, ① 시설이 주변 인구에 대해 서비스를 제공하는 것(경찰서 · 소방서 등), ② 시설을 주변인구가 주로 이용하는 것(학교 · 병원 · 시장 등), ③ 시설과 주변인구가 직접 관계가 없는 것(대학 · 연구소 등)으로 구분할 수 있다.

끝으로, 살기 편리한 도시를 만들기 위해서는 각종 도시공공시설이 충분히 정비되어 있어야 하고, 모든 시민이 공평하게 공공시설의 혜택을 받도록 해야 한다. 이를 위해서는 상기한 바와 같은 각 시설의 형태와 이용행태를 고려하여 균등하게 분포되어야 하며, 아울러 주요 시설에 대한 접근성을 향상시켜야 한다.

한편, 도시시설의 분포형태는 시설의 성격과 이용거리에 따라 다양한데, 크게 단독형 · 마디형 · 응집형 · 분산형으로 나눌 수 있다.

- 단독형 : 대학, 연구소, 사찰, 교도소 등
- 마디형 : 구청과 동사무소, 경찰서와 파출소, 변전소 등
- 응집형 : 점포, 오락시설, 음식점 등
- 분산형 : 초등학교, 어린이공원, 공중목욕탕 등

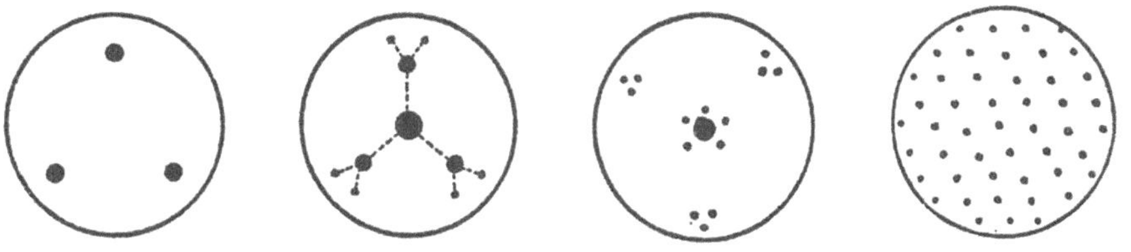

(A) 단독형 (B) 마디형 (C) 응집형 (D) 분산형

그림 9-2 도시시설의 배치형태

9.3 도시계획시설의 계획기준

9.3.1 교통시설

1. 도로

(1) 도로의 기능과 폭원

도로는 사용 및 형태에 따라 일반도로 · 자동차 전용도로 · 보행자 전용도로 · 자전거 전용도로 · 고가도로 · 지하도로 등으로 구분한다.

도시계획시설로서의 도로는 폭원 4m 이상으로서 일반의 교통에 공용되는 도로를 말하며, 그 기능에 따라 주간선도로 · 보조간선도로 · 집산도로 · 국지도로 · 특수도로로 구분된다. 한편 도시계획도로의 유형은 도로폭에 따라 크게 광로(40m 이상) · 대로(25~40m) · 중로(12~20m) · 소로(12m 미만)의 4가지 위계로 분류하고 있다.

표 9-4 도시계획도로의 폭원별 분류

구분	1류(m)	2류(m)	3류(m)
광로	70 이상	70 미만~50 이상	50 미만~40 이상
대로	40 미만~35 이상	35 미만~30 이상	30 미만~25 이상
중로	25 미만~20 이상	20 미만~15 이상	15 미만~12 이상
소로	12 미만~10 이상	10 미만~8 이상	8 미만

(2) 도로의 결정기준

도로의 효용을 높이기 위해 교통영역이 최대화되도록 하고 도로의 종류별로 일관성 있게 계통화된 도로망이 형성되도록 한다. 도로의 배치간격은 도시의 규모 · 지형조건 · 토지이용계획 · 인구밀도 등을 감안해야 한다.

표 9-5 도로위계 간의 배치간격기준

구 분	배치간격(m)	비 고
주간선도로와 주간선도로	1,000 내외	도시외곽부 2,000m 가능
주간선도로와 보조간선도로	500 내외	도시외곽부 1,000m 가능
보조간선도로와 집산도로	250 내외	도심지 100m 가능
국지도로의 배치거리	장축 90~150, 단축 30~60	

(출처 : 도시계획시설의 결정 · 구조 및 설치기준에 관한 규칙, 제10조)

(3) 도로위계별 계획 · 설계기준

도로의 폭은 도시의 인구 및 발전전망을 감안한 교통수단별 교통분담계획, 당해도로의 기능과 인근 토지이용계획을 고려해야 한다. 도로에는 보도 · 자전거도로 · 분

표 9-6 도로위계별 계획 · 설계기준

구 분	도시고속도로	주간선도로	보조간선도로	집산도로	국지도로
주기능	간선도로 보강	도시내 주요 지역간 연결	지역간 연결, 교통집산	교통집산, 대지접근	대지접근
설계속도(km/h)	100~80	80~6	60~50	50~40	40~30
도로폭(m)	20~30	30~50	20~30	12~20	12이하
차선수	4 이상	6 이상	4 이상	2 이상	2
차선폭(m)	3.50	3.50	3.50~3.25	3.50~3.25	3.25~3.00
정차대	×	△	○	○	×
보도	×	△	○	○	△
중앙분리대	○	○	△	×	×
시설녹지대	○	△	×	×	×
노상주차	불허	불허	불허 원칙	제한적 허용	허용
동급도로와의 교차	입체	입체 원칙	입체/평면	평면	평면
최소 교차간격(m)	1,000	500	250	100	100~30
보행자 교통처리	입체	입체	입체/평명	평면	평면
연도이용	불허	불허 원칙	제한적 허용	허용	허용
측도	○	△	×	×	×
도류화	×	○	○	×	×

○ : 원칙적으로 설치 △ : 필요시 설치 × : 설치불가 또는 불필요

리대 · 정차대 · 안전지대 · 식수대 · 노상공작물 등의 설치를 위한 폭을 확보하도록 결정해야 하며, 도로의 선형은 도로의 설계속도 · 지형 · 지물은 물론 경제성 · 안전성 · 유지관리 등을 고려해야 한다.

2. 주차장

도시계획시설로서의 주차장은 노외의 지역에 설치하여 일반의 이용에 제공되는 노외주차장을 말한다. 노외주차장은 주차수요가 많은 곳으로 가급적 공원 · 광장 · 대로변 · 도시철도역 · 상가 인접지역에 연접하여 설치한다. 주차형식별 주차구획과 차로너비의 설치기준은 다음과 같다.

표 9-7 주차형식별 계획기준

주차형식	주차단위 구획(m)		차로의 너비(m)	
	너비	길이	출입구 2개 이상	출입구 1개
평행주차	2.0	6.0	3.3	5.0
직각주차	2.3	5.0	6.0	6.0
60도 대향주차	2.3	5.0	4.5	5.5
45도 대향주차	2.3	5.0	3.5	5.0
교차주차	2.3	5.0	3.5	5.0

(주 : 지체장애인 전용 주차장 주차구획의 너비는 3.3m 이상)

3. 자동차정류장

여객자동차터미널은 주요 간선도로 또는 다른 교통기관과의 유기적인 연결이 가능한 여객수요의 집적지역으로 이용자의 접근이 용이한 지역에 결정한다. 고속국도를 주로 이용하는 자동차를 위한 자동차정류장의 경우에는 고속국도에 접속이 용이하도록 해야 한다.

화물터미널은 지역의 현황 또는 장래에 있어서의 공간구조 · 산업활동 및 물동량을 고려하여 유통의 원활을 기할 수 있는 곳으로서 주간선도로 또는 다른 교통수단과의 유기적인 연결이 가능한 지역에 결정하는 것이 바람직하다.

4. 기타 교통시설

철도노선은 주변지역의 토지이용계획 및 건축물 이용현황, 하천 등의 통과에 따른 기술적 사항과 건설비 등을 고려하여야 하며, 철도역은 여객 및 화물의 집산이 용이하도록 다른 교통수단과 연결되는 곳에 설치한다.

항만의 규모는 화물 및 여객의 수량 및 종류와 대상지역의 지형 · 지물, 해륙상호간의 교통기관에 대한 관련성, 장래의 화물 및 여객의 증가와 선박의 대형화에 따른 시설 확충, 주변지역의 환경보전 등을 고려하여 결정한다. 항만의 위치는 항만기능을 원활히 하고 해운교통과 내륙교통의 신속한 변환을 위하여 도로 · 철도 등 교통기관의 배치가 용이한 지역에 결정하여야 한다.

공항은 국토계획 · 지역계획 등 상위계획과의 관계를 광역적인 측면에서 종합적으로 검토하고, 평탄한 대단위 부지로서 반대기류 · 안개 · 돌풍 · 폭설 등으로 인한 기상장애가 적어야 하며, 온도 · 기압 · 풍향 및 항공기 소음의 영향 등을 고려하여야 한다.

9.3.2 공간시설계획

1. 광장

광장이란 만남의 공간이자 도시나 지구의 상징적 존재로 도시의 중요한 옥외행사가 행해지는 곳이다. 광장은 넓은 의미의 자유공지로서 공원과 그 목적을 같이 하는 경우도 있으나 도시생활에 있어서는 정치적 · 경제적 또는 교통상의 의의뿐 아니라 문화 · 보건상 또는 비상시의 구급용을 위해 적정규모의 광장이 필요하게 된다. 광장의 종류는 그 기능과 위치에 따라 교통광장 · 일반광장 · 경관광장 · 지하광장 · 건축물 부설광장의 5가지로 분류하고 있다.

표 9-8 광장유형별 설치목적 및 설치기준

<table>
<tr><th colspan="2">구분</th><th>설치목적</th><th>설치장소</th></tr>
<tr><td rowspan="3">교통광장</td><td>교차점광장</td><td>혼잡한 주요 도로의 교차 지점에서 차량과 보행자의 원활한 소통 도모</td><td>• 주간선도로의 교차점
• 도심부 간선도로의 교차점</td></tr>
<tr><td>역전광장</td><td>역전교통 혼잡방지 및 이용자의 편리 도모</td><td>철도교통과 도로교통의 변환이 가능한 철도역의 전면</td></tr>
<tr><td>주요시설 광장</td><td>교통이 혼잡한 주요시설에 대한 원활한 교통 처리</td><td>항만 · 공항 등 주요 시설의 접속부</td></tr>
<tr><td rowspan="2">일반광장</td><td>중심대광장</td><td>다수인의 집회 · 행사 · 사교 활동공간 조성</td><td>전체 주민의 이용이 편리한 교통중심지</td></tr>
<tr><td>근린광장</td><td>주민의 사교 · 오락 · 휴식공간 조성</td><td>시 · 군 전반에 걸쳐 생활권별로 계통적으로 설치</td></tr>
<tr><td colspan="2">경관광장</td><td>주민의 휴식 · 오락공간 조성 및 경관 · 환경 보전</td><td>하천 · 호수 · 사적지 · 보존수림 · 역사적 · 문화적 의의가 있는 곳</td></tr>
<tr><td colspan="2">지하광장</td><td>• 지하공간의 원활한 교통처리
• 이용자 휴식 제공</td><td>철도의 지하정거장, 지하도, 지하상가와 접속되는 곳</td></tr>
<tr><td colspan="2">건축물 부설광장</td><td>• 건물의 이용효과 증진</td><td>건물의 내부 또는 그 주위</td></tr>
</table>

(출처 : 도시계획시설의 결정 · 구조 및 설치기준에 관한 규칙)

2. 공원 및 녹지

도시계획시설로서의 공원은 그 기능 및 주제에 따라 도시생활권의 기반공원 성격으로 설치 · 관리되는 생활권 공원과 생활권 공원 외의 다양한 목적으로 설치되는 주제공원(theme park)으로 구분되며, 녹지는 그 기능에 따라 크게 완충녹지 · 경관녹지 · 연결녹지로 구분된다(제9장 참조).

3. 유원지

유원지는 주민의 복지 향상에 기여하기 위하여 설치하는 오락과 휴양시설이다. 유원지는 지역 내 공지의 적절한 활용, 여가공간 확보, 도시환경 미화 또는 자연환경보전 등의 효과를 얻을 수 있도록 숲 · 계곡 · 호수 · 하천 · 바다 등 자연환경이 아름답고 변화가 풍부한 곳으로서 천연적인 위험요소가 없는 곳에 설치해야 한다.

9.3.3 유통 · 공급시설계획

1. 시장

시장은 정기시장 · 농수산물 도매시장 · 농수산물 물류센터 · 가축시장 등으로서 그 규모와 입지는 생활권, 시장의 세력권 및 장래의 확장가능성 등을 고려하여 기능별로 다음과 같이 설치한다.

- 주로 지역 간에 수급이 이루어지는 물품을 취급하는 시장(물류센터)은 유통업무설비와 연계하여 설치
- 도매기능의 시장은 교통수단의 연결이 쉬운 철도역 · 고속국도 또는 주간선 도로에 가까운 도시의 외곽에 설치
- 소매기능의 시장은 주민이 쉽게 접근하여 이용할 수 있도록 적절한 배치간격을 유지하여 설치

또한 주간선 도로의 교차 지점이나 인구밀집지역을 피하고 주변의 주거지역에 소음 · 악취 및 교통체증 등 피해를 발생시킬 우려가 없는 지역에 설치해야 한다.

2. 유통업무설비

유통업무 설비는 유통단지 및 유통기능, 운송하역기능, 저장 · 창고기능이 동일하거나 인접한 장소에 함께 설치되어 있는 시설을 말한다. 시설입지는 도심지역의 교통혼잡을 경감시키고 유통기능의 효율화를 위해 고속국도 · 철도역 · 항만 등이 연결

되는 지점 또는 이에 가까운 도시의 외곽으로서 물자 공급지 및 각종 시장 · 집배소와 교통이 편리한 장소에 결정한다.

3. 수도

생활용수량은 계획급수 인구에 급수보급률(%)과 1인 1일당 사용수량을 고려하여 산출하며, 소화용수량은 계획 1일 최대 급수량에 인구단위(만 명)당 소화용수량(m^3/분)으로 산출한다.

- 계획 1일 평균 급수량 = (급수인구 × 1인 1일 평균급수량)+(용도별 면적 × 면적당 단위급수량
- 계획 1일 최대 급수량 = 계획 1일 평균급수량 × 부하율(1.18~1.43)

수도는 취수 · 저수 · 도수 · 정수 · 송수 · 배수 · 급수와 관련된 제반 시설을 총칭하지만, 도시계획으로 설치하는 수도의 범위는 취수 · 저수 · 정수시설 및 배수시설, 전용 관로부지상에 설치하는 도수시설 및 송수시설이다.

취수시설은 수질이 양호하고 장래에 있어서도 오염의 우려가 없으며 계획취수량을 충분히 확보할 수 있는 장소로서 시설의 축조가 안전하고 용이한 장소에 결정한다. 저수시설은 지형 및 지질과 수리적 조건 등이 소요 저수량을 충분히 확보할 수 있고 수원보호상 유리한 장소이어야 한다. 정수시설은 위생적인 환경에 위치하여야 하며 홍수시 침수의 우려가 없고 배수가 잘 되는 장소에 결정한다. 그리고 배수시설은 가급적 급수구역의 중심부에 결정하며, 유효용량은 계획 1일 최대급수량의 8시간 내지 12시간 분을 표준으로 하고 최소 6시간 분을 확보할 수 있도록 한다.

4. 공동구

공동구(共同溝)는 전기 · 가스 · 수도 등의 공급설비, 통신시설, 하수도 등 지하매설물을 공동 수용함으로써 미관을 개선하고 도로구조의 보전 및 교통의 원활한 소통을 도모하기 위하여 지하에 설치하는 시설로서, 다음과 같은 장점이 있다.

- 빈번한 노면굴토의 방지를 통한 도로교통의 원활화
- 도로굴토 시의 재해방지 및 보수 · 점검의 편리성과 안전성을 유지
- 수용시설의 유지관리 용이
- 전력 · 통신시설의 지중화로 도시미관을 향상

공동구는 수용대상 시설에 대한 설치현황 및 장기 수요예측과 경제적인 타당성에 대하여 충분히 조사 · 검토한 후 결정한다. 구체적인 구조는 간선시설을 수용하는 간선공동구와 지구의 서비스를 담당하는 공급관(供給管)공동구로 나누어진다.

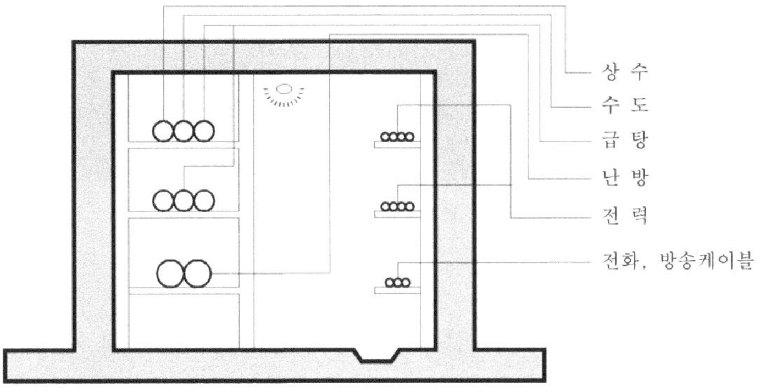

그림 9-3 공동구 단면도(예)

9.3.4 공공 · 문화체육시설계획

1. 학교

학교는 「초 · 중등교육법」과 「고등교육법」의 규정에 의한 학교를 말한다. 학교는 통학권의 범위, 주변환경의 정비상태 등을 종합적으로 검토하여 시민의 문화교육 향상에 기여할 수 있는 중심시설이 되도록 결정한다. 그리고 지역 전체의 인구규모와 취학률을 감안한 학생수를 추정하여 지역별 인구밀도에 따라 적절한 배치간격(유치거리)을 유지하도록 한다. 학교는 일조 · 통풍 · 배수가 잘 되어야 하며, 급경사지 · 저지대 등 자연재해 발생의 우려가 있는 지역이나 위생 · 교육 · 보안상 지장을 초래하는 공장 · 쓰레기처리장 · 유흥업소 · 관람장 · 고속도로 · 철도 등에 근접한 장소에 결정하여서는 안 된다. 또한 학생들의 안전하고 쾌적한 통학을 위하여 보행자 전용도로 · 자전거도로 · 공원 및 녹지축과 연계하여 배치한다.

초등학교는 근린주구 단위로 설치하되, 가급적 근린주구의 중심시설이 되도록 결정하며, 통학거리는 최대 1,000m 이하로 한다. 중학교 및 고등학교는 2개의 근린주구 단위에 1개의 비율로 배치하되, 당해 지역의 인구밀도와 가구당 인구수 · 진학률 · 주거형태 등과 설치하는 학교의 규모에 따라 적절히 조정하여야 한다.

표 9-9 각급 학교별 교지면적기준

구 분	교지면적(m^2)	이용세대수(호)
유치원	800~1,000	2,000
초등학교	11,000~12,500	2,500
중학교	11,000~13,500	5,000
고등학교	14,000~15,500	6,000

(출처 : 한국토지공사, 생태환경도시개발편람, 2005 : 4)

중학교 및 고등학교는 2개의 근린주구단위에 1개의 비율로 배치하되, 당해 지역의 인구밀도와 가구당인구수 · 진학률 · 주거형태 등과 설치하는 학교의 규모에 따라 적절히 조정하여야 한다. 대학은 당해 대학의 기능과 특성에 적합하도록 하여야 하며, 대학의 배치에 관해서는 도시기본계획을 고려하여 결정해야 한다.

2. 운동장

운동장은 이용자의 접근과 분산이 용이한 장소로서 지역간 교통연결이 편리해야 하며, 다수 이용자의 집산이 단시간 내에 처리될 수 있도록 도시 내 교통기관의 배치상황을 고려하여 도시공간체계의 일환으로 결정한다. 풍향과 풍속이 비교적 일정하면서 기상조건이 급변하지 아니하는 지역으로서 가급적 평탄한 지형 · 지대가 바람직하다.

3. 공공청사

공공청사는 이용자의 접근이 용이하고 원활한 업무수행을 위하여 각종 교통수단과 연계시키되, 교통이 혼잡한 상점가나 번화가를 피하여 공무집행에 적합한 환경을 유지할 수 있도록 인근의 토지이용 현황을 고려하여 결정한다. 중추적인 시설은 도시 전체의 공간구조를 고려하여 단독형으로 결정하고, 국지적인 시설은 이용권을 고려하여 분산형으로 결정한다.

표 9-10 공공시설의 계획기준

구 분	시설분류	수용인구(인)	규모(m^2)
근린 공공시설	동사무소	9,000~30,000	600~700
	파출소	15,000~30,000	600~700
	소방파출소	15,000~30,000	800~1,200
	우체국	15,000~30,000	600~800
지역시설	도서관	20,000~30,000	3,000~5,000
	종합병원	도시인구 전체	25,000~30,000
	일반병원	9,000~12,000	500~1,500
	스포츠센터	25,000~40,000	-

(출처 : 한국토지공사, 생태환경도시개발편람, 2005 : 4)

4. 기타 공공 · 문화시설

도서관은 지역의 특성과 기능에 따라 도서관의 적절한 계열화를 도모할 수 있도록 결정한다. 규모가 큰 도서관(본관)은 도심지로서 이용자의 접근이 용이하고 위치 확인이 쉬운 장소에 결정하고, 규모가 작은 도서관(분관)은 근린주구 또는 지역단위로 설치하고 보행자 전용도로 · 자전거 전용도로와 연계시킨다.

공연장 · 박물관 · 미술관 · 문화예술회관 · 문화산업진흥시설 · 과학관 등 문화시설은 지역의 문화발전과 문화증진을 위하여 지역의 특성과 기능을 고려하는 한편, 이용자의 접근이 쉽도록 대중교통수단 이용이 편리하고 주거생활의 평온을 방해하지 않는 장소에 설치한다.

체육시설은 도시 전체 공간체계의 일환으로 설치하며, 각종 교통수단과의 연계 및 지역간 교통연결이 편리하고 지형여건 및 기상조건이 적합한 장소로서 주요 시설물 주변이나 인구밀집지역이 아닌 곳에 결정한다.

9.3.5 방재시설계획

1. 하천

하천은 하천법에서 정하는 하천정비기본계획과 소하천정비법에서 정하는 소하천정비종합계획에 따라 결정한다. 하천을 통한 치수방법은 홍수조절 댐의 건설, 하도조절, 유수지에 의한 조절방법 등이 있다. 하천은 단독으로 방재에 기여하기도 하지만 저수지 · 유수지 · 배수시설 등과 상호 연계됨으로써 효용을 더욱 높일 수 있다.

시가지 내의 하천은 원칙적으로 복개하지 않아야 한다. 최근에는 복개하천의 환경훼손이 심해지고 도시생태계 보전에 대한 시민의식이 높아짐에 따라 하천의 복개를

그림 9-4 서울 청계천의 복원 전 · 후 비교

지양함은 물론, 오히려 서울청계천 복원사업(2005)의 영향으로 복개하천을 원상 복구시키려는 요구가 커지고 있다. 또한 인공시설을 설치한 둔치(고수부지)의 수변공간도 생태공원화하는 사례가 늘어나고 있다.

2. 유수지

유수지는 유수시설과 저류시설로 구분한다. 유수시설은 집중강우로 인하여 급증하는 제내지 및 저지대의 배수량을 조절하고 이를 하천에 방류하기 위하여 일시적으로 저장하는 시설로서, 물을 하천으로 내보내기 쉬운 하천변 또는 주거환경을 저해하지 않는 저지대에 결정하며 원칙적으로 복개하지 아니한다.

저류시설은 홍수 시에 빗물을 일시적으로 모아 두었다가 바깥 수위가 낮아진 후에 방류하기 위한 시설을 말한다. 저류시설은 빗물의 이동을 최소화하여 빗물을 모아둘 수 있는 공공시설 · 공동주택단지 등의 장소로서 집수 및 배수가 원활할 수 있도록 방류지점인 하천 · 하수도 · 수로 등과 연결이 쉬운 곳에 배치한다.

3. 기타 재해방지시설

방풍설비는 대상지의 지형, 계절별 풍향 · 풍속 및 대기오염원 분포상황 등을 충분히 조사하고 인근의 토지이용 현황을 고려하여 결정한다. 방풍설비의 주방향은 주풍방향과 직각이 되도록 설치한다.

사방설비는 사방 목적 이외에 경관적인 측면을 고려하여 쾌적한 환경조성에 기여할 수 있도록 설치하여야 한다. 또한 방화설비는 용도지역, 건물의 구조, 평균풍속 및 건물의 밀집도에 따라 설비의 기준을 각기 다르게 적용하여 설치한다.

9.3.6 보건위생시설계획

1. 종합의료시설

종합의료시설은 내과 · 일반외과 · 소아과 · 산부인과 · 정신과 · 치과 등이 설치되어 있고, 입원환자 100인 이상을 수용할 수 있는 종합병원을 말한다. 종합의료시설은 의료행위에 지장을 주는 매연 · 소음 · 진동 등의 저해요소가 없고 일조 · 통풍 및 배수가 잘 되는 장소에 결정한다. 또한 이용자의 접근 특히 구급환자의 접근이 용이하도록 가급적 도심부에 위치하도록 하며, 각종 대중교통기관과 연결되도록 결정한다.

2. 장례 · 묘지관련시설

화장시설은 토지의 취득과 화장장의 관리 · 운영이 쉽고 교통이 편리하며 장래에 확장이 가능한 지역에 설치한다. 화장장은 진입도로 및 주차장을 충분한 규모로 확보하여야 하며 화장장과 그 주변지역에 녹화 또는 조경을 하고 필요한 편익시설을 설치하여야 한다.

공동묘지는 토지 취득과 묘지의 관리 · 운영이 쉽고 장래 확장이 가능하며 지형상 배수가 잘 되는 장소로서 교통이 편리한 곳에 설치한다. 성묘 등 다수인이 일시에 이용하는 때에 대비하여 진입도로와 주차장을 충분히 확보해야 하며, 묘역과 그 주변 지역에는 녹화조경을 하고 필요한 편익시설을 설치해야 한다.

그리고 장례식장은 교통이 편리한 곳으로서 인근의 토지이용계획을 고려하여 인구밀집지역이나 학교 · 연구소 · 청소년수련시설 · 도서관 등에 가까운 곳을 피하여야 하며, 준주거 · 일반상업 · 근린상업 · 준공업 · 보전녹지 · 자연녹지지역 및 계획관리지역에 한하여 결정한다.

3. 도축장

도축장은 용수와 동력을 쉽게 확보할 수 있고 교통이 편리하며 배수와 오물처리를 원활하게 할 수 있는 곳에 설치하되 인구밀집지역이나 학교 · 연구시설 · 의료시설 · 종교시설 등 평온을 요하는 시설에 근접하여 설치하지 아니하도록 인근의 토지이용계획을 고려하여야 한다.

9.3.7 환경기초시설계획

1. 하수도

하수도는 오수와 우수를 배제 · 처리하기 위해 설치하는 간선하수관과 하수종말처리시설을 말한다. 하수도는 하천 · 위생시설 · 방재시설 · 도로 등의 시설과 지형 · 지물, 토지이용 현황 등을 종합적으로 검토하여 상호 유기적으로 대처해 나갈 수 있도록 결정한다. 하수도시설은 자연유하방식을 원칙으로 하며, 배수방식은 분류식을 원칙으로 하되 도시여건에 따라 합류식으로 할 수 있다. 또한 하수관거는 철도 및 교통량이 많거나 지하매설물이 많은 도로와 교차되지 아니하도록 결정해야 한다.

한편, 계획오수량은 과거의 인구 증가 실적과 장래의 증가추세, 도시의 장래성을 감안한 지역별 인구밀도를 기준으로 계획인구를 산출한 후 1인 1일 최대 오수량을 곱하여 산출한다. 또한 계획우수량은 시간당 확률평균 강우강도(降雨强度)를 산출한 후, 유출계수를 표준으로 하여 산출해야 한다.

표 9-11 토지용도별 유출계수

구 분	유출계수	구 분	유출계수
단독주택	0.80	어린이공원	0.45
공동주택	0.65	근린공원	0.30
근린생활시설	0.80	학교	0.40
상업용지	0.80	공용의 청사	0.75
도로	0.85	종교용지	0.75

(출처 : 한국토지공사, 생태환경도시개발편람, 2005 : 245)

2. 폐기물처리시설

폐기물처리시설은 용수 및 동력 확보, 자동차 접근이 용이하고 운송차량이 시가지를 관통하지 아니하며 인구밀집지역이나 공공기관 · 학교 · 연구시설 · 의료시설 · 종교시설 등과 근접하지 아니한 곳에 설치한다. 또한 주거환경에 나쁜 영향을 주지 아니하도록 인근의 토지이용계획과 풍향 및 배수를 고려하여야 한다.

3. 수질오염방지시설

수질오염방지시설은 폐수종말처리시설 · 축산폐수시설 · 분뇨처리시설 등을 말한다. 자동차 접근이 편리하고 용수와 동력 확보가 용이하되 인구밀집지역이나 공공기관 · 학교 등과 가깝지 않은 곳에 설치한다. 주변지역에 나쁜 영향을 주지 않도록 인근의 토지이용계획 · 풍향 · 배수 · 대기오염 및 수질오염 등을 고려하여야 한다.

4. 폐차장

폐차장은 인구밀집지역 · 학교 · 연구시설 · 의료시설 · 종교시설 등과 인접한 곳은 바람직하지 않으며, 주거환경에 나쁜 영향을 주지 아니하도록 인근의 토지이용계획을 고려하여 결정한다. 대형차량의 출입에 지장이 없고 배수가 쉬운 지역으로 유통 · 상업 · 공업 · 자연녹지지역 및 계획관리지역에 한하여 설치한다.

PART 10 공원 · 녹지계획

10.1 도시와 오픈스페이스

10.1.1 오픈스페이스의 개념과 의의

오픈스페이스(open space)는 넓은 의미에서는 건축물에 의해 점유되지 않은 모든 공지(空地)를 의미하며, 따라서 도시에서 오픈스페이스에는 공원 · 유원지와 같은 전형적인 공원녹지공간은 물론 도로 · 보도 · 개인정원 · 주차장 등도 포함된다. 그러나 좁은 의미로는 구조물이 들어서지 않은 공간 중에서도 사용함으로써 사람들에게 즐거움을 제공할 수 있는 공간영역을 말한다. 오픈스페이스는 장래의 인구 증가에 대처하고 도시환경을 유지하기 위하여 반드시 확보되어야 한다.

「도시공원및녹지등에관한법률」에서는 공원녹지를 쾌적한 도시환경 조성 및 시민의 정서 · 휴식 함양에 기여하는 도시공원 · 녹지 · 유원지 · 공공공지 · 저수지, 도시자연공원구역, 나무 · 잔디 · 꽃 등의 식생이 자라는 공간으로 규정하고 있다. 또한 도시녹화는 식생 · 물 · 토양 등 자연친화적 환경이 부족한 도시지역의 공간에 식생을 조성하는 것을 의미한다.

도시계획시설인 공원 · 녹지는 도시의 중핵적 오픈스페이스 체계를 이루는 요소인데, 이들이 도시공간에 제공해 주는 역할은 다음과 같다.

- 자연감 · 계절감 · 조망 등 경관조성
- 자연생태계의 보전, 미기후(micro climate)조절, 도시 발전형태의 조절 등을 통한 환경보전
- 홍수조절, 피난유도 등 재해 방지
- 운동 · 휴양 · 감상 등 여가활동 제공

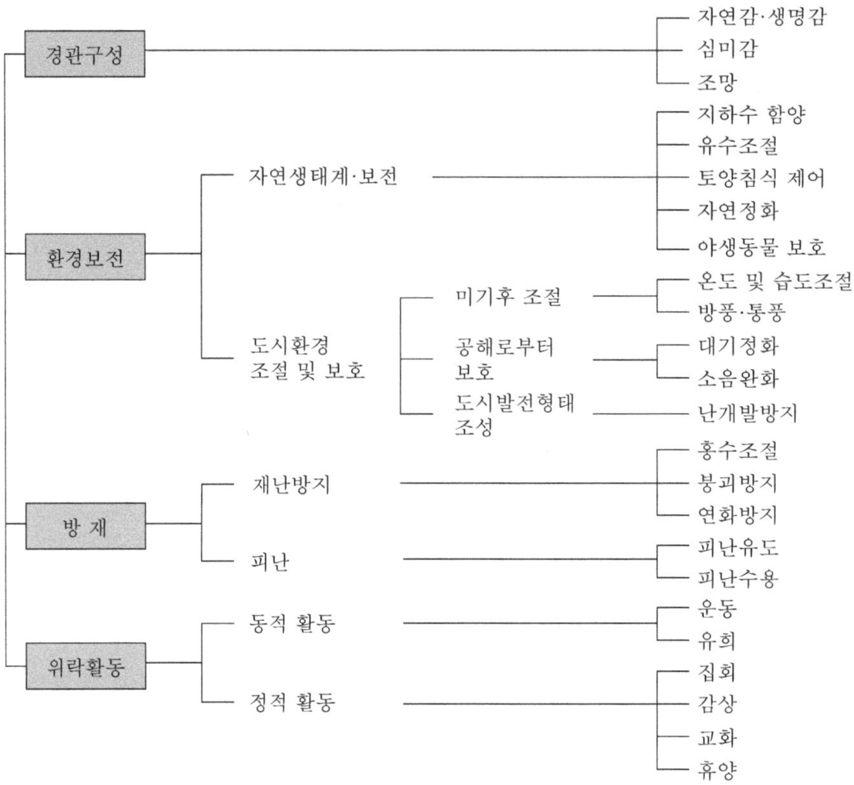

그림 10-1 도시 오픈스페이스의 기능과 효용

10.1.2 오픈스페이스의 유형

도시공간은 크게 건축물에 의해 덮여진 건폐지(建蔽地)와 비건폐지로 구분되고, 비건폐지는 다시 도로 · 철도 · 공항 등의 교통용지와 공원 · 녹지 · 하천 · 농지 등의 오픈스페이스로 분류되며, 오픈스페이스는 다양한 유형으로 구분할 수 있다.

도시 오픈스페이스의 유형은 사용자의 요구(needs)에 따라 보도 · 보행자몰(mall) · 공원 · 놀이터 등의 위락적 오픈스페이스, 가로 · 주차장 등과 같은 서비스 오픈스페이스, 광장 · 상징가로 등의 도시의 개성 있는 형태와 이미지 창조를 위한 오픈스페이스로 분류할 수 있다.

또한 시설의 소유권(ownership)에 따라 공공이용으로 건설 · 관리되고 누구나 이용이 가능한 공원 · 운동장 · 도로 등의 공적 오픈스페이스, 개인에 의해 소유되지만 방문객에게 이용이 허용되는 쇼핑센터 · 주유소 · 사무실 등과 같은 반공적 또는 반사적(semi-private) 오픈스페이스, 그리고 개인적 외부공간인 사적 오픈스페이스로 나누어진다.

10.1.3 오픈스페이스의 위계와 형태

1. 오픈스페이스의 위계

도시의 오픈스페이스는 그 위계(hierarchy)와 토지소유 및 관리상태 등에 따라 여러 가지가 존재하며, 이들은 도시의 주민에게 각각 효용이 다르지만 적어도 건물이 차지하고 있지 않는 토지로서의 효용을 가지고 있으므로 도시의 공간체계 구성 및 생활환경 조성에 있어서 매우 중요하다.

도시 오픈스페이스의 위계는 그것이 존재하는 장소의 지역특성이나 공간스케일 등에 따라 가로 및 대지(건물)→근린주구(지구)→도시→도시 주변지역의 4단계로 구분될 수 있다. 오픈스페이스의 구성소재에 따라 크게 토지와 물로 나눌 수 있는바, 각 위계별 공간대상은 다음과 같다.

표 10-1 도시 오픈스페이스 위계별 공간대상

구 분	토 지	물
가로 · 대지	통행로 · 광장 · 미니파크 · 마당 · 정원 · 주택지의 공간에 있는 놀이터 등	분수 · 벽천
근린주구(지구)	학교운동장 · 어린이놀이터 · 근린공원 · 운동장 등	연못 · 개울 · 소하천 등
도시	도시공원 · 골프장 · 경기장 · 보존림 · 동식물원 등	호수 · 강 · 대하천 등
도시 주변지역	도립공원 · 국립공원 · 수립지 · 개인농장 · 대규모 보존지역 · 도시 주변의 토지 · 산악 · 방목지 · 해안 등	대규모 수계 · 바다 등

첫째, 가로변과 건물군 사이의 오픈스페이스는 시민생활에 큰 영향을 미치게 된다. 따라서 가로변공간은 가로수 같은 것으로 아름답게 가꿈으로써 자연과 함께 살고 있다는 느낌을 시민에게 줄 수 있도록 하여야 한다.

둘째, 근린주구나 지구규모에서는 많은 오픈스페이스를 확보하기 어려우며, 이 공간은 어린이나 노약자들에게 매우 중요하므로 주택지 계획을 수립할 때부터 부지를 확보하여 어린이놀이터 · 전용보행로 · 학교운동장 등과 연결시켜야 한다.

셋째, 도시의 오픈스페이스는 도시생태계의 유지와 도시의 무질서한 확산(urban sprawl) 방지를 위해 중요한 요소일 뿐만 아니라 시가지의 개발패턴을 유도하는 수단으로서 매우 유용하므로 장래의 도시발전방향과 토지이용계획과 관련시켜 체계화해야 한다.

끝으로, 도시 주변지역의 오픈스페이스는 개발 · 이용하기보다는 자연환경을 적극적으로 보전하여 주변농촌지역과의 기능 구분을 위한 완충적 공간으로서의 역할을 하도록 해야 한다.

2. 오픈스페이스의 체계와 형태

도시의 오픈스페이스 체계는 생활공간의 기능에 따라 크게 주거계 · 도로계 · 공원계 · 시설계로 구분할 수 있으며, 각 체계에 의한 이용주체 · 이용주기 · 이용목적 등의 특성을 고려하여 계획되어야 한다.

표 10-2 생활공간체계와 오픈스페이스의 특성

특성 / 생활공간계	행위주체						이용주기				이용목적							
	유아	아동	청소년	주부	주인	노인	일	주	월	계절	생활	놀이	휴식	운동	이동	쇼핑	모임	수납
주거계	●	●		●		●	●				●	●	●					●
도로계	●	●	●	●	●	●	●	●			●	●	●		●			
공원계		●	●		●			●	●	●		●	●	●			●	
시설계	●		●	●		●	●	●			●				●	●	●	●

(출처 : 都市計劃教育硏究會編, 都市計劃敎科書, 1988 : 64)

도시 오픈스페이스의 기본형태는 기존의 숲 · 수계 · 구릉지 등의 기존 시가지 개발패턴 및 장래 시가지 개발방향 등에 따라 좌우되는데, 그 기본형태로는 집중형 · 분산형 · 대상형 · 격자형 · 환상형 · 방사형 · 쐐기형 · 거미줄형 등이 있다. 그러나 일반적으로는 거미줄형 · 격자형 · 동심방사형의 녹지체계를 형성하고, 중심부에는 선형의 대규모 녹지축(혹은 중앙공원)을 도입하는 것이 이용적 측면에서나 시각적 · 상징적 측면에서 이상적인 녹지체계라고 볼 수 있다.

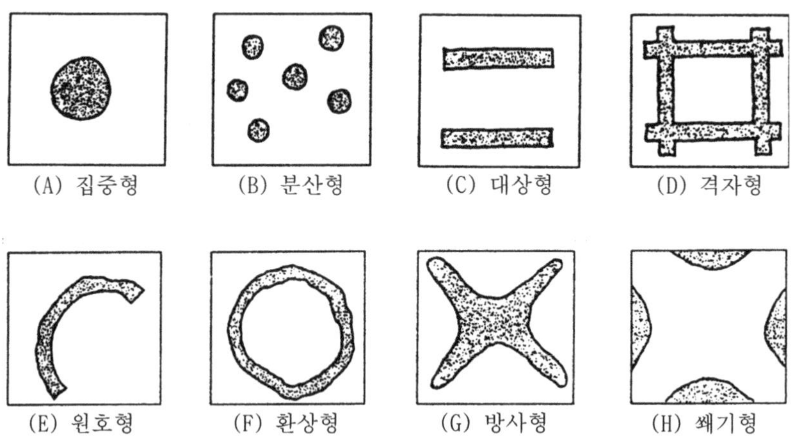

(출처 : 대한국토 · 도시계획학회, 단지계획, 1997 : 204)

그림 10-2 도시 오픈스페이스체계의 기본형태

10.2 도시공원계획

10.2.1 공원계획의 의의 및 접근방법

1. 공원계획의 의의

도시공원은 공원녹지의 확충·관리·이용 및 도시녹화 등에 관하여 필요한 사항을 규정함으로써 쾌적한 도시환경을 형성하여 건전하고 문화적인 도시생활 확보와 공공 복리증진에 기여함을 목적으로 관리하는 공원을 의미한다. 그리고 도시공원은 그 설치목적에 따라 크게 생활권공원과 주제공원(theme park)으로 구분된다.

또한 공원은 자연경관을 보전·개선하고 공해와 재해를 방지하여 양호한 도시경관 향상을 도모하기 위하여 「국토계획법」과 「도시공원및녹지등에관한법률」에 의해 설치·관리하는 녹지와 함께 도시기반시설이다.

넓은 의미에서의 공원과 녹지는 산이나 하천·호수 같은 수계 등의 자연환경을 포함하는 도시의 생태적인 기반이므로 지속가능한 도시발전을 위한 공원녹지체계(open space system)로 조성·관리하는 것이 바람직하다.

2. 공원녹지계획의 수립과정

공원계획의 수립과정은 먼저 계획인구를 고려하여 공원별로 토지수요 면적 산정에 따라 규모를 정하고, 배치기준을 감안하여 적절한 입지에 배치시켜야 한다. 배치에 있어서는 생활권의 구성, 도로망과 가구의 구성, 공공시설의 분포 등을 충분히 고려해야 한다.

도시계획을 수립할 때에는 시가화지역, 즉 주거·상업·공업지역의 입지를 먼저 정한 후에 잔여지를 이용하는 소극적인 태도에서 탈피하고 보다 장기적이고 거시적

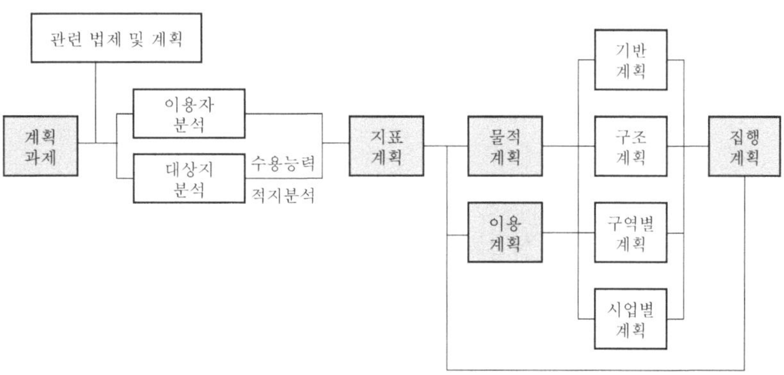

(출처 : 대한국토·도시계획학회, 도시계획론, 2004 : 456)

그림 10-3 공원계획의 수립과정

인 안목에서 장래 주변지역을 포함한 시가지 패턴과 자연의 보전 · 개발정책에 따라 계획적으로 공원녹지를 확보하는 것이 무엇보다 중요하다. 일반적인 공원조성계획의 수립과정은 ① 계획목표와 과제의 설정 ② 계획지표의 설정 ③ 물적 계획의 수립 ④ 집행계획 ⑤ 관리계획 등의 절차를 거치게 된다.

3. 공원계획의 접근방법

도시공원의 기능과 성격은 계획과정에 있어서 어떠한 접근방법을 선택하느냐에 따라 크게 좌우되는 바 공원의 계획 · 설계에 관련된 기본적 접근방법은 크게 다음 4가지로 구분할 수 있다.

첫째, 환경계획적 접근방법이다. 바람직한 주거환경을 조성하려면 인공적 환경과 자연적 환경의 조화가 필요하다. 이 접근방법은 소홀하기 쉬운 자연적 환경조건을 설계과정에서 최대한으로 보존하는 접근방법이다.

둘째, 경관계획적 접근방법이다. 도시의 경관은 크게 건물 · 도로 · 교량 등의 인공적 요소와 산 · 하천 · 바다 등의 자연적 요소로 구성된다. 따라서 놀이터와 공원의 설계가 일관성 있게 수행된다면 경관미 · 변화 · 통일 · 조화 등을 추구하는 경관계획적 접근방법이 가능하다.

셋째, 위락계획적 접근방법이다. 옥외공간에서의 위락행위를 크게 분류하면 놀이 · 운동 등의 동적 위락, 휴식 · 산책 등의 정적 위락, 대화 · 구매 · 집회 등의 중간 성격의 위락으로 나눌 수 있다. 이것을 개념화하여 놀이터 및 공원의 배치, 세부설계 시 적극적으로 반영하는 접근방법이다.

그리고 커뮤니티 계획적 접근방법이다. 놀이터나 공원의 배치를 검토하는 경우에 단지의 규모 · 밀도 · 지형 등의 입지조건과 동선계획, 시설물 이용권의 설정 등 고려해야 할 요소는 많지만 이와 더불어 놀이터 및 공원의 이용을 매체로 주민 상호 간의 접촉을 유도하는 커뮤니티 계획적인 구상 또한 매우 중요하다.

10.2.2 공원의 유형

1. 생활권공원

생활권공원은 시민들이 일상생활 속에서 이용하는 공원으로 유치거리와 규모에 따라 크게 소공원 · 어린이공원 · 근린공원의 3가지로 구분되는데, 공원유형별 설치목적은 다음과 같다.

- 소공원 : 소규모 토지를 이용하여 도시민의 휴식 및 정서 함양을 도모
- 어린이공원 : 어린이의 보건 및 정서생활 향상에 기여

• 근린공원 : 근린거주자 또는 근린생활권으로 구성된 지역생활권 거주자의 보건·휴양 및 정서생활 향상에 기여

2. 주제공원

주제공원(theme park)은 조성되는 공원의 목적과 성격에 따라 역사공원·문화공원·수변공원·묘지공원·체육공원·기타 공원 등으로 구분되는데, 공원유형별 설치목적은 다음과 같다.

• 역사공원 : 도시의 역사적 장소나 시설물, 유적·유물 등을 활용하여 도시민의 휴식·교육을 제공
• 문화공원 : 도시의 각종 문화적 특징을 활용하여 도시민의 휴식·교육을 제공
• 수변공원 : 도시의 하천변·호수변 등 수변공간을 활용하여 도시민의 여가·휴식을 제공
• 묘지공원 : 묘지 이용자에게 휴식 등을 제공
• 체육공원 : 주로 운동경기나 야외활동 등 체육활동을 통하여 건전한 신체와 정신을 배양
• 기타 시·도의 조례가 정하는 공원

한편, 공원시설의 이용보다는 도시의 자연환경을 보존하는 데 중요한 역할을 하는 도시자연공원구역은 자연녹지지역, 개발제한구역 등과 중복 시정되어 용도시역과 같은 성격을 지닌다.

10.2.3 공원의 설치기준

1. 공원의 소요면적

공원은 토지의 상황 등이 다양하므로 일률적인 면적기준을 설정하기는 사실상 어렵지만, 일반적으로는 설치해야 할 시설별 공간수요를 고려하여 규모를 산정하게 된다.

도시공원 소요면적을 산출하는 방법은 도시계획구역 면적에 대한 공원 면적률(%)과 계획인구 1인당 점유면적(m^2/명)의 기준을 적용하는 방법이 있다. 공원 면적률은 어느 나라이건 도시면적의 5~10% 정도로 하고 있는데, 공원 종류별 소요면적은 다음 식에 의해 산출할 수 있다.

$$P = \sum \frac{N_i \times A_{i \times} S_i}{C_i}$$

여기에서, P : 공원 계획면적

N_i : i 종류의 공원 이용자 수

A_i : i 종류의 공원 동시 이용률

S_i : i 종류의 공원 이용자 1인당 소요 활동면적

C_i : i 종류의 공원 유효면적률

도시지역 안에서의 도시공원면적 확보기준은 주민 1인당 6m^2 이상, 그리고 개발제한구역·녹지지역을 제외한 도시지역 안에서의 도시공원 확보기준은 주민 1인당 3m^2 이상으로 정해져 있다.

한편, 도시개발법·주택법·도시 및 주거환경정비법·택지개발촉진법 등 관련법에 시행되는 주택단지개발계획 유형별로 계획에 포함하여야 하는 공원면적 규모는 인구(1인당 3m^2 이상) 또는 부지면적(면적비율 3% 이상)에 의한 확보기준을 규정하고 있다.

2. 공원의 설치 및 규모

도시공원은 기능 및 규모에 따라 설치기준·유치거리·규모가 달라지는데, 공원 유형별 계획기준은 표 10-3과 같다.

표 10-3 도시공원 유형별 계획기준

유형	공원구분		설치기준	유치거리	규모
생활권공원	소공원		-	-	-
	어린이공원		-	250m 이하	1,500m^2 이상
	근린공원	근린생활권	-	500m 이하	1만m^2 이상
		도보권	-	1,000m 이하	3만m^2 이상
		도시계획 구역권	해당 공원의 기능을 충분히 발휘할 수 있는 장소에 설치	-	10만m^2 이상
		광역권	해당 공원의 기능을 충분히 발휘할 수 있는 장소에 설치	-	100만m^2 이상
주제공원	역사공원		-	-	-
	문화공원		-	-	-
	수변공원		하천·호수 등의 수변과 접하고 있어 친수공간을 조성할 수 있는 곳에 설치	-	-
	묘지공원		정숙한 장소로 장래 시가화가 예상되지 아니하는 자연녹지지역에 설치	-	10만m^2 이상
	체육공원		해당 공원의 기능을 충분히 발휘할 수 있는 장소에 설치	-	1만m^2 이상
	시·도의 조례로 정하는 공원		-	-	-

(출처 : 도시공원및녹지등에관한법률 시행규칙 별표3)

3. 공원의 시설

공원은 수목 · 식재 · 연못 · 호수 등의 자연적 요소와 공원도로 · 주차장 · 휴식시설 · 유희시설 등의 인공적 요소로 구성된다. 공원의 효용성을 충분히 발휘하기 위해서는 공원 내에는 다음과 같은 시설을 공원의 규모와 성격에 맞게 설치해야 한다.

- 교통시설 : 공원도로, 광장, 주차장 등
- 조경시설 : 식재, 화단, 분수, 조상, 연못, 벽천, 록 가든(rock garden), 비석, 해시계, 물계단(cascade) 등
- 휴식시설 : 휴게소, 파고라, 벤치, 전망대 등
- 유희시설 : 그네, 미끄럼틀, 모래사장, 어린이 수영장, 정글짐, 시소, 수평 사다리, 3륜차 놀이터, 소꿉놀이 집, 철봉, 놀이광장 등
- 운동시설 : 육상경기장, 수영장, 축구장, 야구장, 소프트볼장, 테니스코트, 배드민턴 코트, 씨름장, 궁도장, 롤러스케이트장, 농구장, 배구장, 사격장 등
- 교양시설 : 동물원, 식물원, 야외극장, 수족관, 음악당, 피크닉장, 캠프장
- 편익시설 : 매점, 주차장, 화장실, 안내판 등
- 공원관리시설 : 문, 담, 관리사무소, 쓰레기통, 쓰레기소각장, 창고, 조명설비, 방화설비 등

공원시설계획에서 유의할 점은 과도한 시설을 도입하지 않아야 한다는 점, 이용자의 창의적 선택과 조작이 가능한 여유가 있어야 한다는 점, 지속적으로 변화하는 이용자의 수요에 능동적으로 대응할 수 있어야 한다는 점이다. 공원유형에 따른 건폐율 · 공원시설 부지면적 등에 관한 시설계획기준은 해당 법(도시공원및녹지등에관한법률)에서 규정하고 있다.

4. 공원의 배치패턴

도시공원이 지니고 있는 각각의 다른 기능이 서로 조화될 수 있도록 당해 도시계획구역 전반에 걸친 환경보전, 일상생활권 또는 주말생활권의 휴양 · 위락활동, 재해방지 및 공해 완화, 도시발전형태, 생활권별 인구분포 등을 종합적으로 검토하여 도시공원이 균형 있게 분포되도록 해야 한다.

도시 전체의 총량적 공원면적이나 인구 1인당 면적은 계획지표로서는 중요하지만 이용자 입장에서는 일상생활에 이용 가능한 유치거리 내에 있어야 하기 때문이다. 특히 어린이공원은 유치거리가 250m 이상이 되어서는 안 된다.

또한 대공원 배치에 있어서는 원칙적으로 자연적 경관이 양호하고 시가지개발이 부적합한 자연지형 조건을 갖추고 있는 곳으로 하되, 시민들이 접근이 용이해야 한

다. 접근 교통수단은 보행 · 대중교통수단 · 승용차의 순으로 우선순위가 부여되는 것이 원칙이며, 또한 승용차 보급에 따른 교통혼잡과 주차난을 해소하기 위한 배려는 공원의 입지 선정에서부터 고려되어야 한다.

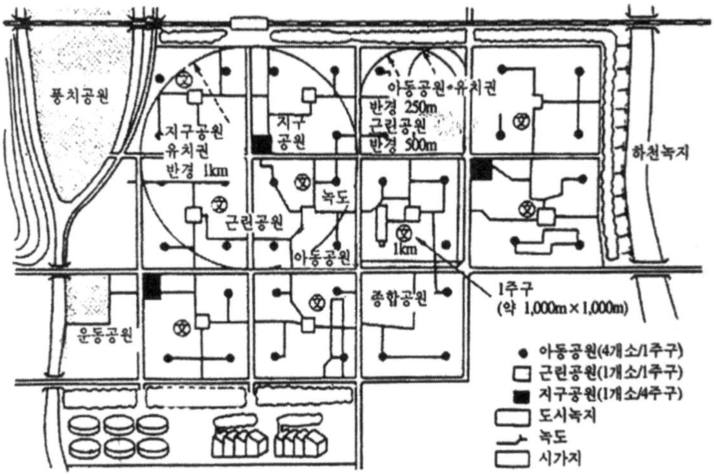

그림 10-4 공원녹지 배치의 기본패턴

10.2.4 도시자연공원계획

1. 도시자연공원구역의 지정 및 행위제한

도시자연공원구역은 도시의 자연환경 및 경관을 보호하고 도시민에게 건전한 여가 · 휴식공간을 제공하기 위하여 도시지역 안의 식생이 양호한 산지 개발을 제한할 필요가 있는 경우에 지정하는 「국토계획법」에 의한 용도구역의 하나이다.

도시자연공원구역에서는 건축물의 건축 및 용도변경, 공작물 설치, 토지의 형질변경, 토지 분할, 죽목의 벌채, 물건의 적치 또는 도시계획사업을 시행할 수 없다. 다만, 취락지구로 지정된 지역에서는 공공시설, 공익시설, 여가활용시설 등은 시장 · 군수의 허락을 받은 경우에 한하여 개발을 허용하고 있다. 그리고 이 구역에서는 토지소유자에게 매수청구를 인정하는 토지매수청구제도와 정부가 토지소유자와 협의해 매수할 수 있는 토지협의매수제도가 시행되고 있다.

2. 도시자연공원계획의 수립

시 · 도지사는 해당 도시자연공원구역 내 녹지의 규모, 식생, 지형, 역사적 경위, 주변지역의 상황 등을 고려하여 구역별로 개별적인 관리기준 및 관리계획을 수립할 수 있다. 기존 도시자연공원에 대한 관리계획(공원조성계획)은 도시자연공원구역에 대한 관리계획으로 간주하도록 한다.

도시자연공원계획에는 자연환경 및 경관보전이 필요한 구역 설정, 도시민의 여가 휴식시설 정비, 공원구역 내 행위허가시설 정비 및 관리, 취락지구 지정 및 정비, 재원조달계획 등의 내용이 포함되어야 한다.

10.3 녹지 및 유원지계획

10.3.1 녹지계획

1. 녹지의 의의 및 유형

도시의 녹지는 자연환경을 보전하거나 개선하고 공해 및 재해를 방지하여 양호한 도시경관 향상을 도모하기 위해 「도시의공원및녹지등에관한법률」 규정에 의하여 설치된 것으로 규정하고 있다. 녹지의 유형은 그 기능과 형태에 따라 완충녹지 · 경관녹지 · 연결녹지로 구분된다.

- 완충녹지 : 대기오염 · 소음 · 진동 · 악취 등의 공해와 각종 사고 및 자연재해 등의 방지를 위해 설치하는 녹지
- 경관녹지 : 도시의 자연환경을 보호하거나 이미 자연이 훼손된 지역을 복원 · 개선함으로써 도시경관을 향상시키기 위하여 설치하는 녹지
- 연결녹지 : 도시 안의 공원 · 하천 · 산지 등을 유기적으로 연결하고 도시민에게 여가 · 휴식을 제공하기 위하여 주로 선형으로 설치하는 녹지

2. 녹지의 설치기준

녹지는 기존 수림지가 양호하고 경관이 수려한 지역을 보강할 수 있는 위치에 설치하며, 특히 연결녹지는 다음 기능을 고려하여 설치해야 한다.

- 비교적 큰 숲으로 이어지거나 하천을 따라 조성되는 상징적인 녹지축은 생태통로(eco-corridor)로 구성
- 주요 공원 및 녹지는 주거지역, 상업지역 · 학교, 기타 공공시설과 연결하는 망(green network)을 형성
- 산책 및 휴식을 위한 소규모 가로공원을 설치
- 녹지의 경계는 가급적 식별이 명확한 지형 · 지물을 이용하거나 주변의 토지이용에 있어서 확실히 구별되는 위치

그런데 녹지의 설치에 대해서는 해당 법에서 규정하고 있으나 설치기준이 애매하다. 그러므로 특히 완충녹지의 경우에는 원인시설(고속도로 · 철도 · 공장 등)의 종류에 따라 녹지의 설치규모(폭원 · 녹화율 · 식재기준)를 정량적으로 제시할 필요가 있다.

한편, 도시계획에 의해 결정된 녹지는 그 설치목적 및 유형에 따라 최소 10m 이상의 녹지 폭, 50~80% 범위의 녹화면적률(녹지면적에 대한 식물 등의 가지 및 잎의 수평투영면적 비율), 식재(교목 · 관목 · 잔디 · 지피식물) 및 시설(화단 · 조각 · 분수 등)에 대한 설치기준에 맞추어 조성하도록 규정되어 있다.

표 10-4 녹지의 유형별 설치기준

<table>
<tr><th>유형</th><th colspan="2">설치목적</th><th>설치장소</th><th>설치기준</th><th>면적</th></tr>
<tr><td rowspan="4">완충
녹지</td><td rowspan="2">공해의
방지 및
완화</td><td>생산시설의 공해 차단과 완화</td><td>공장 · 사업장 주변</td><td rowspan="4">• 녹지 폭 최소 10m 이상
• 녹지율 80% 이상
• 원인시설의 양측에 균등 배치</td><td rowspan="7">해당 녹지 기능 발휘에 필요한 면적</td></tr>
<tr><td>교통시설의 공해 차단과 완화</td><td>철도 · 고속도로 주변</td></tr>
<tr><td colspan="2">재해의 방지 및 완화</td><td>공장 · 사업장 주변</td></tr>
<tr><td colspan="2">사고의 방지 및 완화</td><td>철도 · 고속도로 주변</td></tr>
<tr><td rowspan="2">경관
녹지</td><td colspan="2">자연환경의 보전</td><td rowspan="2">필요한 지역</td><td rowspan="2">• 도시공원과 기능상 상충되지 않을 것</td></tr>
<tr><td colspan="2">일상생활의 쾌적성 · 안전성 확보</td></tr>
<tr><td>연결
녹지</td><td colspan="2">녹지네트워크(green network) 형성</td><td>도시내 공원 · 녹지를 연결</td><td>• 녹지 폭 최소 10m 이상
• 녹지율 70% 이상</td></tr>
</table>

(출처 : 도시공원및녹지등에관한법률, 시행규칙)

3. 녹지체계의 형성

도시공원은 그 자체가 하나의 체계를 형성하지만, 여기에 각종 녹지와 조합해서 체계화함으로써 도시계획 상의 효과를 높일 수 있다. 공원녹지체계를 공원체계 중심으로 하고, 여기에 그 도시 고유의 자연적 · 역사적 조건에 맞추어 계획하는 녹지 · 산업활동에 대응하기 위한 녹지, 민간의 녹지시설, 공원도로(parkway) 등을 고려하여 형성한다.

공원녹지체계의 기본패턴은 크게 환상형 · 방사형(쐐기형) · 환상방사형 등이 있으며, 대도시권인 경우에는 중심도시(모도시)와 주변 위성도시 사이에 환상형과 방사형 · 녹지를 배치하여 일정한 패턴을 형성하는 것이 바람직하다.

특히 최근에는 도시생태계의 보전·조성이라는 측면에서 공원녹지의 네트워크화가 필수적이므로 공원과 녹지 사이의 연결기능을 강화하기 위하여 일정 폭원의 연결녹지(eco belt)를 적극 조성할 필요가 있다.

(A) 환상형 (B) 방사형 (C) 환상방사형 (D) 모도시·위성도시형

그림 10-5 공원녹지체계의 기본패턴

10.3.2 공공공지계획

공공공지(public open space)는 도시 내의 주요 시설물 또는 환경의 보호, 경관의 유지, 재해대책 및 보행자의 통행과 시민의 일시적 휴식공간 확보를 위해 설치하는 시설을 말한다. 공공공지는 공공목적을 위해 특히 필요한 최소한의 규모로 결정하도록 하고, 다음과 같은 설치기준을 정하고 있다.

- 도시미관의 저해를 방지
- 긴 의자·파고라·조형물·옥외생활체육시설 등 공중이 편리하게 접근·이용할 수 있는 장소에 설치
- 주민의 일상생활에 있어 쾌적성·안전성을 확보하고, 공동체 의식을 함양할 수 있는 장소로 이용
- 빗물을 모아두거나 땅속으로 스며들게 하는 시설을 설치

10.3.3 유원지계획

유원지계획은 도시 내 오픈스페이스 확보, 도시환경 개선, 주민의 여가공간 확보, 자연환경 보전 등의 효과를 거둘 수 있도록 녹지체계에 따라 결정한다. 유원지의 위치·규모는 그 기능 및 성격에 적합하도록 결정하되, 시민접근이 용이하도록 주변 교통시설과 연계하여 계획한다.

한편, 유원지의 위치는 소음권에 평온을 요하는 지역이 포함되지 않도록 인근의 토지이용현황을 고려하여야 하며, 일반상업·준주거·자연녹지지역 및 계획 관리지

역에 한하여 결정한다. 그리고 유원지 이용자의 접근 및 전력과 용수공급이 용이해야 하며, 규모는 1만m^2 이상으로 결정한다.

10.4 친환경적 공원녹지계획

10.4.1 계획의 기본방향

자연과 인간의 공생을 추구하기 위해서는 생태적 종의 다양성 보전과 생물서식공간 확보를 위한 보전전략 수립이 바탕이 되어야 한다. 즉 도시의 골격이 되는 공원녹지 보존 또는 복원을 통해 핵(core) · 거점(spot) · 점(point) · 생태회랑(eco- corridor) 형태의 생물서식공간을 녹지축으로 체계화하여 생태계의 보존성 및 지속가능성을 부여해야 한다.

또한 자연과의 공생, 환경부하의 저감, 생태적 이동통로 마련, 안전성 확보, 레크리에이션 공간 확보 등을 도모할 수 있는 생태적 공원녹지 네트워크 형성을 구상한다.

표 10-5 공원녹지 네트워크의 구성요소

구 분	구성요소
핵	• 공원녹지 네트워크에 있어서 생물다양성의 원천이 되는 유전자의 공급원이 되어야 할 대규모 자연공간
거점	• 핵과 점을 연결하는 전이공간 • 도시의 소규모 산, 큰 공원 및 농촌지역의 농장, 늪지 등 소규모의 생태적 공간
점	• 주택정원, 옥상정원, 공개공지 등의 점적인 형태의 공간
생태회랑	• 핵과 핵, 핵과 거점을 잇는 선형의 자연공간 • 하천 및 수로 등 그 자체가 하나의 비오톱이 될 수 있음. • 소규모일지라도 서식공간 상호간 생물의 이동이 가능하므로 녹지네트워크에 있어서 중요한 역할을 함.

10.4.2 친환경 공원녹지계획

1. 공원녹지기본계획

공원녹지기본계획은 「도시공원및녹지등에관한법률」에 근거하여 10년을 단위로 시 · 도시사 또는 도시 · 군기본계획을 수립해야 하는 시장 · 군수가 도시지역 공원녹지의 확충 · 관리 · 이용방향을 종합적으로 제시하기 위해 수립하는 공원녹지계획을 말한다. 공원녹지기본계획을 위해서는 경관 및 방재, 관련계획, 지형 · 생태자원 · 지질 · 토양 · 수계 · 생물서식공간 등에 대한 기초조사를 해야 하며, 공원녹지기본계획에는 다음의 사항이 포함되어야 한다.

- 지역적 특성 및 계획의 방향 · 목표
- 인구 · 산업 · 경제 · 공간구조 · 토지이용 등의 변화에 따른 공원녹지의 여건변화
- 공원녹지의 종합적 배치
- 공원녹지의 축과 네트워크
- 공원녹지의 수요 및 공급
- 공원녹지의 보전 · 관리 · 이용
- 도시녹화
- 기타 공원녹지의 확충 · 관리 · 이용에 필요한 사항

공원녹지기본계획은 도시기본계획에 부합해야 하며, 도시기본계획과 내용이 다른 경우에는 도시기본계획에 우선한다. 또한 도시관리계획 등 도시공원 및 녹지에 관한 도시관리계획은 공원녹지계획에 부합되어야 한다. 공원녹지계획은 도계획 · 광역계획 · 도시기본계획 · 지구단위계획 등에 명문화되어 있는 공원녹지계획을 보다 합리적으로 수립하고, 이것이 서로 조화를 이루도록 하는 것을 기본전제로 하기 때문이다.

2. 도시녹화계획의 목적과 주요내용

「도시공원및녹지등에관한법률」에서는 도시기본계획 및 도시공원녹지기본계획을 통하여 수립된 도시녹화와 관련된 계획을 바탕으로 녹지의 보전 · 확충이 필요한 지역을 설정하여 도시녹화에 관한 정비계획을 수립하도록 규정하고 있다.

도시녹화계획에는 「산림기본법」의 규정에 의하여 도시지역의 녹지를 체계적으로 관리하기 위하여 수립된 시책을 반영해야 하며, 도시녹화계획의 수립대상지역(중점녹화지구)은 지형 · 지물 · 경계 등을 충분히 고려하여 설정해야 한다. 녹화중점지구가 설정되어 녹화정비계획을 수립할 때에는 지구의 녹지에 대한 현황파악이 충분히 이루어져야 하며, 토지이용상황 및 녹화율, 공익시설 및 사유지(주택 · 상업업무지 · 공장 등)의 녹화상황과 녹화 가능한 공간, 도로 및 하천의 녹화상황과 녹화 가능한 공간, 주민이나 기업 등의 녹화활동에 대한 참가 의향 등을 파악하여야 한다.

또한 녹화프로그램의 다양성과 실천의 효율성을 도모하기 위해서는 해당 지역의 민과 관의 역할분담을 명확히 하여 녹화프로그램을 작성해야 한다. 그리고 도시 토지의 대부분은 사유지이기 때문에 행정 · 시민 · 기업 · 시민단체 등에 의한 역할분담과 상호협력관계를 형성함으로써 파트너십으로 전개될 수 있도록 해야 한다.

10.4.3 광역적 공원녹지계획

광역적 공원녹지계획은 2개 이상의 시 · 도 등이 포함되어 광역적 차원에서 공원녹지네트워크(green network)를 구상하는 것으로 광역적인 녹지축 설정과 보전해야 할 녹지축 및 단절된 생태녹지축 회복 등을 주 내용으로 하고 있다.

광역적 공원녹지계획은 광범위한 토지이용 규제를 유도하기 위한 광역녹지축 설정이 중요하며, 지형조건과 생태학적 지식을 토대로 하여 합리적인 계획과정을 거쳐 수립해야 한다.

한편, 도시계획적 차원에서는 자연공간의 체계적인 확보, 광역적인 자연입지 질서의 보전, 광역적인 녹지네트워크의 형성 등 3가지 측면에서 광역녹지보전계획의 수립을 통하여 광역적인 녹지의 보전 및 창출에 중점을 두는 것이 중요하다. 즉 도시외곽의 농촌 · 산 · 강으로부터 도심까지의 공간적 범위를 대상으로 하며, 동 · 식물들의 생물권과 연결되는 생태적 개념을 바탕으로 하는 보다 광역적인 녹지네트워크가 형성되어야 한다. 이를 위해서는 광역녹지축을 주 녹지축과 몇 개의 부 녹지축 개념으로 도입하는 것이 필요하다.

PART

11 경관계획

11.1 도시경관의 의미

11.1.1 경관의 개념과 의미

1. 도시경관의 개념

경관의 개념은 조망되는 대상으로서 경(景)과 조망하는 주체로서 관(觀)의 두 가지로 구성된다고 볼 수 있다. 즉 경관이란 인간의 시각에 의해 포착되는 공간에서의 형상·색채·질감·분위기 등의 시각적 대상이라고 정의된다.

경관을 보여지는 풍경과 그 속에 내재하는 환경, 그리고 이를 관찰하는 사람 사이의 상호작용이라고 정의할 때, 물리적인 객체가 시각적 감각을 통해 느껴지는 이미지로서 구체적인 형태나 색채를 지닌 자연물 또는 인공물이 인간의 감각을 통해서 지각되어지는 것이지만, 지각 자체로만 끝나는 것이 아니라 '좋다' 또는 '좋지 않다'라는 가치의 판단까지 동반하게 된다.

도시에서 경관이라고 하면 그 용어 사용에 있어서 대체로 다음의 4가지 범주로 구분하게 된다.

- 물리적 장치(physical setting)로서의 경관 : 눈에 보이는 그대로의 물리적 환경이 갖는 건축물의 형태 및 공간의 속성을 통하여 도시경관의 질을 파악
- 시각구조(visual composition)로서의 경관 : 환경이 관찰자에게 어떻게 보여지는가에 중점을 두고 경관을 파악
- 이미지 형성(image making)로서의 경관 : 인간이 환경을 지각(知覺)하는 상태보다는 지각 이후 사람의 마음속에 형성되는 환경에 대한 이미지에 중점을 두고 경관을 이해

• 장소 창조(place making)로서의 경관 : 도시는 사람들의 집합이며, 도시경관은 장소가 창조적이어야 한다는 태도에서 경관에 대한 인식

그러나 경관에 대한 이상의 개념은 서로 개별적으로 성립되는 것이 아니라 상호보완적으로, 그리고 복합적으로 적용될 수 있는 것으로서 환경의 규모와 성격에 따라 다양하게 파악될 수 있다.

2. 도시경관의 의미

일반적으로 인공물이 지배적인 도시환경에 있어서의 경관계획 역할은 자연과 인공물의 조화를 통하여 건강하고 환경친화적인 도시를 만들고 사회적 교류를 활성화시켜 쾌적하고 인간적인 도시사회를 이룩하며, 도시의 정체성 확립을 통하여 개성 있고 아름다운 도시를 건설하는 것이다.

그림 11-1 시드니의 대표적 도시경관(오페라하우스)

경관은 도시의 경쟁력에도 영향을 크게 미친다. 즉 아름다운 도시에는 경제적으로 여유 있는 사람들을 유입시키고, 유망한 기업들을 유치하며, 많은 관광객이나 방문자들을 끌어들일 수 있기 때문이다. 세계 제일의 아름다운 항구도시로 손꼽히고 있는 시드니의 경관은 가까이서 보든지 멀리서 보든지 또 어느 방향에서 보든지 매력 있는 경관을 창출하고 있는데, 여기에는 20세기 최고의 건축작품으로 인정받고 있는 오페라하우스가 그 배경을 이루는 공원과 대조를 이루기 때문이다.

11.1.2 경관의 구성요소와 유형

1. 경관의 구성요소

경관을 형성하는 구성요소는 물적 요소와 비물적 요소로 대별된다. 물적 요소는 다시 자연적 요소와 인공적 요소, 그리고 복합적 요소로 구분된다. 도시공간을 형성하는 물적 구성요소는 자연지형 · 오픈스페이스 · 도시기반시설 · 도로 · 건축물 · 장치물 등으로 구분되며, 비물적 구성요소는 역사 · 경제 · 문화 · 제도 · 행정 등의 인위적 요소와 사람이나 차량 등의 행태에서 파악되는 행태적 요소 등으로 구분된다.

물적 요소	자연적 요소	기후, 지형, 지질, 토양, 수문
		식생, 야생동물 등
	인공적 요소	평면적 요소 : 도로, 획지
		입체적 요소 : 구조물, 건축물, 옥외장치물 등
	복합적 요소	오픈스페이스
		스카이라인
비물적 요소	인위적 요소	역사, 경제, 사회, 문화
		제도, 행정
	형태적 요소	사람, 자동차의 형태 등

그림 11-2 도시경관의 구성요소

도시의 경관은 산이나 강의 자연경관과 달리 그림으로서 경관만이 아름다운 것이 아니다. 생활하는 삶의 모습이 그대로 배어나온 생활의 활기가 없다면 진정한 아름다운 도시라고 말할 수 없는 것이다.

2. 경관의 유형

경관의 유형은 경관의 인식과 경관자원의 특성 및 경관시점 등에 따라 분류된다. 먼저 인간의 경관 인식과 체험에 근거한 경관의 현상에 따라서는 정지경관 · 연속경관 · 장(場)의 경관 · 변천경관으로 분류된다.

- 정지장면(scene) 경관 : 관광지나 도시 전망대에 올라서 바라보는 전망과 같이 고정된 시점에서 얻어지는 경관을 의미
- 연속장면(sequence) 경관 : 차량주행이나 보행 · 산보 등과 같이 시점의 이동에 따라 지속적으로 변화하는 경관

- 장의 경관 : 특정한 시점으로부터가 아니라 불특정 복수의 시점으로부터 조망을 종합한 어느 일정 범위 내의 전망 전체를 의미
- 변천 경관 : 시간이 경과함에 따라 보이는 대상이 변화함으로써 만들어지는 경관

경관자원의 특성에 따라서는 크게 자연경관과 인공경관으로 구분하며, 자연경관은 다시 녹지경관과 수변경관으로, 인공경관은 역사경관과 생활경관으로 구분된다. 또한 경관자원의 분포형태에 따라 점적 · 선적 · 면적 형태로 나누어진다.

표 11-1 경관자원의 특성과 분포형태

구분	자연경관		인공경관	
	녹지	수변	역사문화	생활환경
점적	산정	연못	사찰 · 문화재	건축물 · 타워 · 랜드마크
선적	능선	해안/호안 · 강변	역사가로	상점가 · 스카이라인
면적	산의 사면	호수 · 바다	사적지 · 전통취락	공원 · 주택지 · 도심지 · 공업단지

(출처 : 대한국토 · 도시계획학회, 도시계획론, 2004 : 477 일부 수정)

11.1.3 도시경관의 지각

1. 도시경관의 대상과 시점

경관은 사물을 보는 위치나 장소에 따라 보이는 범위와 방향이 달라진다. 도시의 경관은 보는 사람으로부터의 시각에 의한 인지거리에 따라 크게 근경 · 중경 · 원경으로 구분해 보면 보다 이해하기가 쉽다. 또한 대상범위를 기준으로 구분한다면 지구적 경관 · 시가지 경관 · 광역적 경관으로 분류할 수 있다.

표 11-2 도시경관의 대상범위와 시점

경관유형	대상범위	경관구성요소	주요시점
근경 (지구적 경관)	근린지역	• 건축물, 장치물, 가로가구 등 점적인 속성의 인공적 요소	• 옥상 • 보행중 도로 위
중경 (도시적 경관)	도시지역 전체	• 지형, 능선, 하천 등의 자연경관 • 도로, 대형 건축물, 도시기간 시설 등의 인공경관	• 도시의 주요지점 • 자동차 안
원경 (광역적 경관)	광대한 지역에 걸치는 대규모의 경관	• 세부적인 경관요소 무시 • 스카이라인, 지형, 하천, 오픈스페이스 등이 경관을 좌우	• 비행기, 산의 정상부 • 바다 • 비일상적 위치

(출처 : 대한국토 · 도시계획학회, 도시계획론, 2004 : 478)

2. 시가지경관의 지각

도시의 시가지 내에서 경관에 대한 지각은 도로폭이나 건물 간의 거리(D)와 건물의 높이(H) 관계에 의해 좌우된다. 이에 대해 스프리에겐(Spreiregen, 1965)은 D/H=1.0(45°)에 가까울 때 적당하고 아늑함을 느낄 수 있지만 이것이 작을수록 압박감으로 변한다. 또한 D/H비가 2(18°)에서 3(27°)일 때 가장 편안함을 느끼며, 그리고 4(14°) 이상이 되면 위요감을 상실하는 결과를 가져오게 된다고 주장하고 있다.

도시공간을 이동하는 사람들에게 있어서 도시는 공간이나 시간의 연속성과 함께 지각된다. 이동에 의한 지각에서 특징적인 것은 이동속도가 빠르면 빠를수록 경관의 디테일(detail)은 사라지고 또 시야도 좁아진다.

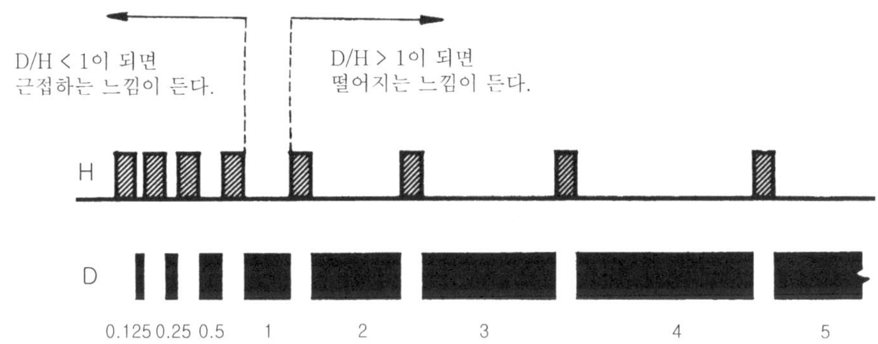

(출처 : Y.Ashihana, Exterior Design in Architecture, 1970 : 53)

그림 11-3 지점과 대사의 공간관계 (D/H)

11.1.4 도시의 경관과 이미지

1. 도시이미지의 결정요소

도시공간은 부분적 요소로서가 아니라 전체의 인상(image)으로서 지각된다. 인간의 시각구조와 자주 비유되는 카메라의 경우에는 시야 내의 모든 풍경요소가 빠짐없이 기록되어 있겠지만 인간의 풍경에 대한 인식은 자기의 관심을 끄는 몇 가지 요소 이외에는 아무 것도 기억에 남아 있지 않다. 이러한 마음속의 풍경 또는 공간 이미지는 개인적인 것이며, 개인 차원의 공간 이미지가 중복되어서 공공이미지(public image)라고 불리게 된다. 도시의 이미지는 대부분의 시민들이 공유하는 공공 이미지를 말하는 경우가 많다.

린치(K. Lynch, 1960)는 로스앤젤레스·보스턴 등 미국 도시의 시민이 그린 이미지 계통도(image map) 분석을 통해 도시의 공공 이미지를 만들어내는 중요한 요소는 통로(path) · 경계(edge) · 지구(district) · 결절점(node) · 랜드마크(landmark)의 다섯 가지라고 주장했다. 여기에서 통로는 도로 · 철도 · 하천 등으로서 사람들의 이미지 가운데 가장 탁월한 요소이고, 경계는 하천이나 철도처럼 사람들이 통행할 수 없는 선적인 요소이며, 또 지구는 크게 언덕이나 관청가처럼 공간의 퍼짐을 가진 요소이다. 결절점은 지구보다 작은 광장이나 교차점 등이며, 그리고 랜드마크는 탑이나 고층건물 등과 같이 멀리서 보이는 것이다.

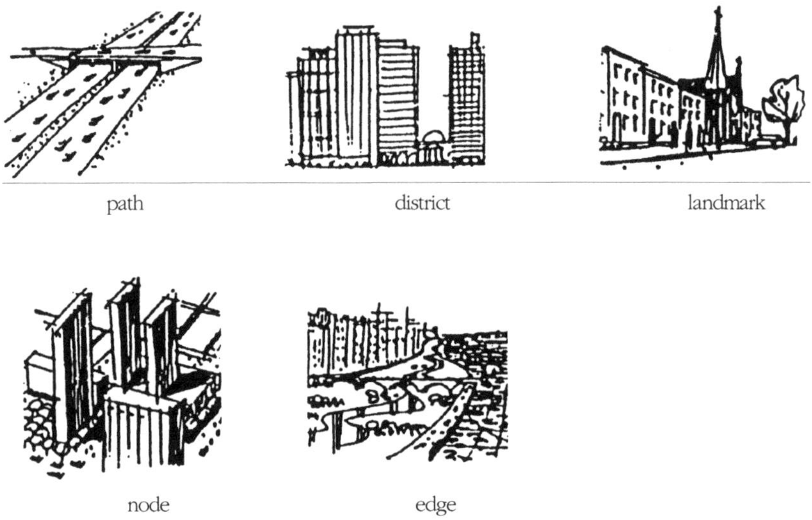

(출처 : Spreiregen P.D., Urban Design, McGraw-Hill Book Co., 1965 : 50~51)

그림 11-4 린치의 도시이미지 구성요소

2. 도시의 대표 이미지

도시의 물리적 요소는 그 도시의 대표 이미지와 관계가 깊고, 사회적 요소는 그 도시 또는 도시의 어느 한부분의 장소성과 관계가 깊다고 할 수 있다. 세계의 유명하다고 알려진 많은 도시는 물리적이든 사회적이든 간에 무엇인가 자랑할 만한 요소가 있기 때문에 그곳에 사는 사람들이 자부심을 느낄 뿐 아니라 방문객으로 하여금 감탄과 찬사를 보내게 된다.

도시의 대표 이미지는 상징성에 따라 결정된다. 예를 들어 로마 · 베니스의 경우는 자연 및 역사문화자원과 관련이 있고, 파리 · 잘츠부르크는 문화 · 예술의 중심지로서 도시기능을 강조하고 있으며, 뉴욕 · 브라질리아의 경우는 가로망 형태 · 초고층건축물 등 도시의 물리적 특성이 관련성이 크다.

표 11-3 세계 주요도시의 대표 이미지

구분	대표 이미지	도시명	도시의 특징
자원 활용	역사도시	로마	역사·문화자원을 활용한 관광도시
	숲의 도시	오타와	평화의 도시
	물의 도시	베니스	기존 자연자원을 활용한 관광도시
기능 제고	행정도시	워싱턴D. C.	국제정치·외교의 중심지
	빛의 도시	파리	역사 문화·예술의 중심지
	음악의 도시	잘츠부르크	모차르트, 국제음악제 개최
물리적 특성 부각	기능적 도시	뉴욕	격자형 도시, 센트럴파크, 초고층건축물
	기하학적 도시	브라질리아	독특한 도시형태, 국제주의 건축양식
	친환경도시	꾸리찌바	생태적 건축, 대중교통 지향형 정책

11.2 도시경관계획

11.2.1 경관계획의 목표

1. 도시경관의 형성요인

도시경관을 이해하기 위해서는 도시경관이 어떻게 형성되어지는가를 먼저 알아야 한다. 도시경관이 만들어지는 데 있어서 자연환경, 즉 생태계의 특성이 그 밑바탕이 되며, 여기에 자연에의 적응, 그리고 형식미 및 상징미와 관련된 인위적 형성이 가미된다. 인위적 경관형성은 미적인 활동뿐 아니라 의식주를 포함하는 인간의 모든 공간적 활동과 관계된다. 도시경관은 눈앞에 보여지는 생활환경 그 자체이므로 그곳에 살고 있는 주민의 손때가 묻어서 형성되었기 때문이다.

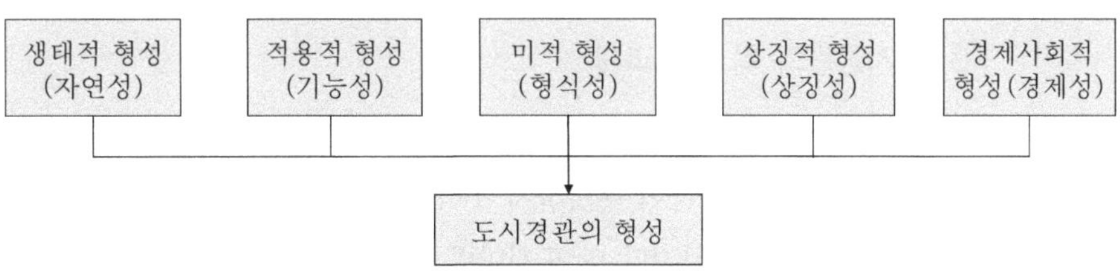

그림 11-5 도시경관의 형성요인

실제로 도시경관 목표를 설정할 때에는 이들 요인 모두를 동일한 비중으로 다루기보다는 해당 도시경관의 특성에 비추어 직접 관련 있는 어느 한 요인을 집중적으로 다루게 된다. 예컨대, 아름다운 자연적 요소가 많은 도시경관일 경우에는 미적 측면이, 의미(meaning)의 여부가 중심적인 도시경관일 경우에는 상징적인 측면이 주요 대상이 된다.

2. 도시경관계획의 요소

일반적으로 경관요소는 크게 보이는 경관요소와 보이지 않는 경관요소로 구분된다. 이러한 경관요소는 그 위계에 따라 다시 제1차적 경관요소, 제2차적 경관요소, 제3차적 경관요소로 나누어진다.

첫째, 제1차적 경관요소는 보이는 경관요소, 즉 시각적 · 물리적 경관계획요소로써 건축물 · 구조물 · 도로 · 하천 · 녹지 등이 계획 대상이 된다. 제1차적 경관요소의 바람직한 형성과 개선을 위해서는 도시계획 · 도시설계 · 건축 · 토목 · 조경 · 디자인 · 환경예술 등 다양한 전문 분야의 참여가 필요하다.

둘째, 제2차적 경관요소는 보이지 않는 경관요소, 즉 비시각적 · 비물리적(non-physical) 경관계획요소로써 경관컨트롤을 위한 규제 및 인센티브, 경관과 관련된 법과 제도, 주민의 가치관 등이 계획 대상이 된다.

셋째, 제3차적 경관요소는 인간의 의도와 관계없이 형성되는 경관으로써 비조작적 · 비물리적 영역으로 볼 수 있는 장소적 상징성, 이미지 형성, 환경적 특징 등이 계획의 대상이 된다. 따라서 3차적 경관계획의 궁극적 목표는 경관철학 · 공간분석 · 환경심리학 등을 적용한 도시의 브랜드 및 이미지 고급화라고 할 수 있다.

따라서 도시경관계획은 도시계획구역을 대상으로 1차적 경관요소와 2차적 경관요소를 결합하여 개성있는 3차적 경관을 창출하기 위한 기본적 틀과 골격을 형성하는 과정이라고 할 수 있다. 그리고 도시경관계획의 수립은 거시적인 국토공간적 측면과 미시적인 건축 · 구조물 측면의 공간적 위계성과 정합성을 갖추어야 한다.

3. 도시경관의 목표와 과제

세계 여러 나라에는 아름답기로 유명한 도시가 많이 있다. 그러나 아름다운 도시를 만드는 원리나 기준이 뚜렷하지 못하다는 것이 문제인데, 그 이유는 '미'라는 본질적인 특성에도 기인하지만 또 도시마다 자연조건과 사회환경이 다르기 때문이다. 일반적으로 도시경관의 목표는 식별성(discrimination)과 조화를 추구하는 것이며, 이는 알기 쉽고 맥락 있는 경관구조 형성과 개성 있고 아름다운 경관의 표현을 통해 이루어질 수 있다.

표 11-4 도시경관계획의 목표와 과제

구 분		도시경관의 범주	
		골격구조(구조와 상황)	경관표현(의미와 미)
규범적 요청	식별	① 목표 : 알기쉬움(legibility) 과제 : 도시 기억 소재의 채집	③ 목표 : 개성(identity) 과제 : 장소의 개성 표현
	조화	② 목표 : 맥락(context) 과제 : 이미지화를 위한 컨텍스트 편집	④ 목표 : 수사(rhetoric) 과제 : 아름다움과 생활감 연출

그러나 최근 포스트모더니즘 시대에는 건축디자인에서도 간결함보다는 다양한 표정을 추구하고 있으며, 도시의 경관구성에 있어서도 장소성(sense of place)과 같은 개념을 도입하여 친근감을 느낄 수 있고 개인의 다양한 개성에 부응할 수 있도록 하는 것이 주요과제가 되었다.

11.2.2 경관계획의 대상과 수립과정

1. 경관계획의 대상 및 접근방향

도시경관계획은 접근방향에 따라 도시적 차원의 경관계획과 지구적 차원의 경관계획으로 구분된다. 먼저 도시적 차원의 경관계획은 도시계획구역 전체를 대상으로 하고 일반적으로 거시적 · 종합적 · 장기적 · 이상적 측면에서 접근하는 도시기본계획 차원의 하향적(top down) 접근방향의 특성을 가지고 있다.

한편 지구적 차원의 경관계획은 도시계획구역 내 일부지역의 경관형성을 대상으로 하며 미시적 · 특정적 · 단기적 · 현실적 측면에서 접근하는 상향적(bottom up) 접근방향의 특성을 가지고 있다.

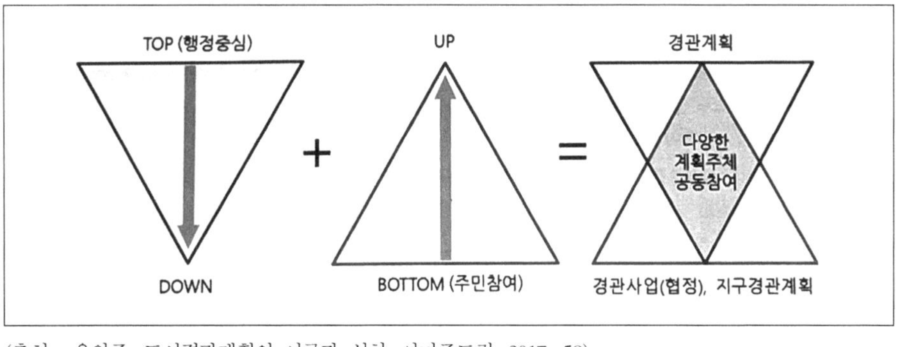

(출처 : 유완종, 도시경관계획의 이론과 실천, 아마존드림, 2017 : 58)

그림 11-6 경관계획의 접근방향

따라서 도시적 차원의 경관계획은 도시 전체의 물량적 · 평면적 계획에서 질적 · 입체적 공간계획에 역점을 두는 것이 도시기본계획과 다르다. 또한 지구적 차원의 경관계획은 특정지구를 대상으로 공간적 측면의 경관성 확보를 위하여 수립하는 것이 지구단위계획과 다르다.

최근에는 도시 차원의 하향적 경관계획과 지구 차원으로부터의 상향적 경관계획의 결합에 의한 경관계획 추구방향이 동시에 모색되고 있다. 따라서 지구 차원의 경관계획으로서 경관사업, 경관협정 등은 주민, 행정, 전문가 등과 같이 계획을 수립하고, 향후 지속가능한 관리운영 방안과 실천적 계획을 추구하고자 하는 종합적, 양방향적 접근이 중요시 되고 있다.

2. 경관계획의 수립과정

「국토의 계획 및 이용에 관한 법률」에서는 광역도시계획 · 도시기본계획 · 도시관리계획 · 지구단위계획 등 모든 위계의 공간계획에 경관계획과 관련된 내용들이 포함되어 있다. 따라서 경관계획은 토지이용 · 교통 · 기반시설 · 공원녹지 등 도시의 경관 및 미관에 영향을 다른 부문계획을 검토하여 수립해야 하며, 동시에 다른 하위 도시계획이나 각종 도시계획사업의 지침이 되도록 구체적으로 작성하여야 하는 바, 수립단계별 계획방향은 다음과 같다.

첫째, 경관계획수립의 기본방향 및 목표를 설정하는 단계로서 계획의 배경과 목적, 계획의 시간적 · 공간적 · 내용적 범위, 계획 수립과정을 포함한다.

둘째, 경관자원의 현황분석단계로서 경관구성요소가 되는 지형 · 물 · 녹지 · 동식물 · 역사적 유산 · 랜드마크 · 주요조망점 등의 경관현황과 인문사회환경 및 관련법제 등을 파악하며, 경관에 대한 주민의식을 조사분석한다.

셋째, 경관기본구상단계로서 경관조사분석결과를 토대로 하여 계획의 목표, 설정, 경관주제 및 미래상 설정, 경관계획의 골격을 구상하여 대안을 설정한다.

넷째, 기본계획단계로서 경관기본구상을 구체화하고 자연경관 · 역사경관 · 시가지경관 등 경관유형을 고려하여 경관지구 지정, 경관사업대상지 선정 등 기본계획을 수립하며 경관특성별 경관조성계획, 경관이미지계획, 경관형성전략을 제시한다.

마지막은 경관관리 및 실천계획을 수립하는 단계로서 경관기본계획의 실행을 위한 경관지구지정, 경관관리방안, 경관조례(안)을 제시한다. 주요 경관관리대상지역에 대해 건축물의 높이 등을 제한하는 경우에는 모델제작 또는 컴퓨터시뮬레이션 작업이 필요하다.

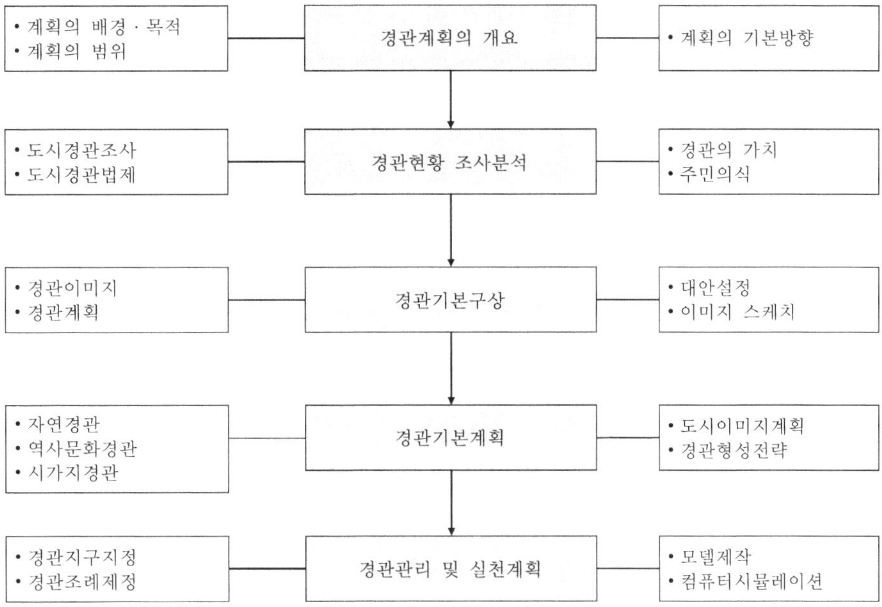

그림 11-7 도시경관계획과 수립과정

11.2.3 도시의 경관 · 미관계획

1. 계획의 기본방향

경관계획은 도시미관의 향상뿐만 아니라 주민의 생활환경 개선과 삶의 질 향상, 지역의 어메니티 제고 등을 목표로 하여 종합적인 관점에서 수립해야 한다. 경관계획은 자연 · 역사문화 · 주민생활상 등 지역의 고유한 특성을 고려하여 정체성과 독창성이 확보되도록 해야 한다. 경관계획은 장기적인 관점에서 도시 전체의 경관미래상을 제시하며, 단기적으로는 이에 부합하는 경관의 계획방향을 지역여건에 따라 선택적으로 제시하여야 한다. 그리고 경관계획은 토지이용계획, 공원녹지계획, 환경보전 및 방재계획 등과 밀접하게 연관되어 있으므로 다른 부문계획과 연계 · 검토해야 한다.

2. 경관 · 미관계획의 수립기준

도시경관계획의 궁극적인 목적은 경관의 보호 · 형성을 통하여 지역의 이미지 개선과 정체성 확보 및 경쟁력 증진을 위한 구체적인 경관가이드라인을 제시함으로써 도시관리계획 · 지구단위계획 등 하위계획과 각종 도시개발 · 정비사업의 주요자료로 활용하기 위한 것이다. 따라서 경관계획 수립에 있어서는 다음과 같은 수립기준이 고려되어야 한다.

첫째, 도시 전체의 경관적 이미지와 특성을 분석하여 지역별 경관유형을 구분한다. 그리고 경관의 관리가 잘된 지역과 잘못된 지역을 구분·평가하여 그 원인을 분석하고 필요한 경우 외국 및 타도시 사례와 비교한다.

- 대상지 성격 : 자연, 수변, 역사·문화, 농산어촌, 시가지 등
- 대상지 위치 : 도심, 외곽부, 비도시지역 등
- 개발의 유무 : 기성시가지, 미개발지 등
- 토지이용상태 : 주거지, 상업지, 공업지, 공원녹지 등

둘째, 도시미래상을 감안하여 도시 전체의 경관이미지 형성 목표를 설정하고, 이에 기초하여 지역별로 경관이미지를 설정한다.

셋째, 도시지역과 비도시지역의 경관 차별화, 경관구조(경관권역·경관축·경관거점)의 설정을 위한 경관형성 전략을 제시한다. 경관구상의 표현은 다이어그램이나 이미지 스케치를 활용하여 이해하기 쉽도록 한다.

넷째, 경관관리가 특히 필요한 지역은 '경관관리대상지역'으로 지정하고, 경관의 보전·개선이 필요한 경관요소를 선정하여 경관관리 방향과 보전·개선 전략을 수립한다.

- 보전대상지 : 역사문화자원이 남아 있는 지역, 우수한 자연림이나 생태계가 보전된 지역, 바다·강·하천·호수 등의 수변공간, 상징적인 건축물이나 구조물 등으로 보전 및 유지가 필요한 지역
- 개선대상지 : 도심부·도시진입부·주요간선도로변에서 무질서한 건물입지 및 간판 등으로 경관 개선이 필요한 곳, 비도시지역으로 개발수요가 높아 난개발이 우려되는 지역

3. 도시경관·미관계획의 수립지침

경관계획은 도시기본계획 내용 중의 하나이므로 도시기본계획의 다른 부문과 연계·검토하여 수립해야 한다. 또한 경관계획은 도시관리계획·지구단위계획 등 하위 도시계획과 각종 개발사업의 지침이 되며, 개발행위허가 시에 주요 자료로 활용될 수 있으므로 가능한 한 구체적으로 작성해야 한다. 경관계획을 도시기본계획 도서의 별책보고서로 작성하는 경우에는 다음의 경관지침을 고려하여 당해 지역에 적용이 가능하고 경관계획 범위에 적합한 사항에 대해 수립한다(국토교통부 도시기본계획 수립지침, 2018).

- 경관유형별 특성화계획
- 토지이용계획에 따른 경관특성화계획

- 경관중점관리지역의 경관연출계획
- 랜드마크 형성 및 조망연출계획
- 자연을 도입한 공간계획
- 건축물 디자인과 야경계획
- 색채계획
- 가로경관계획
- 공원·녹지 경관계획
- 역사문화유적지 경관계획
- 옥외시설물 및 광고디자인체계의 수립
- 예술품 설치 가이드라인계획

11.2.4 경관분석 및 시뮬레이션

1. 경관분석

경관분석에는 경관의 시각적 측면을 중시하는 공학적 해석의 입장과 시각현상에 담겨 있는 의미적인 측면을 중시하는 심상적(mental) 해석의 두 가지 입장이 있다. 먼저, 시각적 측면에서의 경관분석 대상은 시점에 대해서는 인간의 시력과 시각, 그리고 시야 등을 대상으로 하고 있으며, 시점장소에 대해서는 시선에 보이는가 보이지 않는가의 분석이 있고, 대상에 대해서는 형상·색채·재질 등에 관한 분석방법이 개발되어 이용되고 있다.

심상적 측면에서의 경관분석 대상은 경관현상에 대한 좋고 나쁨의 가치판단을 좌우하는 요인들의 도출, 경관대상과 공간범위에 대한 인간의 인지구조를 해석하고자 하는 이미지지도 분석, 지역 전체의 공간구조와 부분 간의 관계로 해석하고자 하는 맥락주의 경관분석, 유명한 산수화나 풍경사진 속의 경관현상을 해석하는 방법 등이 사용되고 있다.

2. 경관예측

경관의 예측은 실제로 존재하지 않은 대상들의 보이는 모습과 전망을 시각적으로 표현하는 것으로 완성도적 예측과 확률적 예측으로 구분할 수 있다. 완성도적 예측은 구체적인 공간이나 시설의 계획·설계가 실시될 경우 그것이 어떤 모습으로 보이게 될 것인가를 예측하는 것으로 계획·설계가 진행되는 상황 또는 예측된 결과를 어떤 관점으로 평가할 것인가에 따라 적절한 예측범위·정도·방법을 이용하게 된다.

확률적 예측은 물리적인 공간이나 시설의 형태조작만이 아니고 지구계획이나 토지이용 컨트롤에 의해 경관에 간접적인 영향을 주는 요인들의 조작결과를 시각적으로 예측하기 위해 조작요인이 경관에 미치는 영향을 예측할 수 있는 이론(모델)을 구축하여 경관변화 자체를 예측하는 것이다.

3. 경관시뮬레이션기법

경관은 인간의 시지각을 통해서 인지되어 이미지를 형성하므로 객관적 측정을 가능하게 해주는 가장 효과적인 방법은 시각적 수단을 통한 판단이며, 이를 위해 시각시뮬레이션을 사용하게 된다. 시뮬레이션은 대부분 컴퓨터그래픽(computer graphic)을 통해 이루어지게 되는데, 이는 사진과 거의 동등한 수준의 사실성, 컴퓨터그래픽스가 지니는 본연의 정확성, 그리고 다양한 대안의 비교 · 분석에 있어서 신속성 등은 여타의 매체나 기법에 비해 매우 뛰어나다.

한편, 컴퓨터를 이용하지 않는 경관예측 기법으로는 이미지스케치 · 투시도 · 조감도 · 모형(model) · 사진합성 등이 있다. 사진합성 기법은 현황사진을 스캐닝하고 계획대상을 기존의 다른 사진 등에서 오려붙이거나 수정하는 방법이다.

11.2.5 도시경관의 조성과 연출

1. 전통경관의 보존

도시의 전통경관은 현대 도시경관의 핵심적인 요소로 재생됨으로써 그 도시를 대표하는 이미지를 형성함과 동시에 시민생활에 활력을 제공할 수 있다. 즉 역사적인 건축물을 보존한다는 것은 전통경관이 갖는 고유의 건축사적 의미와 거기에 담긴 문화사적 의미를 보존한다는 측면뿐만 아니라 전통적인 도시경관은 새로운 도시경관의 밑그림으로서도 매우 중요하다.

특히 우리나라 대부분의 도시들은 서구문명에 의해 쉽게 이해되지 않는 풍수지리사상을 바탕으로 도시공간이 형성되었을 뿐만 아니라 역사적인 연원이 깊고 빛나는 문화유적을 상당히 보유하고 있으므로 전통경관의 보존은 그 도시의 경관조성과 새로운 이미지 창출에 결정적인 역할을 하게 될 것이다.

오늘날 현대도시에서 개성 있는 전통경관을 조성하는 방법은 우리 전통에서 나온 것만으로도 안 되고, 서구의 도시를 그대로 모방해서도 안 되며, 과거로부터 현재를 거쳐 미래로 향한 한국적 도시경관을 추구하는 것이어야 한다.

2. 스카이라인

스카이라인(sky line)은 일정 경관을 바라볼 때 지상에 있는 지형지물과 하늘의 경계선을 말하는 것으로서 상호 이질감을 지닌 경관요소 간의 경계선이 되므로 지각의 강도가 매우 높다. 따라서 스카이라인이 도시경관의 질에 기여하는 바는 매우 크다고 볼 수 있다. 예컨대 유럽의 오랜 도시에서는 성당이나 교회의 뾰족한 첨탑들이 스카이라인의 지배적 요소로 보이는 데 비해 미국의 큰 도시들과 세계 여러 나라의 현대도시들에서는 상업적 고층건물들이 소위 마천루(skyscraper)를 형성해서 도시의 총체적 이미지에 영향을 준다.

도시의 스카이라인에 크게 영향을 미치는 것은 산과 고층건물의 위치 · 높이 · 지붕형태 등이며, 일반적 평가기준은 리드미컬(rhythmical)한 선이라 할 수 있다. 그림 11-8은 도시 스카이라인의 형성 · 평가기준인데, 이는 절대적인 기준이라기보다는 단순화된 기준으로서 각 경관의 상황이나 건물의 특성에 따라 융통성 있게 적용되어야 한다.

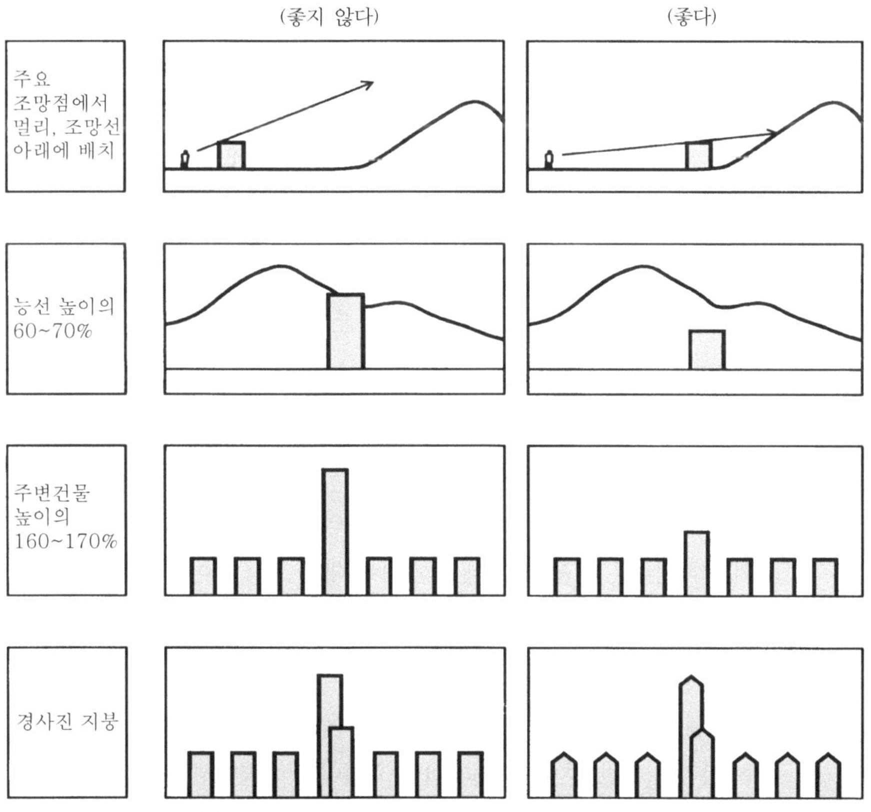

(출처 : 대한국토 · 도시계획학회, 1997 : 221)

그림 11-8 도시 스카이라인의 형성

3. 가로경관

가로의 1차적인 기능은 이동하기 위한 교통을 이용하는 것이지만 길의 흐름은 건축과 도시의 경관에 큰 영향을 미치는 중요한 요소로서 가로경관은 대체로 다음과 같은 가로공간의 기본적 구성요소에 의해 달라진다.

- 평면선형 : 직선가로 · 곡선가로 · 굴절가로 등
- 종단선형 : 평탄한 길 · 오르막길 · 내리막길 등
- 비율 : 가로폭원 D와 건물높이 H의 비율(D/H) 또는 D와 가로 연장(L)의 비율(D/L)
- 스케일 : 가로의 폭
- 측면형태 : 건물의 벽면 · 담 · 옹벽 등의 평면형태 및 높이
- 교차상태 : 교차로의 형태 및 크기

따라서 도시 내의 가로는 그 기능과 위치, 폭원과 설계속도 등에 따라 경관적 측면에서 충분히 고려되어야 한다. 즉, 고속도로(highway)는 그 형태가 명쾌하여 이용자가 방향을 쉽게 식별할 수 있어야 하며, 시가지 내에서의 입체교차나 고가도로는 피해야 한다. 간선도로는 중요한 지역을 통과하고 차량 및 보행 통행자가 많으므로 형태의 명쾌함, 도시경관과의 조화, 도로변의 건물 대지형태, 간판이나 교통신호판 등에 대한 경관적 고려가 중요하다. 그리고 국지도로는 보행자가 많으므로 자동차의 흐름과 사람의 흐름이 서로 혼란을 일으키지 않도록 무리한 직선형을 피해야 함은 물론, 보행자들에게 세심한 관심을 끌 수 있는 디테일한 조경요소들이 강조되어야 한다.

4. 하천경관

하천경관은 하천 내부와 하천 주변공간으로 구성된 자연적 · 인공적 모습을 말한다. 하천의 내부는 호안 · 하천구조물 · 난간 · 교량 등이 경관요소가 되며, 하천의 주변은 건물 · 도로 · 수목 · 가로장치물 · 간판 등이 경관요소가 된다. 특히 도시의 소하천은 선형적인 오픈스페이스로서 딱딱한 도시경관을 완화시켜 주는 역할을 하며, 도시의 쾌적성과 이미지를 높이는 데 중요한 역할을 한다. 그러나 과거 우리나라 도시의 소하천들은 경관적 · 생태적 가치에 대한 고려 없이 하천의 호안을 직립 콘크리트 벽으로 조성한 경우가 대부분이고, 하천변에 인접한 도로건설로 인해 하천과 시가지를 단절시켰으며, 자동차공간의 확장을 위해 복개하는 경우도 많았다.

이에 따라 최근에는 도시하천의 수질오염에 대한 우려와 더불어 하천이 가지고 있는 자연적 경관가치와 생태계의 중요성이 인식되면서 하천의 자연적 경관을 합리적으로 관리하고 훼손된 하천경관을 복원하는 사업이 추진되고 있다. 그 대표적인 예가 서울의 청계천복원사업이다.

5. 도시경관의 연출

사람들은 주로 시각에 의해 경관을 인지하지만 가시적인 요소 외에도 소리 · 온도 · 바람 · 냄새 등 여러 가지 요소에 의하여 비로소 경관을 느끼게 된다. 즉 인간은 모든 감각기능을 통하여 경관을 체득하게 되는데, 도시경관의 연출요소는 다음과 같은 여러 가지가 있다.

첫째는 빛이다. 당연하지만 공공환경의 경관은 같은 장소, 같은 도시라도 거리의 형태 · 소재 · 색채 등이 태양의 빛과 그림자에 의해 인상지어지는 주간의 경관과 야간의 인공조명에 의해 인상지어진다. 특히 자연의 햇빛을 그대로 이용할 수 있도록 투명한 재료로 지붕(canopy)을 씌운 건물과 건물 사이의 가로공간이나 아름답게 연출된 도시의 야경은 사람들에게 강한 매력을 느끼게 해준다.

둘째는 소리이다. 도시에는 소리에 의해 구성되는 풍경(sound scape), 예를 들면 가로나 광장에서 흘러나오는 음악소리나 하천 · 분수 · 벽천 등에서 나오는 물소리는 시민들에게 자연스러운 시원함을 제공해준다.

셋째는 녹지이다. 수목과 꽃 등의 식물은 물과 함께 생명체로 인간에게 요구되는 도시의 생태를 확보함과 동시에 계절의 변화를 연출하고 윤택함을 부여하는 중요한 요소이다.

끝으로, 공공예술(public art)이다. 생활수준이 향상됨에 따라 생활환경도 기능성이다. 경제성에 추가하여 쾌적성과 아름다움이 요구되고 있으며, 이에 따라 도시의 공공공간 속에도 조각작품을 설치하여 시민들의 일상생활 가운데서 예술의 숨결을 느끼도록 하고 있다. 예술의 관점에서 도시를 바라보고, 도시의 관점에서 예술을 이해해 보는 일은 오늘날 도시경관 디자인에서 매우 중요한 요소이다.

6. 도시정체성 계획(CIP)

원래 CI는 Corporate Identity에서 비롯한 용어로서 기업의 좋은 이미지를 알리기 위하여 디자인 통합을 통한 기업정체성을 구축하는 경영전략이다. 초기에는 주로 기업 로고, 색채 등을 이용한 시각적인 부분에 치중되었으나, 점차 시각적인 이미지뿐만 아니라 행동과 의식 부분까지 확대되어 기업의 정신과 문화에 대한 이미지를 개선하여 확대 · 통합되고 있다.

특히 도시를 다루는 입장에서 CIP(City Identity Planning or Program)는 도시나 지역의 바람직한 모습을 목표로 하여 도시의 정체성을 인식하고, 이를 표출하는 시각적인 디자인 통합과 도시헌장 및 행동강령 등의 행동과 의식에 대한 사회적 통합을 통하여 도시 및 지역의 이미지를 개선하고 알리는 전략적 프로그램 내지 계획이라 할 수 있다.

11.3 경관관리제도

11.3.1 우리나라의 경관관리제도

1. 도시계획체계와 경관계획

최근들어 경관의 가치에 대한 국민의 인식과 요구가 높아지게 됨에 따라 제도적 차원의 경관관리의 필요성이 제기됨에 따라 2002년 제정된 「국토의계획및이용에관한법률」에서는 도시계획 위계별로 경관계획을 수립할 수 있는 법적 근거와 기본 틀을 마련하게 되었다.

도시기본계획에서는 지역의 자연환경 · 녹지축 · 생태계 · 문화유적지 등이 양호하여 경관에 대한 특별한 고려가 필요한 경우에는 경관계획에 대한 별책보고서를 작성하도록 권장하고 있으며, 또한 도시관리계획에서는 경관의 보호 · 형성을 위한 경관지구, 미관유지를 위한 미관지구, 문화 · 생태적 가치가 큰 지역의 보호와 보존을 위한 보존지구, 건축물의 높이제한을 위한 고도지구 등이 규정되어 있다. 특히 지구단위계획에서는 건축물의 용도 · 높이 · 배치 · 형태 · 색채 등에 대한 보다 구체적인 지침제시적 성격의 경관계획을 수립하도록 규정하고 있다.

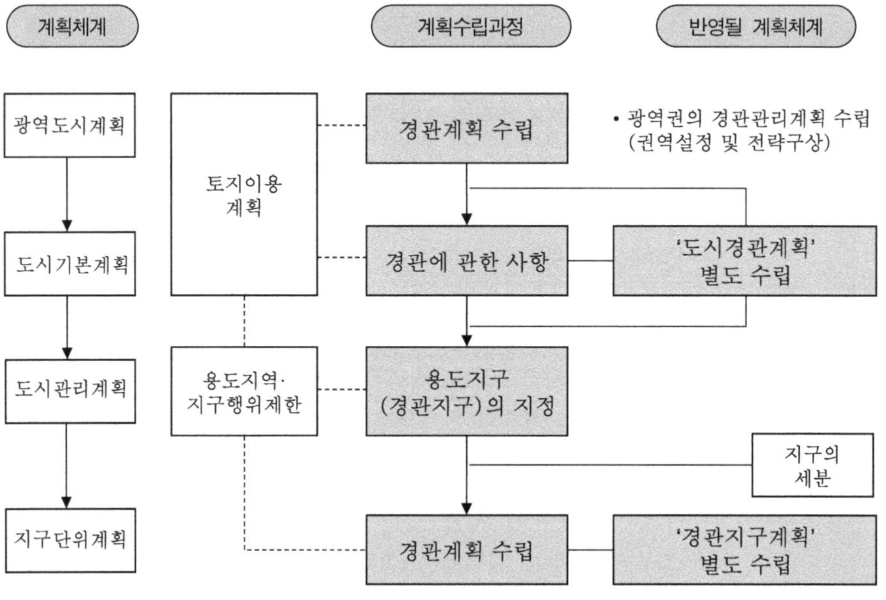

그림 11-9 도시계획체계와 경관계획

2. 경관 관련법

2007년에 제정된 「경관법」은 국토경관의 체계적 관리를 위하여 각종 경관자원의 보전 · 관리 및 형성에 필요한 사항들을 정함으로써 아름답고 쾌적하며 지역특성을 나타내는 국토환경 및 지역환경 조성에 기여함을 목적으로 하고 있다. 경관법은 지방자치단체가 필요한 경우 지방 고유의 자연 · 역사 · 문화경관을 보전하고, 시가지는 물론 농산어촌을 포괄하는 경관계획을 작성할 수 있으며, 이를 실행하기 위한 수단으로서 경관사업 · 경관협정 · 경관위원회 등을 포함하고 있다.

여기에서 경관사업의 시행은 경관계획이 수립된 지역의 특성을 살리기 위한 사업을 추진하고 장려하는 제도이고, 경관협정의 체결은 주민의 적극적 참여를 통하여 자기지역의 경관을 관리하도록 하는 주민주도형 경관형성제도이다. 경관위원회의 제정은 경관계획 및 관리 등에 대한 심의 · 자문기능을 통하여 전문가의 전문성과 경험을 활용함으로써 경관의 보전 · 관리 및 형성에 기여하기 위한 제도이다.

경관법 외에도 도시경관 형성에 미치는 다양한 개별법이 있다. 즉 「자연환경보전법」에서는 경관 및 생태계 보존을 위한 생태 · 경관보전지역을 지정하고 있으며, 「도시공원및녹지등에관한법률」에서는 도시공원구역 지정 시에 자연경관의 보호를 규정하고 있고, 「고도보존에관한특별법」에서는 역사경관 관련 특별보존지구 · 역사문화환경지구 등을 지정하여 경관을 관리할 수 있도록 규정되어 있다. 그리고 「옥외광고물 등 관리법」에서는 미관 · 미풍양속의 유지를 위해 옥외광고물의 허가 및 신고, 설치기준 · 표시방법 등을 규정하고 있다.

3. 경관관리제도의 유형

우리나라의 경관관리제도는 크게 규제에 의한 경관관리, 영향평가에 의한 경관관리, 심의에 의한 경관관리로 구분할 수 있다. 첫째, 규제에 의한 경관관리는 경관보호를 위해 도시관리계획으로 지역 · 지구를 지정하고 해당 지역 · 지구에 대해 용적률 · 건폐율 · 건축선 · 건축물의 높이 등의 건축제한을 통해 이루어지고 있다. 둘째, 환경영향평가는 환경보전에 영향을 미치는 사업을 수립하거나 시행하기 전에 미리 당해 사업이 환경에 미칠 영향을 평가 · 검토함으로써 경관을 관리하는 제도이다.

그리고 경관관리를 위한 심의제도는 크게 경관법에 의해 시 · 도에 설치되는 경관위원회의 심의 · 자문과 건축심의와 지방문화재심의 등과 같이 개별사업의 시행에 따른 심의로 나누어진다.

먼저 경관위원회에서는 경관계획의 수립, 경관사업의 승인, 경관 협정인가 등에 대하여 심의 · 자문한다. 또한 건축심의는 건축물의 높이 · 모양 · 색채 · 양식 등에 대해 경관저해 여부를 심의하는 제도이며, 문화재 심의는 문화재 경관에 저해되는 건축물에 대해 심의한다. 그러나 이러한 심의제도는 개별사업만을 대상으로 심의하고 있기 때문에 도시 전체적 측면에서의 경관관리가 소홀할 수 있다는 문제점이 있다.

11.3.2 외국의 경관관리제도

외국의 도시경관관리제도를 보면 각 나라마다 다소 차이는 있지만 경관관리의 목표는 주로 환경 보전, 역사경관 보전, 시가지의 경관 개선을 위한 것이다. 관련법 역시 도시계획 · 건축 · 문화재 보전 등의 법률에 의하고, 경관관련 지구도 경관 · 역사 · 보존지구 등 유사한 내용으로 지정하고 있다. 또한 운영조직에 있어서도 시민단체나 경관 · 도시디자인위원회 또는 협의회에 의해 운영 · 관리되고 있다.

미국의 경우 경관관리 목표는 도시역사 보전과 더불어 교통시스템 및 도시성장관리를 목표로 하고 있다. 관계 법률에서는 「고대유물법」과 「국가역사성보호법」을 적용하고 있으며, 지구지정에 있어서는 디자인가이드라인, 인센티브 조닝(Incentive zoning) 제도를, 조직에서는 랜드마크보존책임(Landmark preservation commander) 등의 시민단체들에 의해 운용되고 있는 것이 특징이다.

영국의 경우는 지구환경의 정비 및 미화, 보존 및 재생에 의한 환경의 질 향상에 목표를 두고 있으며, 「역사적건조물및고기념물법」과 「도시전원어메니티법」 등에 의해 경관을 관리하고 있다. 경관관리도 어메니티단체, 내셔널트러스티 등 주민참여에 의해 운영되고 있다.

독일의 경우는 도시의 정체성 확보와 도시환경의 적극적인 조성 및 유지를 목표로 하고 있으며, 관계 법률은 지방조례와 「기념물보호법」 제도를 적용하고 있다. 지구지정에서는 정비요구사업 지구를 지정하며, 1970년도부터 시민단체를 조직하여 시민발의에 의한 경관보전운동을 전개하는 것이 특징이라 할 수 있다.

일본의 경우는 도시의 개성을 형성하고 아름답고 정취 있는 시가지 조성 등을 목표로 하고 있으며, 관계 법률도 「옥외광고물법」, 「도시녹지보전법」 및 「경관법」 등이 있다. 지구는 경관지구 · 역사적풍토특별보전지구 · 경관형성지구 · 녹지보존지구 · 전통건물지구 등을 지정하고 있으며, 경관협정 · 전통건조물군보존지구협의회 · 도시경관형성추진협의회 등 주민참여에 의해 경관을 적극 관리하고 있다.

PART 12

환경 · 방재계획

12.1 도시와 환경

12.1.1 환경의 개념 및 의의

넓은 의미에서 환경(environment)은 주체를 둘러싸고 있는 모든 것으로 정의할 수 있으며, 생물, 특히 인간을 위주로 생각하면 우리를 둘러싸고 있는 사물과 조건 및 이들 사이의 상호관계를 의미한다.

우리나라의 「환경기본법」에서는 환경을 자연환경과 생활환경으로 구분하고 있는데, 자연환경은 해양을 포함한 지표 · 지하 · 지상의 모든 생물과 이를 둘러싸고 있는 무생물적인 것을 포함한 자연의 상태를 의미하며, 생활환경은 대기 · 물 · 폐기물 · 소음 · 진동 · 악취 등 삶의 일상생활과 관계되는 환경을 뜻한다.

자연은 모든 생물이 서식하는 터전으로서 생물과 무생물이 서로 유기적인 관계를 갖고 상호작용하면서 존재하고 있다. 자연환경은 흔히 생태계(ecosystem)와 동의어로 사용되기도 하는데, 생태계는 동물 · 식물의 생물적 요소와 토양 · 물 · 대기의 무생물적 요소로 구성된다. 또한 자연생태계는 토양 · 수문 · 대기 · 기후 · 생물적 기능을 수행하게 되며, 자연의 법칙에 따라 균형과 질서를 유지하며 끊임없이 순환하고 변화하는 속성을 지니고 있다.

생태계의 자연적 변화는 평형에 이르는 한 과정으로 당연한 것이지만, 인위적 변화는 예측이 어렵고 파급효과가 크며 비가역적인 경우가 대부분이므로 항상 경계해야 한다. 1990년대 이후 환경문제로 가장 크게 부각된 것은 기후변화이다. 보통 기후변화라고 하면 지구온난화를 말하지만, 오늘날 도심지역의 열섬효과는 심각한 도시문제로 인식되고 있다.

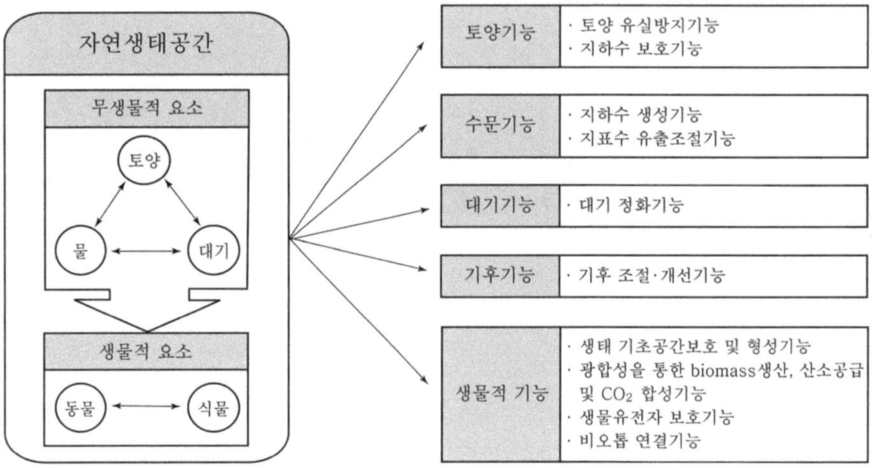

(출처 : 김수봉 외, 환경정책 및 계획론, 문운당, 2005 : 17)

그림 12-1 자연생태계의 구성요소와 기능

12.1.2 인간과 환경체계

환경의 일부인 사람은 자기가 처해 있는 환경 속에서 필요한 것은 섭취하고 불필요한 것은 배척한다. 그리고 자기를 환경에 적응시키거나 또는 그것을 개조하여 살기 좋은 환경을 만들어낸다. 인간의 입장에서 본 환경은 형태의 가시성 여부에 따라 크게 물리적(physical) 환경과 사회적(social) 환경으로 분류할 수 있다. 물리적 환경은 자연적인 것과 인공적인 것이 포함되어 있으며, 사회적 환경은 인간사회의 질서와 능률을 확보하기 위하여 인간에 의해 형성된 인공환경이다.

또한 환경은 창출의 원인과 형태와 성격에 따라 자연환경과 인공적 물리환경 및 사회환경 등 셋으로 범주화시킬 수 있는데, 이들 부분 환경체계는 각각 자연계 · 조형계 · 사회계로 구성된다. 여기에서 자연계(생태계)는 우주의 생성과정에서 자연적으로 만들어진 환경으로서 동 · 식물의 생물체와 지하자원 · 물 · 공기와 같은 비생물체로 구분된다. 물리적 인공환경으로서의 조형계(造形系)는 인간생활의 편리와 능률을 위해 인간의 의지와 노력(디자인)으로 이루어진 환경으로서 건물 · 도로 · 교량 등과 같이 지상에 부착되어 있는 고착물과 차량이나 생활도구처럼 언제든지 이동이 가능한 비고착물로 구분된다. 그리고 인공적 환경으로서의 사회계는 눈에는 보이지 않는 인간의 정치 · 사회 · 문화 등의 영향으로 이루어진 환경으로서 이는 다시 정치 · 행정계와 경제 · 사회계 및 과학 · 기술계 등으로 분류될 수 있다.

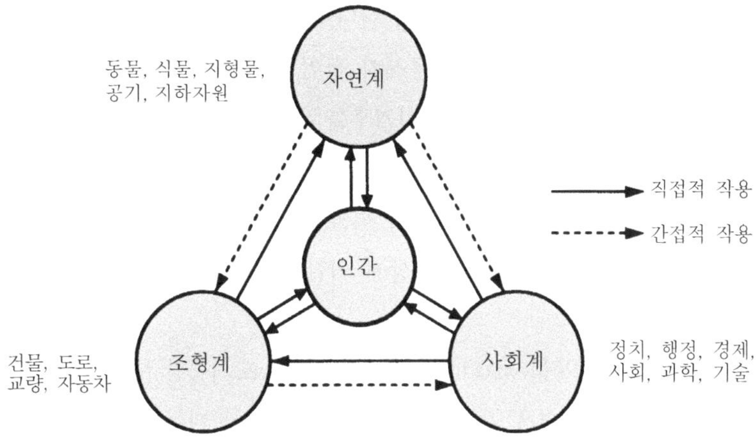

(출처 : 김안제, 환경과 국토, 박영사, 1986 : 34 일부수정)

그림 12-2 인간과 환경체계 간의 상호작용

12.1.3 도시생태계

1. 도시의 자연환경

도시공간 속에는 많은 사람과 다양한 인공적 시설이 있기 때문에 자연환경 구성요소의 상태나 존재가치가 농촌지역과는 크게 다를 수밖에 없다. 기후 · 지형 · 지면 · 물 · 식생 · 야생동물 등의 자연요소들이 도시공간에 미치는 영향과 의미를 살펴보면 다음과 같다.

첫째, 도시는 특별한 기후상태를 보여준다. 도시의 기후는 토양의 표면 또는 토질의 변화, 건물난방과 같은 추가적인 열원에 의한 온실효과는 건물과 토양의 증가된 열용량과 함께 연평균 0.5~1.5℃의 대기온도 상승을 초래하며, 이렇게 증가된 열로 인해 도시지역은 주변지역보다 더 건조하게 된다. 이에 따라 최근 도시의 고온현상 완화를 위하여 바람길 형성이 도시계획단계에서도 비중 있게 고려되고 있다.

둘째, 산 · 언덕 · 계곡 · 강 · 하천 등 지형의 형태는 미기후(micro climate)를 결정하는 중요한 요소로서 도시환경 전체에 어느 정도까지는 영향을 미친다. 비록 영향권의 범위는 국지적이기는 하지만 지형이나 식생과 같은 자연요소는 도시기후를 조절하여 도시의 형태를 결정하는 데 중요한 영향을 미친다.

셋째, 지표면(ground cover)과 인간은 다양한 관계를 맺고 있다. 흙은 식물이 생육하는 기반으로서 뿐만 아니라 단열 · 방음효과가 있고, 기후의 조절이 용이하다는 특징을 갖는다.

넷째, 물은 생활용수나 공업용수뿐만 아니라 수상 레크리에이션 자원, 수변경관의 구성요소 등 매우 중요한 역할을 한다. 그러나 공급(상수도)하거나 사용된 물의 처리(하수도)에 따른 여러 가지 문제가 끊임없이 제기되고 있다.

다섯째, 식생(vegitation)은 미기후를 일정하게 유지하는 데 있어 매우 중요한 영향을 미친다. 일률적으로 포장된 도시의 지표면과 건물의 수직 벽면은 여름철에 많은 열을 발생시키므로 큰 나무나 벽을 기어오르는 덩굴성 식물 등을 이용하여 자연적 차양을 만듦으로써 열섬현상에 의한 악영향을 감소시키는 효과를 가져오게 할 수 있다.

끝으로, 야생동물(wild life) 자원은 삭막한 도시공간 속에 야생동물의 서식처를 보유할 수 있는 능력을 가지고 있다는 것을 암시한다는 점에서 그 의미가 매우 크다. 이에 따라 최근의 도시개발에 있어서 야생동물의 생존을 위해 서식처를 보호하거나 자연스러운 이동을 위해 생태통로(eco-corridor)나 생태벨트를 조성해 주고 있다.

2. 도시생태계의 상호작용

생태계(ecosystem)는 동식물과 같은 생물적 구성요소와 물 · 토양 · 기후 · 공기 등과 같은 비생물적 구성요소로 구성되어 있으며, 이들 요소 간의 복잡한 상호작용이 일어나 결과적으로 생태계는 역동적인 안전성을 만들어낸다. 도시화 과정은 이러한 상호작용을 단순화시킨 양상을 띠고 있으며, 자연적 과정을 없애거나 변화시킴으로써 불안정성을 증가시킨다.

도시생태계의 다양한 구성요소 간 연계를 나타내는 개념적인 틀이 그림 12-3에 나타나 있다. 이 그림에서 이러한 인자들 간에 작용하는 순환(feed back)고리를 확인

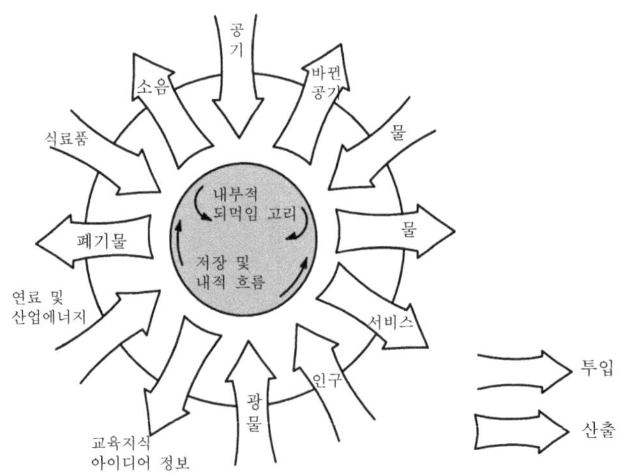

(출처 : T.A. Hartshorn, 도시학개론, 도서출판 새날, 1997 : 138)

그림 12-3 도시생태계의 상호작용 모델

할 수 있다. 되먹임 고리를 통해 한 요소가 다른 요소들과의 상호작용 결과로 작용하는 것을 알 수 있는데, 순환고리 가운데 일부는 정(正)의 효과를 가지고 나머지는 부(負)의 효과를 지닌다. 정의 고리들은 누적적 순환형식으로 변화하여 자연의 균형을 뒤흔들어 놓은 반면 부적 고리들은 다양성을 감소시켜 균형 또는 안정상태를 조장한다.

또한 이 도시생태계 모델에서는 인구 · 물 · 공기 · 식료품 · 연료 · 과물 등의 투입(input)요소와 하수 · 소음 · 폐기물 등의 산출(output)요소 간의 관계를 포함한 도시의 물리적 연결체계는 우리가 매우 복잡한 상호작용을 하는 도시환경 속에 살고 있음을 잘 보여주고 있다. 따라서 도시생태계에 대한 고려 없이 도시가 급격히 성장하면 투입과 산출의 균형을 유지하는데 필요한 하부구조의 능력을 벗어나 심각한 문제를 초래할 수 있다.

12.2 환경의 보전 · 관리

12.2.1 도시환경의 제문제

1. 도시화와 환경변화

오늘날 도시에서 대두되고 있는 자연경관의 훼손, 대기오염 · 수질오염 · 소음 등의 공해문제, 쓰레기처리 문제와 같은 환경문제는 한마디로 다음과 같은 급속한 도시화 · 공업화 과정에 의한 환경변화에 기인하는 것이라 이해할 수 있다. 특히 지구온난화에 의한 도시환경의 변화는 매우 심각한 상황으로 인식되고 있다.

첫째는 지표경관의 변화이다. 도시의 많은 지역들의 토지이용이 농촌적인 것에서 도시적인 것으로 변화됨에 따라 지형이 바뀌거나 원래의 식생이 없어지고, 토양은 제거되거나 묻히고, 실개천은 도관으로 복개되기도 하며, 이에 따라 홍수와 폐기물이 발생되고 도시경관이 삭막해지게 된다.

둘째는 대기의 변화이다. 도시적 토지이용이 강화되고 자연상태의 지표면이 축소되면서 기온 · 습도 · 열복사와 같은 대기요소들이 영향을 받게 되는데, 열섬(heat island)현상 · 기온역전 · 대기오염 등이 그 대표적인 변화이다. 공통적으로 도심부는 주변지역에 비해 높은 빌딩과 포장된 도로, 주차장들이 복사에너지를 도시환경 속에 가둬두기 때문에 밤에도 주변의 농촌에 비해 기온이 8℃ 이상 높아진다.

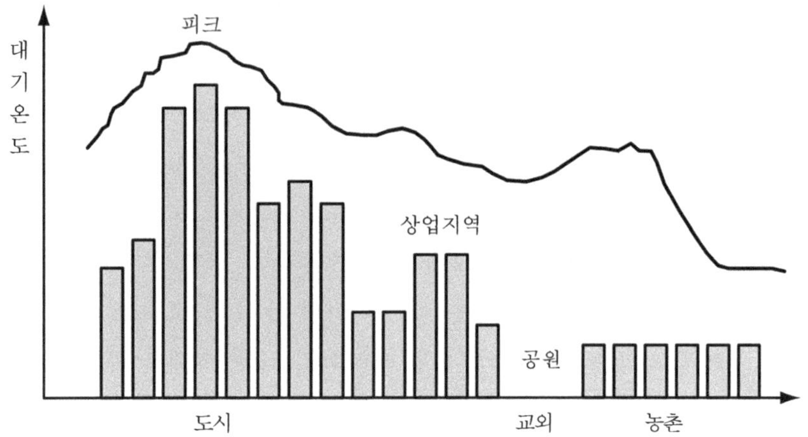

(출처 : 김수봉 외, 친환경적 도시계획, 문운당, 2006 : 8 재구성)

그림 12-4 도시의 대기변화

셋째, 수질의 변화이다. 도시에서의 수질오염 문제는 공업생산과정에서 나오는 공장폐수, 가정에서 나오는 생활하수 등에 의한 하천이나 강의 오염과 오염된 지표수가 토양에 침투함으로써 발생하는 지하수오염이라 할 수 있다.

넷째는 소음의 발생이다. 도시의 교통수단이나 건설현장 및 공장에서 주로 발생하는 소음은 다른 공해와 달리 영구적이지 않고, 소음원에서 멀어지면 사라지기 때문에 간과하기 쉽다. 소음의 정도는 보통 초당 사이클을 나타내는 데시벨(dB)로 측정되는데, 경자동차의 소리는 50dB 수준이고, 고속도로로부터 15m 거리에서는 70dB 정도이며, 대체로 55dB 이상이 되면 일상생활에 지장을 주게 된다.

끝으로, 쓰레기(폐기물)의 발생이다. 이러한 쓰레기는 도시생활의 소비수준 향상에 의해 비롯된다. 우리나라의 1인당 1일 배출량이 2005년에는 1.0kg 수준이었으나 점차 줄어들고 있다.

2. 도시환경문제의 특징

도시의 환경문제는 그 생성원인에 따라 크게 자연환경문제와 인공적 환경문제로 구분할 수 있다. 먼저 자연환경에서 일어나는 문제는 크게 자원고갈 · 환경오염 · 경관파괴로 분류할 수 있다. 다음으로 인공적인 물리환경에서 발생되는 문제는 주로 인구와 물리적 시설이 집중된 장소에서 일어나므로 결국 도시의 환경문제라고 볼 수 있다.

인간생활의 장으로서의 도시가 사회경제 기능의 편리성을 제공하는 한편 자원 및 에너지의 대량소비지가 되고, 대기 · 물 · 토양의 물질순환의 환경에서 부하가 급속히 증가하고 있는 상황에서는 환경의 문제는 모든 도시의 문제라 할 수 있다.

그런데 오늘날의 도시는 정치·경제·사회·문화의 모든 문제가 복잡하게 얽혀 있기 때문에 도시의 환경문제도 서로 유기적인 상호관계에 있다. 예를 들면 공장굴뚝을 통한 오염물질 방출이나 자동차의 배기가스를 줄이기 위해서는 이와 관련하여 생산과정의 본질, 도시교통의 속성, 자연적인 공기의 흐름, 또 이와 관련되는 인구밀도, 용도지역지구제, 도시주거의 패턴, 이용가능한 자원과 기술의 고려에 대한 논의가 필요한 것이다.

12.2.2 환경보전·관리계획의 수립지침

환경친화적이면서 지속가능한 도시발전을 유도하기 위해서는 도시기본계획 단계에서부터 다음과 같은 환경보전·관리를 위한 목표와 전략의 수립이 필요하다.

첫째, 환경보전계획은 최근 5년 이상의 주요 환경현황을 조사·분석하고, 공간구조·토지이용·교통·공원녹지·에너지공급 등 부문별 계획과 연계하여 충분히 검토해야 한다.

둘째, 환경관리는 사전오염 방지를 기본원칙으로 하고, 자연·대기·수질환경과 환경기초시설 등 오염의 원인과 문제점을 분석하여 해소방안을 마련해야 한다.

셋째, '저탄소 녹색성장'이라는 정책목표에 부합할 수 있도록 국가차원의 에너지기본계획을 검토하고, 태양열·풍력·조력 등 신재생에너지원을 확보할 수 있는 잠재력을 분석하여 환경친화적 에너지 공급 및 사용을 위한 대책을 수립해야 한다.

그리고 각종 도시개발·정비사업도 친환경적으로 이루어질 수 있도록 사업유형에 따른 자연환경보전 및 환경관리전략을 수립하도록 하고, 특히 하천정비가 필요한 경우에는 친자연적 공법을 적용하도록 해야 한다.

12.2.3 환경오염 대책

1. 대기오염

대기오염이란 대기 중의 입자상·가스상·증기상의 물질에 의해 인체의 건강과 동식물의 생육이나 재산상의 피해를 유발시키고 쾌적한 삶에 악영향을 미치는 것을 의미한다. 대기오염은 화산폭발·산불·황사현상 등의 자연적 원인에 의해 발생하는 경우도 있으나 주로 산업활동·난방·자동차 운행 등의 인위적 원인에 의해 발생한다. 따라서 대기의 오염물질 농도를 환경기준 이하의 쾌적한 상태로 유지하기 위해서는 저공해 연료의 사용, 연소시설 개선, 오염물질의 배출 전 제거, 굴뚝 높이기 등의 기술적 방법과 배출허용기준의 강화, 기준초과 시의 벌칙강화 등의 정책 및 제도적 방법이 강구되어야 한다.

도시계획적 차원에서의 대기오염 방지대책으로서는 먼저 도시지역에 있어서의 대기오염 현황을 환경기준에 따라 매년·매월 정기적으로 조사·파악해야 하고 기후조건을 감안한 공업지역의 적정배치와 공장이전 등이 필요하며, 특히 자동차에 의한 대기오염을 방지하기 위해서는 공업지역을 제외한 일반시가지에는 시간제로 하여 대형 차량의 진입을 규제하고 연료사용에 대해서도 규제조치를 가해야 한다.

2. 수질환경

도시인구의 증가와 산업화 및 소득수준 향상에 의해 생활하수와 산업폐수의 배출량은 계속 증가하게 됨에 따라 수자원이 오염되고 있으며, 이러한 현상은 해마다 악화되고 있다.

수환경 기준은 달성하고자 하는 목표치로서 하천, 호수 및 해역에 대하여 별도의 기준이 설정되어 있다. 수질환경기준으로는 수소이온농도 지수(PH)·생물학적 산소요구량(BOD)·화학적 산소요구량(COD)·부유고형물질(SS)·용존산소(DO)·대장균수·총질소·총인 등 8개 항목이 있다. 수질규제기준은 환경기준을 달성하기 위한 강력한 규제수단으로 폐수 배출허용기준과 방류수 수질기준이 있다.

한편, 도시의 하수배제방식은 두 가지가 있다. 합류식은 우수와 오수를 통합된 관거를 통해 수송하는 방식으로서 과거 하수처리가 도입되기 전에는 경제적이고 유지관리가 쉬워 널리 사용되었다. 그러나 최근에는 수질오염 피해가 심화되고 환경보전에 대한 인식이 높아짐에 따라 별도의 관거를 통해 우수와 오수를 분리하여 처리하는 분류식이 점차 확대되고 있다.

3. 소음·진동

도시에서의 소음(noise)은 공장·공사현장·교통기관 등이 그 주요 발생원이다. 공간의 성격에 따라 소음에 대한 지각이 달라지지만 소음의 레벨(dB)이 일정수준을 넘어서면 청각장해로 인해 사고방해·수면방해·정서적 불쾌감은 물론 육체적인 영향도 주게 된다.

공장이나 사업장의 소음을 방지하기 위해서는 토지이용을 순화하여 주택지와 공장·사업장을 분리시키고 기성 시가지에서는 공장 이전도 고려해야 하며, 아울러 주택지와의 사이에 완충지대(buffer zone)를 설치해야 한다. 또한, 교통소음을 제거하기 위해서는 토지이용의 적절화 · 도로구조의 개선 · 교통규제 등을 각 지역에 적합한 방법을 채택해야 한다.

진동공해는 대체로 소음과 동시에 나타나게 되는데, 이에 대한 대책은 발생원 · 전파경로 · 수진부의 특성 · 그 주변환경의 조건을 고려하고 특히 소음대책과 병행해서 검토되어야 한다.

4. 폐기물

폐기물은 소유자가 더 이상 효용가치가 없다고 판단하여 버린 고체 혹은 반고체상의 물질을 의미한다. 폐기물은 법적으로 사업장폐기물과 생활폐기물로 대별되는데, 사업장폐기물은 사업장 일반폐기물과 주변환경을 심각하게 오염시킬 수 있는 유해한 물질(폐산 · 폐유 · 폐합성수지 등)인 지정폐기물로 분류되며 생활폐기물은 주택 · 업무시설 · 공공시설 · 가로 · 공원 등에서 발생하고 유해성이 문제되지 않는 일반폐기물이다.

폐기물의 처리방법으로는 소각 · 위생매립(sanitary landfill) 퇴비 등이 있으나, 최근에는 분리수거를 통해 재활용을 많이 하고 있다. 재활용은 물질회수를 통해 자원을 회수하고 폐기물발생량을 감소시키는 이상적인 방법이다. 즉 근본적으로 환경보전은 자원과 에너지의 절약 및 효과적인 재활용을 통해서만 가능하다.

한편, 최근에는 폐기물소각시설 · 폐기물매립시설 · 하수처리장 · 분뇨처리장 등의 환경기초시설 설치에 따른 NIMBY(Not In My Backyard)현상을 슬기롭게 해결할 수 있는 제도의 마련이 필요하다.

12.2.4 친환경 도시계획

1. 환경요소의 단계

환경요소는 그 중요도와 시설의 성격에 따라 공통차원 · 생존차원 · 생활차원 · 쾌적차원으로 단계화할 수 있다. 또한 가장 기본요소인 생존차원은 기초환경 · 생산환경으로, 생활차원은 생산환경 · 편리환경 · 생활환경으로, 그리고 쾌적차원은 쾌적환경 · 창조환경으로 또 다시 단계화할 수 있다.

그리고 각 단계별 환경요소에 대해서는 평가항목을 설정하여 환경평가의 기준으로 사용할 수 있으며, 아래에서 위로 올라갈수록 더 고차원적인 환경요소라고 할 수 있다(표 12-1 참조).

표 12-1 단계별 환경요소의 평가항목

구 분		평가 항목
쾌적차원	창조환경	문화, 교양, 삶의 보람, 자기실현, 충실감 등
	쾌적환경	경관, 레크리에이션, 스포츠, 놀이, 수림, 꽃, 디자인, 아름다움, 즐거움, 편안함 등
생활차원	생활환경	주거, 밀도, 교육, 의료, 대기, 일조, 소음, 진동, 복지, 쓰레기처리, 하수처리, 물건사기, 음식물, 통근, 상수, 가스 등
	편리환경	교통, 통신정보, 공급처리, 항만유통 등
	생산환경	생산장치, 소재, 에너지, 수송, 노동력, 폐기물처리
생존차원	생존환경	재해위험, 침수, 붕괴, 교통사고, 피난, 응급대책, 전쟁, 기아 등
	기초환경	토지, 지형, 지질, 기상, 동·식물 등
공통차원		비용부담방법, 규제, 권리, 권력 등

(출처 : 김수봉 외, 환경정책 및 계획론, 문운당, 2005 : 23)

2. 도시환경계획의 기본개념

도시환경은 크게 생태환경 · 쾌적성(amenity) · 환경부하의 세 가지 척도로 다시 나누어 볼 수 있다. 여기에서 생태환경은 주로 동 · 식물과 인간 또는 인공환경과 자연환경의 공생 및 친화관계를 의미하고, 쾌적성은 인간의 감각을 통한 심리적 즐거움과 관련되며, 환경부하는 자원 및 공간의 부족이나 대기 · 수질오염과 같은 환경용량이나 공해와 관련된다.

도시환경 문제에 대응하여 환경부하가 적은 도시개발시스템을 구축하는데 있어서는 다음과 같은 기본개념이 필요하다. 첫째는 순환(recycle)의 개념이다. 일상생활이나 사회생활에서 소비되고 있는 에너지를 억제함과 동시에 하수처리장 · 쓰레기 소각장의 폐열 등 미이용에너지 활용을 도모하고, 폐기물을 자원으로 재활용하는 개념이 중요하다.

둘째는 완화(mitigation)의 개념이다. 이는 개개의 개발에 있어 환경에의 영향을 최소화하는 관점이 중요하지만 개발과 환경부하의 관계를 고려하여 환경 손실이나 혼잡을 완화시키는 개념이다.

셋째는 균형성장의 개념이다. 도시활동에 불가결한 에너지 공급이나 도시기반시설 구축 등의 물리적 조건뿐만 아니라 자연지형 · 역사 · 풍토 등 도시고유의 조건을 염두에 두고 도시개발의 속도나 규모를 시간축을 고려하면서 지속가능한 도시성장을 유도해 가는 개념이다.

넷째는 환경과의 조화(harmony)의 개념이다. 대도시 도심부에 고밀주거 및 업무형 도시재개발로 인한 교통부하를 줄이고 에너지효율이라는 관점에서도 오히려 주택 · 상업 · 업무 등 복합적인 토지이용(mixed-use)에 의한 균형잡힌 시가지 형성이 중요하다.

다섯째는 종합적 평가의 개념이다. 지금까지 도시환경의 보전 · 관리를 위한 도시계획상의 평가방법은 환경영향평가에서 보이는 것과 같이 환경에 마이너스적인 측면을 평가하는 것이 주류였다. 그러나 도시계획은 종합적인 판단 하에 행해지는 것이므로 다양한 부정적 측면과 더불어 도시공간에의 기여도, 도시환경에의 질 향상에 대한 공헌도 등 긍정적인 측면도 포함한 종합적인 평가시스템 구축이 요구된다.

3. 친환경적 도시계획

20세기 말 이후부터 친환경적이라는 용어가 도시계획에서 자주 사용되고 있다. 여기에서 환경친화적이란 단순히 물리적인 환경만을 뜻하는 것이 아니라 정치적 · 경제적 · 사회적 측면에서의 통합적인 지속가능성을 의미하는 바, 환경친화적인 도시계획을 위한 방향 및 과제로는 다음과 같은 사항을 들 수 있다.

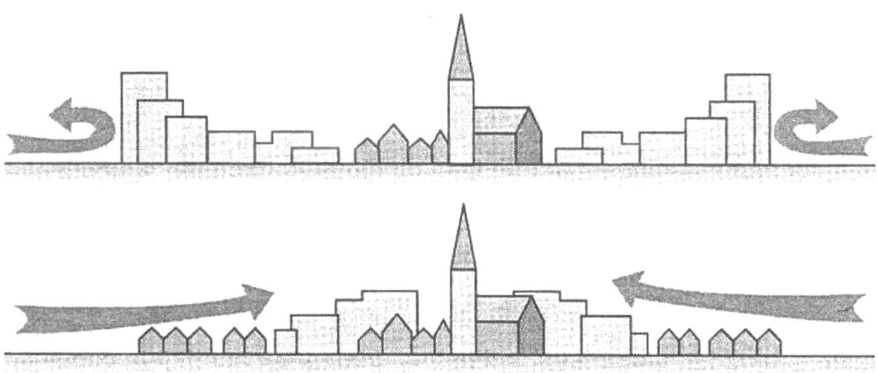

(출처 : 서울시정개발연구원, 기상특성을 고려한 도시계획기법 연구(II), 2000 : 230)

그림 12-5 바람의 흐름을 고려한 도시 주변개발

첫째 토지이용의 고도화이다. 최근 도시개발에서는 토지를 고밀도로 이용하는 압축도시(compact city) 개념이 적용되고 있다. 교통혼잡 · 에너지절약 등 사회적 비용절감을 위한 토지의 고밀이용방법은 미이용 또는 저이용 토지의 고밀이용, 지하공간의 활용, 재개발 등이 있으며, 도심에 주상복합이나 복합용도를 유도하는 것도 매우 유용한 방법이다.

둘째, 에너지 절약형 도시구조를 만드는 것이다. 도시 내부에는 에너지절약 효과가 높은 도시시설과 지역냉난방시스템을 도입하며, 건물의 형태 · 규모 · 배치를 통해서도 에너지소비를 최소화해야 한다.

셋째, 교통체계의 개선이다. 자가용 승용차의 비중을 낮추고 동시에 기존의 도로시설을 효율적으로 이용·관리하는 이른바, 교통체계관리(TSM)기법과 교통안정화(traffic calming)기법 등도 적극 도입한다. 그리고 전용보행자공간과 자전거이용시설을 확대해야 한다.

넷째, 공원 및 녹지공간의 확대이다. 도심부의 국공유지 자투리땅과 같은 미이용토지를 소규모 공원녹지로 조성하고 상업·업무지역에는 옥상조경과 벽면녹화 등 도심녹지공간의 확충방안을 마련해야 한다.

다섯째, 자연생태계의 보전과 회복이다. 도시 내 자연생태계를 보전하기 위해서는 야생동물을 생육하고 소생물권(biotope)을 보전·정비하여 하천·공원·수림대로 연결시키는 동시에 도시생태계의 복원 및 보존을 위한 환경친화적인 설계기준 및 지침이 마련되어야 한다.

끝으로 자연적 기후의 유지이다. 도시열섬(urban heat island) 문제를 해결하기 위해서는 도심 내에 녹지공간을 확보하고, 가로·공원 등 녹지의 네트워크화를 통해 도시 외부의 신선한 공기를 도시 내부까지 끌어들일 수 있는 바람통로를 확보해야 한다. 특히 온실가스 저감 등 기후변화에 대응하기 위하여 공간구조, 교통체계, 환경의 보전과 관리, 에너지, 공원녹지계획 등 각 부문계획과 포괄적으로 고려하여 계획을 수립해야 한다.

4. 환경 관련 도시계획법제

도시의 환경문제에 대응하기 위한 도시계획 관련법제의 유형으로는 ①지역제(zoning)에 의한 녹지·풍치의 보전, 용도 및 밀도규제에 의한 주택지의 일조·통풍 확보, 개발허가기준에 의한 녹지공간 확보, ②하천·하수도 등 수환경과 오픈스페이스 정비, ③환경영향평가제도 실시 등이 있다. 또한 개별적인 도시계획시설

표 12-2 베를린시 환경지도의 주요테마

구 분	주 제(topics)
• 생물적 기반	기온, 토양관련, 지표수 형성
• 인간적 기반	토지이용, 도시구조 타입, 오픈스페이스 개발
• 공해 수준 및 오염원	먼지공해, 교통소음, 유해질소산화(NOx)
• 민감도 및 위협	지표수의 공해 민감도, 어류의 위협, 수원보호지구
• 공급수준	건물난방 타입, 오픈스페이스 가능성, 전력

(출처 : Senate Department of Urban Development, Berlin)

및 도시계획사업에 있어서도 환경영향평가가 행해져 사전에 환경에의 악영향을 저감시키고 있다.

그리고 체계적인 도시환경관리계획을 수립하기 위해서는 먼저 첨단정보통신기술을 이용한 환경지도 작성이 필요하다. 독일 베를린시의 디지털 환경지도(Digital Environmental Atlas)의 구조를 보면 크게 토양 · 물 · 대기 · 기후 · 비오톱(biotope) · 토지이용 · 교통소음 · 에너지의 8개 항목으로 구성되어 있다.

12.3 도시방재 및 안전

12.3.1 재해의 개념과 유형

재해(災害)는 인간이 입는 피해의 규모에 의하여 사고와 구분되지만, 일반적으로 사고가 대규모이거나 발생빈도가 많아 직접적으로 피해를 입지 않은 사람도 사고발생에 대한 공포(stress)를 느낄 정도로 피해가 확대될 때 재해로 정의한다.

재해는 발생원인에 따라 크게 자연재해와 인위재해로 구분할 수 있다. 자연재해는 천재지변이라고 일컫는 사고로서 홍수 · 호우 · 폭풍 · 해일 등의 자연현상에 의해 발생하는 피해라고 규정하는데, 자연재해는 발생원인에 따라 다시 풍해 · 수해 · 설해 등의 기상재해와 지진 · 해일 등과 같은 지질재해로 나누어진다. 또한 인위재해는 화재 · 붕괴 · 폭발 · 교통사고 · 환경오염사고 등과 같이 인간의 실수 또는 기술의 활용과정에서 부주의로 인해 나타날 수 있는 피해(재난)라고 규정하는데, 인위재해는 발생원인에 따라 기계적 재해, 화학적 재해, 환경재해(공해), 특수재해(방사능 누출 · 전쟁)로 구분된다.

한편, 재난관리의 단계에 대해서는 학자 간에 여러 견해가 있지만 일반적으로 Petak(1985) 교수의 ① 피해절감 · 예방 ② 대비 ③ 대응 ④ 복구의 4단계가 가장 널리 인용되고 있다. 이러한 재난관리 4단계 중에서 도시계획은 재난피해의 절감 · 예방단계와 가장 밀접하나 도시계획가가 보유한 여러 지식과 기술은 대비 및 대응 · 복구 등 다른 단계에서도 매우 유용하게 사용될 수 있다.

12.3.2 도시방재 패러다임의 변화

도시에서 방재는 재해로부터 지속가능한 도시생활과 경제활동이 유지될 수 있도록 도시구조와 생활양식 전반에 대해 재해예방과 복구 · 보전을 위한 새로운 패러다임의 전환이 필요하며, 재해로부터 안전한 도시를 위한 다각한 노력이 아주 필요할 시점이다.

자연재해 저감을 위한 도시계획적 대책의 핵심은 보다 근원적인 재해방지의 관점에서 지속가능성(sustainability)과 기후변화(climate change)라는 서로 관련되는 두 개념이 중요한 동인이 되고 있다. 즉 인위적인 방재시설에만 의존하는 도시는 재난발생에 따른 충격흡수와 평상시 상태로의 신속한 회복(resilience)에 취약하기 때문에 위험분산 및 위험분담 차원에서 도시를 구성하는 다양한 물리적 · 비물리적 구성요소들에 걸쳐 종합적인 방재태세가 필요하다.

또한 기후변화에 따라 시설용량을 초과하는 극한적인 기상을 감당하기 위해 방재시설의 설계용량을 계속 높일 수 없기 때문에 토지이용의 배치, 방재시설이 아닌 도로 및 공원녹지를 비롯한 기반시설 · 건축물 등에서도 방재를 고려하고, 재해위험을 분담해야 할 필요성이 높아지고 있다(한국방재학회, 2017:5).

12.3.3 방재도시계획

1. 도시방재대책의 접근방법

방재대책의 유형은 크게 예방적(preventive) 대책과 대응적(responsive) 대책으로 구분할 수 있다. 예방적 대책은 재해의 발생 가능성을 최소화하는 것이고, 대응적 대책은 일단 재해가 발생한 경우에 피해를 최소화하는 것이다. 그런데 도시계획을 수립하는 데 있어서는 재해발생을 전제로 계획을 수립해서는 안 되기 때문에 기본적으로 예방적 대책이 강조되며, 재해위험을 고려한 개발입지 제어 및 토지이용 배치, 시설물 배치 등에 대한 계획에서 고려되어야 한다.

도시계획의 차원에서의 자연재해의 예방 및 저감을 위한 기본적인 접근방법은 지역별 재해위험도에 따라 토지이용 · 공공시설 · 건축 등을 제어하는 것이다. 즉, 토지이용에 있어서는 지역별 재해위험도에 따라 용도별 · 시설별 재해취약도를 고려하여 배치하는 것이며, 공공시설에 있어서는 재해위험도에 따라 설치의무시설 · 설계기준 등을 강화 또는 완화하는 것이다. 건축부문에 있어서도 재해위험도에 따라 대지조성 및 건축기준을 강화 또는 완화하는 것이다.

2. 방재도시계획의 개념

방재도시계획은 도시계획과 관련된 모든 방재대책을 통칭한다고 할 수 있다. 이와 같은 방재도시계획의 개념을 구체적으로 우리나라의 제도와 대비시켜 보면 크게 ① 재해대책관련 법령(재해 및 안전대책기본법 · 자연재해대책법 · 사전재해영향성 검토 등) 속에서 도시방재와 관련된 사항을 규정하여 간접적으로 도시계획과 연계되는 방재도시계획, ② 도시계획 관련 법령(국토의계획및이용에관한법률 · 도시개발법 · 택지개발촉진법 등) 속에서 도시계획 차원에서 직접적으로 이루어지는 방재도시계획을 포함하는 개념으로 구분할 수 있다.

이상과 같은 개념의 방재도시계획은 대상이 되는 공간적 범위에 따라 크게 도시레벨의 방재도시계획과 지구레벨의 방재도시계획으로 나눌 수 있다. 도시레벨의 방재도시계획은 광역도시계획이나 도시기본계획상의 방재계획, 방재 및 안전에 관한 계획 등 도시 전체를 대상으로 하는 계획이나 도시방재구조화대책사업 등 도시 전체를 대상으로 하는 방재대책을 말한다.

지구레벨의 방재도시계획은 이와 같은 도시 전체를 대상으로 하는 방재대책을 실질적으로 실현하기 위한 개별 지구단위계획이나 도시계획사업, 도시계획시설사업 등의 세부 실행 프로그램을 의미한다고 할 수 있다.

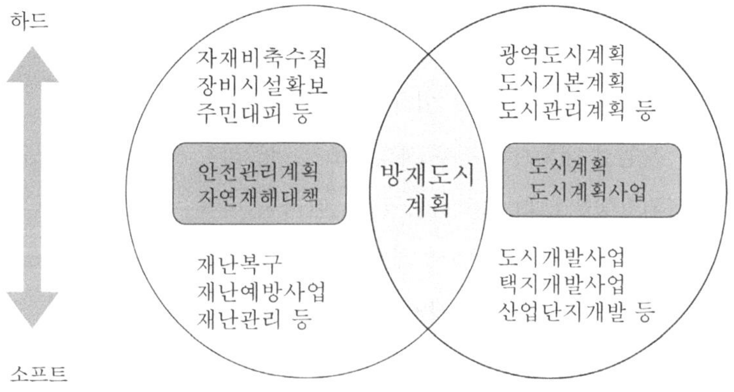

그림 12-6 우리나라의 방재도시계획 개념

3. 방재도시계획의 기법

도시재해의 발생원인을 제거하고 방재환경의 정비를 도모하기 위해서는 방재체제 확립, 방재사업의 계획적 추진, 방재관련 과학기술의 개발 등이 요구된다. 그러나 도시방재에 기여할 수 있는 가장 합리적이고 효과적인 방법은 토지이용계획 및 도시시설계획 과정에서 방재성을 충분히 고려하는 것이다.

첫째, 도시의 토지이용의 순화를 기하고, 주택을 비롯한 각종 건축물의 밀도를 규제하며, 개별 토지의 지상 · 지하시설의 구조적 안전성을 강화해야 한다. 특히 기성시가지의 재해위험요소와 범죄유발위험요소를 정비해야 한다.

둘째, 지하시설을 견고히 하고 전력 · 가스 · 상수도 등은 지하공동구를 설치하여 수용하도록 유도한다.

셋째, 오픈스페이스를 계통적으로 배치하고, 광장 · 피난로 등 긴급피난시설을 확보하며, 방재거점이나 방재블록 등의 지정과 사업화를 계획적으로 추진한다.

끝으로, 소방 · 구급 · 정보전달체제와 시설을 충실히 하여 재해발생에 따른 제2차적 혼란을 방지함으로써 피해를 감소시키고, 방재를 위한 주민활동조직을 강화해야 한다.

12.3.4 방범 및 안전

안전성(safety)은 계절 · 시간 · 장소에 상관없이 갑자기 발생하는 범죄 · 사고 등의 위험으로부터 보호받고 예방하고자 하는 인간의 심리를 반영하는 것으로써 주로 주택(주거지역)이나 도로 · 공원 등 공공공간에서 많이 발생한다.

미국의 심리학자 마슬로(A. Maslow)가 인간의 기본적인 욕구를 위계에 따라 ①신체(생리적 욕구, 안전 욕구) ②사회(귀속 및 애정 욕구, 자존욕구) ③자아(자아실현 욕구)의 3단계로 압축하고 있듯이 안전성 확보는 현대 도시계획에 있어서 가장 중요한 이슈로 다루어지고 있다.

오늘날 대도시의 경우 사회구조가 복잡하고 생활공간도 고층 · 고밀화되기 때문에 범죄발생률도 더 높아지고 있다. 따라서 지역주민이 항상 안심하고 생활할 수 있도록 주택의 외부공간에서 거주자들의 영역성을 확보해주고 공공공간에서도 감시가 가능하도록 방어적 공간(defensible space)을 조성해야 한다.

그리고 도로 · 공원 등 공공공간은 시각적으로 보호받을 수 있고 적당한 밝기의 조명시설을 설치하는 등 소위 범죄예방환경디자인(CPTEP) 기법을 적극 활용해야 한다. 특히 기후변화와 정보화 · 다문화 · 고령화 등 시대변화에 대응해야 하고, 어린이 · 노인 · 장애인 등 사회적 약자를 위한 안전한 생활환경 조성이 무엇보다 중요한 도시계획 과제이다.

PART 13

지구단위계획 · 단지계획

13.1 도시설계

13.1.1 도시와 건축

도시는 건축의 집합체이다. 도시공간은 건축공간에 비해 훨씬 광범위하고 복잡하며, 건축공간이 개별적 가치를 가진다면 도시공간은 집단적 가치를 가진다고 할 수 있으며, 또한 건축은 사적 · 내부공간의 성격을 가진다면 도시는 공적 · 외부공간의 성격이 강하다고 할 수 있다.

따라서 도시의 어떠한 건축도 도시의 질서와 관계없이 독립적으로 세워질 수 없다는 것을 이해해야 하며, 또한 아무리 훌륭한 건축적 해결도 그것이 놓여 있는 도시구조의 제약을 완전히 극복할 수 없다는 것을 이해해야 한다.

표 13-1 건축과 도시의 상대적 속성 비교

구 분	건 축	도 시
존재 가치	개별적 가치	집단적 가치
공간성격	사적 · 내부공간	공적 · 외부공간
형태결정 요인	감성적/예술적	논리적/과학적
표현	그림(figure)	배경(ground)
형성과정	일시적/완결적 형태	누적적/과정적 형태

콘젠(M. R. G. Conzen)은 도시공간의 구성요소를 도로 · 대지 · 건축의 세 가지로 구분하고 이들의 집합상태에 따라 도시의 물리적 형태를 설명하고 있듯이, 도시 건축물의 용도 · 규모 · 높이(층수) · 형태 등은 그 건축물이 접하고 있는 대지의 규모와 형상에 따라 결정적으로 좌우될 뿐만 아니라 건물이 접하고 있는 도로의 폭이나 성

격에 따라 직접적인 영향을 받지 않을 수 없다. 예를 들어 대지의 규모가 크고 규칙적인 형태일 경우에는 고층의 정연한 형태의 건물이 들어서게 되지만, 그 반대인 경우에는 저층의 불규칙한 형태의 건물이 들어서게 된다.

13.1.2 도시설계의 개념과 역할

1. 도시설계의 개념과 의미

도시의 최종형태는 개별적인 건축행위에 의해 완성된다. 그러나 건축행위는 그 밑그림이 되는 거시적 환경을 잘 그려낼 수 없는 특성을 가지며, 도시계획은 도시기능과 사회경제적인 제반 요소들에 주로 주목하는 까닭에 개별 건축물들의 구체적인 형태 구성과 조합에 대해서 미온적 특성을 가진다. 그러므로 도시계획적인 이념과 건축적인 창의가 서로 공존하면서 도시의 물리적 환경을 조화롭게 조성할 수 있도록 하는 매개체적 장치가 필요하게 된다.

이에 따라 1970년대 초 도시환경의 구축에 관계되는 건축 · 조경 · 도시계획 등의 각 전문 분야가 동일한 권한과 동등한 참여를 통해 이루어지는 규범적 전문 분야이자 활동영역으로서 도시설계(urban design)가 자리하게 되었다.

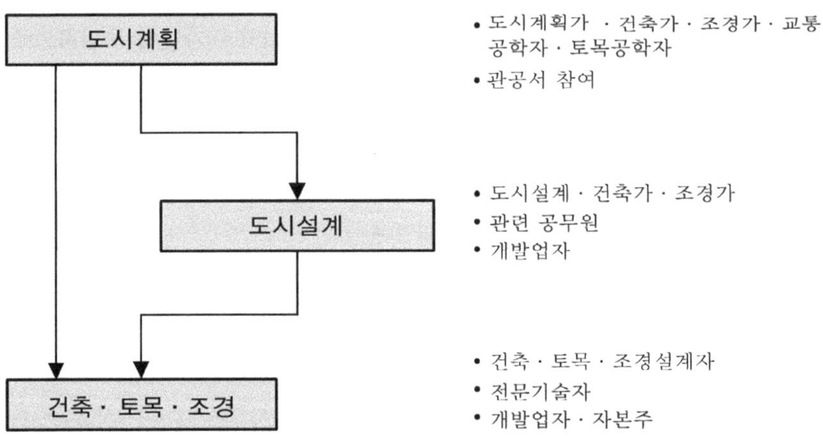

그림 13-1 도시계획 · 설계과정

도시설계는 토지이용의 합리화 및 도시미관의 증진을 위하여 일정한 지구 안의 건축물 배치 · 밀도 · 형태를 비롯하여 도로 · 광장 · 공지 등의 보다 계획적인 규제 · 유도를 하는 도시계획의 하향적 · 입체적 실현수법의 하나라고 볼 수 있다. 즉 도시계획과 건축 · 토목 · 조경의 중간단계의 작업과정이라 할 수 있다.

한편, 도시설계는 이러한 과정에 개입하여 도시를 도시답게 만들어가려는 것으로서 대체로 다음의 두 가지 의미로 이해될 수 있다. 첫째는 도시의 물리적 환경 일체를 설계하여 의도한 대로 조성하기 위한 일련의 과정으로 이해하는 것으로, 도시의 물리적 환경을 구성하는 모든 요소에 대한 세부적인 설계도를 준비하는 일이 그 핵심이 된다. 둘째는 규제 · 유도라는 간접적인 방법을 통해 도시의 물리적 환경을 바람직한 방향으로 관리해 나가려는 제도로서 지구단위계획이 이에 속한다.

2. 도시설계의 필요성과 역할

현대 도시계획에 있어서 도시설계적 접근의 필요성은 물적 환경의 시각적 · 심리적 측면에서 도시공간 구성요소 간의 관계 형성과 다양한 주체 간 · 분야 간의 관계 조정, 그리고 환경디자인의 가이드라인 제시 등으로 설명할 수 있다.

첫째는 도시공간 구성요소 간의 관계 형성 및 공공성 증진이다. 사람들이 도시공간에서 건축물을 인식할 때 개별 건축물로서가 아니라 연속된 건축물군으로서, 그리고 건물과 건물 · 건물과 대지 · 대지와 가로의 관계에서 인식되기 때문에 주변과의 조화를 위한 가로공간의 연속성 및 스카이라인에 대한 고려, 형태나 색채 등에 관한 사항이 설정될 필요가 있다. 또한 장소성과 공공성 있는 외부공간(outdoor space)의 형성을 위해 개별적으로 이루어지는 건축행위들을 연결하는 끈으로서의 관계 형성을 위해 도시설계가 필요하다.

둘째는 다양한 수체 간의 관계조정이다. 일반적으로 도시공간의 조성과 관련된 주체로는 먼저 도시관리자로서의 도시행정, 조성주체로서의 민간 및 공공영역의 소유자, 특정 건물의 사용주체인 사용자, 그리고 도시공간의 궁극적인 이용자인 일반인(시민) 등이 있다. 이렇게 서로 다른 주체 간의 도시개발에 대한 인식이나 목표가 설정되지 않을 때 합의형성의 매개체로서 도시설계가 필요하다.

셋째는 다양한 전문 분야 간의 역할 조정이다. 도시의 물적 환경의 조성을 위한 계획 · 설계과정에는 도시계획 · 건축 · 조경 · 토목 등 많은 전문 분야가 참여하게 된다. 그런데 도시계획은 거시적 관점에서의 도시기능 배분에 관심을 갖고 있으나 작고 구체적인 공간이나 시설까지 배려하지 못하고, 건축은 개별 필지 내의 건축설계에 중점을 두고 있고, 조경은 할당된 옥외공간에만 그 역할이 한정되어 있으며, 토목은 주로 하부구조의 기능적 역할에 중점을 두게 되기 때문이다.

넷째는 물리적 환경디자인의 가이드라인을 제시하는 역할이다. 도시설계는 개별적으로 발생하는 민간부문의 건축물의 용도 · 형태 · 높이 · 색채 등에 대한 규제 및 유도방안을 제시한다. 또한 도시개발을 촉진하고 쾌적한 도시환경을 조성하기 위한 도로 · 광장 · 공원 · 하천 · 가로장치물 조경식재 등 공공부문의 디자인 방향을 제시한다.

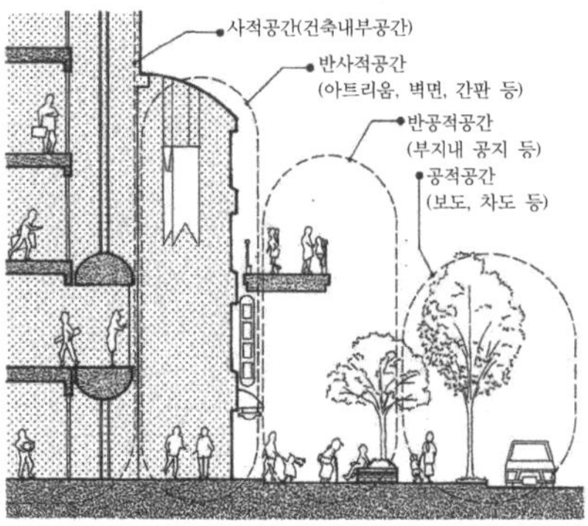

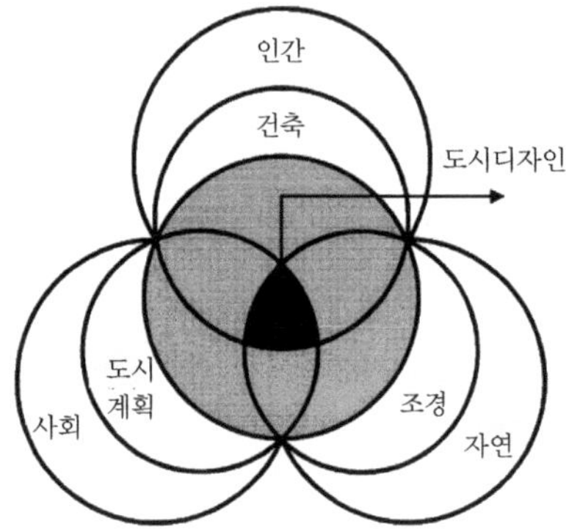

(출처 : 대한국토 · 도시계획학회, 도시설계, 2001 : 230)

그림 13-2 공적 - 사적공간의 연속체

그림 13-3 도시디자인과 관련 분야

결론적으로 도시설계의 역할은 하나의 일정한 도시환경 구성요소 자체의 설계가 아니라 조성하고자 하는 물리적 환경에 대한 성격과 목표를 분명하게 제공하여 각 전문 분야가 담당하고 있는 구성요소가 그 성격과 목표에 맞게 설계되도록 가이드라인을 제시하고 설계과정을 관리하며 주체 간 · 분야 간의 역할을 조정하는 것이라고 할 수 있다.

13.1.3 도시설계의 요소와 수립과정

1. 도시설계의 범위와 요소

도시설계는 도시계획과 같은 거시적인 측면에서부터 단지 및 지구차원의 설계, 더 나아가 가로 · 광장 등의 공공부문과 단위 대지 · 건축물 등 민간부문의 미시적인 측면에 이르는 포괄적인 내용을 다루고 있기 때문에 목적과 대상에 따라 다루는 범위와 내용이 달라진다.

그러나 이러한 도시설계의 대상들의 포괄적인 범역에 비해 일반적으로 다루어지는 도시설계의 요소는 크게 시스템으로서의 요소, 물적 환경으로서의 요소, 지각적 환경(conscious environment)으로서의 요소 등으로 구분할 수 있다.

여기에서 시스템은 토지이용 · 가로 · 대지 등의 도시공간 패턴과 도로망 · 보행체계 · 공급처리시설 등의 도시순환체계이고, 물적 환경은 대지 · 개별 건축물의 형태(높이, 색채, 지붕형태 등) · 오픈스페이스 건축물의 집합과 경관(가로경관, 스카이라인 등) · 자연환경 등이며, 지각적 환경은 주로 도시 및 지구 차원의 도시의 이미지와 정체성 및 장소성(공간감) 등과 관련된다.

표 13-2 도시설계의 요소

대 구 분	중 구 분	소 구 분
시스템	도시공간 패턴	토지이용 패턴, 가로 패턴, 가구 패턴, 가로와 대지와의 관계 등
	도시순환체계	도로망체계, 보행체계, 오픈스페이스 체계, 기반시설체계 등
물적 환경	대지	대지내 공지, 대지내 공개공지 등
	개별 건축물의 형태	건축물의 형태(높이 · 입면형태 · 색채 · 지붕형태 및 담형태 · 광고물 등)
	건축물 집합과 경관	매싱, 스카이라인, 가로벽, 가로경관 등
	도시 오픈스페이스	차량공간, 보행공간, 외부공간시설 등
	자연환경	도시녹지, 도시하천 등
지각적 환경	활동패턴과 공간기능	각종 도시활동과 공간기능과 상호관계
	도시 이미지와 정체성	도시 · 지구차원의 관련 물적 및 비물적 환경, 관련 제도와 정책 등
	장소성과 공간감	장소성 확보가 가능한 대상, 중경(中景)차원에서 인지되는 각종 공간감

(출처 : 대한국토 · 도시계획학회, 도시설계, 2001 : 128)

2. 도시설계의 수립과정

도시설계는 그 결과물이 개별 건축물의 설계뿐만 아니라 도시의 형태와 질, 특히 외부공간에 관련된다는 측면에서 다른 종류의 계획과 구별된다. 또한 도시설계안은 공사내역 · 공정 · 재정계획 · 예산정책을 완벽하게 갖춘 건축계획만큼이나 상세하기도 하며, 다른 한편으로는 단순히 지침서나 규정들로 구성되어 정책을 실제로 뒷받침하는 법적 권한을 가지기도 한다.

도시설계의 실제적인 수립과정은 그 계획의 범위와 내용에 따라 다소 달라질 수 있으나 일반적으로는 ①계획대상 구역의 지정 ②현황조사 및 여건분석 ③기본구상 ④부문별 계획 ⑤도시설계(안) 작성 ⑥시행계획의 6단계를 거치게 된다.

13.1.4 도시설계의 실현

도시설계를 실현한다는 것은 크게 두 가지 측면이 있다. 하나는 개별적으로 일어나는 민간부문의 개발을 어떻게 도시설계에 부합되도록 통제 또는 유도할 것인가 하는 점이고, 다른 하나는 대상지역의 환경조성에 관련된 공공부문의 활동을 어떻게 도시설계에 부합되도록 할 것인가 하는 문제이다. 여기에서 전자는 민간에 의해 개발·분양되는 토지·시설물·건축물 등에 관한 사항이고, 후자는 공공에 의해 개발·공급되는 가로·공원·광장·하천 등 공공시설에 관한 사항이다.

민간부문에 대한 도시설계 제어(control)의 유형을 집행방법에 따라 구분하면 크게 규제방법과 유도방법으로 나눌 수 있다. 규제수법은 해를 끼치게 되는 개인의 개발행위로부터 공공의 이익을 보호하기 위해 정부의 법적 규정을 근거로 하여 개인의 개발행위를 통제하는 것이다.

표 13-3 도시설계의 시행부문

구 분	계 획 대 상
민간부문	• 주거(공동, 단독, 근린생활시설, 주상복합)·상업·공업용지 등의 건축물 용도, 건축선, 건폐율, 용적률, 건축물의 높이, 대지 안의 공지 등 건축규제사항
공공부문	• 도로·공원·하천 등 비건축공간 • 교량 등의 구조물 • 공급처리시설 • 옥외 가로시설물, 안내시설 • 식재·포장·색채 등

한편, 유도수법은 도시 쇠퇴지역이나 특별한 공공이익의 실현이 요구되는 지역에서 개발업자에게 개발에 관련된 반대급부(incentive) 혹은 보너스를 제공하거나, 재정지원 등의 간접적 방법을 통해 도시개발을 촉진하거나, 도시에 필요한 공공의 쾌적요소(public amenities)를 확보함으로써 도시개발을 바람직한 방향으로 유도하는 방법이다. 지구단위계획은 도시설계를 실현하는 가장 대표적인 제도적 장치이다.

13.2 지구단위계획

13.2.1 지구단위계획의 개념

1. 지구단위계획의 도입

우리나라에서 도시설계(urban design)에 대한 규정이 처음 제도적으로 도입된 것은 1980년에 제정된 건축법인데, 당시 도시설계의 관심사는 건축후퇴선, 대지 내 공지, 주차출입구 통제를 통한 간선도로변의 미관 개선이었다.

1991년에는 건축법에 의한 도시설계의 한계를 보완하기 위하여 도시계획법에 의한 상세계획제도를 도입하였다. 2000년에는 도시설계와 상세계획의 이원적 운용에 따른 문제를 해소하기 위하여 지구단위계획으로 통합하였으며, 이어서 2003년에는 종래의 도시계획법이 국토계획법으로 변경되면서 지구단위계획이 도시관리계획의 한 부문 계획이 되었다.

도시설계는 기본적으로 사람을 위한 공간(장소)을 만들기 위하여 도시의 공간환경에 어떤 기능과 용도를 어떤 형태에 담아서 어떤 의미(meaning)를 가지도록 할 것인가 하는 과제를 다룬다. 이에 비해 지구단위계획(district unit plan)은 도시계획과 건축계획의 중간단계의 계획으로 도시 전체에 대한 개략적인 계획을 지구의 특성에 맞게 구체하기 위한 도시관리계획의 한 부문이다. 즉 도시설계의 기본목표가 장소성 있는 공간·환경을 만드는 것이라면 지구단위계획은 특정지역의 여건에 맞도록 건축계획이나 집행계획 등에 지침을 제시하는 도시설계의 제도적 실현장치라고 말할 수 있다.

2. 지구단위계획의 개념과 목표

지구단위계획은 도시계획 수립 대상지역의 일부에 대하여 토지이용을 합리화하고, 그 기능을 증진시키며, 경관·미관을 개선하고, 양호한 환경을 확보하며, 당해 구역을 체계적·계획적으로 개발 및 관리하기 위해 수립하는 도시계획의 실현수단의 하나라고 정의할 수 있다.

지구단위계획은 도시관리계획으로 결정한다. 도시관리계획이 그 범위가 시·군의 전체에 미치고 용도지역·용도지구 등 토지이용계획과 기반시설을 정비하는 것이 목표라면 지구단위계획은 관할 행정구역 내의 일부지역을 대상으로 토지이용과 건축물계획이 서로 피드백되도록 함으로써 평면적 토지이용계획과 입체적 건축계획이 서로 조화를 이루도록 하는 데 중점을 둔다.

13.2.2 지구단위계획의 역할

1. 지구단위계획의 위상과 역할

지구단위계획은 광역도시계획과 도시기본계획의 하위계획인 도시관리계획의 하나로써 이들 상위계획에서 제시하고 있는 도시정책방향을 특정지역의 국지적 여건에 맞게 구체화하여 도시공간을 체계적으로 계획·관리하고, 개별법에 의한 도시개발·정비사업의 실현수단 기능의 일부를 수행하는 역할을 한다. 즉, 일반 도시관리계획에서 결정할 수 없는 건폐율, 용적률, 건축물 용도·건축선·건축물의 형태와 색채 등 구체적은 사항을 정하는 역할을 한다.

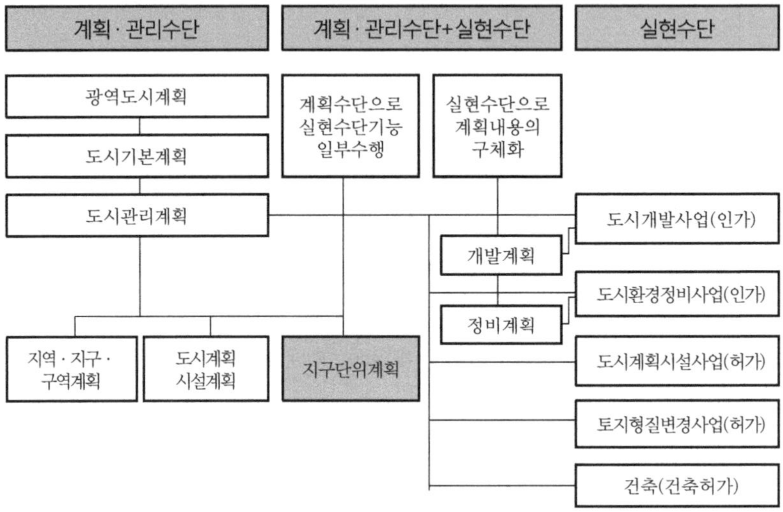

(출처 : 한국도시설계학회, 지구단위계획의 활용, 2009:13 일부 수정)

그림 13-4 지구단위계획의 위상과 역할

2. 지구단위계획의 성격

지구단위계획은 당해 구역을 체계적으로 개발 · 관리하기 위하여 건축물과 기타 시설의 용도 · 종류 · 규모 등에 대한 제한이나 건폐율 또는 용적률을 완화하여 수립하는 계획으로써 지구단위계획구역 및 지구단위계획은 도시계획위원회의 심의를 거쳐 도시 · 군관리계획으로 결정한다.

지구단위계획은 난개발 방지를 위하여 개별적인 개발수요를 집단화하고, 기반시설을 충분히 설치하며, 인간과 자연이 공존하는 환경친화적 환경을 조성하기 위한 계획이다. 따라서 지구단위계획은 「도시개발법」 · 「택지개발촉진법」 등 개별사업법으로 지정된 사업구역에 대한 계획과 동시에 수립하여 당해 사업구역의 기반시설 설치 및 환경관리를 체계적으로 도모할 수 있다.

13.2.3 지구단위계획의 주요내용

1. 지구단위계획구역의 지정

지구단위계획구역은 시 · 군 안에서 문제점이나 잠재력이 있는 지역을 대상으로 지정하되, 구역을 지정할 때에는 당해구역 및 주변지역의 토지이용 · 교통 · 경관 · 관련계획 등을 함께 고려하여 그 타당성을 면밀히 검토해야 한다.

도시지역에서 지구단위계획구역을 지정할 때에는 당해 구역의 지정목적 · 중심기능 · 용도지역 · 도시공간구상 등을 종합적으로 고려해야 하며, 기존 시가지의 정비 · 관리 · 보전 또는 신시가지 개발, 복합용도 개발, 유휴토지 및 이전 적지개발 등 그 목적을 분명히 해야 한다. 또한, 도시지역 외 지역에 지정하는 지구단위계획구역은 당해 구역의 중심기능에 따라 주거 · 산업유통 · 관광휴양 · 복합기능 등으로 구분한다.

2. 지구단위계획의 수립원칙

지구단위계획은 그 수립의 목적에 따라 계획의 항목과 상세 정도를 다르게 할 수 있으며, 전문가의 자문 및 토지소유자와 이해당사자를 대상으로 설문조사 · 주민설명회 등을 실시하여 주민의견을 충분히 수렴해야 한다.

쾌적하고 편리한 환경을 조성하고 도로 · 상하수도 · 전기 등 기반시설의 용량이 부족하지 않도록 개발밀도(건축연면적)를 유지해야 하며, 이를 위하여 계획에 적합한 사항을 설정하여 환경성검토를 시행한다. 그리고 지구단위계획으로 결정되는 기반시설은 종류 · 설치 우선순위를 정하도록 하며, 실행력이 강화될 수 있도록 공공 · 공공+민간 · 민간 등 이해당사자 각각의 역할분담을 명확히 구분해야 한다.

3. 지구단위계획의 수립과정

지구단위계획의 입안 및 결정절차는 도시관리계획의 법적 절차에 따르게 되지만, 일반적인 지구단위계획의 수립과정은 ① 지구의 성격 및 역할 정립 ② 현황조사분석 ③ 계획의 목표 및 방향 설정 ④ 부문별 계획 ⑤ 계획 실현수법의 결정 과정을 거치게 된다(그림 13-5).

한편 지구단위계획의 입안 및 결정을 위한 법적 절차는 ① 기초조사 ② 지구단위계획안 작성 ③ 지구단위계획 입안 ④ 지구단위계획의 결정 및 고시 ⑤ 일반열람 과정을 거치게 된다.

4. 지구단위계획의 원칙

모든 지구단위계획 수립과정에 있어서 공통적으로 적용되어야 하는 일반원칙은 다음과 같다.

- 도시의 정비 · 관리 · 보전 · 개발 등 지구단위계획구역의 지정목적
- 주거 · 산업유통 · 관광휴양 · 복합 등 지구단위계획구역이 중심기능
- 해당 용도지역의 특성

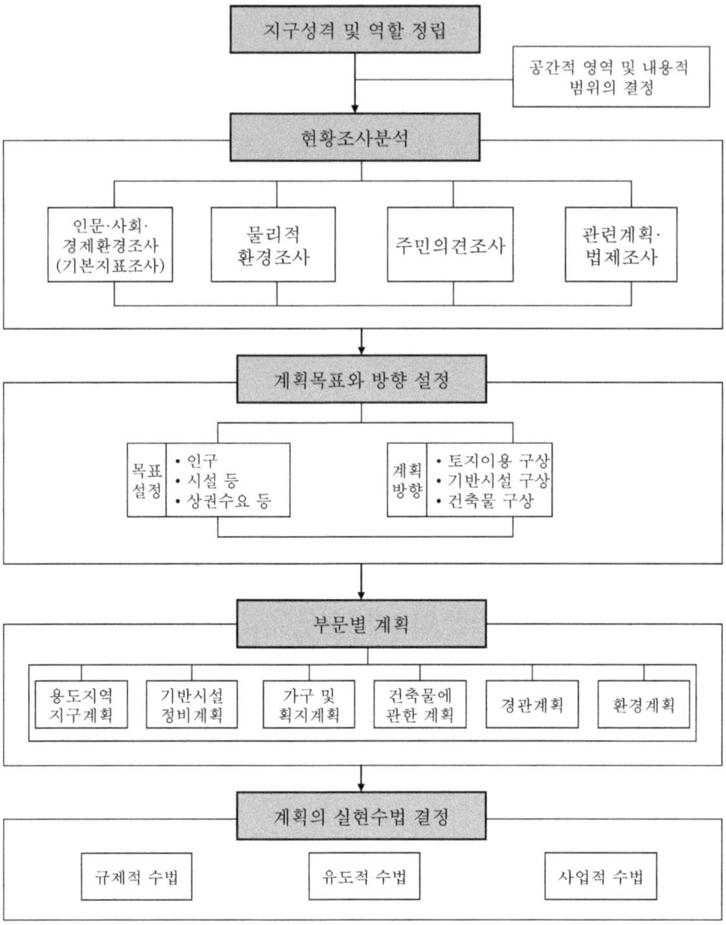

(출처 : 한국도시설계학회, 지구단위계획, 2001 : 116)

그림 13-5 일반적인 지구단위계획의 수립과정

- 지역공동체(community)의 활성화
- 안전하고 지속가능한 생활권 조성
- 해당구역과 인근지역의 토지이용 특성을 고려한 토지이용계획과 건축계획의 조화
- 아름답고 조화로운 경관 창출

5. 지구단위계획의 주요내용 및 포함사항

지구단위계획에서는 구역의 지정목적과 지역의 실정을 고려하여 다음 사항 중에서 선택할 수 있다. 즉 기본적으로 포함해야 할 내용 3가지(기반시설의 배치와 규모, 건축물의 용도 · 밀도 · 높이, 교통처리계획)와 당해 구역에 특히 필요한 1가지 등 4가지 이상의 사항을 포함해야 한다.

• 세분하여 지정할 수 있는 지역 · 지구 구분
• 도시기반시설의 배치 및 규모
• 가구 및 획지 규모와 조성계획
• 건축물 등의 용도제한, 건축물의 건폐율 및 용적률과 높이의 최고한도 및 최저한도
• 건축물의 배치 · 형태 · 색채와 건축선에 관한 계획
• 경관계획
• 교통처리계획
• 기타 토지이용의 합리화, 도시기능 증대 등에 필요한 사항

6. 지구단위계획 결정도서의 작성지침

지구단위계획 결정도서는 도시계획수립지침의 도시계획도서 작성기준에 따르며, 지구단위계획구역의 지정목적 달성에 필요한 사항에 대하여 작성해야 한다. 표시기호는 그림 13-6과 같다.

지역 · 지구의 세분 및 변경, 도시기반시설의 배치와 규모에 대한 도시계획결정도는 축척 1/1,000~1/5,000 지적이 표시된 지형도(수치지형도 포함)에 그림 13-6의 표시기호(범례)를 이용하여 작성해야 한다.

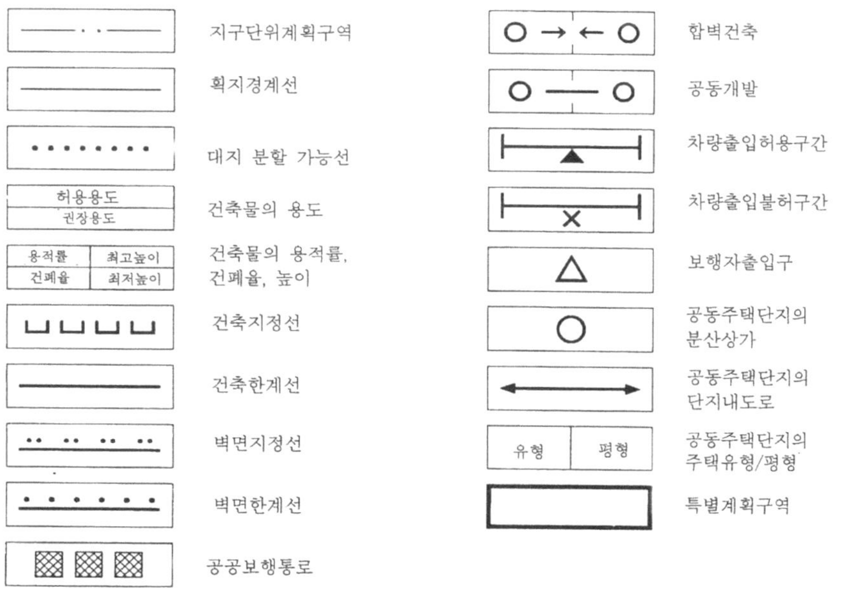

* 위 범례 외에 필요한 범례는 별도로 작성하여 사용할 수 있음.

그림 13-6 지구단위계획의 표시기호(예)

13.2.4 지구단위계획의 시행

지구단위계획의 시행은 계획이 목표로 정하고 있는 지구의 환경수준을 조성하기 위하여 개별 필지의 건축, 공공에 의한 도로·주차장·공원 등 공공시설의 설치, 민간 또는 공공에 의한 개발사업 등에 의해 이루어진다.

먼저, 민간에 의한 개별 필지에서의 건축은 건축주의 수익 전망 등 경제적 판단을 토대로 건축허가를 통하여 실현된다. 지구단위계획의 계획상 불합리한 점은 건축심의 등을 통하여 조정하며, 사안에 따라 기초지자체의 도시계획심의 또는 광역지자체의 도시계획 심의를 통해 조정·실현한다. 또한, 공공시설의 정비는 도로의 설치, 주차장의 조성, 보행로의 환경정비 등 도시기반시설과 관련하여 해당 부서의 독자적 사업계획에 의해 진행된다.

개발사업에 의한 유형은 3가지가 있다. 첫 번째는 환지방식에 의한 도시개발(토지구획정리사업)과 같이 획지조성 및 구획도로 등의 기반정비만을 목적으로 하고, 이와 같이 조성된 필지에서의 건축은 국토계획법·건축법 등 일반기준에 의해 관리되는 방식, 두 번째는 택지개발사업과 같이 기반정비 및 일반기준보다는 좀더 상세한 개발기준을 갖는 방식, 그리고 주택재개발사업과 같이 개발사업자와 행정이 사업계획을 세밀히 검토하는 방식이다.

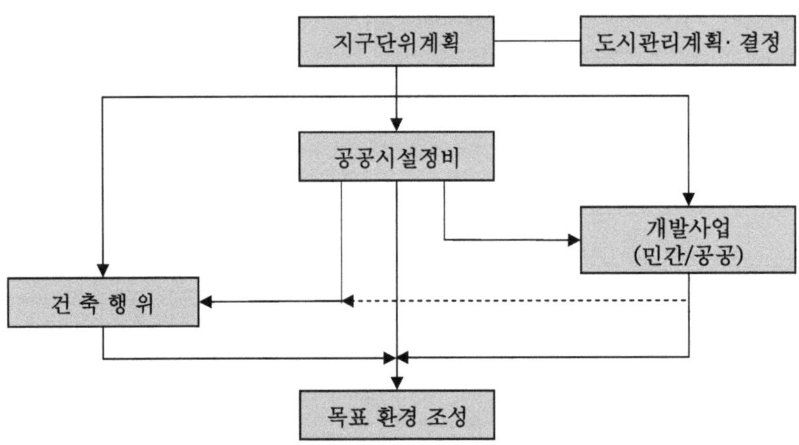

그림 13-7 지구단위계획의 실현체계

한편, 경미한 지구단위계획 변경이나 지구단위계획 결정의 위임, 기타 인센티브 운영 및 특별계획구역 운영 등과 관련한 세부적인 지구단위계획 운영에 대한 사항은 국토교통부가 정한 범위 내에서 지방자치단체의 여건과 특성을 고려하여 운영할 수 있도록 하고 있다.

13.3 단지계획

13.3.1 단지계획의 개념 및 과정

1. 단지계획의 개념과 성격

거시적인 관점에서 볼 때 도시계획은 인간활동을 상호결합하는 과정이고, 건축이 이들 활동을 담는 그릇을 만드는 것이라고 한다면, 단지계획(site planning)은 이들 둘이 서로 조화될 수 있는 환경을 조성하는 기술이라고 할 수 있다.

단지계획은 건축 · 토목 · 조경 · 도시계획 등의 경계영역에 속한다. 또한 거시적인 측면에서 지역계획 · 도시계획 · 도시개발계획 등이 정책지향적이고 불특정 다수를 위한 상위계획인 반면, 단지계획은 개별 건축계획의 상위계획으로서 대상이 명확하게 규정되며, 계획의 목표와 내용이 상세하고 구체적이다.

따라서 단지계획은 도시계획 등의 상위계획으로부터 해당 단지의 계획목표가 설정되었을 때, 그 기준을 토대로 하여 건축 · 토목 · 조경 등 기술적 측면의 세부 설계 방향을 제시하는 사업계획의 성격을 갖는다.

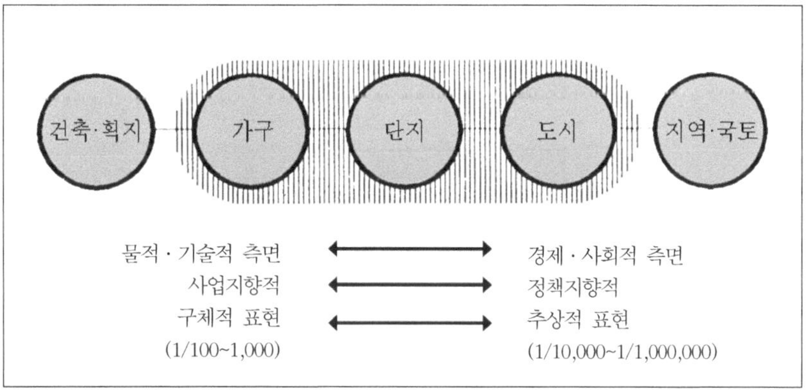

(출처 : 김철수, 단지계획, 2016 : 10)

그림 13-8 단지계획의 성격

2. 단지계획의 유형

단지개발은 특정 활동의 수용을 목적으로 일단의 토지를 개발하는 것이다. 최근 대규모의 주택단지뿐만 아니라 도시에 있어서 경제사회 및 과학기술의 발달에 따른 새로운 개발수요에 대응하기 위해 개별적인 단위를 초월하여 토지이용도를 보다 높이고 활동을 집약시킬 수 있는 특수한 테마단지의 유형이 등장하고 있다.

• 주거활동 : 주택단지 · 실버타운 · 전원주거단지 · 주거지재개발 등
• 상업 · 업무활동 : 쇼핑센터 · 유통단지 · 업무단지(business park) · 공공건축단지(civic center) · 교통센터 등
• 생산활동 : 특화산업단지 · 산업단지(industrial park) · 농공단지 · 원예단지 등
• 교육문화활동 : 대학캠퍼스 · 과학연구단지(science research park) · 예술문화시설단지 · 박람회장 등
• 레크리에이션 활동 : 공원 · 유원지 · 종합레저타운 · 테마파크 등

3. 단지계획의 수립과정

단지계획은 물리적 환경에 대한 복합적이고 가변적인 여러 가지 요소를 합리적으로 배치하기 위한 일련의 작업과정인 바, 단지계획의 수립과정은 크게 5단계로 구분된다. 그렇다고 나중의 단계가 앞의 단계에 곧바로 이어지는 직선적인 과정은 아니며, 사실상 순환적(feed back)인 과정이라 할 수 있다(그림 13-9).

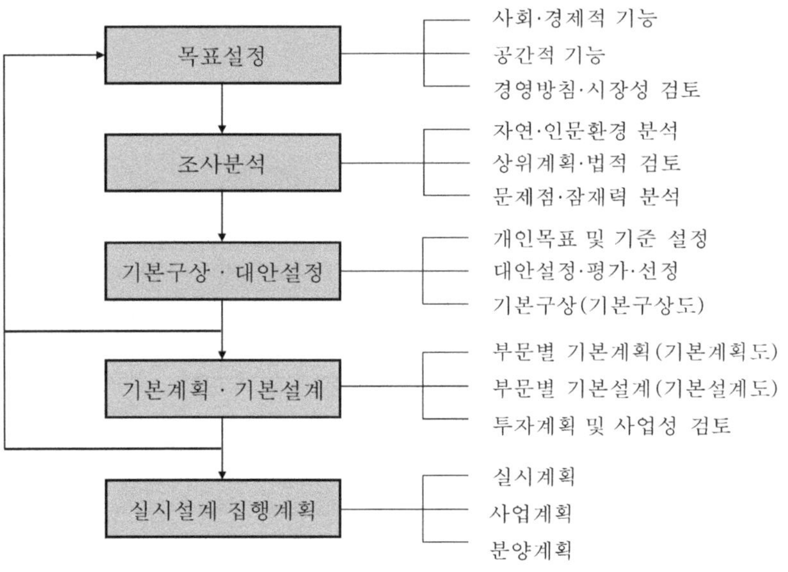

그림 13-9 단지계획의 수립과정

13.3.2 주거단지계획

1. 주거단지계획의 제요소

주거환경의 수준을 결정하는 주거단지계획의 기본요소로는 크게 자연 · 환경적 측면, 행태 · 공간적 측면, 근린환경적 측면의 세 가지로 나누어 볼 수 있다.

첫째, 자연 · 환경적 측면으로는 지형 및 지세 · 기후 · 통풍 · 채광 · 온도 및 습도 · 미기후(micro climate) · 소음 및 진동 · 대기오염 등을 들 수 있으며, 이러한 물리적 환경구성요소들의 고유한 잠재력을 효과적으로 활용함으로써 안전하고 쾌적한 주거환경을 조성할 수 있다.

둘째, 행태 · 공간적 측면으로는 인간의 행태, 주거생활에 대한 프라이버시 · 사회적 접촉 등의 요구, 행태 · 환경 · 계획의 상호작용, 인간척도), 영역성, 개방감 등을 들 수 있으며, 이를 통해 편리하고 개성 있는 주거공간을 창출할 수 있다.

셋째, 근린환경적 측면으로는 생활공동체의 형성이다. 공간적 · 사회적으로 잘 구성된 커뮤니티는 필요한 일이 생길 경우 서로 도움을 주고받는 역할뿐만 아니라 사교 및 정보교환의 장으로서 역할을 하며, 이를 위해서는 생활권 계획에 의한 편익시설의 배치와 주민들 간의 이웃관계 형성이 무엇보다 중요하다.

2. 근린주구이론

「근린주구(neighborhood unit)」라는 개념은 1929년 페리(C. A. Perry)가 주거단지계획을 위한 계획단위로 채용한 후 널리 적용되고 있다. 근린주구이론은 초등학교 학구를 단위로 하여 자치권을 갖는 커뮤니티를 조성해줌으로써 주민들의 생활편의를 도모하고 주거환경의 안전성과 쾌적성을 확보하자는 것으로서 다음 6가지 원리에 대한 계획기준을 제시하였다.

① 규모 : 학생 600명의 초등학교를 갖는 하나의 일상생활권으로서 인구는 5,000명 정도이며, 공간적 크기는 반경 1/4마일(약 400m)로 설정

② 경계 : 4면의 간선도로에 의해 구획(경계)

③ 오픈스페이스 : 주민의 일상생활 요구를 충족시키기 위한 소공원과 위락공간체계

④ 공공시설 : 학교와 공공시설은 적당한 면적을 가지며 단지의 중심위치에 적절히 통합 배치

⑤ 지구 내 상업시설(근린점포) : 주민에게 적절한 서비스를 제공하는 상업지구가 주거지 또는 교통의 결절점 부근에 설치

⑥ 지구 내 가로체계 : 내부 가로망은 단지 내의 교통량을 원활히 처리하고 통과교통을 방지

근린주구(근린생활권)는 동질적인 공동체로서의 개념이 강조되는 사회단위로서, 이 안에서 지연의식(地緣意識)의 형성을 가능하게 하고, 공동서비스나 사회활동을 영위하는 데 필요한 각종 시설을 확보 · 이용할 수 있게 해준다. 그러나 일부 학자들은

근린주구는 인종 · 계층 간 분리를 조장하여 사회적 통합을 저해하고, 주구의 규모는 현실적으로 자족적 생활단위를 구성하기에는 너무 작으며, 장래 토지이용 변화나 발전에 대한 고려가 결여되어 있다고 비판한다.

3. 전통적 근린지역(TND)

보행중심적 근린주구를 의미하는 전통적 근린지역(TND : Traditional Neighborhood District)은 1980년대 후반 미국에서 시작된 새로운 건축도시계획 사조인 이른바, 뉴어바니즘(New Urbanism)의 주요 계획기법의 하나로서 보행중심의 커뮤니티와 장소성 있는 주거지를 만들고자 하는 것이다.

1929년 Perry에 의해 주창된 근린주구이론과 1990년대에 제시된 TND의 근린주구 개념은 초등학생들의 통학거리에 의한 생활권의 크기(반경 1/2마일), 보행자의 안전 및 충분한 오픈스페이스 등에 대한 고려는 모두 똑같다고 볼 수 있다.

그러나 내부 가로망 구성이나 커뮤니티시설의 배치기법 등은 상당한 차이를 나타내고 있다. 즉, TND에서는 쿨데삭이 아닌 격자형 가로망 구성, 보행자와 자전거 탑승자의 안전성 제고, 가로경관을 고려한 친교 · 문화 · 종교시설 등 중심시설 및 가로수 배치, 근린주구의 자족적 운영 등에 대한 기본원칙을 제시하고 있다.

4. 래드번계획과 슈퍼블록

1928년 뉴욕 시는 근린주구이론을 바탕으로 자동차시대를 고려한 새로운 개념의 주택단지인 래드번(Radburn)을 개발했다. 라이트(H. Wright)와 스타인(C. Stein)이 계획한 래드번은 12~20ha의 슈퍼블록(super block)을 채택하여 격자형 도로에서의 불필요한 도로율 증가와 통과교통 및 단조로운 외부공간 형성을 방지하였다. 주택들은 소위 쿨데삭(cul-de-sac)에 의해 연결되었기 때문에 수평적인 보 · 차분리가 가능하여 어린이들이 큰 도로를 횡단하지 않고 안전하게 학교 · 수영장 · 공원 등 공공시설을 갈 수 있도록 설계되었는 바, 래드번계획의 장점은 다음과 같다.

- 건물을 집약화함으로써 고층화 · 효율화가 가능
- 충분한 공동의 오픈스페이스의 확보가 가능
- 도로교통의 개선, 즉 보도와 차도의 완전한 분리가 가능
- 전력 · 난방 · 하수 · 쓰레기 수집 등 도시시설의 공동화가 가능

그러나 한편으로는 주변지역과 부정합성, 가구의 폐쇄로 인한 도시성(urbanity) 상실, 커뮤니티시설의 중심배치로 간선도로변의 활성화 기회 상실 등의 문제점도 있다.

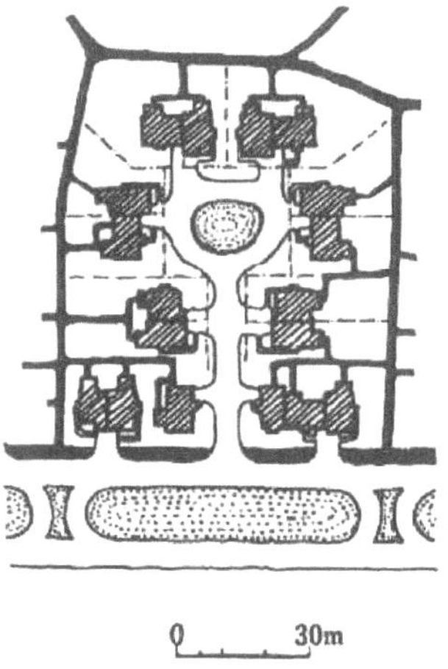

그림 13-10　래드번(좌 : 기본계획 일부, 우 : cul-de-sac)

5. 주택단지의 계획기준

(1) 인구 및 주택

적정 수용인구와 개발밀도를 설정하기 위해 기존 시가지의 인구 및 개발밀도 현황과 그 특성을 조사하고, 개발밀도와 주택단지계획의 고려요소인 계획인구 · 단지규모 · 주택유형 · 공공용지 비율 등과의 관계를 정립한다.

건축법상 주택유형의 분류에 의하면 공동주택 가운데 연립주택은 4개층 이하, 아파트는 5개층 이상으로 규정하고 있다.

- 단독주택 : 단독주택, 다중주택(독립거주 ×, 330m^2 이하, 3층 이하), 다가구 주택(660m^2 이하, 3층 이하, 19세대 이하), 공관
- 공동주택 : 아파트(5개층 이상), 연립주택(660m^2 초과, 4개층 이하), 다세대주택(660m^2 이하, 4개층 이하), 기숙사(공동 취사)

(2) 생활권

생활권계획에서는 먼저 활동패턴에 따라 생활권의 위계와 필요로 하는 생활편익시설의 범위를 정한다. 또한 기존의 생활권계획을 고려하여 생활권 구분의 기준을 설정하여, 각종 생활편익시설 및 동선체계계획을 수행하는 데 유용한 지표가 되도록 계획한다. 전통적인 계획기준에 의한 근린생활권의 위계는 인보구 · 근린분구 · 근린주구의 3단계로 나누어진다.

인보구(隣保區)는 이웃에 살기 때문이라는 이유만으로 가까운 친분이 유지되는 공간적 범위로서, 반경 100~150m 정도를 기준으로 하는 가장 작은 생활권 단위이다. 인보구 내에는 어린이놀이터 · 소매점포(구멍가게) 등이 포함된다. 근린분구의 규모

결정은 보행거리와 인구 및 공동의 활동공간에 의해 결정된다. 보행거리는 200~250m 범위이며, 근린분구 내에는 유치원·어린이공원·분산상가 등이 포함된다. 그리고 근린주구는 무엇보다도 보행권이 강조되어야 한다. 적정 보행거리(반경)는 400~600m의 범위이고, 인구규모는 개발밀도에 따라 달라지지만 대체로 10,000~20,000명 정도이다. 근린주구 내에는 초등학교를 비롯하여 근린중심상가·근린공원 등이 포함된다.

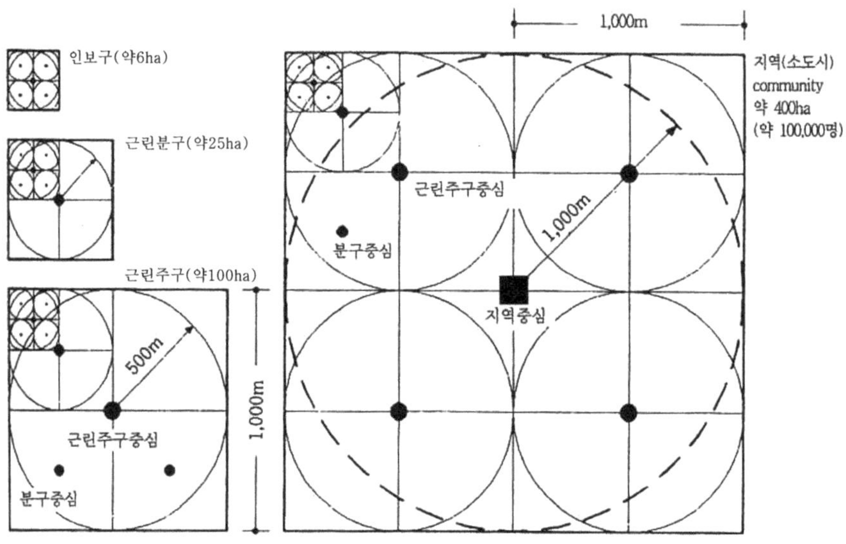

그림 13-11 근린생활권의 위계구성 개념

(3) 토지이용

주택단지에 필요한 주택용지를 비롯하여 상업용지·교육용지·공원녹지용지·도로 및 주차장 등 다양한 용도의 토지수요를 예측한 후, 용도별 면적 비율을 정하며,

표 13-4 주택단지의 용지별 입지배분 기준

구 분	입지배분 기준
단독주택용지	• 이주자 택지, 협의양도인 택지, 단독주택지와 인접한 곳
연립주택용지	• 완만한 구릉지·경사지역 • 고도제한지역·도시 스카이라인의 보전이 필요한 지역 • 아파트와 단독주택과의 완충지역 • 아파트용지로 부적합한 소규모 택지
아파트용지	• 지가가 높고, 접근성 양호한 지역, 비교적 평탄한 지역 • 공공편익시설과 상업지역에 인접한 지역
근린생활시설용지	• 집단적인 단독주택지역 • 주변지역과 연계하여 상가형성이 필요한 지역에 배치

용도의 기능상 특성과 입지조건을 고려하여 용도별 입지를 배분한다. 단지와 그 주변지역과의 체계화(교통 · 동선 · 녹지)를 도모하고, 장기적인 변화를 고려하여 계획에 유연성을 갖도록 한다. 한편, 주택용지 내에 배분되는 주택유형별 입지배분 기준은 표 13-4에서 보는 바와 같다.

(4) 도로

도로는 자동차도로 · 보행자전용도로 · 자전거도로 등 도로의 위계와 기능을 구분하여 체계화한다. 그리고 상하수도 · 전기 · 가스 등 공급처리시설계획도 함께 고려한다. 특히 공동주택단지의 동선체계는 Ring형 · Loop형 · Cul-de-sac형 등으로 구성하여 블록의 중심부는 보행이나 공동체를 위한 오픈스페이스로 남겨두고, 될 수 있는 한 차량의 동선을 짧게 하여 차량 진입을 제한하는 등 인간적이고 환경친화적인 단지를 조성하는 것이 좋다.

표 13-5 단지 진입도로의 폭원 계획 기준

주택단지의 총세대수	기간도로와 접하는 폭 또는 진입도로의 폭(m)	비고 (대지면적 기준)
300 미만	6 이상	-
300 이상 ~ 500 미만	8(12) 이상	2만m^2 미만
500 이상 ~ 1,000 미만	12(16) 이상	2 ~ 4만m^2
1,000 이상 ~ 2,000 미만	15(20) 이상	4 ~ 8만m^2
2,000 이상	20(25) 이상	8만m^2 이상

* ( ) 내는 진입도로가 2 이상인 경우 진입도로 폭의 합계

주택단지의 진입도로는 집산도로 또는 국지도로와 연결하고, 짧은 구간에 진입구를 2개소 이상 설치하지 않아야 하며, 교차각은 60° 이상으로 한다. 단지진입도로의 최소폭은 세대수 및 대지면적기준에 의한 계획기준이 설정되어 있다.

단지내 도로의 경우 길이가 100m 이상인 막다른 도로의 끝부분은 자동차 회차시설을 설치하고, 단지내 도로폭이 12m 이상인 경우에는 폭 1.5m 이상의 보도를 설치해야 한다. 또한 단지내 도로의 종단경사는 10% 이하를 원칙으로 한다.

(5) 주차장

일반적으로 주차장의 유형은 위치에 따라 노상주차 · 노외주차 · 건축물부설주차로 구분되고, 주행형태에 의해 자주식 주차와 기계식 주차로 분류된다. 또한 주차방

식에 따라서는 90°(직각)주차 · 60° 주차 · 45° 주차 · 평행주차 등으로 구분되는데, 이 가운데 90° 주차방식이 토지이용면에서 가장 효율적이다. 한편, 주차장의 너비는 법적기준으로는 2.3m로 되어 있으나 최근 차량의 대형화로 인해 2.5m 이상을 확보하고, 차로의 폭(6.0m)도 보다 여유있게 계획하는 것이 바람직하다.

표 13-6 주차종류별 법적 계획 기준

주 차 종 류	너비 × 길이	차로폭
• 일반주차장	2.3m × 5.0m 이상	6.0m
• 지체장애인 전용주차장	3.3m × 5.0m 이상	6.0m
• 평행주차형식	2.0m × 6.0m 이상	3.5m
• 경형자동차	2.0m × 3.5m 이상	-

(6) 가구 및 획지구성

가구(block)구성의 목표는 주택지의 경우 국지도로를 적정하게 배치하여 토지이용의 효율을 높이고 외부공간의 질을 높일 수 있도록 하며, 상업지의 경우는 건물의 크기와 배치조건 등을 고려하여 가구의 배치형태를 정해야 한다. 단독주택용지 가구의 길이 기준은 단변 35~50m, 장변 90~130m 범위이며, 가구의 장변길이가 150m 이상인 경우에는 중간지점에 보행통로를 설치할 필요가 있다.

획지계획의 목표는 주택지의 경우 적정한 형태 및 규모의 필지구획, 즉 토지이용의 효율성과 주거의 쾌적성을 보장하는 동시에 여러 수요계층을 고르게 만족시킬 수 있는 다양한 대지규모의 분할(subdivision)을 추구해야 하는데, 도시 단독주택의 획지크기는 대체로 180~240m^2 범위이다. 한편, 획지의 세장비(앞 너비에 대한 길이의 비)는 단지 전체의 도로율, 상하수도 · 전기 · 가스 등 도시기반시설의 설치비용, 일조권 등을 고려하여 설정해야 하는데, 대체로 0.8~1.2 범위이다.

(7) 공원 및 놀이터

공원녹지는 단지 내 · 외의 자연적 · 문화적 특성을 살리면서 주민들의 일상생활과의 관계, 경관 및 방재 측면에서의 역할 등을 다각적으로 검토하여 공원녹지공간의 기능 · 규모 · 배치 · 네트워크 등을 체계화해야 한다.

어린이놀이공간에 대해서는 어린이의 발달단계에 따른 유아공간 · 유년공간 · 소년공간으로 구분하고, 각 놀이공간의 접근성 · 안전성 · 연속성 등을 고려하여 이용반경 · 놀이행태별로 적절한 배치 및 시설기준을 제시한다. 또한 근린공원에 대해서는 옥외여가활동을 충분히 수용할 수 있는 부지조건의 활용방안을 모색한다.

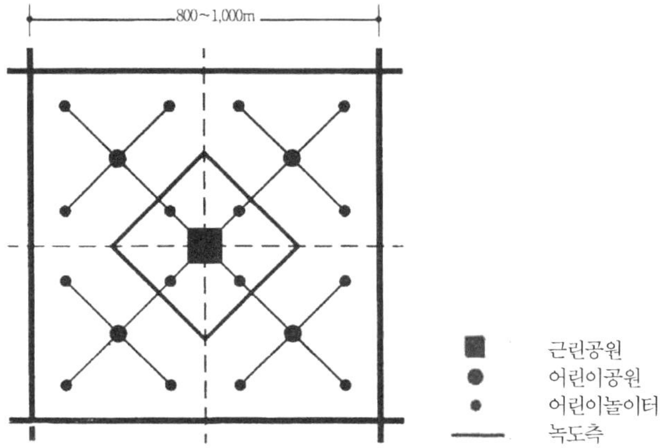

그림 13-12 공원 · 놀이시설 시설배치의 기본개념

(8) 생활편익시설

주민의 일상생활 충족과 편리성 향상을 위해 시설체계를 설정하고, 주변지역을 고려하여 시설의 종류별 규모를 추정하고 배치계획을 수립한다. 특히 생활양식의 변화에 의한 시설수요의 변동에 대응할 수 있도록 융통성을 부여하고 주민의 커뮤니티 형성에 도움이 되도록 한다. 생활편익시설의 배치형태는 크게 집중형과 노선형으로 구분된다.

표 13-7 생활편익시설 배치형태별 장 · 단점 비교

구분	장 점	단 점
집중형	• 시설상호간 유기적 관련성이 높음 • 시설의 다양성과 선택성이 높음 • 용지 절약	• 원거리에서의 접근 필요 • 동선체계의 복잡 초래 • 충분한 주차공간 확보 곤란
노선형	• 대중교통이용자와 주변지역 주민의 이용 편리 • 활력 있는 가로 분위기 • 단지 내 시설기능의 분리 용이	• 도로교통의 혼잡 초래 • 보행 위주의 강력한 생활권 중심 형성 곤란 • 주차장 · 광장 · 공원 등 확보 곤란

13.3.3 산업단지계획

1. 산업단지의 개념과 유형

산업단지란 산업시설과 이와 관련된 교육 · 연구 · 업무 · 지원 · 정보처리 · 유통시설 및 이들 시설의 기능 향상을 위하여 주거 · 문화 · 환경 · 공원녹지 · 의료 · 관광 · 체육 · 복지시설들을 복합적으로 설치하기 위하여 포괄적 계획에 따라 지정 · 개발되는 일단의 토지로서, 그 개발주체에 따라 크게 다음 세 가지로 구분된다(산업입지 및 개발에 관한 법률).

① 국가산업단지 : 국가기간산업 · 첨단과학기술산업 등을 육성하거나 개발촉진이 필요한 낙후지역이나 2 이상의 특별시 · 광역시 또는 도에 걸치는 지역을 산업단지로 개발하기 위하여 지정된 산업단지

② 지방산업단지

- 일반지방산업단지 : 산업의 적정한 지방분산을 촉진하고 지역경제의 활성화를 위하여 지정된 산업단지
- 도시첨단산업단지 : 지식산업 · 문화산업 · 정보통신산업 등 첨단산업의 육성을 위하여 국토계획법에 의한 도시계획구역 안에 지정된 산업단지

③ 농공단지 : 농어촌지역에 농어민의 소득 증대를 위한 산업을 유치 · 육성하기 위하여 지정된 산업단지

최근에는 전통적인 산업단지와 달리 생산기능 이외에도 업무기능이나 연구개발(R&D) 및 지원기능이 포함된 업무단지(business park) · 첨단산업단지(technopolis) 등 다양한 개념으로 산업단지가 개발되고 있다.

2. 입지 및 규모

산업단지의 입지권은 그 유형이나 규모에 따라 차이는 있지만 공통적으로 도로 · 철도 · 항만 등 교통이 편리한 장소, 평탄한 대지, 가스 · 전화통신, 상하수도 등 기반 서비스시설의 이용이 편리하며, 주변의 주택지에 환경피해를 끼치지 않는 장소를 선정하여야 한다. 또한 장래의 수요에 대비하여 충분한 공간을 확보할 수 있어야 하며, 지가도 저렴하여야 한다.

산업단지의 부지규모는 공장의 고용원 수, 개발의 규모에 따라 결정되며, 주변 시가화 지역이 있을 경우 조화와 균형을 이룰 수 있도록 계획되어야 한다. 또한 부지의 형태도 직사각형의 공장건물의 건축이 용이하도록 가능한 한 직사각형으로 구획하는 것이 유리하다.

3. 공간구성 및 토지이용

산업단지의 공간구성은 위치 · 규모 · 유치업종 · 배후도시의 유무 등의 특성에 따라 생산 및 생산지원 · 연구개발 · 주거 · 휴식 등 기능별로 배치한다. 또한 충분한 녹지공간을 확보하여 단지의 쾌적성을 높이는 한편, 휴식 · 산책 · 운동 등 여가공간기능과 함께 생산공간이나 도로와 주거지역 간에는 완충기능을 할 수 있도록 녹지축을 형성한다.

일반적으로 산업단지의 토지이용 구분은 크게 생산을 위한 공장용지와 지원시설 · 도로 · 공원녹지 등 기타 공공용지의 두 가지로 구분되며, 일부 산업단지의 경우에는 단지 내에 별도의 주거용지를 포함한다.

용도별 면적구성비는 공장용지 60~70%, 도로 및 공공용지 15~20%, 공원녹지는 최소한 10~20% 범위 내에서 구성한다. 그러나 최근 주거용지와 넓은 면적의 공원녹지를 요구함에 따라 공장용지율은 비교적 낮아지는 반면에 공원녹지의 비율은 상대적으로 높아지는 추세이다.

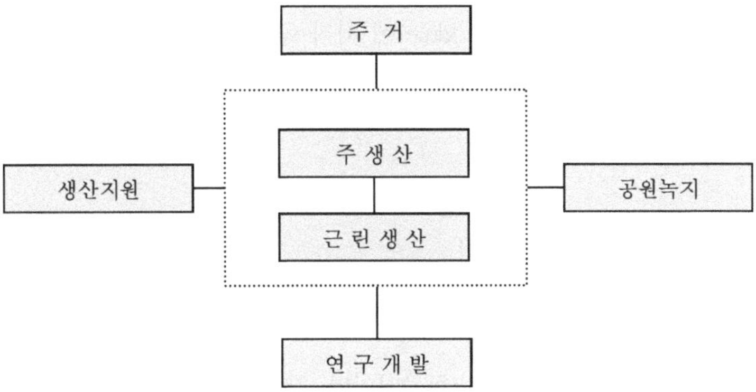

그림 13-13 산업단지의 공간구성 개념도

4. 동선체계

산업단지의 가로망 계획은 광역교통망과 단지 내의 공격 가로망과 순환도로 또는 집분산도로나 구획도로 등 체계적인 구성이 필요하며, 토지이용의 효율성과 화물 및 여객의 이동효율성을 도로위계에 따라 구분 설정하여 계획한다. 가로망계획 시 유의사항은 다음과 같다.

- 통과교통의 혼입 방지
- 보행자 및 자전거교통의 우선적 고려
- 도로망 위계질서(road hierarchy)의 명확화
- 교통공해의 방지

도시계획(용도지역)상 공업지역의 도로율 계획기준은 10~20%의 범위이며, 산업단지 내 도로율은 단지규모에 따라 1km^2 이상은 10% 이상, 1km^2 미만은 8% 이상을 확보해야 한다. 그리고 산업단지 내 도로의 폭원은 화물자동차 통행을 고려하여 15m 이상 확보하고, 1차선의 폭원은 3.5m를 원칙으로 하며, 회전곡률 반경은 9m 이상이 되어야 한다.

5. 가구 및 획지

일반적으로 산업단지는 각 블록 내 대·중·소규모의 획지와 블록으로 나누어서 분할한다. 이러한 획지 및 가구분할은 입주자의 다양한 요구에 대응할 수 있도록 기본획지와 표준획지, 기본가구와 표준가구 및 특수가구를 기준으로 계획한다. 획지 및 가구의 크기는 경공업과 중공업, 내륙형과 임해형으로 구분하여 계획한다.

- 임해형은 유치업종의 특성상 대규모 획지로 분할
- 내륙형은 중·소규모 획지로 분할

또한 한 가구 내에 너무 차이가 나는 크기의 획지가 혼재되지 않도록 하고, 획지의 규모는 일정한 모듈(module)에 따라 구획하여 배치계획상 동선의 혼란을 야기시키지 않도록 배려하며, 획지의 크기는 실수요에 따라 적절한 규모로 조정할 수 있도록 융통성을 부여한다.

13.3.4 유통단지계획

1. 유통단지의 개념 및 유형

유통단지는 유통시설(화물터미널, 창고, 대규모 점포, 공동집배송단지, 농수산물도매시장 등)과 지원시설(단지 내의 금융·보험·의료시설·종사자 생활편의시설)을 집단적으로 설치 또는 육성하기 위하여 체계적으로 지정·개발되는 토지로서 여러 가지 시설들이 합리적이고 종합적으로 집단화되어 배치된 형태의 단지를 말한다.

유통단지는 크게 소매업기능을 집적시킨 소매단지 혹은 대규모 쇼핑센터, 교통의 요충지에 근대적인 시설을 갖춘 도매단지, 물류관련 시설을 집적시킨 물류단지 등으로 분류된다.

2. 입지와 규모

유통단지는 관련시설의 집적에 의하여 기업 간의 유기적 관련성을 높일 수 있고, 물류기능의 효율화, 지역사회 및 경제에 대한 파급효과를 높일 수 있기 때문에 교통이 편리하고 각종 물류의 집배송이 용이한 장소에 입지하여야 하는바, 일반적인 입지조건은 다음과 같다.

- 도시 간 및 도시 내의 교통이 원활하고 도시 관문에 가까운 지점
- 고속도로·철도역·항만에 근접한 지점
- 화물공급지(주로 공업단지)와의 연계성이 용이한 지점

• 도시 내 각종 시장과 집배소와의 교통이 편리한 지점
• 재해나 기업활동의 저해요인이 적고 장래 확장이 용이한 지점

유통단지의 부지규모는 예측된 물동량에 시설 원단위(물동량 1톤을 처리하는데 필요한 단위면적)와 화물의 유통단지 경유비율을 적용하여 예측한다.

표 13-8 유통단지의 시설별 부지규모 원단위

화물터미널	컨테이너터미널	도소매단지	집배송단지	농수산물도매단지
0.05m²/톤	753m²/천TEU	0.46m²/톤	0.13m²/톤	0.29m²/톤

(출처 : 건설교통부, 유통단지개발업무편람, 2000 : 160)

3. 공간구성 및 배치

유통단지는 단순한 창고기능 이외에도 집배송 · 출하 · 판매 등 더욱 다양한 기능을 가지게 되므로 단지 내의 다양한 품종이 언제나 쉽게 반입 · 반출될 수 있는 시스템을 갖추어야 한다. 그리고 가급적 정적활동과 동적활동에 따른 분리를 도모하며 필요에 따라 완충공간을 배치하여 기능 간의 상충성을 완화한다.

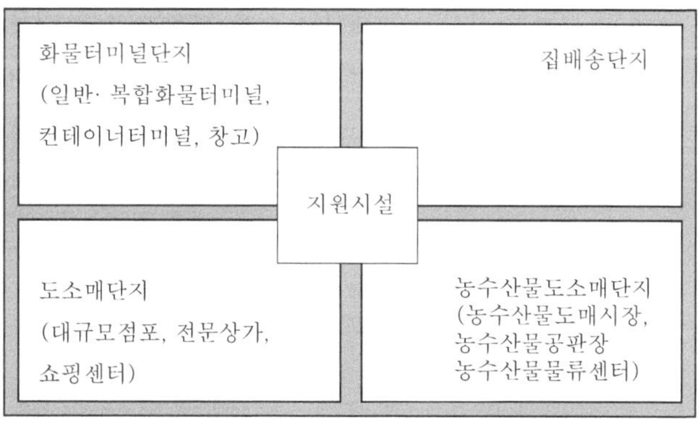

그림 13-14 유통단지의 배치개념도

유통단지의 토지이용은 크게 보관창고구역과 배송센터구역으로 구분하여 계획하며, 원활한 동선처리로 물류업무의 효율성을 높이는 것이 중요하다. 따라서 유출입이 빈번한 배송센터는 주변도로(진입로) 가까이 배치하고, 보관창고는 부지 안쪽으로 배치하여 도로와 동선처리가 원활하도록 하는 것이 바람직하다. 또한 관리시설 · 편익시설 · 레저시설 등과 같이 일반이용자의 통행이 많은 시설은 인접 외곽도로 가까이에 있는 배송센터의 내부에 배치한다.

4. 동선체계

유동단지 내 도로의 수송경로와 배치형태는 격자형으로 하는 것이 바람직하며, 교차로는 직각교차로 계획하는 것이 동선처리의 효율성이 높다. 단지 내 도로의 폭원은 대형차의 진입을 고려하여 15~20m 범위에서 정한다.

동선체계는 물류창고를 유출입하는 차량의 혼잡을 방지하기 위하여 출구와 입구를 분리하고 물류창고의 내부동선은 원활한 흐름을 위하여 일방통행을 원칙으로 한다. 그리고 물류창고 부지 내의 진입도로는 외곽도로와 연결되는 출구 및 입구의 교통혼잡을 피하기 위하여 도로용량과 연장거리를 충분히 확보하도록 계획한다.

13.3.5 관광단지계획

1. 관광단지의 개념 및 특징

관광(단)지는 자연적 또는 문화적으로 양호한 관광자원을 갖춘 토지를 포함한 상당한 규모의 지역에서 국민이 여가를 이용하여 머무르면서 스포츠 · 레크리에이션 · 교양 · 문화 · 집회 등의 다양한 활동을 할 수 있는 종합적인 관광기능 및 시설을 갖춘 지역으로서 관광진흥법에 의하여 지정된 곳을 말한다.

관광(단)지는 일정시간 체재하는 것을 전제로 하기 때문에 관광 · 보양 · 휴양 · 휴식 · 스포츠 · 문화 · 오락 · 쇼핑 등의 다양한 활동을 위한 시설과 공간이 제공되어야 하고, 인공 및 자연으로 구성된 어느 정도 이상의 규모를 갖추고 있어야 한다.

2. 관광단지의 계획기준

관광단지의 총면적은 1백만m^2 이상을 갖추어야 하며(도지사가 일부 완화적용 가능), 시설구비 기준은 다음과 같다.

- 공공편익시설 : 화장실, 주차장, 전기통신시설, 상하수도 및 관광안내시설
- 숙박시설 : 특급 이상의 관광호텔, 해상관광호텔, 주민호텔, 가족호텔, 전통호텔, 일반관광호텔 및 휴양 콘도미니엄으로서 3종류 이상
- 휴양 · 놀이시설 :
  - 민속촌, 스키장, 해수욕장, 동물원, 식물원, 수족관, 온천장, 수영장, 요트장 등으로서 2종류 이상
  - 골프장, 조정장, 카누장, 승마장, 경마장, 경륜장 등으로서 1종류 이상

PART

14 도시개발 · 정비계획

14.1 도시개발의 목적과 유형

14.1.1 도시개발 · 정비의 개념

1. 도시개발 · 도시정비의 개념

계획(planning)이 앞으로 추구해야 할 목표를 설정하고 그 목표를 달성하기 위한 수단적 대안을 제시하는 일련의 지적인 행위라고 한다면 개발(development)은 자원 · 인력 · 시간 등을 실제적으로 동원 · 투입함으로써 목표달성이라는 구체적인 성과를 거두는 행위라고 정의할 수 있다. 한편 도시개발이란 도시변화의 수요에 대응하여 도시발전을 도모하기 위한 일련의 의도적 행위로서 협의의 도시개발은 물리적 측면에서의 신개발 · 재개발과 같은 도시공간개발을 의미하며, 광의의 도시개발은 도시성장을 관리하고 도시발전을 도모하기 위한 경제 사회 등 모든 개발행위의 총체라고 할 수 있다.

도시개발에는 주거단지 · 산업단지처럼 일정한 토지를 대상으로 하는 개발사업과 도로 · 공원 · 시장처럼 기반시설을 대상으로 하는 도시계획시설사업이 있다. 또한 도시정비에는 노후한 도시 및 주거환경을 개선하기 위한 도시재개발 · 도시정비사업 등이 있으며, 쇠퇴한 지역의 재활성화를 위한 도시재생사업도 이에 포함된다.

2. 도시개발의 배경과 목적

도시개발의 배경과 필요성은 무엇보다도 인구증가와 핵가족화에 의한 주택의 양적 · 질적 욕구의 증대, 경제성장에 따른 삶의 질(Quality of life) 향상, 생활양식의 변화에 따른 주거양식의 변모와 소비형태의 변화, 여가활동의 다양화, 그리고 산업과 기술의 발전에 의한 주거 · 업무 · 산업활동 기능들의 입지패턴 변화 등과 관련되어 있다.

도시개발의 궁극적인 목적은 계획적이고 체계적인 도시개발을 도모함으로써 쾌적한 도시환경과 공공복리 증진에 기여하는 것이라고 할 수 있다(도시개발법). 따라서 도시개발은 도시계획 수립을 통해 이루어져야 하며, 실제로 도시계획은 도시개발 · 정비를 전제로 하는 계획이 대부분이다.

14.1.2 도시개발의 대상과 유형

1. 도시개발의 대상과 내용

넓은 의미에서의 도시개발은 신도시 건설 및 신시가지 개발, 도시기반시설 정비, 도시경제 개발, 생활환경계획, 사회복지사업, 자연환경 및 역사문화환경의 보전 등을 포함하는 종합계획(comprehensive planning)의 성격을 가진다. 한편, 좁은 의미의 도시개발은 기능적 측면에서 물적(physical) 개발, 공간적 측면에서 도시 내 개발 그리고 시기의 측면에서 신개발과 재개발로 나누어진다.

또한 도시개발사업의 내용에 대하여 우리나라의 「도시개발법(제2조)」에서는 '도시개발구역 안에서 주거 · 상업 · 산업 · 유통 · 정비통신 · 생태 · 문화 · 보건 및 복지 등의 기능을 가지는 단지 또는 시가지를 조성하는 사업'이라고 규정하고 있다. 그리고 다음과 같은 부문별 계획내용이 포함되어야 한다고 명시하고 있다.

- 인구수용계획
- 토지이용계획
- 교통처리계획
- 환경보전계획
- 보건의료 및 복지시설계획
- 도로, 상 · 하수도 등 주요 도시기반시설의 설치계획

2. 도시개발의 유형

도시개발은 개발대상지의 상태에 따라 시가지로서의 조건이 전혀 갖추어지지 않은 도시 주변지역의 농경지나 임야를 대상으로 하여 새로운 주택 · 공장 등을 공급하기 위해 시행하는 신개발(주택단지개발사업 · 신도시개발사업 · 산업단지개발사업 등)과 기존 시가화지역(built-up area)에서 도시기능을 회복하고 환경을 개선하기 위해 시행하는 재개발(주택지재개발사업 · 도심재개발사업 등)로 구분된다.

개발주체에 따라서는 공공개발 · 민간개발 · 제3섹터개발로 구분된다. 공공개발은 국가 · 지방자치단체 · 공공기관 등이 토지를 매입하여 직접 개발하는 방식이고, 민간개발은 토지소유자 · 조합 등이 개발이익을 얻기 위해 시행하는 개발방식이며, 제3섹터개발은 공공과 민간의 중간형태로서 민관공동회사를 설립하여 사업을 시행하는 방식이다.

또한 토지의 취득방식에 따라 수용(전면매수방식) 또는 사용에 의한 방식 · 환지방식 · 혼용방식이 있다. 수용방식은 사업지구의 토지를 사업 주체가 모두 매수하여 개발하는 방식이며, 환지방식은 사업 후 개발토지 중에서 사업에 소요된 비용과 공공용지를 제외한 토지를 당초의 토지소유자에게 되돌려 주는 방식이며, 혼용방식은 사업 후에 토지 · 건물 등으로 권리를 부여해 주는 방식이다.

14.1.3 도시개발의 요소와 과정

도시개발에 필요한 요소는 여러 가지로 구분할 수 있다. 인적 요소로 주민 · 기업 · 시행자 · 시공자 · 계획가 · 관료 등을 들 수 있으며, 물적 요소로는 자본 등이 있고, 또한 공간적 요소인 토지 · 기반시설 · 경관 · 도시여건 등을 들 수 있다. 그 외에도 사업기간과 같은 시간적 요소를 추가할 수도 있다.

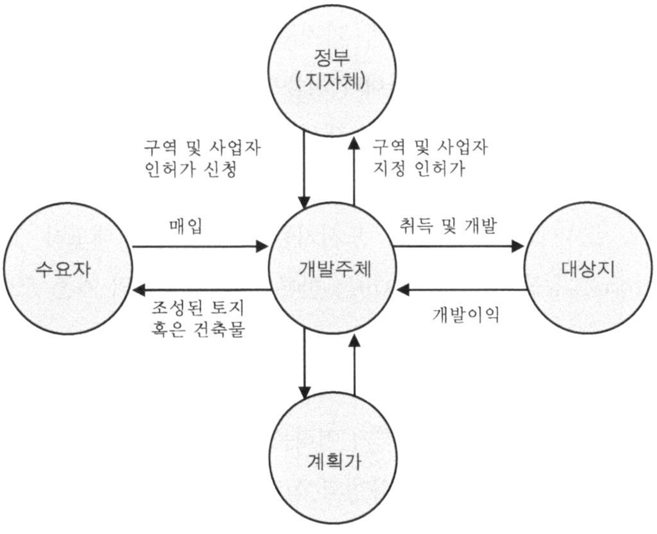

그림 14-1 도시개발의 핵심요소

도시개발사업은 개발주체가 잠재력 있는 일정한 토지를 대상으로 계획을 수립하여 규정된 절차에 따라 사업을 시행함으로써 이루어진다. 즉, 도시개발사업은 위에

열거한 핵심요소들을 중심으로 추진되는데, 이러한 과정은 시간적인 순서에 입각하여 진행된다. 이러한 절차는 사업추진 의사를 결정하기까지의 검토단계와 구체적인 추진단계로 나눌 수 있다.

먼저 개발사업의 검토단계에서는 사업지에 대한 ①개발의 개념 및 목표 설정 ②입지 선정 및 분석 ③관련계획 및 법규 검토 ④시장분석 ⑤사업타당성 분석의 과정을 거치며, 개발사업의 추진단계에서는 사업대상지에 대한 ①개발구역 지정 ②사업시행자 지정 ③사업시행 ④조성된 토지 또는 건축물 등의 처분 절차를 거친다.

14.2 도시개발 · 정비계획

14.2.1 신도시개발

1. 신도시의 개념 및 의의

신도시(new town)개발은 현대의 도시계획과 개발에 있어서 하나의 이정표 역할을 해왔다. 그러나 근대적 의미에서의 신도시는 19세기 말 하워드(E. Howard)에 의해 제안된 전원도시(Garden City)의 이상에서 바탕을 두고 있으며, 본격적인 신도시 건설은 2차 세계대전 이후부터라고 볼 수 있다.

신도시의 개념은 크게 두 가지로 정의된다. 먼저 좁은 의미의 신도시는 자연발생적으로 생장한 도시가 아니라 처음부터 계획적으로 만들어진 도시로서 그 규모가 도시라고 할 만큼 크고, 주거 · 생산 · 유통 · 소비 등 도시기능을 독립적으로 갖추고 있는 도시이다. 그렇지만 넓은 의미의 신도시는 계획으로 만들어진 모든 거주지로서 모 도시(母都市)에 주요 도시기능을 의존하는 대도시 교외의 위성도시(satellite town) · 침상도시(bed town)는 물론 대도시 주변의 기존 소도시에 계획적으로 개발되는 확장도시(expanded town)도 포함된다.

신도시의 건설에는 엄청난 자금을 필요로 한다는 문제는 있으나 기존 도시의 재개발이나 정비로서는 달성하기 어려운 계획도시를 새롭게 건설할 수 있다는 장점을 가지고 있기 때문에 여러 유형의 신도시 건설이 추진되고 있다. 그러나 신도시는 그 자체적 요구를 충족시키기 위한다기보다는 국토개발적 차원이나 광역도시적 차원이 더 중요하므로 국토 전체의 개발형태와 기성 도시와의 상호관계를 고려하여 계획 · 건설되어야 한다.

2. 신도시의 유형

신도시의 유형은 그 기능과 입지에 따라 크게 다음 5가지로 구분할 수 있다. 첫째, 한 국가나 주의 새로운 수도로서, 호주의 캔버라(Canberra)를 비롯하여 브라질의 브라질리아(Brasilia), 인도의 찬디가르(Chandigarh), 말레이시아의 푸트라자야(Putrajaya) 등을 들 수 있는데, 이들은 주로 국가의 기념사업으로 또는 위정자의 공적을 기념하기 위해 이루어진 경우가 많다.

둘째, 대도시 주변의 위성도시로서, 이것은 대도시에 인구 및 산업이 지나치게 집중하는 것을 완화하기 위하여 건설된 신도시로서 런던 근교의 밀턴케인스(Milton Keynes)나 도쿄 주변의 다마뉴타운 등이 이에 해당된다. 밀턴케인즈는 보행동선의 연속성 유지를 위해 도로교차점은 입체로 처리하였다.

그림 14-2 밀턴케인즈의 공간구성

셋째, 지방의 산업진흥을 위해 건설되는 신공업도시로서, 영국의 피터리(Peterlee)나 우리나라의 반월(안산) · 창원 등 신산업도시들이며, 최근 각국에서 많이 건설 중에 있는 첨단기술도시(technopolis)도 이 유형에 포함된다.

넷째, 대도시 주택정책의 일환으로 주택의 양적 확보와 질적 향상을 도모하기 위해 건설하는 대규모 주택단지로서 뉴욕 주변의 뉴저지 주에 건설된 래드번(Radburn), 오사카 근교의 센리, 서울 주변의 분당 · 일산 등이 이에 속한다.

다섯째는 도시 내의 신도시(new town in town)이다. 이것은 대도시의 내부에다 뉴타운의 원칙을 적용하여 개발되는 대규모 신시가지로서 영국의 테임스미드(Thamesmead)나 서울의 잠실 · 여의도 등이 이에 해당된다.

3. 우리나라의 신도시 개발

우리나라에서 그동안 추진되어 온 신도시건설은 크게 3가지 정책목표에 의해 추진되었다. 첫째는 경제개발정책의 일환으로 산업단지 조성과 그에 따른 배후도시를 건설하는 것이었고, 둘째는 주로 수도권의 과밀문제를 해소하기 위한 것이었으며, 셋째는 서울에 집중된 중앙행정기관을 지방으로 분산 · 이전하기 위한 것이었다.

1960년대에는 울산과 포항이 동남해안공업벨트의 거점도시로서 건설되었고, 서울 청계천 주변의 무허가 건물 철거에 따른 집단이주정착지로서 지금의 성남시가 개발되었다. 1970년대에는 경공업 중심의 구조를 중화학 공업중심으로 전환시킬 필요성을 인식하여 산업기지를 개발하게 되었으며, 그에 따른 배후도시로서 창원 · 여천 · 구미 등 신공업도시가 건설되었다.

1980년대 들어서면서 신도시계획은 주로 수도권의 주택부족 문제해소에 초점을 맞추고, 신도시 개발이 이루어졌으며, 특히 88올림픽을 전후하여 도시지역의 지가 및 주택가격이 폭등하게 됨에 따라 이른바 수도권 5개 신도시(분당 · 일산 · 산본 · 중동 · 평촌)를 건설하게 되었다. 특히, 분당은 성남시의 자연녹지 약 20km^{2}의 면적에 인구 39만 명을 수용할 수 있도록 추진되었다. 시가지는 경부고속도로 및 하천을 따라 남북축으로 길게 형성되어 있는데, 간선도로변에는 업무 · 상업 · 공공시설 등의 중심시설이 배치되었다. 또한 자연지형에 따라 이루어진 6개소의 생활권은 광장 · 공원 · 운동장 · 학교 · 공용의 청사 등 근린생활시설이 슈퍼블록(super block)의 중심부를 연결하는 전용보행공간 및 오픈스페이스 축을 따라 배치되어 안전하고 쾌적한 주거환경을 이루고 있다. 한편, 최근에는 수도권 2기 신도시(판교 · 화성 · 김포 · 파주 · 양주) 건설이 추진되고 있다.

2000년대 이후에는 보다 적극적인 국토균형발전정책으로서 수도 서울의 중앙정부 기능의 분산을 위한 행정중심복합도시(세종시)가 건설되었고, 동시에 정부 공공기관의 지방이전을 위한 10개 혁신도시와 산업의 지방분산을 위한 6개 기업도시가 계획 · 건설 중에 있다.

도시건설이 완성단계에 있는 세종시의 계획이념은 상생과 도약, 순환과 소통에 의한 더불어 잘 사는 지속가능한 공생도시를 추구하고 있는데, 계획인구는 50만 명이고 도시면적은 72.9km^{2}이다. 도시형태는 도시개념 아이디어 국제현상공모(2005)에서 당선된 스페인의 안드레(P. O. Andres)의 계획안 '천 개 도시 속의 도시(The City of Thousand Cities)'를 기본으로 하여 환상형(O자형)의 선형도시를 채택하고 있다. 도시의 공간구조는 첨단지식기반 · 중앙행정 · 도시행정 · 문화 · 대학 · 의료복지 6개의 주요 도시기능이 환상형의 도시개발축, 즉 첨단 대중교통시스템(BRT)을 따라 균형

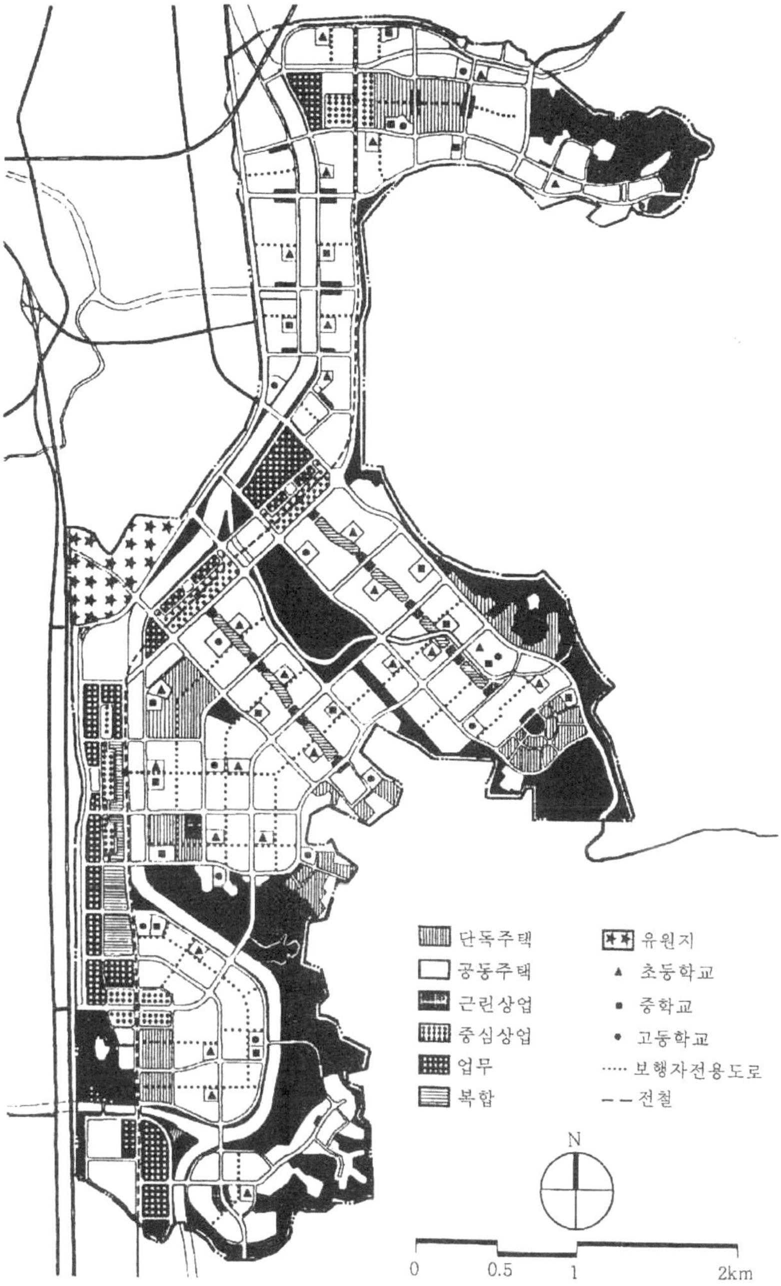

(출처 : 김철수, 도시공간계획사, 기문당, 2016 : 123)

그림 14-3 분당신도시 기본계획

있게 분산배치되어 있다. 또한 정보통신 · 안전 · 방재 분야도 최첨단 기술이 도입되어 있으며, 도시생활권은 21개의 기초생활권(인구 2~3만)과 6개의 지역생활권(인구 5~13만)을 형성하고 있다.

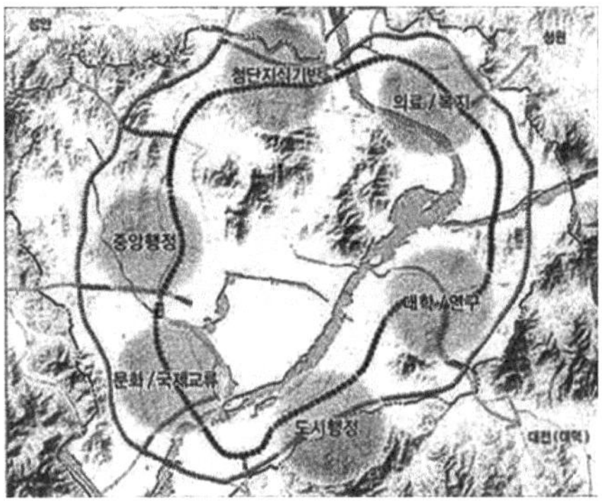

(A) 주요 도시기능 배치

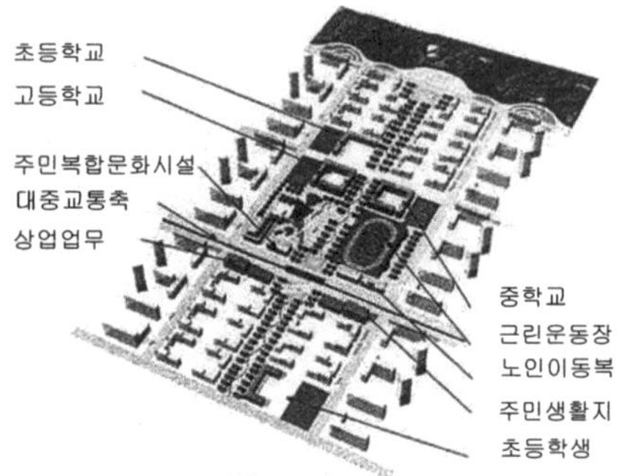

(B) 기초생활권 공공편익시설 배치구상

그림 14-4 행정중심복합도시(세종시)의 계획개념

4. 외국의 신도시 개발 사례

여러 나라의 신도시개발 사례는 수없이 많으며, 도시의 성격도 규모·기능 등에 따라 매우 다양하다. 여기서는 영국·미국·프랑스·일본의 대표적인 신도시의 특징을 개관한다.

먼저 영국에서는 1947년 런던 근교에 할로우(Harlow) 뉴타운 건설계획이 발표되었는데, 전원도시계획의 이상을 받아 저밀도개발을 원칙으로 하고 있으며, 근린주구이론을 적용하고 있다. 1970년에는 런던 주변에 밀턴케인즈(Milton Keynes) 신도시계획이 발표되었는데, 총면적 8,870ha에 계획인구는 15만이었다. 도시의 평면형태는 약간 불규칙한 정사각형으로 되었으며, 간선가로망도 사방 약 1km의 격자형으로 구성되었다. 이들 100~120ha 크기의 정방형의 근린주구에는 소위 거주환경지역(environmental area)이라고 불리는 5,000명을 위한 주거지역이 있다. 밀턴케인즈 주구구성의 특징은 학교·근린상업시설 등을 초기의 뉴타운에서처럼 내향적으로 배치한 것이 아니라 간선도로를 따라 외향적으로 배치했다는 점이다.

미국 워싱턴의 동북쪽에 입지한 레스톤(Reston)은 민간기업에 의해서 개발된 미국형 뉴타운의 선구이다. 레스톤은 1962년 면적 2,800ha에 인구 75,000명으로 계획되었는데, 단지 내의 아름다운 삼림을 보전하고 인공호·골프장 등 녹지와 물을 조화 있게 결합시키고 있다. 특히 최초에 완성된 레이크 앤 빌리지(Lake Anne Village)는 호수에 면해서 중심지구를 설치하고 수변에 주택을 배치한 설계가 뛰어났다. 또한 주택은 각 소득계층에 맞추기 위하여 디자인과 가격을 다양화하였고, 지역 내에 직장을 만들기 위하여 산업단지(industrial park)가 도입되어 있다.

프랑스의 툴루즈(Toulouse le Mirail)는 툴루즈 시의 남서측에 입지하고 있는데, 1961년에 설계된 면적 800ha에 계획인구 10만의 이 신도시는 Y자형의 3교차를 기본

(A) 밀턴케인즈

(B) 레스턴

(C) 툴루즈

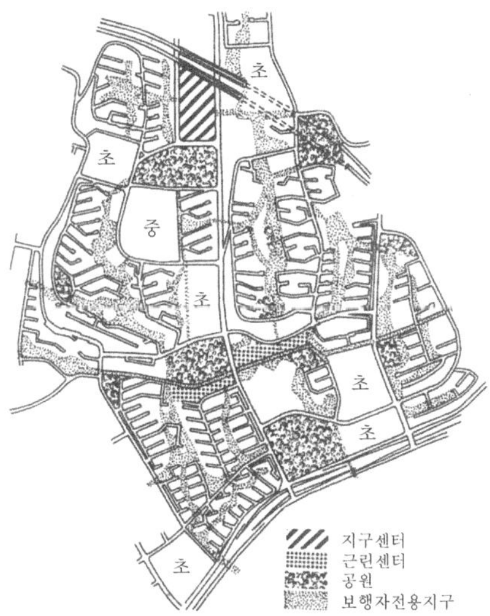

(D) 다마

그림 14-5 외국의 신도시개발 사례

으로 6각형 도시골격(hexagonal system)을 형성하는 간선도로(stem)에 보행자 도로가 입체적(deck)으로 겹쳐져 있으며, 이 보행자 동선에 연해서 각종 생활편익시설과 공원녹지 및 주거군이 일체화되어 있다. 1965년에는 파리의 인구와 기능분산을 목적으로 마른 라 발레 · 세르지 퐁투아즈 · 생캉탱 앙 이블린 · 에브리 · 믈랭 세나르 등 5개 신도시건설계획이 수립되었고, 1969년 세르지 퐁투아즈를 시작으로 1973년까지 매년

1개씩 건설했다. 파리 근교의 도시들은 도시건축에 대한 실험정신, 첨단산업 유치를 통한 자족성 확보, 자연에너지를 활용한 환경친화적 접근 등의 특징으로 세계의 주목을 받고 있다.

일본에서는 1960년대 초부터 주로 동경과 오사카 주변에 다마(多摩)·센리(千里)·고조지(高藏寺) 등의 대규모 주택도시가 건설되었다. 도쿄의 주택부족 문제를 해결하기 위해 건설된 다마 뉴타운은 동경 서남쪽 25~40km에 위치한 계획인구 30만에 면적 3,014ha의 일본 최대의 신도시로서, 동서 15km·남북 1~3km의 기다란 형태로 이루어져 있다. 주구(住區)는 23개로 구성되어 있으며, 100ha의 면적에 8,000명의 인구를 수용하는 각각의 주구에는 초등학교와 중학교를 포함한다. 하나의 주구는 철도역을 중심으로 5개의 지구로 통합되는데, 각 지구 내에는 지구중심시설이 위치하며, 철저하게 보·차가 분리된 보행자 전용도로가 공원 및 녹지와 유기적으로 연결되고 있다.

14.2.2 도시재개발

1. 도시재개발의 개념

도시재개발(Urban renewal)이란 기존 도시의 사회·경제적인 변화, 건축물 및 도시시설의 노후, 사회간접자본 등의 공공시설 및 공급처리시설의 부족, 도시환경 악화 등의 문제가 도시민이 안전하고 쾌적한 일상생활을 저해하고 도시기능의 원활한 유지에 장애를 일으킬 우려가 있을 때에는 계획적 의도로 기존 지역 시가지의 일부를 개수 혹은 건물의 재건립, 그리고 시설의 확충 등으로 기존 도시환경의 개선을 도모하는 도시개발사업이라 정의할 수 있다.

즉, 현대사회에 적응하지 못하는 환부를 새로운 사회적·시대적 요구에 부응하도록 도시의 기능과 환경을 종합적·계획적으로 개조하는 것을 말한다.

2. 도시재개발수법의 유형

도시재개발이라는 용어는 네덜란드의 헤이그에서 개최되었던 도시재개발에 대한 제1회 국제세미나(1958)에서 처음으로 사용되었다. 이 국제세미나에서는 도시재개발을 주로 공공기관의 주관 아래 악화된 도시환경을 계획적으로 개선하는 사업으로 노후화된 시가지를 현대도시에 맞게 정비하여 도시기능을 더욱 효과적으로 발휘될 수 있도록 하는 사업으로 정의하고, 도시재개발사업의 시행에 있어 지구를 구성하고 있는 각종 환경요소를 어디까지 개조할 것인가에 따라 그 수법을 지구재개발 · 지구수복 · 지구보존의 3가지 유형으로 구분하였다.

첫째, 지구재개발(redevelopment)은 부적합한 기존 환경을 완전히 제거하고 교통시설 · 건축시설 · 공급처리시설 · 오픈스페이스 등을 완전히 새롭게 확보하여 사업지구 및 그 주변부를 유효적절하게 이용하고자 하는 가장 적극적인 도시재개발수법이다. 그러나 이 전면철거방식의 재개발은 세입자에 대한 보상 및 대책문제, 원주민들이 밀려나는 문제 등 많은 사회문제를 야기시키는 경우가 많다.

둘째, 지구수복(rehabilitation)은 현재의 불량 · 노후상태가 관리나 이용의 부실로 인해 발생한 경우, 본래의 기능을 회복하기 위하여 대부분의 기존시설을 보존하면서 노후 · 불량화 요인만을 제거시키는 소극적인 도시재개발기법이다. 그리고 지구보전(conservation)은 지구 내의 건물은 원칙적으로 보전하며, 주택과 공공시설에 수리 또는 최소한의 개량을 가하여 근대화를 도모하는 수법인데, 문화재의 보전을 위한 재개발은 이 수법이 적용된다고 볼 수 있다.

표 14-1 도시재개발의 유형

구 분	분 류
공간적 범위(개발단위)	개발건물단위 재개발(재건축) 가구단위 재개발 지구단위 재개발
토지이용(대상지역)	주거지재개발 상업 및 업무지구재개발(도심재개발) 공업지구재개발
재개발수법(시행방법)	철거재개발 수복재개발 보존재개발
토지취득방식(토지구획정리)	수용방식(전면매수방식) 환지방식 혼용방식

또한 재개발사업의 유형은 토지이용, 즉 대상지역의 기능에 따라 주거지 재개발 · 상업업무지구재개발 · 신공업지구재개발 · 공공시설정비재개발 등으로 나누어지며, 재개발대상 공간적 범위에 따라 건물단위 재개발 · 가구(block)단위 재개발 · 지구단위 재개발 등으로 나눌 수 있다. 한편 토지취득방식에 따라 수용 · 사용방식과 환지방식 및 혼용방식으로 구분할 수 있다. 수용방식은 사업시행자가 사업지구 내 토지를 전부 취득하고 기존 토지소유자에게는 금전으로 보상하는 방식이고, 환지방식은 금전이 아닌 토지로 보상해 주는 방식이며, 혼용방식은 두 가지를 겸용하는 방식이다.

3. 도심재활성화

도심재활성화(gentrification)는 용어 자체가 암시하는 바와 같이 기존 노동자 계급의 거주지가 젠트리(gentry : 신사계급, 상류사회)의 현대적 대응인 중간계층의 거주지로 변화하는 것을 의미한다. 이러한 젠트리피케이션 현상은 1975년 이후 최근까지 미국의 도시에서 많이 발생하고 있는 현상으로서 중간계층이 도심 근린지역의 새로운 개척자로서 도심근린의 재활운동(revitalization or regeneration)을 전개하여 주택의 물리적 구조를 자조적으로 개선하는 등 도심의 근린환경을 일신시키자는 데서 비롯되었다. 그러나 교외로 빠져나가는 인구에 비해 도심으로 재진입하는 가구수가 월등히 적다.

이러한 현상은 부동산 개발업자의 관심과 자본축적의 한 과정으로 설명되기도 하고, 결국 가난한 원주민은 축출 당하게 되는 결과이며, 주거지 분리현상이 발생하는 과정이기도 하다. 뉴욕시 정부가 이러한 재개발사업을 장려하고 있으며, 이는 시정부의 재정수입원을 확대하고 도심의 활력성을 제고하는 효과적인 방안으로 인식되고 있다.

4. 외국의 도시재개발 사례

현대적 의미의 도시재개발은 1950년대 말부터 영국에서 처음 시작하였는데, 재개발의 성격과 기능은 각각의 입지조건이나 개발목적에 따라 매우 다양하다. 여기서는 영국 · 미국 · 프랑스 · 일본의 주요 재개발 사례를 개관한다.

영국의 바비칸(Barbican)지구는 런던의 중심상업지구(CBD)로 발전해 왔지만 제2차 세계대전 때에 큰 피해를 입어 1959년에 재개발계획이 확정되고 사업이 진행되었다. 지구의 총면적은 약 26ha인데, 재개발의 주요특징으로는 도심인구 감소 방지를 위한 주택 확보, 도심의 업무공간 확보, 아트센터(art center) · 학교 등 문화시설 유치 등을 통해 복합기능의 모범을 보여주었고, 옛 성벽의 일부와 교회를 그대로 보존하여 시민을 위한 도심의 오아시스로 이용되고 있다는 점이다.

도크랜드(Dockland)지구는 1960년대 이후 해상수송이 쇠퇴하고 런던 도심의 부족한 업무 및 주거기능의 수용을 위한 재개발 필요성이 증대됨에 따라 1981년에 런던도크랜드개발공사(LDDC)를 설립하여 기반시설 확충과 민자유치를 통한 재개발사업을 시작하여 2001년 완료되었다. 개발특성은 민간투자 유치를 위하여 캐너리워프(Canary Wharf)지구를 엔터프라이즈 존(enterprise zone)으로 지정하였고, 템스 강 주변은 시각적 · 휴양적 어메니티 제공을 위한 경관을 고려하였으며, 대규모 용도전환을 통해 도시경쟁력을 가진 국제적 업무단지를 조성하였다.

(A) 도크랜드

(B) WTC(조감도)

(C) La Defence

(D) 록본기 힐즈

(출처 : 대한주택공사, Urban Planning Review, 2007)

그림 14-6 외국의 도시재개발 사례

미국의 경우, 뉴욕 허드슨 강변의 배터리파크(Battery Park)지구는 도시의 노후화로 본래의 기능을 상실하고 다양한 도시문제가 발생한 지역이었다. 녹지와 공원 확보에 많은 비중을 두었는데, 이는 뉴욕이라는 비싼 땅의 지역에서 녹지 확보를 우선한 것은 향후의 도시발전에 대한 비전을 가지고 있었기에 가능한 것이었다. 재개발사업은 1966년 재개발구역 지정을 시작으로 30여 년 간 진행되었다.

한편, 최근에는 뉴욕의 맨해튼에 입지한 국제무역센터(WTC)가 2001년 항공기테러 발생으로 붕괴됨에 따라 맨해튼 남부개발공사(LMDC)를 설립하고 WTC 재건을 위한 국제도시계획 공모전을 통해 마스터플랜을 마련하였다. 새로운 WTC개발구상에서는 업무 · 주거 · 관광 · 교통 등 다양한 복합단지로 조성함으로써 침체된 남부 맨해튼의 경제와 도시기능 재활성화에 기여하도록 하고 있다.

프랑스의 라데팡스(La Defence)지구는 파리 서쪽 샹젤리제거리의 축선 상에 위치하고 있는데, 1957년 정비지구로 지정하고 파리 시내에 산재해 있는 중추업무시설을 이곳으로 이전하는 것을 목표로 재개발계획을 추진하였다. 전체지구는 A존(115ha)과 B존(700ha)으로 구분되는데, A존은 고층 사무소빌딩을 중심으로 인공대지(deck) · 보행전용 축에 의한 공간의 입체적 이용이 계획되고 지하철 · 자동차도로 · 주차장 등 교통시설이 체계적으로 정비되었으며 B존은 주로 고층주택이 배치되었다. 특히 역대 대통령들이 상징적인 건축사업에 심혈을 기울여 프랑스다운 예술성과 미래지향성을 잘 나타내주고 있다.

일본의 록본기 힐즈지구는 동경도 미나토구의 중앙에 위치한 지역으로 1995년 제1종 시가지재개발사업(권리변환방식)이 확정됨으로써 본격적인 재개발이 추진되었다. 부지면적이 약 84,800m^2인 록본기 힐즈는 오피스 · 주택 · 영화관 · 쇼핑몰 · 호텔 · 방송국 등으로 구성되는데, 세계를 겨냥하여 주거 · 직장 · 유희 · 휴식 · 배움 · 창작이라는 다양한 기능을 복합시킴으로써 이질문화를 교류하고 새로운 문화 및 정보가 창출되는 21세기의 새로운 최첨단 문화도시의 모델을 제시하는 것을 콘셉트로 하여 각 시설의 수준을 높이고 시간 간의 유기적인 조화를 이끌어냈다.

5. 도시재개발의 문제점

우리나라에서 1970년대에 재개발법이 제정되면서부터 재개발사업이 추진되기 시작되었다. 그러나 그동안 추진되어 온 도시재개발사업은 장기적인 도시개발 정비를 위한 비전에 따라 일관성 있게 추진되었다기보다는 문제가 있는 개별 건물 또는 소규모 단위의 미시적인 관점에서 이루어졌기 때문에 종합적인 도시환경 개선이라는 관점에서 볼 때 다음과 같은 문제점이 지적되고 있다.

첫째, 재개발구역의 지정은 주변지역의 사회적 · 경제적 · 공간적 특성을 소홀히 한 채 당해 지역의 건물의 노후화와 과밀의 해소만을 목적으로 지정되어 왔을 뿐만 아니라 불량도의 측정을 위한 객관적이고 과학적인 기준이 마련되어 있지 못하다.

둘째, 도심재개발사업의 경우, 토지이용의 고도화를 위해 고층의 업무 · 상업기능 위주의 개발사업이 추진됨으로써 교통혼잡 · 도심공동화 · 도심환경의 획일화 등과 같은 도심문제를 더욱 더 심화시키고 있다. 특히, 최근에는 공동화 방지라는 차원에서 도심에 주거기능 위주의 과도한 고층·고밀의 주상복합개발이 이루어지게 됨에 따라 앞으로 원활한 도심기능 수행이 우려된다.

셋째, 재개발사업의 규모가 작을 뿐만 아니라 도시기반사업의 설치비용의 전부 또는 일부를 국가 또는 지자체가 부담하도록 되어 있다. 그러나 실제로는 그러한 경우가 극히 드물어 민간시행사의 경제적 부담을 가중시키고 있으며, 결국 도시의 공공환경 개선에 크게 기여하지는 못하고 있다.

그리고 재개발방식을 수복 재개발이나 점진적 재개발을 배격하는 대신 철거 재개발방식을 채택함으로써 장소성과 역사성이 상실되는가 하면, 주변지역과의 조화 및 기능적, 공간적 연계성을 확보하지 못하는 경우가 많았다.

6. 도시재개발의 개선방향

2000년 이후에는 단위사업의 도시재개발에서 벗어나 보다 광범위한 차원의 시가지정비는「국토계획법(2002)」및 도시기본계획 수립지침에 도심 및 주거환경의 정비에 관한 사항이 포함되면서 시작되었다. 그리고「도시및주거환경정비법(2003)」에서 도심기능의 활성화 및 공동화 방지를 위한 방안이 명시되었다. 특히 최근에는 「도시재정비촉진을위한특별법(2005)」과 「도시재생활성화및지원에관한특별법(2013)」이 제정됨에 따라 기존의 재개발사업에서 나타나는 한계를 극복하고 보다 종합적 차원에서 민·관 파트너십에 의한 시가지정비사업을 추진하고 있다. 그러나 앞에서 제기된 문제점을 해결하기 위해서는 다음과 같은 도시재개발 추진방식이 개선되어야 한다. 첫째, 도시기본계획 - 도시관리계획 - 도시 및 주거환경정비계획 - 지구단위계획으로 이어지는 일련의 도시개발정책 체계 속에서 거시적 정책목표·중간적 정책목표·미시적 정책목표가 유기적이고 일관성 있게 짜여지고 집행될 수 있도록 추진되어야 한다. 아울러 재개발구역의 지정에 있어서는 물적 기준뿐만 아니라 사회적·경제적 기준을 포함한 합리적이고 과학적인 기준이 적용되어야 한다.

둘째, 도심재개발의 경우 주거기능 확보를 유도하되 업무·상업·문화 등의 도시활동과 조화될 수 있도록 복합용도개발(mixed-use development)을 추진하여야 한다. 셋째, 재개발사업 규모를 가급적 크게 유도함으로써 도로·광장·공원·학교 등 기반시설을 보다 많이 확보할 수 있도록 여건을 조성하고, 그 설치비용은 정부 또는 지자체가 지원·부담하거나 민간사업자에게 용적률·세제감면 등에 의한 인센티브를 부여하도록 해야 한다.

끝으로, 철거재개발방식을 지양하고 주변지역과의 조화 및 기존의 장소성을 유지할 수 있도록 수복 재개발 · 리모델링방식을 적극 유도해야 한다.

14.2.3 주거환경정비계획

1. 주거환경의 구성요소와 목표

주거환경은 주택을 중심으로 한 일상생활과 관련되는 모든 외부환경조건으로 구성된다. 주거환경은 거주에 대한 인간적 욕구의 정도에 따라 크게 생존기반 · 생활기반 · 정서기반의 3단계로 나누어진다. 여기에서 제1단계인 생활기반은 인간이 생존하는 데 필수적인 물리적 측면으로서 대기 · 물 · 토양 등의 자연환경과 사회경제적 환경으로서 사회조직을 의미하고, 제2단계인 생활기반은 주택을 비롯하여 생활을 지원하는 도로 · 학교 · 공원 등의 공공시설이 해당된다. 그리고 제3단계인 정서기반은 도시 내의 녹지를 포함하여 푸른 산, 맑은 물, 경관, 역사적 유산 등의 감성적 환경이라 할 수 있다.

한편, 세계보건기구(WTO)에서는 주거환경의 목표를 안정성 · 보건성 · 편리성 · 쾌적성의 4가지로 설정하였다. 여기에서 안전성과 보건성은 인간의 생존조건으로 작용하기 때문에 선택의 폭이 좁으며 반드시 확보해야 하는 기준이며, 편리성과 쾌적성은 시대의 가치관에 따라 변화되고 경제적 수준과 사회적 성숙도에 따라 인간의 욕구가 달라지기 때문에 선택의 폭이 넓게 나타나고 있다. 즉 중요한 순서대로 위계성은 갖는다고 볼 수 있다.

2. 주거수준과 밀도

일반적으로 주거환경 수준을 나타내는 지표는 크게 주택보급률(주택수/가구수 × 100) 등의 양적 측면과 주거시설 · 주택규모 등의 질적 측면으로 나누어진다. 우리나라는 1990년 이후 핵가족화 추세에 따라 평균가구수가 감소한 반면에 1인가구 비율이 크게 증가하여 주택수요를 증가시켰다. 그리고 주택보급률도 2019년 104.2%를 보여 선진국들의 110%에 육박하고 있으며, 주거수준을 의미하는 가구당 또는 1인당 주거공간(주택규모)도 점진적으로 확대되고 있다.

한편, 주거환경은 단위면적당 발생하는 활동의 강도(intensity)를 의미하는 개발밀도에 의해 영향을 받게 된다. 기존의 주거환경평가 및 새로운 주택단지 개발에 있어서 흔히 사용되는 밀도지표의 종류로는 인구와 토지의 관계를 나타내는 인구밀도(인

표 14-2 우리나라 가구 및 주거수준 변화추이(2000~2018)

구 분		2000	2010	2018
가구	평균 가구원수(인/가구)	3.1	2.7	2.4
	1인가구 비율(%)	15.5	23.9	29.3
주거수준	주택보급률(%)	96.2	100.5	104.2
	1인당 주거면적(m^2)	-	28.5	31.7

(출처 : 통계청, KOSIS 국가통계포털, 2019)

/ha) · 호수밀도(호/ha) 등이 있고, 건축과 토지의 관계를 나타내는 건폐율 · 평균층수 등이 있다. 결국 주거기준은 해당 도시의 사회경제적 수준을 감안하여 앞에서 언급한 다양한 지표들에 대하여 최저 및 적정 주거기준을 설정하게 된다.

3. 주거환경계획의 기본방향

주거환경계획의 주요내용은 지역특성을 고려하여 주택정책의 목표와 전략을 제시하고 주거환경 수준의 기준을 설정하며, 주택유형별 배분계획을 수립하는 것이라 할 수 있다.

주거환경계획의 수립원칙은 당해 도시의 토지이용 · 가용토지 등의 토지여건과 사회경제적 요인을 고려한 최저주거기준을 도입하여 저소득층의 주거수준 향상을 위한 대책을 마련하고, 생활권단위로 교육 · 문화 · 편의공간을 배려하는 등 지구 내의 주민공동체(community) 형성에 기여하도록 해야 한다.

주택수요는 유형별 · 규모별 · 소유별로 구분하여 추정한다. 첫째, 주택유형별 수요 추정에 있어서는 다세대주택 · 연립주택 · 아파트 등 공동주택 비중의 증가를 고려하며, 특히 대도시의 경우에는 주상복합 및 초고층아파트의 수요가 증가할 것으로 예상된다. 둘째, 주택규모는 현재의 주거수준은 감안하여 미래의 적정 주택규모를 상정하고, 또한 가구규모의 감소, 1인가구의 증가, 노령화사회의 진입 등을 고려하여 수요를 추정한다. 그리고 주택소유는 장래 임대주택비율의 증가를 예상하고, 민간 · 공공 등 주택공급주체별 수요도 판단해야 한다. 또한, 주택공급계획에 있어서는 인구계획과 생활권별 인구배분계획, 밀도계획, 개발가능지, 최저주거수준, 주거복지 등을 고려해야 하며, 주택의 유형 · 규모 · 밀도 · 형태는 지역특성과 주변경관을 고려하여 다양하게 배치해야 한다.

지금까지의 우리나라 주택정책은 대규모의 새로운 공동주택단지 건설에 초점이 맞추어졌기 때문에 기성 시가지의 주거환경정비는 상대적으로 소극적일 수밖에 없었다. 따라서 기존 시가지는 도시재생을 통한 교육 · 문화 환경의 조성, 자전거 · 보행자 등 녹색교통 공간 확보, 공공서비스시설 확충, 그리고 커뮤니티시설 정비가 무엇보다 중요하다.

14.2.4 도시개발 · 정비계획기법

1. 보상지역제(Incentive Zoning)

보상지역제는 전통적 지역지구제의 한계성을 극복하여 개발자에게 적당한 개발 보너스를 부여하는 대신 공공에게 필요한 쾌적요소(amenity)를 제공하도록 유도하기 위해 개발된 제도이다. 즉 공공과 민간개발자 간의 트레이드(trade-off)로서 개발자는 공공 오픈스페이스나 보행자 통로 등 공공을 위한 공간을 확장 · 개선하거나 특정 용도를 개발하여 공공에게 제공하고, 그 대가로 개발자에게 지역지구제조례에 의한 규제를 일정 범위 내에서 완화해 주는 인센티브를 부여해 줌으로써 도시환경을 적극적으로 개선하기 위한 계획적 수법을 말한다.

뉴욕 시의 경우 민간개발자로부터 공공 쾌적요소를 이끌어낼 목적으로 고밀상업지역이나 주거지역 내 사유지 안에 광장 · 아케이드(arcade) 등의 공개공지를 조성할 경우 용적률 보너스를 제공하고 있으며, 샌프란시스코 시에서는 용이한 대중교통 연결수단(에스컬레이터 · 지하도 등)의 제공, 복수의 건물 출입구의 설치, 보도의 확장 및 신설, 지상부 광장의 설치, 건축선 후퇴, 고층부 탑상형 건축, 전망대 설치 등의 쾌적요소를 제공하는 경우 일정 범위의 한도 내에서 용적률 할증 보너스를 주기도 하였다. 이러한 인센티브 조닝제도는 최근 우리나라에서도 일반화되어 널리 적용되고 있다.

2. 개발권 양도(TDR)

개발권 양도(Transfer of Development Rights)는 독특한 자연경관이나 문화재를 무분별한 개발의 압력으로부터 보호하기 위하여 개발된 기법으로서 역사적 건축 조형물이 보전이나 소공원의 설치 등에 대해서 전체 개발밀도의 범위 안에서 미이용 용적의 이전 및 집중을 허가하는 제도이다.

즉 정부는 랜드마크나 오픈스페이스와 같은 보존의 필요성이 인정되는 자원(A)을 소유하고 있는 토지 소유주로 하여금 개발이 제한되는 만큼의 개발권(B)을 개발업자에게 양도하여 지정된 부지에 이를 추가적으로 사용(C)할 수 있도록 허가함으로써 귀중한 자원을 보존할 수 있게 된다. 이처럼 개발된 이양은 일반적으로 공개공지 혹은 역사적 건축물을 그 대상으로 하게 되는데, 대지 내 공지의 일부 또는 대지 전체가 공개공지로 지정된 경우나 대지 내 공지의 일부 또는 대지 전체가 공개공지로 지정된 경우 대지 내 건축물의 높이 혹은 층수가 제한되는 경우에 잔여의 개발권을 인근 대지나 다른 구역으로 이양하게 된다.

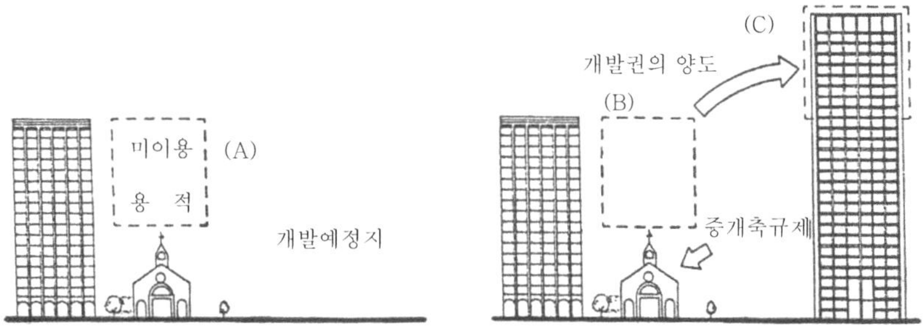

(출처 : 히가사 다다시(한정섭 역), 도시계획, 집문사, 1988 : 260)

그림 14-7 개발권 이전(TDR)의 개념

이외에도 개발권양도제도는 다양한 목적을 달성하기 위해 이용될 수 있으며, 공공의 직접적인 비용부담 없이 규제에 따른 손실보상을 할 수 있다는 점에서 큰 의의를 가지고 있다.

3. 공중권(Air Rights)

공중권은 도시에 있어서 토지의 고도이용과 공간의 유효이용을 도모하기 위해 도입된 개념으로서 다른 사람이나 단체가 소유하고 있는 부동산의 공중공간 사용에 대한 권한이라고 할 수 있다. 다시 말해 토지소유권을 일정 높이에서 수평면으로 잘라 그 수평면보다 높은, 위의 공중공간을 그 아래의 토지나 지표와는 별개로 독립된

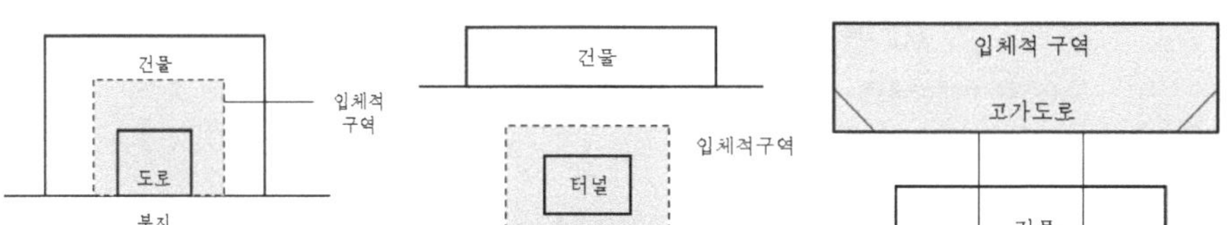

(A) 건물관통형 (B) 터널형 (C) 고가형

그림 14-8 입체도로의 유형

권리객체로서 파악하여 현재 미활용되고 있는 건물 · 도로 · 철도 등 공중공간의 보다 입체적인 이용을 도모하는 것이다.

공중권을 이용한 대표적인 도시개발 사례는 철도청이 소유한 철도부지의 공중공간을 이용한 민자역사개발이나 입체도로를 들 수 있다. 입체도로의 이용유형은 구조에 따라 건물관통형 · 터널형 · 고가도로형으로 구분할 수 있다.

4. 계획단위개발(PUD)

계획단위개발(Planned Unit Development)은 미국에서 지역제(zoning)와 획지분할규제(subdivision control)에 의한 택지개발방식의 문제점, 예컨대 공공 오픈스페이스 확보 곤란 등을 타개하기 위한 제도로서 개발업자가 용도지역상의 개발밀도 · 녹지율 등의 일반기준에 따라 전체 사업지역을 하나의 계획단위로 하여 전체 개발밀도 내에서 자율적으로 종합계획안(master plan)을 마련한 후 지방정부로부터 심의를 거쳐 인가를 받은 후 개발하는 방식이다.

PUD에 관계된 최초의 조례는 1962년 샌프란시스코 시의 주거지역과 상업지역에서 특례조치로 시작되었으나, 최근에는 지방자치단체가 대폭적인 재량권 행사를 통해 기반시설비용 부담을 경감할 수 있기 때문에 산업단지 · 연구단지 · 업무단지 · 쇼핑센터 등 대규모 개발사업에도 널리 적용되고 있다.

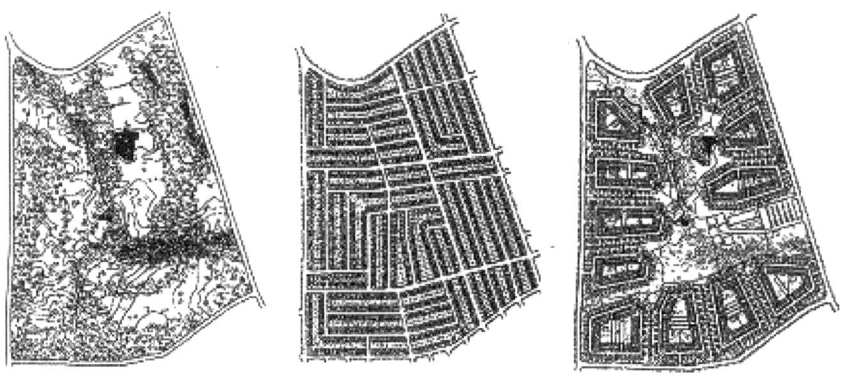

(A) 자연지형 (B) 획지분할규제 (C) 계획단위개발(PUD)

(출처 : 대한국토 · 도시계획학회, 도시설계, 2001 : 57)

그림 14-9 PUD 개념

PUD의 기준은 계획안 작성 시 계획지침으로서의 역할 또는 심의 시 준거기준으로서의 역할을 하게 되는데, 기준 항목으로는 밀도 · 환경요소 · 오픈스페이스 · 규모 · 교통처리 · 주차 · 경계부 등이 있다.

5. 복합용도개발(MXD)

복합용도개발(Mixed Use Development)은 하나의 건물 안에 주차장(지하) · 상가(저층부) · 사무실(중층부) · 주택(고층부) 등의 용도를 수직적으로 분리하여 배치하거나 상호 간에 기능적 연계성이 밀접한 대단위의 복합용도 건물들을 수평적으로 연결함으로써 용도 간의 기능적 · 물리적 통합에 의한 토지이용의 고도화, 공공편익시설 확충, 보행동선 단축 등의 효과를 기대할 수 있다.

복합용도개발의 등장배경은 기능분리에 의한 도시구조의 문제점, 즉 도시공동화 현상과 점이지대(zone of transition)의 발생, 직주분리에 따른 통근 · 통학교통의 원거리화, 단일 용도로 재개발할 경우 주변지역과 단절된 부정적 이미지 등의 해소 · 완화에 있다.

개발유형은 수용기능에 따라 주거 + 상업기능, 주거 + 업무기능, 주거 + 상업 + 업무기능, 주거 + 상업 + 업무 + 위락기능으로 구분되지만, 최근에는 상업 · 숙박 · 공공시설 · 문화체육 등 다양한 건물용도가 복합되고 있다. 또한 복합용도 건물에 있어서 용도의 층별 분포는 수익성이 높은 상업기능은 저층부에 주로 입지하고, 상대적으로 수익성이 낮은 업무나 업무서비스 · 학원 · 위락 등의 용도가 들어서게 되며, 그리고 그 상층부에는 주거기능을 배분하게 된다. 복합용도개발의 이점은 토지의 고층 · 고밀개발과 주차장 · 공지 등의 공동이용이 가능하며, 무엇보다도 압축개발을 통하여 보다 넓은 오픈스페이스를 확보할 수 있다는 것이다.

6. 도심재생과 연계프로그램

도심재생론은 도심 일대의 연계프로그램(linkage program)과 기성 시가지의 젠트리피케이션 및 고급주택화(up-grading)에 의한 재개발사업 혹은 근린서비스 프로그램(neighbourhood service program)으로 구성된다.

연계프로그램은 도시 내부의 양극화를 해소할 수 있는 도심재개발정책의 새로운 유형으로 주목받고 있다. 연계 프로그램은 도심이 성장함에 있어서 역기능적 영향을 완화하기 위하여 대규모 상업지구의 개발업자에게 일정한 고용 · 시설 · 서비스를 제공케 하거나 혹은 그에 상응하는 부과금의 지불을 요구하는 개발유형이다.

연계프로그램에서는 업무 · 상업시설과 저렴한 주택을 연계시키는 것이 보통이지만 용적률 변경과 같은 각종 우대조치를 교환조건으로 하여 주택공급 등의 민간활동을 끌어내는 유도지역제(incentive zoning)와는 구별된다.

14.3 도시개발 · 정비사업

14.3.1 도시개발 · 정비사업의 유형

1. 사업의 유형

현행 도시개발 · 정비관련 사업은 「도시개발법」에 의한 도시개발사업, 「도시 및 주거환경정비법」에 의한 주거환경개선사업 · 주택재개발사업 · 주택재건축사업 · 도시환경정비사업, 「주택법」에 의한 주택건설사업 · 대지조성사업, 「택지개발촉진법」에 의한 택지개발사업, 「산업입지 및 개발에 관한 법」에 의한 산업단지개발사업, 그리고 「도시재정비촉진을 위한 특별법」에 의한 도시재정비촉진사업 「도심재생 활성화 및 지원에 관한 특별법」에 의한 도시재생사업 등이 있다.

표 14-3 도시개발 · 정비사업의 유형

관련 법률	사업명	성격 및 목적
도시개발법 (1999)	• 도시개발사업 • 환기방식에 의한 도시개발사업	민간부문의 참여활성화를 통한 다양한 형태의 도시개발을 유도하여 종합적이고 체계적인 도시개발을 목적
주택법 (2003)	• 주거환경개선사업 • 주택재개발사업 • 주택재건축사업 • 도시환경정비사업	도시저소득층의 주거환경을 개선하거나 상업 · 공업지역의 도시기능을 회복하기 위하여 기반시설을 정비하고 주택 등의 건축물을 개량 · 건설
택지개발촉진법 (1980)	• 주택건설사업 • 대지조성사업	국민의 주거안정과 주거수준 향상을 위하여 주택의 건설 · 공급 · 관리와 이를 위한 자금의 조달 · 운용
도시 및 주거환경 정비법 (2003)	• 택지개발사업	도시지역의 택지난을 해소하기 위하여 주택건설에 필요한 택지의 취득 · 개발 공급 및 관리
산업입지 및 개발에 관한 법률 (1991)	• 산업단지개발사업	공업용지의 확보를 원활히 하고 산업의 적정 배치로 국토의 효율적 이용과 지역 간의 균형개발을 촉진
도시재정비촉진을 위한 특별법 (2005)	• 도시재정비촉진사업	도시의 낙후된 지역의 주거환경 개선과 기반시설 확충 및 도시기능의 회복을 위하여 도시재정비를 촉진
도시재생활성화 및 지원에 관한 특별법 (2003)	• 도시재생사업 • 도시활력증진사업	도시인구의 감소, 산업구조 변화, 주거환경의 노후화 등으로 쇠퇴하는 지역을 경제적 · 사회적 · 물리적 · 환경적으로 활성화를 목적

2. 사업시행방식

사업의 시행방식은 시가지의 개발 · 정비를 위한 토지의 취득방식, 즉 사업시행 이전의 토지 등에 대한 권리를 계획집행 후에 어떻게 취급하느냐에 따라 수용 · 사용방식 · 환지방식 · 혼용방식으로 나눌 수 있다. 그런데 각 방식은 기반시설과 공공용지 확보, 사업기간, 민원발생 등에 장 · 단점이 있다.

• 수용 · 사용방식 : 도시개발구역 안의 토지 등을 수용 또는 사용방식에 의한 시행(공영개발)
• 환지방식 : 사업비용을 구역 내의 토지를 처분하여 조달하고 줄어든 토지를 환지로 받음(예전의 토지구획정리사업)
• 혼용방식 : 부분적으로 수용 · 사용방식과 환지방식에 의해 시행

표 14-4 사업시행방식의 유형별 비교

사업방식	수용 · 사용방식(택지개발사업)	환지방식(토지구획정리사업)
장점	• 기반시설 확보 용이 • 공사기간의 단축 및 대규모 개발 가능 • 공공성 확보 및 일괄 시행	• 사업을 위한 용지매입 불필요 • 사업자사업비 부담 감소 • 토지소유자의 재정착 가능
단점	• 토지매입을 위한 초기비용 과다 • 보상과정에서 민원발생 우려 • 매수반대로 인한 사업기간 장기화	• 공공용지 및 기반시설공급 부족 • 지가상승 및 개발이익의 사유화 • 개발전문성 부족

(출처 : 대한국토 · 도시계획학회, 도시계획, 2016 : 501, 일부 수정)

14.3.2 도시개발사업

1. 도시개발사업

도시개발사업은 1999년에 제정된 「도시개발법」에 근거하는 사업으로서 도시개발에 관한 기본법인 도시개발법은 이전의 「도시계획법」의 도시계획사업 부문과 「토지구획정리사업법」을 통합 · 보완하여 도시개발을 보다 종합적 · 체계적으로 하기 위하여 제정되었는데, 도시개발사업의 특징은 다음과 같다.

• 민간도 조합, 순수민간법인 또는 민관합동법인 등의 형태로 사업시행이 가능
• 민간법인도 도시개발구역 지정의 제안이 가능
• 사업시행을 수용 또는 사용방식, 환지방식 또는 양자 혼용방식 중에서 선택이 가능
• 민간에도 토지수용권을 제한적으로 부여
• 용지보상을 위해 현금 대신 토지상환채권 발행이 가능
• 지방자치단체는 사업자금 조달을 위해 도시개발채권 발행이 가능

도시개발구역은 주로 지방자치단체장이 지정할 수 있지만(100만m^2 이상은 국토교통부장관 승인), 토지면적 2/3 이상에 해당하는 토지소유자의 동의를 받으면 도시개발구역의 지정을 제안할 수 있는데, 지정면적기준은 다음과 같다.

• 주거지역 및 상업지역 : 1만m² 이상
• 공업지역 : 3만m² 이상
• 자연녹지지역 : 1만m² 이상
• 도시계획구역 밖 : 33만m² 이상

또한, 도시개발구역이 지정되면 구역에 대하여 사업시행자 및 시행방식, 인구수용계획 · 토지이용계획 · 교통처리계획 · 환경보전계획, 보건의료 및 복지시설의 설치계획, 상 · 하수도 등 주요 기반시설의 설치계획, 재원조달계획, 기반시설설치비용 부담계획, 수용 또는 사용의 대상이 되는 권리내용 등이 포함된 도시개발사업계획을 수립해야 한다. 그리고 실시설계단계에서는 별도로 지구단위계획을 수립해야 한다.

2. 환지방식에 의한 도시개발(토지구획정리사업)

(1) 의의와 특성

1902년 독일 프랑크푸르트의 시장이었던 아디케스(Adickes)에 의해 처음 시행된 토지구획정리는 환지방식에 의한 세계 최초의 도시개발방식으로 우리에서 1934년에 제정된 「조선시가지계획령」에 처음 도입되었다.

환지방식에 의한 개발은 도시의 건전한 발전과 공공복리 증진에 기여하기 위하여 도로 · 상하수도 · 학교 · 광장 등 공공시설을 설치 · 변경하거나 토지의 교환 · 분합 · 구획변경 · 지목 또는 형질의 변경 등을 행하는 것으로서 사업시행 전에 존재해 온 권리관계에 변동을 가하지 아니하고 각 토지의 위치 · 지적 · 토질 · 이용상황 및 환경

표 14-5 도시계획체계와 주민참여 형태

구 분	주민참여 형태	비 고
광역도시계획	• 공청회(주민 및 전문가 의견청취) • 지방자치단체 의견 청취 • 도시계획위원회의 심의 • 공고 및 일반공람	행정주도형
도시(군)기본계획	• 공청회 • 지방의회 의견청취 • 도시(군)계획위원회의 심의 • 공고 및 일반공람	행정주도형
도시(군)관리계획	• 주민에 의한 도시관리계획 입안의 제안 • 주민 및 지방의회의 의견청취 • 도시(군)계획위원회 심의 • 고시 및 일반공람	민 · 관협력형 행정주도형
지구단위계획	• 공청회 • 주민에 의한 지구단위계획 입안의 제안	민 · 관협력형 행정주도형

등을 고려하여 사업시행 후의 대지에 이전시키는 행위, 즉 환지(換地)를 수반하는 도시개발사업방식의 하나이다.

따라서 토지구획정리사업은 다음과 같은 사업비 충당과 사업시행상의 특성을 가지고 있다. 첫째, 본 사업의 시행자는 사업비의 일부를 체비지(替費地) 매각으로 충당할 수 있기 때문에 경제적인 도시개발을 유도할 수 있다는 점이다. 둘째, 계획의 시행과 시민의 소유권 보호와의 마찰을 최소화하면서 도시개발사업을 진행할 수 있다. 셋째, 도시계획 및 개발에 있어서 주민참여의 동기부여와 참여폭을 동시에 확대·충족시킬 수 있다. 끝으로, 다른 제도에 비해 토지 소유욕을 비교적 높게 충족시킬 수 있다는 점 등을 들 수 있다.

(2) 사업주체와 비용부담

사업시행의 주체는 원칙적으로 토지소유자나 토지소유자들에 의해 구성되는 조합이 되어야 하지만, 여건에 따라서는 국가나 지방자치단체 또는 정부투자기관(공사)도 할 수 있다.

사업에 소요되는 비용은 원칙적으로 사업시행자가 부담하도록 되어 있다. 또한 사업시행자는 체비지의 매각대금과 징수한 청산금 및 수익자부담금을 비롯한 여러 가지의 부담금과 보조금 등 토지구획정리사업으로 인하여 발생한 수익금은 당해 사업 이외의 목적으로 사용할 수 없도록 규정되어 있다.

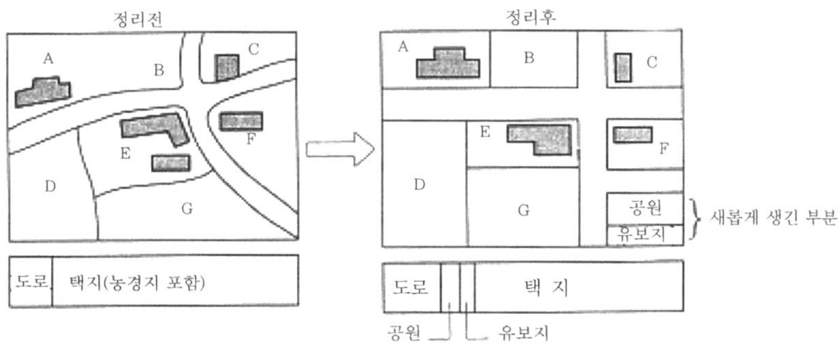

그림 14-10 토지구획정리사업 전·후 비교

(3) 사업의 시행과 환지

토지구획정리사업의 시행은 크게 계획·개발·환지의 3단계로 나눌 수 있다. 즉, 계획단계에서는 먼저 사업대상 구역을 정하고 그 범위 안에서 토지구획정리사업의 기본계획과 환지계획을 작성하고 공람을 거쳐 환지계획을 확정·공고한다. 개발단계에서는 철거작업과 택지개발사업이 이루어지고, 환지단계에서는 구획정리된 토지로 환지된다.

종전 토지와 환지의 평가액을 균형 있게 산정하기 위하여 종전 토지의 위치 · 지적 · 이용상황 · 환경 등을 종합적으로 감안하여 적정 위치에 배당하는 것을 환지설계라고 하는데, 환지규모를 결정하는 방법에는 평가식 · 면적식 · 절충식 등이 있다. 환지면적은 사업시행에 따라 새로 필요하게 되는 도로 · 광장 · 공원 · 학교 등 공공용지를 종전의 토지소유자가 부담하는 것이 원칙이기 때문에 종전의 토지보다 대부분 작아지게 되는데, 이것을 감보(減步)라 하며, 감소된 면적에 대한 종전의 토지면적 비율을 감보율이라고 한다. 감보율은 보통 40~50% 범위이며, 일반적으로 대도시일수록 중심시가지에 가까울수록 높아지게 된다.

3. 주택건설 및 대지조성사업

「주택법(2003)」에 근거하고 있는 주택건설 및 대지조성사업은 쾌적한 주거생활에 필요한 주택의 건설 · 공급 · 관리와 이를 위한 자금의 조달 · 운용 등에 관한 사항을 정함으로써 국민의 주거안정과 주거수준의 향상에 이바지함을 목적으로 하고 있다.

사업주체는 국가 및 지방자치단체 · 한국토지주택공사 · 한국토지공사 · 지방공사 · 공익법인 · 주택조합 · 근로자의 주택을 건설하는 고용자 등이 된다.

한편, 국토교통부 장관은 국민의 주거안정과 주거수준의 향상을 도모하기 위하여 연도별 계획과 10년 단위의 「주택종합계획」을 수립 · 시행하도록 규정하고 있다. 또한 시장 · 군수는 당해 지역의 특성과 주택의 규모 등을 감안하여 주택건설기준 등의 범위 안에서 조례로 주택의 배치 · 세대 간 경계벽 · 구조내력, 부대시설 및 복리시설의 설치기준, 주택의 규모 및 규모별 건설비율, 대지조성기준 등을 정할 수 있다.

4. 택지개발사업

「택지개발촉진법(1980)」에 근거하고 있는 택지개발사업은 도시지역의 시급한 택지난을 해소하기 위하여 주택건설에 필요한 택지의 취득 · 개발 · 공급 및 관리 등에 관하여 특례를 규정함으로써 국민주거생활의 안정과 복지향상에 기여함을 목적으로 하고 있다.

택지개발예정지구는 국토의 계획 및 이용에 관한 법률에 의한 도시계획구역과 그 주변지역을 대상으로 택지의 집단적 개발을 위해 지정하는 구역을 말한다. 예정지구의 지정은 사업 시행자의 제안에 따라 건교부 장관이 지정하게 된다.

사업의 시행주체는 국가·지자체·한국토지주택공사·지방공기업법에 의한 지방공사·공공시행자가 50% 이상 출자하는 공동출자법인으로 규정하고 있어 공적 토지개발의 대표적 제도라고 할 수 있다. 시행자는 예정지구 안에서 택지개발사업의 시행을 위하여 필요한 때에는 전면매수하는 방식을 원칙으로 하여 토지·물건 또는 권리를 수용 또는 사용할 수 있게 된다.

5. 산업단지개발사업

산업단지는 공장용지를 중심으로 최소한의 지원시설을 유치하는 종래의 공업단지와는 달리 산·학·연의 연계체제를 구축하여 산업의 질적 향상을 도모하고 이들을 지원할 수 있는 주거·상업·유통·복지 등의 종합적 지원시설을 유치함으로써 단지 내에서 기본적인 경제활동 수요와 편익활동을 충족시켜 종업원과 기업 등이 불필요한 비용 발생을 줄이고 효율적인 선진국형 생산구조로 전환시키는 데 그 특성이 있다.

산업단지개발사업은 「산업입지및개발에관한법률」에 근거하여 이루어지는 국가산업단지·지방산업단지·농공단지를 조성하기 위하여 시행하는 다음의 사업을 말한다.

- 용지조성사업 : 공장·지식산업관련시설, 문화산업단련시설, 교육·연구시설, 업무시설, 주거·문화·의료복지·체육·관광휴양시설 및 용지조성사업 등
- 기반시설사업 : 공업용수와 생활용수공급시설, 도로·철도·궤도·항만·유수지·전기·통신·가스·하수도·폐기물처리시설 등
- 기타 용지조성사업 및 기반시설사업에 부대되는 사업

산업단지의 지정권자는 국가산업단지의 경우 국토교통부 장관이, 지방산업단지는 시·도지사가, 농공단지는 시장·군수가 된다. 산업단지개발의 사업주체는 국가·지자체·한국토지주택공사 등 정부투자기관, 지방공기업, 중소기업진흥공단, 산업단지공단, 실수요자 또는 민간건설업자이며, 공공과 민간이 공동출자한 법인(제3섹터)에게도 사업시행자 자격을 부여하고 있다.

14.3.3 도시정비사업

도시정비사업은 「도시및주거환경정비법(2002)」에 의한 사업으로서 도시기능을 회복하기 위하여 정비구역 안에서 기반시설을 정비하고 주택 등 건축물을 개량하거나 건설하는 사업을 말한다.

도시정비사업의 종류는 주거환경관리사업 · 주거환경개선사업 · 주택재개발사업 · 주택재건축사업 · 도시환경정비사업 · 가로주택정비사업 등 다음 6가지 유형으로 구분된다.

표 14-6 도시정비사업의 유형 및 주요내용

<table>
<tr><th>유 형</th><th>사업대상지역 · 목적</th><th>시행방법</th></tr>
<tr><td>주거환경
관리사업</td><td>단독주택 · 다세대주택 등이 밀집한 지역에서 정비기반시설과 공동이용시설 확충을 통하여 주거환경을 보전 · 정비 · 개량</td><td>• 정비기반시설 및 공동이용시설의 설치 · 확대
• 토지소유자 스스로 주택 보전 · 정비 · 개량</td></tr>
<tr><td>주거환경
개선사업</td><td>도시저소득층 주민이 거주하는 지역으로 정비기반시설이 열악하고 노후 · 불량건축물이 밀집한 지역에서 주거환경을 개선</td><td>• 정비반시설을 설치 및 확대
• 토지소유자 스스로 주택개량 또는 주택건설 후 토지소유자 우선공급</td></tr>
<tr><td>주택재개발
사업</td><td>정비기반시설이 열악하고 노후 · 불량건축물이 밀집한 지역에서 주거환경을 개선</td><td rowspan="3">• 관리처분계획에 따라 주택 및 부대복리시설을 건설하여 공급
• 환지로 공급(주택재건축사업 제외)</td></tr>
<tr><td>주택재건축
사업</td><td>정비기반시설은 양호하나 노후 · 불량건축물이 밀집한 지역에서 주거환경을 개선</td></tr>
<tr><td>도시환경
정비사업</td><td>상업지역 · 공업지역 등으로서 토지이용의 효율화, 도시기능의 회복, 상권의 활성화 등이 필요한 지역에서 도시환경을 개선</td></tr>
<tr><td>가로주택
정비사업</td><td>노후 · 불량건축물이 밀집한 가로구역에서 종전의 가로를 유지하면서 소규모로 주거환경을 개선</td><td>• 관리처분계획에 따라 주택 및 복리시설을 건설 · 공급
• 스스로 주택 보전 · 개량</td></tr>
</table>

또한 정비구역의 지정요건이 충족되어 도시정비구역이 지정되면 도시계획시설 및 공동이용시설의 설치, 건축물의 주용도 · 건폐율 · 용적률 · 층수연면적, 도시경관과 환경보전 및 재난방지 등의 내용이 포함된 정비계획이 수립되어야 한다.

한편, 인구 50만 명 이상의 지방자치단체장은 10년 단위의 도시 · 주거환경정비기본계획을 의무적으로 수립하여야 하며, 이를 도시계획 결정 절차에 따라 수립토록 함으로써 정비사업의 종합적 · 체계적 추진 및 「선계획 - 후계획」원칙에 입각한 도시관리가 용이토록 계획기능을 강조하고 있다.

1. 도시재정비촉진사업

도시재정비촉진사업은 「도시재정비촉진을위한특별법(2006)」에 의한 사업으로서 기존의 재정비(재개발)사업방식으로는 개별적 · 국지적인 민간 위주의 사업에서 나타나는 한계를 극복하고 보다 광역적인 차원에서 도시기반시설을 확보하고 공공부문의 보다 적극적인 역할을 통해 도시재정비사업의 공공성을 강화하는 데 의의가 있다.

재정비촉진지구는 도시의 낙후된 지역에 대한 주거환경 개선과 기반시설 확충 및 도시기능 회복을 광역적으로 계획하고 체계적이고 효율적으로 추진하기 위하여 지정하는 지구로서 유형별 면적 기준은 다음과 같다.

표 14-7 재정비촉진사업의 유형별 계획 기준

유형	사업대상지역	면적 기준
주거지형	노후 · 불량주택과 건축물이 밀집한 지역으로 주로 주거환경의 개선과 기반시설의 정비가 필요한 지구	50만 m^2 이상
중심지형	상업 · 공업지역 또는 역세권 · 지하철역 · 간선도로의 교차지 등으로서 토지의 효율적 이용, 도심 · 부도심 등의 도시기능의 회복이 필요한 지구	20만 m^2 이상

한편, 재정비촉진계획의 내용에는 토지이용 · 인구 · 기반시설 · 교통 · 경관 · 건축계획 등으로 구성되는데, 특히 기반시설의 비용분담계획, 세입자 등의 주거대책, 단계적 사업추진계획 등이 포함되어야 한다.

14.3.4 도시계획시설사업

1. 도시계획시설의 종류

도시계획시설은 국토의계획및이용에관한법률(제2조)에 의한 기반시설 가운데 도시계획시설의 결정 · 구조 및 설치기준에 관한 규칙에 따라 도시관리계획으로 결정하여 설치된 시설로서 크게 교통시설 · 공간시설 · 유통 및 공급시설 · 공공 및 문화체육시설 · 방재시설 · 보건위생시설 · 환경기초시설의 7가지 유형(53개 시설)으로 구분된다.

2. 도시계획시설의 결정

기반시설에 대하여 도시관리계획 결정을 함에 있어서는 당해 도시계획시설의 종류와 기능에 따라 그 위치 · 면적 등을 결정하여야 하며, 시장 · 공공청사 · 문화시설 · 도서관 등과 같이 도시의 공간이용에 상당한 영향을 주는 건축물의 경우에는 건폐율 · 용적률 및 건물 높이의 범위를 함께 결정하여야 한다.

그리고 항만 · 공항 · 유원지 · 유통업무설비 · 학교 · 운동장 등에 대하여 도시계획시설 결정을 하는 경우에는 그 시설의 기능 발휘를 위하여 설치하는 중요한 세부시설에 대한 조성계획을 함께 검토하여야 한다.

3. 도시계획시설의 설치 · 관리

도시계획시설에는 장애인 · 노인 · 임산부 등의 편의증진보장에 관한 법률이 정하는 바에 따라 장애인 · 노인 · 임산부 등을 위한 각종 편익시설을 우선적으로 설치하여야 한다.

도시계획시설은 당해 지역 기능의 유지 및 증진에 기여할 수 있도록 장래의 수요를 고려하여 적정한 규모로 결정하여야 하며, 건축물인 도시계획시설은 그 구조 및 설비가 건축법에 적합하여야 한다.

4. 도시계획시설 부지의 매수청구

도시계획시설에 대한 도시관리계획의 결정의 고시일부터 10년 이내에 도시계획시설사업이 시행되지 아니하는 경우에는 당해 도시계획시설의 부지로 되어 있는 토지 중 지목이 대지의 소유자는 지방자치단체장에게 토지의 매수를 청구할 수 있다. 또한 매수 의무자가 매수청구를 받은 토지를 매수하는 때는 현금으로 그 대금을 지급해야 한다.

매수 의무자는 매수청구가 있는 날부터 2년 이내에 매수 여부를 결정하여 토지소유자와 지방자치단체장에게 통지하여야 하며, 매수하기를 결정한 토지는 매수결정을 통지한 날부터 2년 이내에 매수하여야 한다.

5. 도시계획시설 결정의 실효

도시계획시설 결정이 고시된 도시계획시설에 대하여 그 고시일부터 20년이 경과될 때까지 당해 도시계획시설사업이 시행되지 아니하는 경우에는 그 도시계획시설 결정은 그 고시일부터 20년이 되는 다음날에 그 효력을 상실하게 된다(국토계획법 제48조).

14.3.5 도시재생사업

1. 도시재생의 배경과 전략

우리나라는 2000년대 이후 역도시화 단계에 접어들면서 인구 저성장과 저출산 · 고령화 등으로 인해 도시성장이 멈추었고, 한편으로는 도시 외곽개발에 따른 사회적 비용 증가와 도심쇠퇴가 심각한 도시문제로 대두되게 되었다. 이에 따라 정부에서는 생활밀착형 도시재생을 도시문제의 해결과 경쟁력 강화를 위한 국가적 과제로 인식하고 2013년에는 「도시재생활성화및지원에관한법률」을 제정하기에 이르렀다. '국민이 행복한 경쟁력 있는 도시재창조'를 도시재생의 비전으로 설정하고, 재생사업의 성공적 실현을 위한 5대 추진전략을 수립하였다.

① 무분별한 신시가지 개발을 지양함으로써 도심의 공동화를 예방

② 주민 · 전문가 · 기업 · 지자체가 협력체계를 자율적으로 구성하여 사업을 추진

③ 물리적 정비사업 추진을 지양하고 경제 · 사회 · 문화 등 다양한 부문의 사업을 종합적으로 추진

④ 지역별 특성을 고려하여 도시계획특례, 재정 · 세제 · 금융지원 등 다양한 정책수단을 맞춤형으로 지원

⑤ 시혜적 복지가 아닌 자생적 · 공간적 주민복지를 달성

한편, 2010년부터는 이전의 각종 사업을 통합하여 '도시활력증진지역개발사업'을 추진하였고, 2016년부터는 도시생활환경개선사업과 지역역량강화사업으로 나누어 시행하고 있다. 전국의 많은 도시재생사업을 추진하고 있어 비교적 많은 경험이 축적되고 있다.

2. 도시재생사업의 주요내용

도시재생(urban regeneration)은 도시재생특별법에 의해 추진되는 사업으로써 인구의 감소, 경제 · 사회 · 문화의 변화, 도시의 무분별한 확장, 주거환경의 노후화 등으로 쇠퇴하는 도시를 도시기능의 회복 및 전환, 도시커뮤니티의 부활, 도시의 활력 및 매력창출 등의 목표를 달성할 수 있도록 환경 · 경제 · 생활의 측면에서 각종 활성화사업을 추진하는 것이다(그림 14-11 참조).

도시재생사업의 진행은 국가의 도시재생기본방침에 따라 지자체장이 10년 단위로 수립하는 도시재생 전략계획을 통해 도시재생활성화지역을 지정하고 활성화지역을 대상으로 공공 · 민간 등이 참여하는 사업시행계획을 수립하게 된다. 도시재생은 사업의 성격에 따라 크게 도시경제기반형과 근린재생형으로 구분되며, 전략계획 수립에 있어서는 다음과 같은 도시재생과 관련된 도시개발 · 정비사업들을 충분히 고려해야 한다.

- 도시개발사업, 도시계획시설사업, 역세권개발사업, 산업단지개발사업 등
- 도시정비사업, 도시재정비촉진사업, 산업단지재생사업, 항만재개발사업 등
- 상권활성화사업, 시장정비사업
- 도시경관조성사업
- 기타 상업기반현대화사업, 복합환승센터개발사업, 관광단지조성사업 등

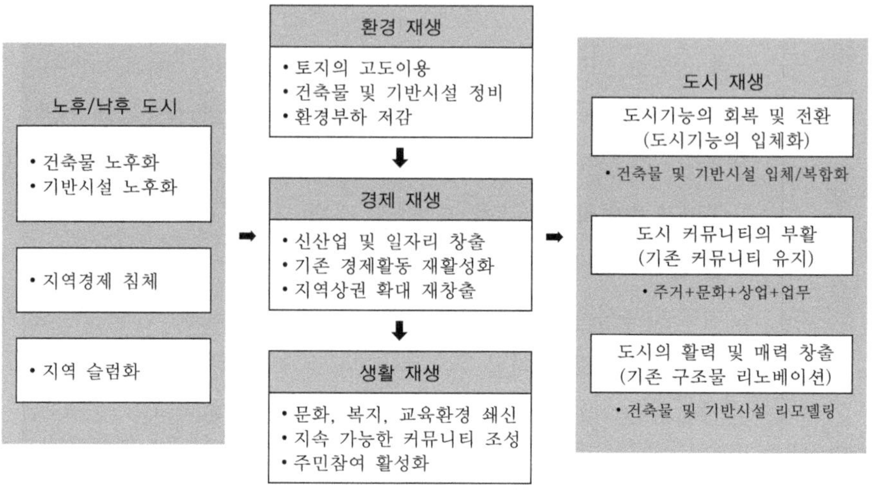

(출처 : 대한국토 · 도시계획학회, 도시재생, 보성각, 2019 : 18)

그림 14-11 도시재생의 개념

3. 도시재생계획의 고려요소

도시의 여건과 특성에 맞는 도시재생계획을 수립하기 위해서는 다음과 같은 기반시설, 대중교통 및 보행공간, 역사 및 문화자원, 거주성(livability) 등을 충분히 고려해야 한다.

- 도심지역의 노후한 각종 기반시설을 정비 · 확충하여 기업활동을 지원하고 압축적 도시공간 활용을 도모할 수 있도록 물리적 환경여건을 개선하도록 한다.
- 도심지역은 안전하고 쾌적한 대중교통 및 보행환경을 조성하여 도심상권의 활성화를 도모해야 한다. 이를 위해서는 대중교통중심개발(TOD: Transit Oriented Development)을 통해 유동인구가 많은 보행권 내에서 다양한 쇼핑 · 여가 · 문화활동이 이루어질 수 있도록 한다.
- 지역의 고유한 역사 · 문화자원을 적극 발굴하고 문화여가공간으로 보전 · 활용함으로써 도시의 정체성과 장소성(sense of place)을 제고하고, 전통상가도 생활문화자원으로 활용한다.
- 도심지역도 거주성을 확보할 수 있도록 다양한 형태의 생활공간을 제공함으로써 정주인구의 회귀(gentrification)를 유도한다.

4. 재생계획의 수립방향

구도심과 도시내 쇠퇴지역 등의 기능을 증진시키고 지역공동체를 복원하여 자생적 도시재생기반을 마련할 수 있는 전략이나 정책방향을 제시해야 한다. 특히 도시

쇠퇴지역에 대해서는 도시·군기본계획(공간구조구상, 토지이용계획, 기반시설계획, 주거환경정비계획 등)에서 종상향(up zoning) 또는 기반시설의 우선적 설치 등 인센티브 방향을 제시해야 한다.

도시재생전략계획에서는 도시의 공간구조와 발전축, 기반시설 등을 고려한 도시재생활성화지역의 지정 및 도시재생기반시설의 설치·정비·개량에 관한 방향성을 제시해야 한다. 그리고 도시재생활성화지역으로 지정된 지역에는 사업실행계획을 수립해야 한다.

14.3.6 도시개발·정비 관련제도

1. 개발행위허가

개발행위허가제는 도시지역에서 계획의 적정성, 기반시설의 확보 여부, 주변환경과의 조화 등을 고려하여 개발행위에 대한 허가 여부를 결정함으로써 난개발을 방지하는 데 그 의의가 있다. 국토계획법에서는 개발행위 허가의 대상을 다음과 같이 규정하고 있다.

- 건축물의 건축 또는 공작물의 설치
- 토지의 형질변경(성토·절토·정지·포장·공유수면의 매립 등)
- 토석의 채취(흙·모래·자갈·바위 등)
- 도시지역에서의 토지분할(최소대지면적으로서 주거 $60m^2$, 상업 $150m^2$, 공업 $150m^2$, 녹지지역 $200m^2$)
- 물건의 적치

또한 개발행위허가권자(시장·군수)는 도시관리계획·도시계획사업, 기반시설 등 개발행위 분야별로 지자체의 조례 상의 기준을 고려하여 허가·불허가 조건부 허가를 결정할 수 있다.

2. 토지적성평가

토지적성평가는 도시관리계획을 수립하기 위하여 실시하는 기초조사의 하나로서, 이는 관리지역의 세분화를 위한 평가(평가체계Ⅰ)와 도시관리계획의 입안을 위한 평가(평가체계Ⅱ)로 구분된다. 여기에서 평가체계Ⅰ은 관리지역을 보전관리·생산관리·계획관리지역으로 세분하는데 필요한 자료를 제공하기 위하여 토지를 보전·농업·개발 적성에 따라 5등급으로 분류하는 것이며, 평가체계 Ⅱ는 용도지역·지구·구역의 지정 또는 변경 및 도시계획시설의 결정이나 지구단위계획과 같이 사업을 추진하는 경우에 개발 여부의 결정 등 도시관리계획의 수립을 위한 자료로 활용하기 위하여 토지를 3등급(보전 · 중간 · 개발)으로 분류하는 것이다.

평가지표는 표고 · 경사도와 같이 당해 필지가 가지고 있는 물리적 특성, 도시용지 비율 · 용도전용 비율 · 보전지역 비율 등과 같이 당해 필지가 속해 있는 주변지역의 토지이용 특성, 공공시설물 접근성이나 보전지역 근접성과 같은 공간적 입지성을 나타내는 지표로 구성되어 있다.

표 14-8 표지적성평가 지표군

평가요인	평 가 지 표
물리적 특성	경사도, 표고, 재해발생 위험지역
토지이용 특성	도시용지 비율, 용도전용 비율, 도시용지 인접비율, 농업진흥지역 비율, 지가변동률 또는 지가수준, 전 · 답 · 과수원 면적 비율, 경지정리면적 비율, 생태자연도 상위등급 비율, 공적 규제지역면적 비율, 녹지자연도 상위등급(8등급 이상) 비율, 임상도 4등급 이상 비율
공간적 입지성	기개발지와의 거리, 공공편익시설과의 거리, 도로와의 거리, 경지정리지역과의 거리, 공적 규제지역과의 거리, 하천 · 호소 · 농업용 저수지와의 거리

3. 환경성 검토

환경성 검토는 도시관리계획이 환경오염, 기후변화, 생태계 및 주민의 생활에 미치는 영향의 원천적 해소 또는 저감을 목표로 한다.

도시관리계획의 환경성 검토는 자연환경과 생활환경으로 구분한다. 먼저 자연환경의 검토항목은 생태계의 구축과 관련성이 있는 기상 · 기후 및 에너지, 지형, 토양 및 지반, 물순환, 녹지, 경관, 주요 비오톱 및 동 · 식물 서식지 등의 항목을 도시관리계획의 유형별로 적절하게 설정한다. 생활환경의 검토항목은 주민의 건강과 쾌적성(amenity) 향상과 관련성이 있는 휴양 및 여가공간, 대기질, 수질, 소음 · 진동, 폐기물 등의 항목을 도시관리계획의 유형별로 적절하게 설정한다.

4. 기반시설연동제

기반시설연동제는 기존의 기반시설에 대한 수용용량을 고려하지 아니한 상태에서 무분별하게 개발사업을 시행하거나 기존의 기반시설에 무임승차하여 발생하는 기반시설의 부족 및 과밀을 예방하고 기반시설의 용량의 범위 안에서 개발행위를 허용하기 위한 제도로서, 개발밀도관리구역과 기반시설부담구역이 있다.

개발밀도관리구역은 주거 · 상업 · 공업지역의 개발행위로 인하여 도로 · 상하수도 · 학교 등 도시기반시설의 처리 또는 수용능력이 부족할 것으로 예상되는 지역 중기반시설의 설치가 곤란한 지역을 대상으로 건폐율 · 용적률을 강화하여 적용하는 구역으로서 구역이다.

또한 기반시설부담구역은 신규 개발지역에서 원인자 및 수익자 부담원칙에 따라 개발이익의 일부를 환수하여 도로 · 공원녹지 · 학교 · 상하수도 · 폐기물처리시설 등 도시기반시설을 합리적으로 공급하는 구역이다. 기반시설부담금의 부과대상은 건축 연면적 200m^{2}를 초과하는 건축행위이다. 부담금의 30%는 국가에 70%는 지방자치단체에 귀속되며, 부담금은 기반시설의 설치 또는 용지 확보에 사용되어야 한다.

5. 토지거래허가구역

국토의 이용 및 관리에 관한 계획의 원활한 수립 · 집행 및 합리적인 토지이용을 위하여 토지의 투기적인 거래가 성행하거나 지가가 급격히 상승하는 지역과 그러한 우려가 있는 지역에 대하여는 5년 이내의 기간을 정하여 「토지거래계약에 관한 허가구역」을 정할 수 있다(국토계획법 제10장).

토지거래허가구역이 지정되는 지역은 광역도시계획 · 도시기본계획 · 도시관리계획 등 토지이용계획이 새로 수립 · 변경되는 지역, 법령의 제정 · 개정 · 폐지에 따라 토지이용에 대한 행위제한이 완화 · 해제되는 지역, 법령에 의한 개발사업이 진행중이거나 예정되어 있는 지역과 그 인근지역, 그리고 투기가 성행할 우려가 있는 지역 등이 해당된다.

토지거래허가구역이 지정되면 허가구역 안에 있는 토지에 관한 소유권 · 지상권을 이전 또는 계약을 체결하고자 하는 당사자는 계약내용과 토지이용계획 등이 포함된 허가신청서를 시장 · 군수 또는 구청장에게 제출하여 허가를 받아야 한다.

14.4 도시개발사업의 시행 · 평가

14.4.1 도시개발사업의 평가기준

오늘날 각종 도시개발사업에 대한 평가에서 가장 광범위하게 사용되고 있는 방법은 비용편익분석(Cost-Benefit Analysis)이다. 효율성을 기준으로 개발된 이 방법은 비용과 편익이 화폐단위로 측정될 수 있을 때 사용된다.

그러나 도시개발사업이 공공복리 증진이라는 도시계획이 목적을 실현하기 위한 수단이라는 측면에서 그 사업 타당성 평가기준과 내용은 일반적인 부동산개발사업과 크게 다른 면이 있다. 부동산개발의 타당성은 철저히 수익성을 중심으로 이루어지는 반면, 도시개발사업은 수익성보다는 공공의 합의에 의하여 개발의 당위성을 부여받아야 할 뿐만 아니라 국민의 복지 · 환경 · 국토의 효율적 이용 등의 사회적 가치를 실현하는 공공의 목적을 우선되어야 한다. 따라서 단순히 사업자의 직접적인 재무분석에 국한된 평가보다는 지역의 파급효과와 정책목표 달성도에 대한 사회적 지표가 포함된 경제분석을 통해 사업성을 평가하는 것이 바람직하다.

도시개발사업은 정책생산자와 집행자의 잣대로 그 타당성을 검증하고 판단해서는 안 되며, 정책의 주권자이자 수혜자인 환경과 국민, 그리고 지역주민 · NGO · 전문가 등에 의해서 객관적으로 평가되어야 한다. 또한 도시개발사업의 공공성과 효율성 회복을 위한 사회적 인식과 책임을 공유해야 한다.

14.4.2 사업타당성 분석

일반적으로 수지분석은 연차별 투자비용에 대한 회수금액의 비교에 의해 이루어지는데, 도시개발사업의 경제적 타당성 분석에서 흔히 사용되는 재무적 수익성 분석 방법을 간략히 소개하면 다음과 같다.

1. 전통적 방법

① 회수기간법

최초의 투자액을 회수하는 데 필요한 기간을 계산하여 보다 짧은 기간에 투자비용을 회수할 수 있는 투자안일수록 투자가치가 높은 것으로 평가하는 방법이다.

② 회계적 이익률법(AAR : Average Accounting Rate of Return)

감가상각 및 세금차감 후의 연평균 이익률이 기업에서 미리 설정해 놓은 목표 수익률보다 크면 투자가치가 있는 것으로 평가하는 방법이다.

• 산식 $= \frac{\text{연평균 순이익}}{\text{연평균 투자액}} = \frac{\text{연평균 순이익}}{\text{총투자액}/2}$

• 분석 : AAR > 목표 수익률이면 수익성이 있는 것으로 평가

2. 현금흐름 할인법

① 내부 수익률법(IRR : Internal Rate of the Return)

미래의 현금유출과 현금유입의 현가를 동일하게 하는 할인율을 구하여 그 값과 기대 수익률을 비교하여 투자가치를 평가하는 방법이다.

- 산식 : IRR = $\sum_{t=0}^{n} \frac{CI_t}{(1+R)^t} - \sum_{t=0}^{n} \frac{CO_t}{(1+R)^t} = 0$

  CI_t : t기간 중 현금유입(회수)　　　n : 사업기간

  CO_t : t기간 중 현금유출(투자)　　　R : 내부 수익률

- 분석 : IRR > 요구 수익률이면 수익성이 있는 것으로 평가

② 순현재가치법(NPV : Net Present Value)

투자로부터 발생하는 현금유입과 현금유출을 화폐의 시간적 가치를 고려하여 투자 여부를 결정하는 방법이다.

- 산식 : NPV = $\sum_{t=0}^{n} \frac{CI_t - CO_t}{(1+K)^t} - \sum_{t=0}^{n} \frac{CO_t}{(1+K)^t}$

  CI_t : t기간 중 현금유입(회수)　　　t : 사업기간

  CO_t : t기간 중 현금유출(투자)　　　K : 자본할인율

- 분석 : NPV ≥ 0이면 수익성이 있는 것으로 평가

③ 수익성 지수법(PI : Profitability Index)

할인율로 할인된 현금유입의 현가를 현금유출의 현가로 나눈 값으로 수익성을 판단하는 방법이다.

- 산식 : $PI = \{\sum_{t=0}^{n} \frac{CI_t}{(1+K)^t}\} / \{\sum_{t=0}^{n} \frac{CO_t}{(1+K)^t}\}$

  CI_t : t기간 중 현금유입(회수)　　　t : 사업기간

  CO_t : t기간 중 현금유출(투자)　　　K : 자본할인율

- 분석 : $PI \geq 1$이면 수익성이 있는 것으로 평가

3. 비용 · 편익비(Cost-Benefit Ratio)

편익 · 비용비(B/C)는 편익을 비용으로 나눈 비율의 결과가 가장 큰 대안을 선택하는 방법이다. 편익 · 비용비는 현재가치로 환산된 편익 · 비용비로 나타나는 것이 일반적이다. 그러므로 장래에 발생되는 편익과 비용을 현재 가치로 환산하기 위해 할인율이 필요하게 된다.

- 산식 = $\frac{B}{C} = \{\sum_{t=0}^{n} \frac{B_t}{(1+i)^t}\} / \{\sum_{t=0}^{n} \frac{C_t}{(1+i)^t}\}$

  C_t : 시점 t 에서 발생한 비용

  B_t : 시점 t 에서 발생한 편익

  i : 내부수익률

14.4.3 부동산개발과 재원조달

1. 부동산개발 금융

부동산개발 금융이란 부동산의 매입과 개선을 통한 수익증대를 위해 자기 자본과 타인자본의 적절한 구성으로 소요자금을 확보하는 것이라 정의할 수 있다.

부동산개발 금융은 공공과 민간 간에 차이가 있다. 공공의 경우 직접적인 방법으로는 국가 또는 지자체의 예산에 의한 집행이 일반적이지만, 국공채 발행이나 외국차관 도입 등을 통한 자금조달로 상당부분 이루어진다. 그러나 민간의 부동산개발 시에는 통상 당해 프로젝트 총비용(total project cost)의 30~40% 정도 되는 막대한 자금이 선투입되어야 한다. 따라서 부동산개발의 성공 여부는 부동산개발을 가능케 하는 2대 핵심요소인 개발자금 확보와 개발된(또는 개발되는) 부동산상품의 판매(marketing) 여부에 좌우된다고 할 수 있다.

부동산 개발자금의 조달방식은 크게 지분에 의한 조달(equity capital financing)과 부채에 의한 조달(debt capital financing)의 두 가지로 나눌 수 있다. 지분에 의한 조달방식은 일반적으로 투자조합에 의한 것이 일반적이다. 부채에 의한 조달방식은 대출과 공적 차입(public debt)으로 나눠진다. 대출은 은행권 · 보험회사 등 장기투자기관의 대출이 주류를 이루며, 공적 차입은 자본시장에서 회사채 · 자산담보부증권 등 다양한 형태의 증권 발행을 통해 직접 조달하는 것이다. 부채에 의한 조달방식은 채무의 귀속 주체에 따라 기업금융(corporate financing)과 프로젝트 파이낸싱(project financing)으로 세분할 수 있다.

2. 민자유치

사회간접자본(SOC)은 생산활동과 소비활동을 직 · 간접적으로 지원해주는 자본의 하나로서 좁게는 도로 · 항만 · 공항 · 철도 등 교통시설을 포함하고, 넓게는 전기 · 통신 · 상하수도 · 댐 · 공업단지까지 포함한다. 많은 나라에서 SOC시설의 확충을 위한 막대한 투자재원이 필요하나 정부의 재정만으로는 한계가 있으므로 부족한 투자재원을 확보하기 위하여 민간자본을 끌어들이고 있다.

민간부문에 의한 사회간접자본의 건설 및 운영의 효율성은 보다 낮은 사업비와 보다 혁신적인 설계 · 시공 · 비용 및 시장수요 변화에 의한 민감성 등으로 설명된다. 우리나라에서는 민자유치촉진법(1994)을 제정하여 민자유치를 통한 SOC시설의 투자재원을 조달하고 있다.

PART

15 도시계획평가 · 도시관리

15.1 도시계획평가

15.1.1 계획평가의 의의

계획평가(plan evaluation)는 다양한 이해집단에 관련된 계획의 파급영향을 예측하고 부정적인 영향을 감소시키는 역할을 한다. 모든 계획의 집행은 다양한 영향을 발생시키는데, 이를 정확하게 평가하는 일은 의사결정자에게 중요한 참고자료를 제시해 줄 수 있으며, 악영향을 저감시킬 수 있는 대안을 주기도 한다.

계획과 관련된 평가는 계획안의 집행 여부를 기준으로 하여 사전평가(pre- adoption evaluation)와 사후평가(post-adoption evaluation)로 나누어볼 수 있다. 사전평가는 대안의 선택단계에서 유용한 정보를 제공해 줌으로써 설계대안을 비교하거나 개선안을 제시하는 역할을 한다. 사후평가는 계획을 집행한 후 실행의 효과성을 평가하기 위한 것으로서 처음에 의도했던 목표의 실제적인 달성 여부와 정도를 검토하기 위하여 수행된다.

15.1.2 도시계획과정과 평가

도시계획의 가장 큰 특징 중의 하나는 많은 단계가 환류(feedback)에 의해 선행작업과 연결되는 연속적이고 다단적인 과정이라는 것이다. 즉, 계획이나 프로그램의 영향에 대한 분석과 평가를 통해 초기 단계에 대한 재검토를 요하거나 새로운 문제를 찾아낼 수 있으며, 그것은 다시 계획의 과정을 반복하게 하는 자극이 된다.

따라서 계획평가는 계획과정 중에서 여러 단계에 걸쳐 유기적인 관계를 가진다. 문제진단과 목표설정단계에서는 쓸 수 있는 재원은 한정되어 있으나 과제는 많으므로 선택하는 과정에서 가치판단과 관계되는 평가작업이 개입된다. 대안의 작성과 선택은 평가의 가장 핵심적인 작업이며, 집행단계는 사후평가의 대상이 된다.

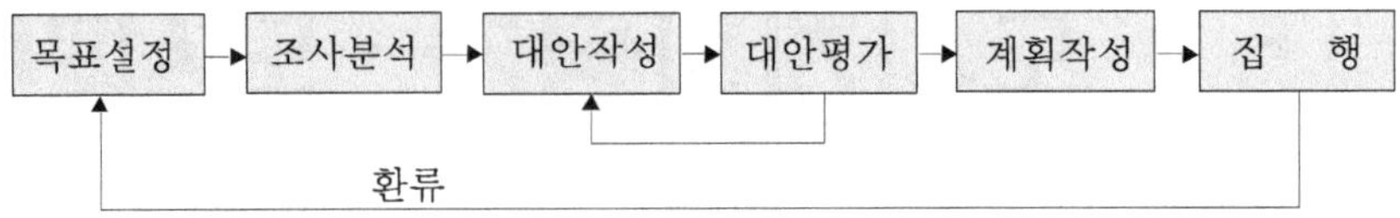

그림 15-1 도시계획과정과 평가

15.1.3 도시계획평가의 접근방법

도시계획평가의 핵심은 의사결정자가 각 대안들의 상대적인 장단점을 파악할 수 있는 합리적인 선택기준을 제공하는 데 있다. 여기에서 선택이란 장래 인구와 고용증가를 고려한 입지대안, 개발대상지역의 토지이용대안, 교통혼잡이나 환경과 같은 특정 문제를 완화시킬 수 있는 투자대안 등을 의미한다.

최적 대안을 선택함에 있어 가장 손쉬운 평가방법은 역시 투자에 대한 효율성(efficiency)이다. 그러나 도시개발계획은 서로 상충되는 목표와 복수의 이해관계를 포함하는 경우가 대부분일 뿐만 아니라 계획집행의 결과나 영향에 따라 형평성(eguity) 문제가 제기되는 경우가 많으므로 평가방법 선정에 있어서는 다음과 같은 측면이 고려되어야 한다.

- 주어진 평가목적에 부합(목적의 적절성)
- 정확한 결과를 산출(결과의 신빙성)
- 주어진 제약조건 하에서 수행(실행의 타당성)
- 의사결정자와 주민을 이해(지역주민의 수용성)

한편, 도시계획과정에서 흔히 사용되는 평가방법으로는 비용편익분석 · 비용효과분석 · 사회적 비용법 등이 있다. 비용편익분석(Cost-benefit Analysis)은 설정된 계획목표를 달성하기 위한 대안들이 가져오는 순편익의 추정과 평가라고 정의할 수 있다. 이는 주어진 재원의 범위 안에서 실현가능한 정부 개입의 우선순위를 설정하여 국민후생을 가장 높일 수 있는 방안을 모색하려는 시도이다. 정부 개입의 중심도구인 각종 공공지출의 경제성 분석으로 사회적 비용과 사회적 편익의 비교결과가 의미하는 사회후생의 증대 정도에 따라 우선순위를 설정하여 희소한 자원의 최적이용을 도모하는 이론적 기법인 동시에 현실적인 수단이다.

비용효과분석(Cost-effectiveness Analysis)은 각 대안이 추구하는 목표를 달성하기 위한 비용의 최소화 방안 또는 역으로 일정한 예산 하에서 물리적 효과를 최대화시키는 대안을 구하는 평가방법이다. 이 방법에서는 물리적인 형태로 결과치를 화폐단위의 직접비용과 조합하여 계수화(보통은 비율)하므로 생산계수와 동일한 투자의 기술적 효율성을 구하는 방법이라고 할 수 있다.

한편, 사회적 비용법은 계획집행에 의해 발생하는 사회적 효과를 사회적 비용으로 측정하여 화폐단위로 환산하고 비용편익분석의 틀 속에서 하나의 비용으로 고려하는 것이다.

15.2 주민참여

15.2.1 주민참여의 개념 및 의의

주민참여는 풀뿌리 민주주의에서 가장 기본적인 부분으로서 그 형태와 기능적인 면에서 매우 다의적인 개념이다. 이 중 도시계획이나 행정 분야에서 사용하는 주민참여 개념은 주민들이 행정기관이나 관료들의 도시계획 결정과정에 주체의식을 갖고 참여하여 투입기능을 수행하는 행위를 의미한다.

주민참여는 도시계획을 추진할 때 오류발생이나 주민들의 저항을 사전에 예방하고 주민들의 의사 · 욕구를 구체화함으로써 도시 행정능률을 향상시킬 수 있다는 데 의의가 있다. 그러나 주민들의 동의를 얻는 과정에서 많은 시간과 비용이 소요되고 실현성 없는 결정을 하게 되는 단점도 있다. 특히 엘리트 중심의 주민참여는 여론의 조작과 저소득층의 소외문제를 일으키기 쉬우므로 가능한 한 모든 계층의 참여가 이루어져야 한다.

15.2.2 주민참여의 단계와 유형

아른스타인(S. Arnstein)은 '참여의 사다리'라는 개념을 통해 주민참여의 단계를 ①비참여 단계 ②형식적 참여 단계 ③주민권리로서 참여의 3단계(총 8단계)로 구분하고 있다. 여기에서 첫 단계는 주민들이 의사결정에 아무런 역할도 하지 못하는 수준이며, 마지막 8단계는 주민들이 스스로 계획을 입안하며, 결정에서 집행, 그리고 평가단계에 이르기까지 통제하는 수준이다.

단계	내용	구분
(8단계)	주민 통제(입안 · 결정 · 집행 · 평가)	③ 주민권리로서 참여
(7단계)	권한 위임(주민들의 우월한 결정권)	③ 주민권리로서 참여
(6단계)	파트너십(주민들의 주장을 협상으로 유도)	③ 주민권리로서 참여
(5단계)	회유(주민의 참여기회 확대)	② 형식적 참여
(4단계)	주민상담 및 환류	② 형식적 참여
(3단계)	정보 제공(주민에게 일방적 제공)	② 형식적 참여
(2단계)	대책 치료(주민의 불만을 무마하는 처방)	① 참여 부재
(1단계)	조작 또는 여론 조작	① 참여 부재

그림 15-2 S. Arnstein의 주민참여 사다리

한편, 도시계획을 비롯한 일반 공공정책에 대한 일반적인 주민참여의 유형은 다음과 같이 구분된다.

- 제도적 참여와 비제도적 참여
- 개별적 참여와 집단적 참여
- 공식적 참여와 비공식적 참여
- 직접 참여와 간접 참여(주민대표 참여)
- 행정주도형(공공주도형)과 민간주도형 및 민 · 관협력형 참여

15.2.3 도시계획과 주민참여

1. 주민참여의 개념과 역할

왈도(D. Waldo)가 주민참여를 공식적 행정조직의 외부에서 이의 영향을 받는 사람들이 행정조직의 목표설정과 사업수행에 참여하는 것으로 규정하였듯이, 주민참여란 주민이 정부의 정책결정과정에 영향력을 행사하려는 노력이라고 말할 수 있다.

주민참여의 요구는 주민이 지역사회에 대한 관심이 많아지고 생활수준이 향상됨에 따라 증가하는 경향을 보인다. 따라서 주민들이 지자체의 정책결정과정에 더욱 폭넓게 참여할 수 있는 통로가 마련되어야 하며, 이러한 통로 확보는 도시계획의 수립 및 시행에 있어서 다음의 역할을 한다.

- 각계각층 사람들이 모여서 창의성 있는 계획수립 가능
- 모든 사람이 함께 생각하고 이해를 도모함으로써 실현가능성 확보
- 실현에 대한 집착이 크므로 효율성 있는 사업 추진
- 지역의 관리, 주민의 자발성에 의한 사업에 대한 발전성과 지속성 유지

2. 도시계획과 주민참여

사회환경의 성숙과 함께 시민의식 성장이 계속됨에 따라 계속적으로 늘어나고 있는 이해집단들의 새로운 욕구를 충족시키기 위해서는 도시개발정비사업의 계획 및 집행과정에서 새로운 원칙으로서 다양한 주민참여제도의 운영이 매우 중요한 과제이다.

우리나라에서는 1981년 당시 도시계획법에서 주민이 도시계획에 참여할 수 있는 공식적인 통로(공청회, 공람)가 처음 마련되었고, 1990년대 이후 지방화에 따라 도시계획의 권한이 지자체로 위임됨에 주민참여의 기회가 신장되고 있다.

도시계획 수립과정에서 주민참여의 형태로는 공청회(주민 및 전문가 의견청취), 지방의회의 의견청취, 도시계획위원회의 심의 · 자문, 공공 및 일반 공람 등을 들 수 있으며, 최근에는 주민에 의한 도시계획입안의 제안 등이 도입되었다. 또한 도시계획위계별 주민참여의 형태는 상위계획인 광역도시계획과 도시(군) 기본계획은 행정주도형이라고 한다면 도시(군)관리계획과 지구단위계획은 민 · 관협력형과 행정주도형이 병행되고 있다고 볼 수 있다.

도시의 지속가능한 발전을 도모하고 효과적인 도시계획을 수립하기 위해서는 모든 계획과정에서 주민참여 기회가 형식적이 아니라 실질적으로 이루어져야 한다.

첫째, 계획을 입안하기 전에 미리 주민간담회 등을 통하여 주민의견을 수렴하고, 필요시 주민대표 등이 직접 참여할 수 있도록 주민계획안 구성, 도시대학 운영 등 주민참여계획을 마련해야 한다.

둘째, 계획수립에 필요하다고 인정되는 경우에는 현황 및 문제점 분석, 미래 도시 버전 등에 대한 주민의식 설문조사를 실시하며, 계획의 공감대 형성을 위해 필요한 경우에는 주민공모를 통해 다양한 의견을 수렴하여 도시계획에 반영해야 한다.

셋째, 주민참여를 제고하기 위하여 계획의 도서 및 보고서의 내용과 표현은 주민들이 쉽게 이해할 수 있도록 작성되어야 한다.

그리고 도시계획(안)에 대해 지방의회가 의견을 제시할 경우에는 인구지표 · 토지이용계획 · 기반시설계획 등의 적정성과 예산 확보 및 재원조달의 타당성을 검증하여 계획내용을 수정 · 보완해야 한다.

한편, 우리나라는 민주화의 영향으로 최근 주민자치권이 크게 신장됨에 따라 각종 도시개발계획의 시행과정에서 관련 이해집단이나 시민단체들의 참여폭이 계속 확대되고 그들의 영향력도 매우 커졌다. 따라서 이제 효과적으로 개발계획을 수립하고 시행하기 위해서는 다원화된 이해관계를 인정하고 이를 토대로 합리적인 요구를 수용하는 보다 전향적인 자세가 필요하다.

15.3 도시관리 및 행 · 재정

15.3.1 도시관리

1. 도시관리의 개념

도시관리(urban management)는 광의의 개념과 협의의 개념으로 나누어 생각할 수 있다. 광의의 도시관리란 도시 전체의 공간체계, 경제 · 사회체계, 그리고 정치 · 행정체계를 모두 포함하는 도시의 종합적 계획 · 경영 · 행정을 말한다. 협의의 도시관리란 도시 공공서비스의 공급과 배분 및 유지관리에 초점을 맞추고 있는데, 특히 미국에서는 도시관리가 도시성장관리(urban growth management)를 의미하기도 한다.

종래의 도시계획은 물리적 시설물 중심의 계획에 치중하여 다루어 왔다는 점에서 토목 · 건축적 범주에서 이해되기도 하였다. 그러나 현대 도시계획은 도시의 동적 변화과정, 도시의 사회 · 경제적 상황, 계획주체와 계획대상(주민) 간의 상호작용, 그리고 계획의 결정 · 집행 있어서의 과학성과 합리성이 강조되고 있다.

2. 도시관리 패러다임의 변화

지방정부들은 대내 · 외 환경이 급변하는 상황에서 과거의 조직과 자세로는 경쟁력 유지 및 주민수요에 부응할 수 없을 뿐만 아니라 생존 자체가 위협받는다는 인식하에 공공부문의 개혁에 박차를 가하고 있으며, 이러한 움직임에 맞춰 도시관리의 패러다임도 새롭게 정립되고 있다.

첫째, 공급자 위주에서 수요자(고객) 위주로의 변화이다. 즉 최근에는 도시관리의 최우선권을 고객 혹은 수요자에게 부여하는 접근방법이 주류를 형성하고 있다. 즉 모든 정책의 우선권을 고객의 만족에 두는 동시에 정책의 수립 · 집행 · 평가 등의 전 과정이 고객의 반응을 기초로 하고 있다.

둘째, 집단주의에서 개별주의로의 변화이다. 1970년대 이전의 도시정책은 한 사회의 요구는 동질적이며 이것은 전문가 혹은 정책 결정자들에 의해 규정될 수 있다는 견해를 기초로 수립 · 집행되었다. 그러나 최근에는 공공서비스의 공급이 공급자의 이해보다는 개별 소비자 위주로 전환됨에 따라 소비자주의와 더불어 개별주의가 대두되고 있다.

셋째, 투입 위주에서 산출 위주로, 물량 위주에서 품질 위주로의 변화이다. 공공서비스 분야에도 품질을 측정하는 다양한 방법이 개발되면서부터 정책효과의 판단기준이 투입 위주에서 산출 위주로 전환되고 있다. 예컨대, 도로투자액 · 도로건설 연장보다는 평균주행속도·통행만족도 등을 사용하여 정책효과를 측정한다. 이때 품질은 목표 성취도 및 서비스 기준의 측면에서 측정된다.

넷째, 집중화에서 분권화이다. 분권화는 1980년대 이후 도시관리의 또 다른 추세로서 이는 하위 행정기관에 합법적인 자치권한을 부여하는 것을 핵심으로 한다.

끝으로 직접적 공급에서 간접적 공급으로의 변화이다. 오늘날의 공공서비스는 지방정부가 직접 공급하던 형태에서 벗어나 민영화·위탁·위임·파트너십 등을 통하여 간접 공급되는 추세를 보이고 있다. 민간기업의 효율성을 공공부문에 접목시키면서 독점력과 세금을 통하여 공급하던 과거의 방식에서 벗어나 철저히 사용자 부담원칙에 입각하여 공급하고 있다.

15.3.2 도시행·재정

1. 도시행정계획

도시계획의 부문계획으로서 행정계획이란 결국 행정주체 또는 그 기관이 도시계획상 설정된 목표달성에 필요한 종합적 수단을 선정하고 그러한 수단들을 조정하고 종합화하는 것이라 볼 수 있다.

도시행정계획은 도시계획이 설정한 미래목표를 달성하기 위해 행정기관이 내부적으로 보유하고 있는 조직의 역량과 자원을 최대한 동원하여 효율적 배분(effective distribution)과 의도적 조작(intentional manipulation)을 통하여 일체화된 행정활동을 유도하기 위해서 필요하다.

도시계획의 일환으로 수립되는 행정계획은 계획목표를 실현하기 위한 핵심전략을 추진·관리하기 위한 집행계획의 특성을 갖는다. 따라서 다분히 부수적이고 수동적 특성을 갖는 행정계획이라고 할 수 있다.

도시계획 차원에서의 행정계획은 목표 구현을 위한 핵심전략을 효율적으로 추진하기 위해 조직과 인력의 개편과 재배치, 계획 추진에 대응한 서비스 기능 강화와 제공방식 전환, 계획수립 과정의 민주성과 참여성 확보를 위한 주민의견수렴방식 등에 대한 내용을 중심으로 작성되는데, 일반적으로 행정계획에 포함하는 주요내용은 다음과 같다.

- 행정수요의 분석 및 이에 대응한 행정서비스 공급방안의 제시
- 추진사업별 행정수요에 대응한 행정서비스의 질적 수준 제고방안 제시
- 핵심사업들의 효과적 추진을 위한 행정서비스 조직의 개편(기존 조직의 통폐합, 기획단 또는 T/F구성, 각종 위원회·협의회의 설치 등)

- 핵심사업들의 행정수요에 대응한 업무처리방식 개선 및 정보처리체계 구축
- 핵심사업들의 추진과정에서 시민단체 · 이해관계자 등 주민참여 촉진방안 모색(행정정보 공개 및 행정예고제 강화, 시민옴부즈맨제도 도입 등)

2. 도시재정계획

도시계획의 부문계획으로서 언급되는 재정계획이란 설정된 계획목표를 실현하기 위한 투자사업의 소요되는 재원의 추계 · 조달 · 관리 · 운영을 포함하는 일체의 행위를 의미한다고 볼 수 있다.

재정계획은 계획의 실효성을 확보하기 위해 반드시 필요하다. 그러나 우리나라에서는 과거 상당수 도시개발과 관련된 계획들이 현실적으로 집행되지 못하고 하나의 계획수준에 머물게 된 것은 실행 가능한 재정계획이 뒷받침되지 못한 것이 가장 큰 이유이다. 따라서 현행 「지방재정법」에서는 지방자치단체의 사업계획과 예산을 연계하고, 사업이 원활하게 수행될 수 있도록 하기 위하여 '중기지방재정계획'의 수립을 의무화하고 있다.

재정계획이 본래 취지를 발휘하기 위해서는 설정된 계획목표 실현에 필요한 투자사업에 대해 재원조달을 어떻게 할 것인가를 현재의 재정상황 분석, 과학적인 재정 예측, 그리고 합리적인 투자우선순위 결정을 통해서 명확하게 제시해야 하는바, 도시계획의 부문계획으로서 재정계획을 수립할 때 포함해야 하는 주요내용은 다음과 같다.

- 재정현황 분석 : 재정규모 및 재정수지의 연도별 추이를 총규모와 회계별로 구분하여 제시
- 재정구조 분석 : 해당 단체의 연도별 세입과 세출 구조 제시
- 투자규모 및 재원 추계 : 도시계획에 포함되어 있는 도시계획시설 투자소요재원의 조달방식을 자체재원 · 의존재원(국고 지원) · 민자유치로 구분하여 제시
- 재정수입 추계 : 해당 지자체의 재정규모를 변화추이를 감안하여 추계하되 일반재원(지방세 · 세외수입 · 교부세 · 보조금)과 사회간접자본투자로부터 기대되는 세수증대효과를 추정
- 재정추계치 비교분석 : 세입증가분과 신규투자 재원을 상호 비교하여 단계별 재정상태를 제시
- 재원확충방안 : 투자부족액을 보전할 수 있는 투자재원확충 방안을 해당 단체 입장에서 제시

3. 도시계획과 재원조달

자본주의 경제체제 하에서는 도시민들이 필요로 하는 재화와 용역도 대부분 시장기구를 통해 공급하게 된다. 그러나 도시정부가 공익을 목적으로 공급하는 각종 도시적 서비스나 재화는 시장기구를 통해서는 충분히 공급되지 않거나 비록 시장기구를 통해 공급이 가능하다 하더라도 공급가격이나 공급대상의 설정 등에 공공부문이 개입해야 할 필요성이 큰 특성을 가지고 있다. 이는 도시정부가 공익적 목적을 위해 공급하는 재화와 용역은 부분적으로 공공재(public good)의 성격을 가지고 있기 때문이다.

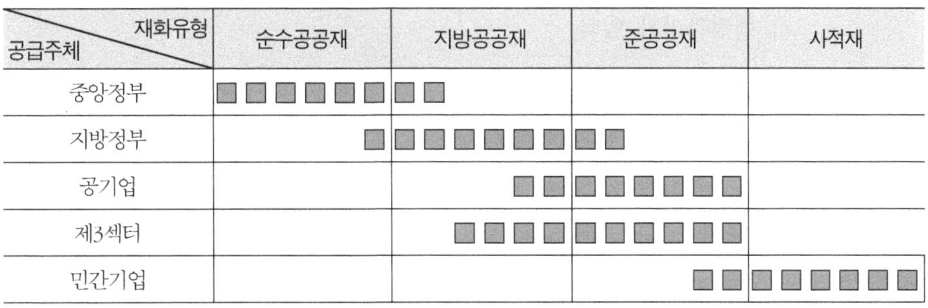

그림 15-3 도시재화의 유형과 공급주체

일반적으로 공공부문적 성격이 매우 강한 순수공공재의 공급은 중앙정부에서 담당하고 지방정부는 주로 지방공공재적 성격을 갖는 재화와 서비스를 공급하게 된다. 그리고 준공공재 중에서 기업적 성격이 강한 재화와 서비스는 지방공기업을 통해 공급되며, 나머지 사적 재화는 민간기업을 통해 공급된다.

최근 도로 · 철도 · 산업단지 조성 등과 같은 대규모 사회간접자본의 공급에 민간기업의 참여가 두드러지게 신장되고 있으며, 특히 민간부문이 합동하여 설립하는 제3섹터는 대규모 사회간접자본의 공급에 민간부문의 자금과 기업적 경영방식을 도입할 수 있다는 장점이 있기 때문에 앞으로 활용가능성이 더욱 커질 것으로 전망된다.

15.3.3 도시경영과 마케팅

1. 도시경영

도시 내에서 발생하는 수요를 신속하게 파악하고 이에 필요한 인적 · 물적 자원을 동원하고 조작하여 바람직한 공공서비스가 충분히 제공될 수 있도록 하는 것을 도시관리라고 한다면 도시경영은 도시관리의 한 방식으로서 기업적 경영원리를 도입한 도시관리라고 표현할 수 있을 것이다.

도시경영이란 단순히 행정의 효율화 · 합리화만을 의미하는 것이 아니라 도시사회 시스템 전체가 시민복지 실현을 위해 효율적으로 기능하도록 제어한다는 의미를 지니고 있다. 즉, 기업경영이 비용효과에 입각한 효율성을 목적으로 하는 것과는 달리 도시경영은 시민 전체의 복지서비스 극대화를 도모하는 것을 목표로 한다.

따라서 도시경영에서 다루는 내용에는 시민복지의 극대화를 위해 시민이 거주하고 삶을 영위하는 도시를 종합적으로 개발 · 정비하고 교통 · 환경 · 통신 또는 에너지 공급을 원활하게 하는 것으로 도시정책 · 도시개발 · 도시계획 등을 포함하는 도시공간과 환경에 대한 경영이 있고, 이를 위해 지방단치단체 조직의 행 · 재정 운용으로서 행정관리가 있다.

2. 장소마케팅(Place Marketing)

장소마케팅이란 특정 장소를 하나의 상품으로 인식하도록 장소의 소비자, 즉 기업 · 주민 · 관광객이 선호하는 이미지를 개발해 장소의 상품가치를 높이는 전략이다. 여기에는 특정 장소를 상품화하는 장소만들기와 판촉하는 일련의 과정이 포함되며, 이는 곧 도시마케팅과 연결된다.

장소마케팅이 일반 마케팅과 다른 점은 장소를 상품화한다는 점과 이로 인하여 상품의 이동이 아니라 소비자, 즉 경제주체의 이동을 수반한다는 점이다. 장소마케팅은 부정적인 이미지를 탈피하고 새로운 지역 이미지를 창출함으로써 지역경제를 활성화하고 지역주민의 정체성 확립을 통해 지역주민의 사회적 통합을 목적으로 한다. 주로 쇠퇴하는 도시와 지역의 재생을 위한 도시개발전략으로 취하기 시작했지만, 최근에는 도시와 지역의 퇴락과 관계없이 지방도시의 경쟁력을 위해 취해지고 있어 도시마케팅과 크게 차이가 없으며, 사실 도시마케팅은 장소 마케팅과 연장선상에 있는 종류 중 하나라고 할 수 있다.

PART 16 현대 도시계획의 조류

16.1 도시공간의 변화전망

16.1.1 도시화와 도시개발방식 변화

1. 도시화 추이와 전망

우리나라는 인구증가율이 점차 둔화되고 있고, 평균수명의 연장으로 인구고령화가 급속히 진전되어 고령사회로 접어들었다. 그리고 도시화율은 농촌인구의 지속적인 도시유출로 인해 꾸준히 증가하여 2010년에 이미 90%를 넘어섰다.

도시화가 지속적으로 진전됨에 따라 농촌인구의 도시집중과 시가화지역(built-up area)의 양적 확대가 나타나는 팽창도시화(산업화)의 단계를 지나서 도시인구의 농촌회귀와 시가지의 질적 변화가 나타나는 성숙도시화(탈산업화)의 단계로 전환되어 도시가 경제력이 강조되는 '생산의 장'에서 쾌적성이 강조되는 '생활의 장'으로서 역할이 중요해지고 있다. 또한 도시의 공간형태도 지금까지의 생산인구 · 자원에 의해 지배되는 점적 · 선적 확대형의 도시에서 지식과 정보에 의해 지배되는 면적(areal) · 광역형의 도시로 변모되고 있다.

전근대사회	→	근대사회	→	미래사회
• 전통성(Tradition) • 생존의 장 • 폐쇄적 사회 • 완력(인구) • 점적 고정형 도시		• 경제성(Economy) • 생산의 장 • 획일적 사회 • 경제력(생산인구 · 자원) • 선적 확대형 도시		• 쾌적성(Amenity) • 생활의 장 • 개성적·개방적 사회 • 능력(지식·정보) • 면적 광역도시

그림 16-1 도시화현상의 변천과정

2. 도시화와 도시개발방식의 변화

우리나라는 1970년을 기점으로 50%를 넘어섰고, 1980년에는 70%로 높아지면서 특히 크게 증가한 서울인구의 분산을 위하여 신도시개발방식이 사용되었다. 1990년대 이후에는 무질서한 도시확산(urban sprawl)을 방지하기 위하여 설치해 놓은 그린벨트에도 2기 신도시가 건설되면서 도시의 외곽지대가 크게 발달하였다.

그러나 2000년 이후부터는 이른바 역도시화(counter urbanization) 시대가 도래하게 됨에 따라 인구의 도심회귀 현상이 나타나기 시작하였으며, 도심의 난개발을 방지하고 계획적 개발 · 정비를 위한 도시정비법, 도시재생특별법이 제정되기에 이르렀다. 앞으로의 도시계획에서는 저성장 시대에 쇠퇴한 시가지의 재활성화를 위한 도시재생이 가장 중요한 과제가 될 것으로 전망된다.

표 16-1 우리나라 도시화단계와 도시개발방식의 변화

<table>
<tr><th>도시화단계</th><th>교외화 단계
(1980~1990년대)</th><th>역도시화 단계
(1990~2000년대)</th><th>재도시화 단계
(2000년대 이후~현재)</th></tr>
<tr><td rowspan="2">주거입지
변화</td><td rowspan="2">도시외곽 입지
(외연적 확산)</td><td>도시외곽 · 근교 입지
(광역대도시화)</td><td>도심으로 회귀
(젠트리피케이션)</td></tr>
<tr><td colspan="2">Greenbelt에 입지</td></tr>
<tr><td>도시문제
변화</td><td>기반시설설치비용 증가
사회적 비용 증가
(교통 · 환경 · 시간)</td><td>Urban Sprawl
(교통 · 환경 · 무임승차 · 시간 등
사회적 비용 증가)</td><td>주택시장 침체
뉴타운 해제 → 도심 난개발
도심 쇠퇴</td></tr>
<tr><td>도시개발
방식</td><td>1기 신도시
(택지개발촉진법)</td><td>미니신도시, 2기 신도시
(택지개발촉진법)</td><td>도시재생
(도시정비법, 도시재생특별법)</td></tr>
</table>

(출처 : 김욱현, 국토교통부, 도시재생컨퍼런스 발표논문자료, 2014 일부 수정)

16.1.2 지식정보화

첨단 정보통신기술의 급속한 발전으로 인해 우리 사회는 자본과 자원이 중요시되던 산업사회에서 정보의 가치가 중요시되는 지식정보사회로 전환되고 있다. 이러한 시대적 변화에 대응하기 위해 도시계획과 도시관리의 고도화와 전문화가 지속적으로 요구되어 왔고, 체계적이고 종합적인 도시정보 구축과 활용이 필수적이다.

또한 정보화시대를 대변하는 것이 이른바 유비쿼터스(ubiquitous) 개념이다. '언제 어디서나 존재한다' 뜻의 라틴어인 유비쿼터스는 컴퓨터에 어떠한 기능을 추가하거나 컴퓨터 속에 정보를 넣는 것이 아니라 교량 · 가로등 · 교통신호기 등과 같은 도시의 공공시설의 효율적인 이용 · 관리를 사물인터넷(IoT) 네트워킹을 통해 접속과 소통이 가능하게 하는 것이다. 최근에는 U-City는 드론 · 미래자동차 · 로봇 등 첨단기술과 접목하여 이른바 스마트도시(Smart City)로 진화하였다.

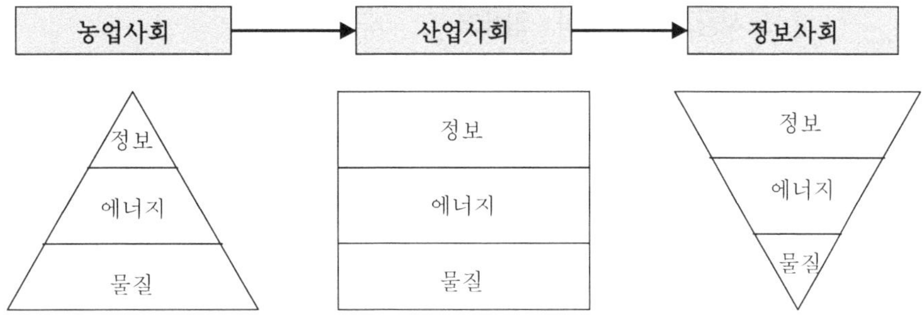

그림 16-2 사회변화와 지식정보가치의 증대

스마트폰이 도시활동의 핵심적 도구가 되는 스마트도시는 기계들이 사람을 대신해서 움직이는 단순한 기술혁명이 아니라 우리가 도시를 건설하고 경영하는 방식을 혁신하는 역사적 전환인 것이다.

또한 현실공간(real space)에 존재하는 도시가 아니라 정보통신 기술을 통해 생성되는 가상도시(cyber city)가 사람들의 생활양식을 혁신적으로 변화시키게 될 것이다. 인터넷 상에서 이루어지는 가상 쇼핑몰이 그 예이다. 가상도시는 현대도시의 시간적·공간적 제약을 해소해 주고 있다.

16.1.3 도시공간의 변화전망

1. 흐름의 도시(City of Flow)

카스텔(M. Castells)이 산업도시가 장소적 공간(space of place)이라면 탈산업도시는 흐름의 공간(space of flow)으로 변화한다고 지적한 바와 같이 전통적인 도시가 상품의 생산과 교역을 중심으로 하여 성장하고 또한 특정한 기능을 수행했다면 앞으로의 도시는 이런 생산과 유통의 흐름을 매개하고 통제하며 촉진하는 활동을 중심으로 발전해갈 것으로 보인다.

이를테면 실물경제의 흐름을 통제할 정보통신·소프트웨어·금융 등과 같은 생산자 서비스업이나 예술·공연·관광 등과 같은 지식문화산업이 도시의 주된 경제활동이 되면서 그에 따른 도시사회 특성을 부여하게 된다. 이러한 경제활동은 공간적으로 볼 때 '흐름의 산업'을 물리적·기술적으로 뒷받침할 수 있는 정보통신의 하부구조가 구축되어야 가능하며, 여기에는 디지털기술을 이용하는 인텔리전트빌딩·텔레포트·초고속정보통신망 등이 포함된다. 이러한 '흐름의 도시'에서는 위계적·중심집중적 형태에서 탈위계적·탈중심적 형태로 변모되고, 도시의 영역도 경계없이 무한히 확대될 것으로 전망된다.

2. 도시공간의 광역화 · 입체화

앞으로 교통 및 정보통신기술의 발달은 도시의 산업 및 주거의 입지, 토지이용의 형태, 도시의 활동기능과 공간사회구조에 큰 영향을 미칠 것이며, 이에 따라 미래도시의 공간이용패턴은 지금과는 전혀 다른 양상으로 바뀌게 될 것으로 전망된다.

첫째, 도 · 농통합의 광역공간체계가 형성될 것이다. 일반적으로 도시공간의 비대화와 과밀은 평면적인 확대에 의해 돌파구를 찾게 되고, 도시의 심각한 주거상황은 지가가 싼 근교지역으로의 이주를 부추기게 된다. 특히 거대 도시와 근교 농촌지역 간의 교통이 편리해지면서 광역적 지역공간체계가 더욱 강화될 것이다.

둘째, 도시공간의 입체적 · 복합적 이용이 더욱 활성화될 것이다. 지금까지 도시공간은 토지이용의 특화 또는 순화를 도모하기 위해 이른바, 지역제(zoning)에 의하여 도시의 토지용도를 구분하여 규제하고 있다. 그러나 앞으로 토지이용 분리의 개념은 초고층화 · 지하화 등 새로운 유형의 입체적 복합용도 개념으로 변화될 것이다.

끝으로, 정보통신기술의 발달에 따른 공간 및 거리개념의 변화이다. 인터넷을 통한 홈쇼핑 · 재택근무 · 가상카페 등에 의해 우리들의 공간경험과 공간인식이 크게 바뀌고 있다. 특히 코로나19에 의한 비대면(untact) 활동이 더욱 일반화됨에 따라 사이버공간이 시민들의 도시활동에 지금보다 훨씬 더 큰 영향을 미치게 될 것이다.

표 16-2 도시의 기능 · 공간구조 변화전망

구 분	과 거	미 래
도시기능	• 기능 중심의 도시 • 경제의 양적 성장 중시 • 자연을 훼손하는 개발방식 • 기능 · 형태의 획일성 • 안전 · 편리 · 효율의 강조 • 관광명소의 상품화 • 자본 · 시설 중심	• 인간중심의 도시 • 생활의 질적 향상 중시 • 자연과 공존하는 개발방식 • 기능 · 형태의 다양성 • 건강 · 매력 · 활력의 강조 • 도시 전체의 상품화 • 지식 · 정보 중심
도시공간구조	• 단일기능의 단핵구조 • 평면적, 확대 위주의 도시개발 • 직주분리(zoning) • 고밀도시 개발 • 중앙집중형 교통망체계	• 복합기능의 다핵구조 • 입체적, 네트워크형 도시개발 • 직주근접(mixed land use) • 저밀 · 압축도시(compact city) 개발 • 방사순환형 교통망체계

3. 토지이용의 복합화

탈산업화의 촉진으로 도시개발 양상이 변화되고 있다. 즉 과거에는 대규모의 공장부지가 필요했지만, 최근에는 산업구조의 고도화로 인해 서비스업 · 지식정보산업 등 도시형 산업으로 전환되어 큰 공장부지가 필요하지 않게 되었으며, 이에 따라 건축물도 개별적 · 평면적인 형태에서 복합적 · 입체적 형태로 전환되고 있다.

이러한 토지이용 및 건축형태의 변모에 따라 용도별로 분리되어 있는 현재의 도시가 여러 기능이 고밀 · 집적되는 복합용도(Mixed-use)개발 또는 보다 확장된 개념으로서의 복합기능도시(Multifunctional City)개발과 같은 새로운 토지이용 패턴의 도시로 변모할 것으로 전망된다.

복합용도개발은 종전의 하드웨어적인 건축공간 형성을 통해 이루어지는 도시가 아니라 공공시설들은 가상공간으로 옮겨가고 그 공간에는 대규모 오픈스페이스(urban void)가 조성될 것으로 전망된다.

16.2 현대 도시계획의 조류

16.2.1 지속가능한 도시발전

1. 지속가능한 도시발전의 목표

도시계획은 그 시대를 살아가는 사람들의 경제적 · 사회적 · 문화적 가치를 그대로 반영하는 거울이다. 사회는 그것을 담을 새로운 형태의 도시공간을 필요로 하기 때문에 기존의 가치관으로 이루어진 도시계획은 항상 새로운 시대적 요구에 맞추어 끊임없이 전환되어 왔다.

1972년 스톡홀름에서 UN인간환경선언이 있은 후 리우환경회의(1992)와 요하네스버그회의(2002)를 거쳐 오늘에 이르기까지 지구의 환경문제 해결의 유일한 대안으로 일관성 있게 논의되고 있는 것이 이른바, '환경적으로 건전하고 지속가능한 발전(ESSD : Environmentally Sound & Sustainable Development)'이다. 여기서 ESSD는 미래세대를 희생시키지 않는 범위 내에서 현세대의 개발과 보전이 조화를 이루는 발전이라고 정의되고 있다. 요하네스버그회의 이후 지속가능한 발전의 개념과 중심적 가치는 환경뿐만 아니라 경제 · 사회 · 문화 등 정신적 측면을 포함하는 통합적 접근으로 변천되어 왔다.

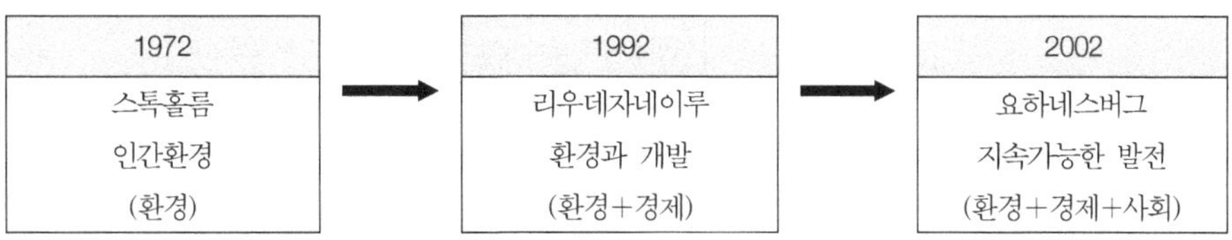

그림 16-3 지속가능한 발전 개념의 변천

21세기 이후 지속가능한 도시(sustainable)가 추구하는 목표와 가치는 단순히 개발과 보전이 조화를 위한 생태계 보전과 복원, 에너지와 수자원의 순환이 가능한 도시 시스템을 구축하는 것에 그치지 않는다. 즉, 도시의 공간적(물적) 구조뿐만 아니라 이와 상호작용하는 도시의 경제 및 사회시스템까지 친환경적인 도시계획을 의미한다고 할 수 있다.

최근 각국에서 지속가능한 도시의 목표를 달성하기 위한 실현수단으로서의 도시개발 · 정비수법이 지향하고 있는 목표는 대체로 다음 5가지로 요약된다.

- 기후변화에 적응하는 환경친화형 생태도시 개발
- 자원 · 에너지를 절약하는 보행친화형 도시공간 형성
- 스마트기술을 기반으로 하는 미래지향형 첨단도시 개발
- 지역자산을 보전 · 활용하는 민간주도형 도시재생 추진
- 주민 · 시민단체가 참여하는 거버넌스형 도시공동체 형성

2. ESSD이념과 도시성장관리

20세기 말 이후 그동안 급속하게 진행되어 온 도시화 추세가 안정되면서 도시화 사회에서 도시형 사회로 변화됨에 따라 소위 환경적으로 건전하고 지속가능한 발전

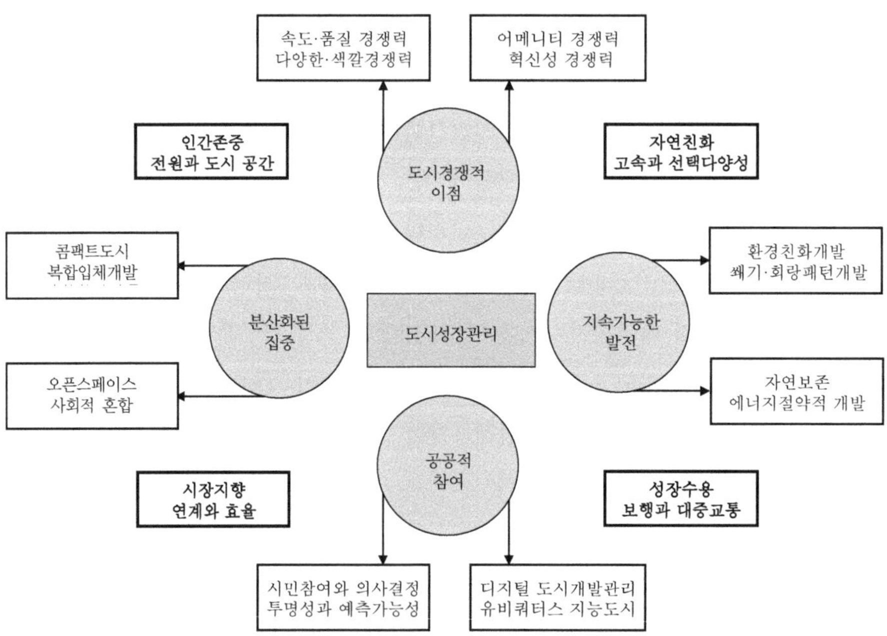

(출처 : 대한국토 · 도시계획학회, 도시정보 2005년 6월호, p.14)

그림 16-4 도시성장관리의 방향 및 수단

(ESSD)이 새로운 도시계획이념으로 보편화되었다. 여기에서 ESSD의 이념은 현 세대들이 미래 세대들의 생활에 필요한 기본욕구를 충족시킬 수 있는 능력을 희생시키지 않으면서 자신의 기본욕구를 충족시키는 개발로 인식되고 있다.

이에 따라 최근에는 도시의 성장관리(growth management) 개념이 도시계획의 기본철학으로 적용되고 있는 바, 도시성장관리의 기본방향은 크게 도시경쟁력 이점, 지속가능한 발전, 분산화된 집중, 공공적 참여의 4가지로 요약된다.

16.2.2 기후변화시대의 어바니즘

1. 뉴 어바니즘과 TOD

뉴 어바니즘운동은 1980년대부터 미국과 캐나다의 공공 및 민간부문 지도자, 시민운동가, 그리고 전문가로 구성된 뉴 어바니즘협회가 전개한 건축·도시계획운동을 지칭한다. 이 협회는 몰장소적(placeless) 시가지의 확산, 인종·소득계층별 격리현상, 환경의 훼손, 농토와 야생지의 감소, 그리고 사회적 건조(建造) 유산 등의 문제를 서로 잘 연결된 커뮤니티 건설로 해결할 수 있는 하나의 과제로 보고 있다. 시민이 참여하는 계획 및 설계를 통해 건축의 예술성과 커뮤니티 형성작업의 관계를 재정립하기 위해 조직한 이 협회는 다음과 같은 원칙을 지키기 위하여 공공정책과 개발행위를 개혁할 것을 주장하고 있다(「뉴 어바니즘 헌장」 전문).

- 근린주구는 용도와 인구에 다양해야 한다.
- 커뮤니티 설계에 있어서 자동차뿐만 아니라 보행자와 대중교통도 중요하게 다루어져야 한다.
- 도시와 타운은 어디서든지 접근이 가능하고, 물리적으로 규정된 공공공간(public open space)과 커뮤니티시설에 의해 형태를 갖추어야 한다.
- 도시적 장소는 그 지역의 역사·기후·생태, 그리고 건축관행을 존중하는 건축관행을 존중하는 건축 및 조경설계의 의해 틀이 짜여져야 한다.

뉴 어바니즘협회는 위와 같은 원칙을 달성하기 위해 주거·블록·가로·공원·근린주구·지구·타운·도시·지역, 그리고 물적 환경을 개선하는데 헌신하고자 한다고 강조하였다. 두아니(A. Duany)와 엘리자베스 플래터-자이버크(Elisabeth plater-Zyberk)에 의해 만들어진 스마트코드(Smart Code)에서 이 원칙이 잘 나타나고 있다. 여기서는 근린주구가 도시형태의 기본단위이며, 도심에서 주변농촌까지 지리적 위치에 따라 가로·블록·오픈스페이스·건축물의 설계지침을 제시하고 있다.

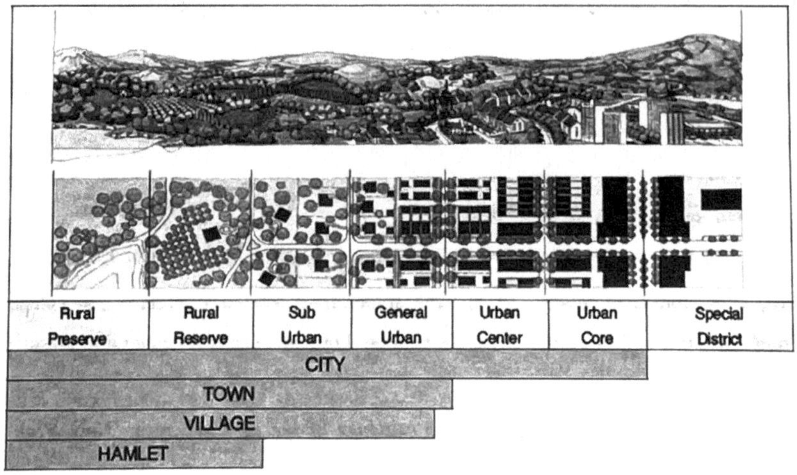

(출처 : 대한국토 · 도시계획학회, 토지이용계획론, 2010 : 89)

그림 16-5 뉴어바니즘 실현을 위한 스마트 코드

뉴 어바니즘운동의 주요 도시개발전략의 하나로 대중교통중심개발(TOD : Transit Oriented Development)이 있다. TOD는 전철역에서 평균 600m의 보행거리 내에 있는 혼합적 토지이용형태의 커뮤니티를 말하는데, 칼솝(P. Calthope, 1993)은 TOD를 도시형과 근린형으로 구분하고 있다. 도시형 TOD는 철도 · 전철 · 경전철 · 고속버스 같은 노선상의 중심역세권을 개발하고, 중밀, 중 · 고밀도에 이르는 주거시설을 개발한다. 근린형 TOD는 주요 전철망의 역사에서 약 10분 거리의 지역버스 노선상에 중밀도의 주거와 소매 · 서비스 · 위락 · 공공문화 등에 중점을 두어 배치한다.

2. 기후변화시대의 어바니즘

1990년대의 어바니즘은 수십년 동안 멋진 도시와 마을의 활력(vitality), 복합성, 그리고 친밀성을 명백히 규정하였으며, 대중교통지향형 도시개발(TOD) 개념을 통해 더욱 성숙함으로써 각 지역의 새로운 도시개념으로 자리잡았다. 그러나 칼솝(P. Calthorpe, 2011)은 이 어바니즘은 건강한 지역발전 · 형성에 필요한 광범위한 전략의 일부에 불과할 뿐 기후변화, 일자리 증가, 환경적 스트레스에 대한 해결에는 큰 도움이 되지 못한다고 주장하면서 기후변화시대의 어바니즘 개념을 제시하였다.

칼솝은 '어바니즘(urbanism)'이라는 단어를 양적 개념이 아닌 질적 개념으로, 크기가 아닌 차이의 개념으로, 밀도가 아닌 강도(intensity)의 개념으로, 정적 장소가 아닌 동적 연결성의 개념으로 정의하였다. 그는 어바니즘은 복합용도, 편리한 보행, 휴먼스케일, 다양한 인구가 밀집된 장소에서 만들어지며, 대중교통과 자동차가 균형을 이루고, 역사가 강조되며, 적용가능하고 풍요로운 공공의 삶을 영위할 수 있는 장소에서 만들어지며, 또한 어바니즘은 다양한 형태 · 스케일 · 밀도에서도 실현될 수 있다고 주장하였다. 그리고 특히 탄소배출량과 에너지수요 감소에 큰 영향을 발휘함으로써 기후변화에 대응할 수 있다는 점을 강조하였다.

16.2.3 도시계획원리

1. 어반빌리지(Urban Village) 운동

영국의 찰스 황태자는 1980년대 말부터 도시연구를 위해 「황태자재단」을 설립하고, 어반빌리지포럼(Urban Village Forum)이라는 조직을 구성하여 어반빌리지운동을 펼쳤고, 영국 각지에서 독자적인 이념을 바탕으로 도시재생사업을 추진하고 있다. 이 이념은 영국 정부의 도시정책가이드라인(PPG)에도 반영되어 강력한 영향력을 미치고 있다.

어반빌리지는 그 이름대로 도시에 마을과 같은 스케일감과 친밀함을 회복하고자 하는 것이다. 기본적으로 탄소배출을 줄이기 위하여 자동차를 이용하지 않고 보행으로 10분 이내에 모든 볼일을 볼 수 있고, 다양한 계층의 사람들이 함께 거주하면서 다양한 용도의 시설이 혼재하는 커뮤니티를 형성하고자 하는 계획원리인데, 어반빌리지포럼은 10가지 원칙을 제시하고 있다.

- 장소(The Place): 휴먼스케일에 맞는 친근한 전원풍경 창출
- 위계(Hierarchy): 건축물들의 크기와 위치는 각각의 중요도와 관련
- 스케일(Scale): 휴먼스케일에 맞는 건물
- 조화(Harmony): 근린과 가로리듬(street rhythms) 조화
- 위요(Enclosure): 담장이 있는 정원 및 공공광장
- 재료(Materials): 지역의 친근한 건설재료 사용
- 장식(Decoration): 전통성이 풍부한 디자인
- 예술(Art): 건물에 통합된 예술
- 간판 · 조명(Sigh & Light): 경관과 통합되도록 디자인
- 커뮤니티(Community): 주민참여적이고 인간친화적인 환경

한편, 각각의 권역(village)은 직주근접으로 교통부하가 적은 자립자족적인 도시를 형성하며, 이러한 권역은 장래 모도시(Urban Center)와 공공교통을 통해 유기적으로 연결하여 도시 전체의 성장을 관리하는 역할을 한다.

2. 아와니(Ahwahnee) 원칙

아와니 원칙(The Ahwahnee Principles)은 1991년 미국의 요세미티 국립공원에 있는 아와니 호텔에서 칼솝(P. Calthorpe) 등 6명의 건축 · 도시계획가들이 발표한 도시설계원칙을 말한다. 그들은 미국에서 발생하고 있는 각종 사회문제의 원인이 자동차의 과도한 의존에 따른 커뮤니티 붕괴에서 초래되고 있다고 인식하였다.

그들은 해결책으로 자동차 의존을 줄이고 생태계를 배려해야 한다고 역설하면서, 커뮤니티에 대한 일체감을 느낄 수 있는 '커뮤니티의 재창조'를 제안하였다. 그들은 아와니 원칙을 커뮤니티 재창조를 위해 준수해야 할 커뮤니티원칙(Community Principles), 커뮤니티보다 넓은 구역을 대상으로 하는 지역의 원칙(Regional Strategy), 그리고 이들 원칙의 실현을 위한 실천전략(Imprementation strategy) 등 3가지로 구분하여 제시하였다. 이 아와니 원칙의 핵심적인 내용은 복합용도, 보행권, 대중교통, 에너지 절약, 자연자원 보전, 역사와 문화의 계승, 그리고 위의 원칙에 근거한 상세계획의 수립 등으로 구성되어 있다.

3. 랜드스케이프 어바니즘(Landscape Urbanism)

랜드스케이프 어바니즘은 탈산업화 시대에 있어서 조경과 도시계획의 융합이라고 할 수 있다. 산업화 사회에서는 도시를 형태 중심으로 보았고, 따라서 조경에서의 경관 개념도 스카이라인 · 조망점 · 통경축 · 랜드마크(landmark) 등 시각적 차원에서 접근하였다. 그러나 흐름과 변화가 중요시 되는 지식정보화사회에서는 경관을 시각적 관점에서가 아니라 도시의 문화 · 생태 · 인프라를 디자인한다는 개념에서 도시계획을 접근해야 한다는 것이다.

- 문화(Culture) : 인간과 자연의 조화에 의한 문화
- 생태(Ecology) : 변화 · 과정 · 진화의 장(場)으로서의 생태
- 인프라(Infrastructure) : 경관을 변화시키는 도시의 골격으로서의 인프라

4. 생태도시(Eco-city, Ecopolis)

생태도시란 도시를 하나의 유기체로 보고 자연환경의 보전, 에너지와 물질의 순화, 다양한 동식물과의 공존 등을 통해 자연과 조화를 이루는 환경친화적인 도시라 할 수 있다. 생태도시의 개념은 1980년대까지는 풍성한 녹지가 확보되며, 물 · 공기 등이 오염되지 않고 쓰레기가 원활히 처리되는 푸르고 깨끗한 도시(green & clean city)의 이미지였다. 1990년대를 지나면서 유럽을 중심으로 자원의 재순환과 에너지 자립의 문제가 생태도시의 핵심 이슈로 부각되었고, 또한 미기후(micro climate)관리가 열섬(heat island)현상의 예방을 위한 바람통로 조성에 관한 연구가 진행되었다.

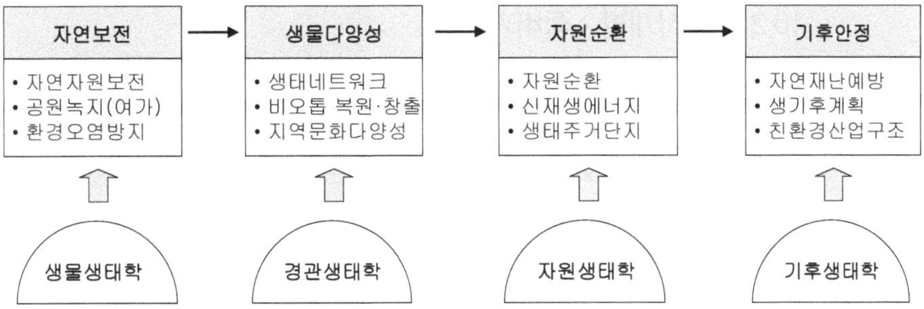

(출처 : 대한국토 · 도시계획학회, 도시정보, 2006년 10월호, p.15)

그림 16-6 생태도시 개념의 변천과정

2000년대 이후에는 도시차별화 차원에서 시도되는 문화도시 · 건강도시 개념이 생태도시와 결합되면서 소위 로하스(LOHAS : Life Styles of Health and Sustainability) 개념에 입각한 웰빙도시 · 건강도시 · 자연감성도시 · 생태체험도시 등 새로운 도시모델이 등장하였다.

생태도시 개념을 도입하여 도시환경 개선에 성공한 사례로는 녹색교통(BRT)을 도입한 브라질의 꾸리찌바(Curitiba) 시를 비롯하여 자연환기시스템을 활용한 스웨덴 말뫼(Malmo) 시의 Bo01 생태주거단지, 핵에너지를 솔라에너지로 바꾼 독일 프라이부르크 시 등 수없이 많이 있다.

5. 역사문화도시

글로벌 경쟁시대에는 도시의 경쟁력이 곧 국가의 경쟁력으로 인식되고 있다. 즉 21세기 도시는 단순한 생활공간의 의미를 넘어 문화 · 경제 · 환경의 복합체로서 국제경쟁력이 확보되어야 하며, 이는 도시 자체가 장소 마케팅(place marketing)의 핵심요소로 작용하게 된다는 것을 의미한다. 이에 따라 도시의 정체성을 부각시켜 주는 역사와 문화가 도시경제의 활성화와 도시민의 삶의 질 향상을 위한 중요한 정책과제로 대두되었다.

역사문화도시는 지역의 역사와 문화예술자원을 결합한 산업육성과 이를 뒷받침하는 그 지역의 역사 · 문화를 바탕으로 한 문화활동이 활발히 발휘되도록 친문화적인 환경을 조성하여 도시민들의 창의성이 발현될 수 있도록 하는 도시를 말한다. 여기에서 문화활동이란 단지 예술적 차원에서의 문화에 국한된 것이 아니라 도시에 거주하는 도시민들의 자기실현 요구를 확대하는 자원까지로 확대된 개념을 뜻하며, 이를 통해서 도시의 예술성과 쾌적성 확보는 물론 경제의 활성화를 통한 도시 경쟁력을 제고할 수 있는 도시를 의미한다.

16.2.4 도시개발 · 정비기법

1. 지오프런트(Geofront) 개발

지오프런트는 지표면 아래 수직 또는 수평으로 흙이나 암석을 굴착하여 만든 지하공간으로 다양한 생활편익시설 제공 및 도시시설의 효율적 이용을 위하여 개발되는 심도 깊은 지하 공공환경을 말한다. 지오프런트의 개발목적은 크게 두 가지로 구분된다. 하나는 토지확보의 어려움과 지가 상승, 도시의 무분별한 확장, 교통문제로 인한 인적 · 물적 흐름의 장애 등 도시문제 해결을 위한 것이고, 다른 하나는 지상공간의 개발 억제를 통한 자연환경 및 경관의 보존, 국가의 안보 · 군사시설의 확보 등을 위한 것이다.

지오프런트 개발은 토지가 부족한 유럽과 날씨가 추운 북미지역의 도시에서 적극 추진했다. 프랑스의 경우는 1990년대 쇼핑 · 업무 · 지하철역 등 복합지하공간으로 개발된 파리의 레알(Les Halles)지구가 그 대표적인 예이다. 캐나다 토론토의 도심을 지하로 연결하는 평균 폭 6m의 지하보행시스템(PATH)은 6개의 지하철역과 고속터미널을 중심으로 오피스 · 주차장 · 백화점 · 호텔 등을 125개의 출입구를 통해 연결해준다. 우리나라에서는 아직까지 점적 또는 선적인 개별적 개발수준에 머무르고 있으며, 아직 면적(areal) 형태의 지하개발은 이루어지지 못하고 있다.

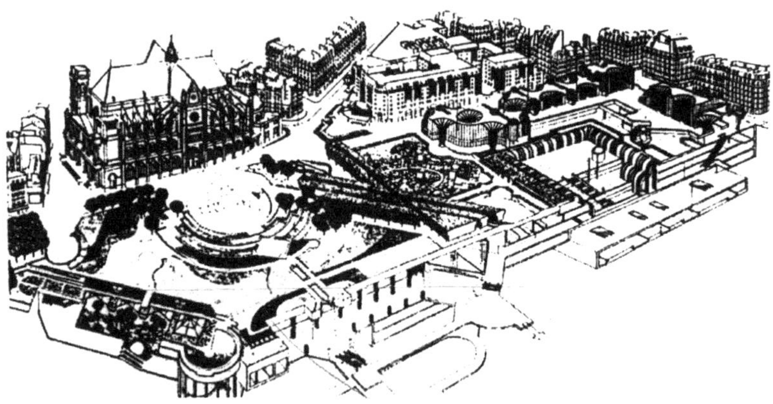

그림 16-7 파리 레알지구의 지하공간

2. 워터프런트(Waterfront) 개발

워터프런트는 도시생활과 관련된 개념으로서 단순히 물과 접해 있는 땅 혹은 사람이 거주하지 않는 한적한 해안이나 수변을 모두 말하는 것은 아니고, 도시에서 큰 강이나 바다, 호수 등과 접해 있는 수변공간을 지칭한다. 현대도시의 개발 · 정비에 있어서 가장 큰 이슈는 더욱 많은 사람 · 정보 · 돈을 모아 활력이 부족한 지역의 발전잠재력을 끌어올리는 것이다. 따라서 수변이 갖고 있는 개방성 · 낭만성 · 자연성 등의 양호한 특성을 최대한으로 활용하여 쇼핑센터 · 레스토랑 · 오피스 · 호텔 · 요트장 등으로 대표되는 업무상업기능과 레크리에이션기능의 양측면을 만족시킬 수 있다는 것이 워터프런트 개발의 가장 큰 장점이다.

1980년대 이후 각국에서 옛 항구의 재개발사업으로 제안된 상당수의 워터프런트 개발이 성공을 거두었다. 뉴욕 맨해튼 남쪽의 시포트(Seaport)지구와 샌프란시스코의 피어39지구(Fisherman's wharf)를 비롯하여, 런던의 도크랜드(Dockland), 시드니의 다링하버(Daring Habour), 일본 고베의 해상도시 포트아일랜드(Port Island) 등이 있다. 그리고 최근에는 UAE의 두바이 해변을 메워 주거 · 관광단지로 만든 거대한 야자수형태의 인공섬 팜 주메이라(The Palm, Jumeirah)가 세계의 이목을 끌고 있다.

3. 컬처프런트(Culturefront) 개발

컬처프런트는 그 지역의 역사와 전통문화자원을 바탕으로 시민들의 예술적 창의성이 발현되어 문화활동이 활발히 이루어지도록 만들어진 친문화적 환경을 말한다. 여기에서 문화활동이란 단지 예술의 차원에 국한된 것이 아니라 시민들의 자아실현의 차원으로까지 확대된 개념이며, 이를 통해서 도시의 예술성과 쾌적성 확보 및 경제의 활성화에 의한 도시경쟁력을 높일 수 있는 친문화도시를 의미한다.

컬처프런트 개발은 1990년대 이후 주로 창의적인 도시재생사업으로 이루어졌다. 1997년 옛 제철소 자리에 구겐하임미술관(분관)을 유치하여 산업도시에서 문화도시로 탈바꿈한 스페인의 빌바오(Bilbao)와 쇠퇴한 공장지대에 예술가들이 참여하여 세계적인 패션디자인 중심의 자생적 문화산업지역으로 변신에 성공한 이탈리아 밀라노의 조나 토르토나(Zona Tortona) 등이 그 좋은 예이다.

4. 소프트시티(Soft City) 개발

소프트시티는 도시활동들의 평면적 분리와 자동차 이용에 의한 효율성을 위주로 하는 모더니즘 시대의 하드시티(Hard City)와는 달리 다양한 기능들의 입체적 공존 · 근접을 지향함으로써 보행과 자전거를 위주로 하는 안전성과 로컬의 삶을 추구하는 개념이다. 일명 '15분 도시(15 Minute City)'라고도 일컬어지고 있는 이 소프트시티는 한마디로 주거 · 쇼핑 · 업무 · 문화 등 다양한 기능들이 집중된 고밀도 도시공간 속에서 휴먼 스케일을 유지하여 보행으로 15분(500~800m) 거리 내에서 일상생활이 가능한 도시를 만든다는 것이다.

소프트시티에서는 건축 역시 휴먼스케일과 용적률을 동시에 확보하고, 경관도 물리적 · 시각적 아름다움 뿐만 아니라 자연적 · 심리적 아름다움을 추구하며, 도시의 개발도 정부 위주가 아니라 시민 · 전문가 · 예술가 · 기업 등이 서로 긴밀한 소통과 파트너십에 의해 이루어진다.

이러한 소프트시티의 개념을 적용하여 성공한 도시로는 덴마크의 코펜하겐을 비롯하여 독일의 튀빙겐(Tubingen), 네덜란드의 드라흐텐(Drachten) 등을 들 수 있다. 특히 인구 6만의 드라흐텐의 경우 2003년에 교통신호등 · 속도제한표지 · 차선 · 건널목 등 교통시설을 모두 없앴지만 교통사고와 정체가 오히려 감소하였다. 이것은 도로를 사람 · 자전거 · 운전자 모두 똑같이 나누어 쓰는 광장처럼 만들어 공공성을 높이는 '공유공간(Shared Space)' 철학에서 나왔다고 한다.

5. 콤팩트시티(Compact City) 개발

콤팩트시티는 1970년대 MIT의 산업공학을 전공하는 학자들에 의해 지속가능한 도시형태를 구현하는 방법론으로서 처음 제기되었는데, 이 개념은 도시교통과 개발밀도의 관계를 고려하여 직경 2.66km의 8층 건물에 인구 25만 명을 수용하게 되면 이동거리도 짧고 에너지 소비를 최소화할 수 있다는 가상도시(cyber city) 이론에서 출발하였다.

콤팩트시티 개발은 평면적인 건조환경의 확산을 억제하고, 압축적인 고밀개발을 통하여 활동에 필요한 건조환경을 확보하는 도시에 공공공간과 오픈스페이스를 확보하는 수단이라 할 수 있다. 또한 정보통신을 구축하여 물리적 교통을 첨단정보통신수단으로 대체하기에 적절하며, 도보나 자전거 이용을 활성화시켜 에너지 소비량을 감소시킬 수 있다. 즉 압축도시는 단순히 토지이용을 고밀도로 하자는 것이 아니라 인구와 도시기능을 자동차가 도입되기 이전처럼 버스나 지하철과 같은 지속가능한 대중교통체계와 연계시켜 개발하자는 것이다.

6. 에지시티(Edge City) 개발

경계도시 · 변방도시와 비슷하게 불리우는 에지시티는 지난 30여 년간 미국 전역에서 갑자기 나타난 새로운 도시개발형태를 보고 가로우(J.Garreau)가 처음 지칭한 용어이다. 에지시티는 여러 가지 사회적 요인들과 개발업자. 투자가들의 경제적 요인들에 의해 이루어진 개발패턴이라 할 수 있는데, 가로우는 에지시티를 5가지 조건을 충족시키는 도시로 한정하고 있다(서창원 · 변창흠 옮김, 2013:227~229).

- 500만 평방피트(464,500m^2) 이상의 업무공간

- 60만 평방피트(55,740m^2) 이상의 소매상업공간
- 침실보다 일자리가 많음
- 주민들이 이곳을 직장 · 쇼핑 · 오락 등 복합적인 장소로 인식
- 30년 전에는 도시라고 불릴만한 시설이 없었음

에지시티는 매우 높은 자동차비율과 편리한 고속도로 덕택에 교외로 이주한 주민들이 비교적 쉽게 적응한다. 따라서 에지시티를 형성하기 위한 조건들은 훌륭한 고속도로 접근성, 자동차로 쉽게 이동이 가능한 거리 내에 위치한 많은 주민들, 적당하게 부유한 주민수준, 그리고 넓은 토지 확보 등이다. 가로우는 미국에 200개 이상의 에지시티가 존재한다고 주장하였는데, 워싱턴D.C. 근교의 타이슨 코너(Tyson's Corner), LA 외곽의 얼바인 스펙트럼(Irvine Spectrum) 등이 대표적인 사례이다.

16.2.5 세계도시와 창조도시

1. 세계도시(Global city, World city)

세계도시는 한 국가 차원의 도시체제 안에서 중추적인 기능과 역할을 하는 도시가 아니라 선진 자본주의 사회의 경제질서 속에서 다기능적인 국제화된 장소로서 세계경제를 보다 정교하고 복잡한 세계도시 중심의 세계시스템으로 변화시키는 데 핵심적인 역할을 하는 도시를 의미한다. 세계도시는 혁신적인 도시환경에 정보산업이 고도로 집중되는 뚜렷한 공간분업을 특징으로 하며, 그 혁신적 환경은 현대 자본주의 경제의 원동력이다(Castells, 1989).

세계도시에는 광고 · 회계 · 법률서비스 · 사업서비스 · 금융 · 공학 및 건축서비스 등 점차 국제적 거래에 종사하는 업체들을 위해 일하고 있는 일단의 지식 서비스산업들이 주요 은행이나 본사 사무실 주위에 운집해 있다. 뉴욕 · 런던 · 도쿄 등이 이러한 새로운 산업을 선도하는 중심지로 등장했고, 단일한 초국가적 시장으로서의 기능을 효과적으로 수행하고 있다.

2. 창조도시(Creative City)

창조도시는 21세기의 새로운 도시모델로 제시된 것으로서 90년대 중반 이후부터 세계도시(global city)의 대체 개념으로 큰 주목을 받고 있는데, 창조도시란 시민의 활발한 창조활동에 의해 첨단적인 예술과 풍부한 생활문화가 형성되고 혁신적인 산업을 진흥하는 창조적인 장소가 풍부한 도시를 일컫는다.

세계도시와 창조도시의 개념을 비교해 보면, 도시경제의 핵이 세계도시는 금융·법인서비스 등이라면 창조도시는 문화·예술활동이다. 도시의 규모가 세계도시는 대체로 인구 수백 만이 넘는 대도시가 많고, 창조도시는 인구 50만 전후(최대 100만)의 도시가 주축을 이루고 있다. 또한 경제의 순환개념을 보면, 세계도시에서는 경제 거점의 활동 등이 지역 내 경제활동을 견인하지만 창조도시에서는 지역 내 경제활동의 순환으로부터 국제적인 영향력을 가진 경제활동이나 문화활동이 발생된다는 메커니즘의 차이가 있다.

표 16-3 세계도시와 창조도시의 개념 비교

구분	경제의 핵	도시의 주역	도시간 관계	도시규모	경제순환
① 세계도시	금융· 법인서비스	다국적 법인 금융기업	위계	대도시	국제센터 → 지역내 순환
공통요소	기업본사, IT	글로벌 기업가	순위·경쟁	-	-
② 창조도시	문화·예술	문화·정보·기술산업문 화기술 창조 계급	네트워크	중·소 도시	지역내 순환 → 국제센터

(출처 : 佐佐木雅幸, 創造都市の展望, 學藝出版社, 2007 : 26)

한편, 창조도시론의 대표적인 학자인 랜드리(C. Landry)는 「창조도시(Creative City, 2000)」라는 책을 통해 창조도시의 개념적 틀과 실천적 방향을 제시하고 있다. 그가 예술문화가 가지는 창조성을 특히 강조하는 이유는 탈공업화하는 도시에서 멀티미디어·영상·영화 및 음악·극장 등의 창조산업이 제조업을 대신해서 역동적인 경제성장이나 고용효과를 가져오며, 예술문화가 도시문제를 해결하는 데 있어서 다양한 측면에서 효과가 크고, 지구환경과의 조화를 이루는 지속가능한 도시를 창조하는 데는 문화예술의 역할이 크기 때문이라고 보기 때문이다.

3. 창조도시의 발전요소와 사례

창조도시의 목표는 창의적인 아이디어를 과학기술과 IT로 접목하여 산업과 산업, 산업과 문화예술의 융합을 촉진하여 새로운 시장과 일자리를 만들어내는 것이라 할 수 있다. 세계적인 경제학자인 플로리다(R. Florida) 교수는 2011년 발표한 '국제창조지수'를 통해 창조도시로의 성공을 위한 요소로 3T, 즉 기술(Technology)·재능(Talent)·관용(Tolerance)을 제시하였다. 한편, 플로리다 교수는 한국의 경우는 앞의 두 가지 요건은 충분히 갖추었지만 관용이 부족하다고 지적한 바 있다.

창조도시 전략이 성과를 내고 있는 사례로는 스페인의 바르셀로나, 호주의 울런공 등을 꼽는다. 바르셀로나를 창조도시의 대표적 성공 사례라고 보는 이유는 현대예술의 에너지가 충만하고, 예술문화의 창조성을 산업으로 발전시킨 창조산업들이 도시경제의 새로운 엔진이 되었기 때문이다. 울런공(Wollongong)의 경우는 창조도시라는 슬로건을 내걸고 도시경쟁력 향상에 성공하였는데, 기본전략은 다음 세 가지였다.

- 혁신의 도시(city of Innovation)로의 도시이미지 개선
- 관광객 등 장기체류 인구의 유입을 통한 지역상권 활성화
- 대학 · 연구기관 · 기업 유치를 위한 연구개발(R&D)공간 조성

16.2.6 스마트도시계획

1. 스마트시티(Smart City)의 개념과 목적

스마트시티는 언제 어디서나 자유롭게 인터넷을 활용한다는 점에서는 기존 유비쿼터스 도시(U-City)와 유사하지만, 여기에 사물인터넷(IoT: Internet of Things), 빅데이터 솔루션, 인공지능(AI) 등 첨단 정보통신기술(ICT)을 적용한 스마트 플랫폼을 구축하여 도시의 자산을 효율적으로 운영하고 시민에게 안전하고 편리한 삶을 제공하는 혁신적인 도시라고 정의할 수 있다.

우리나라의 「스마트도시 및 산업진흥에 관한 법률(제2조)」에서는 스마트도시를 '도시의 경쟁력 제고와 삶의 질의 향상을 위하여 건설 · 정보통신기술 등을 융 · 복합하여 건설된 도시기반시설을 바탕으로 다양한 도시서비스를 제공하는 지속가능한 도시'라고 정의하고 있다. 그런데 이러한 스마트도시의 정의 속에는 이 시대를 대표하는 중요한 키워드인 '4차 산업혁명기술'과 '지속가능한 도시'라는 수단과 목적이 들어 있다.

한편, 스마트시티는 도로 · 수도 · 전기 · 항만 등 도시의 인프라를 효율적으로 관리하고 공공데이터를 수집 · 활용하여 교통 · 에너지 · 환경 등 다양한 도시문제를 해결하고 새로운 가치를 창조하는 것이 목적인데, 각국의 경제사회발전의 수준, 도시의 상황과 여건 등에 따라 개발의 주체와 목적에 차이가 있다.

표 16-4 스마트시티의 개발주체와 목적

구분	선진국(유럽 등)	신흥국(아시아 등)
주체	• 민간 주도(삶의 질 향상)	• 공공 주도(국가경쟁력 강화)
목적	• 기후변화 대응, 도시 재생	• 급격한 도시화문제 해결, 경기 부양

(출처 : 국토교통부, 제3차 스마트도시종합계획, 2018)

2. 스마트도시계획의 이해

스마트도시계획을 이해하기 위해서는 먼저 스마트시티가 탄생하게 된 기술적 · 사회적 배경을 살펴봐야 한다.

미국의 문명평론가 앨빈 토플러(Alvin Toffler)는 1980년 출간한 「제3의 물결」에서 인류가 이루어낸 기술혁명을 3개의 물결로 구분하였다. 여기에서 제1의 물결은 농업혁명이고, 제2의 물결은 18세기에 시작된 산업혁명이며, 제3의 물결은 일렉트로닉스 혁명(정보혁명)을 의미한다. 토플러는 후기산업사회라고도 불리는 정보사회의 특징으로 탈대량화 · 다양화 · 지식에 기반을 둔 생산으로 꼽고 산업사회와는 달리 정보사회에서는 다양한 라이프스타일이 존재하며 통신기술 발전으로 재택근무가 일상화될 것으로 예상했다. 그가 기대했던 정보사회는 곧 사람 · 사물 · 공간 등이 생명과학 · 로봇 · 인공지능(AI) 등을 통해 실제와 가상이 통합되어 자동적 · 초지능적으로 긴밀하게 연결되는 초연결사회(hyper connected society)를 의미한다. 결국 토플러가 기대했던 제3의 물결의 완성이 바로 4차 산업혁명이라고 할 수 있다.

4차 산업혁명사회의 가장 두드러진 특징은 산업사회의 대량생산에서 소량주문과 맞춤형 제품생산이라 할 수 있다. 즉 4차 산업혁명의 사회에서는 수많은 재화에 대한 소비자의 의사결정을 지원하는 수많은 중개자를 구심점으로 수많은 가상공동체가 만들어져 공간에 비종속적으로 운영될 것으로 보인다. 잠재적 소비자로서 사회구성원의 가상공동체 참여는 개방적이며 동시에 선택적이라는 점에서 지금까지의 사회에서 경험한 것과 본질적으로 다르다고 해야 할 것이다.

앞에서 언급한 바와 같이 현대도시는 산업혁명 이후 대량생산과 대량소비에 기반을 둔 경제와 인구의 급격한 성장으로 필요한 토지에 자동차를 중심으로 하는 교통수단에 힘입어 대규모로 개발해 왔다. 그러나 현대도시는 대량의 건물과 도시 및 교통시설의 건설로 생태계가 훼손되었고, 급증한 자동차 통행량으로 인해 에너지 소비와 환경오염에 시달리게 되었으며, 교통혼잡으로 인해 통행비용의 효율성이 낮아지면서 비효율적인 토지이용 및 교통의 문제가 발생하였다.

따라서 스마트도시계획은 4차 산업혁명기술에 힘입어 다양한 도시활동(토지이용)과 새로운 일상생활의 효율적이고 편리하게 수행(교통)할 수 있을 뿐만 아니라 그로 인해 발생할 수 있는 환경문제를 최소화할 수 있는 지속가능한 도시를 추구하는 계획행위라고 할 수 있다. 스마트도시계획에서 정보통신기술과 도시계획과의 관계는 수단과 목적의 관계로서 상호 간의 긴밀한 관계가 필요하다. 그러나 성격이 아주 다른 두 분야를 하나의 목적으로 연계시키기 위해서는 서로 다른 두 분야의 진전된 기술발전 현황을 살펴보고, 이를 통해 실질적인 연계의 실마리를 찾아야 한다.

도시계획을 기준으로 볼 때 정보통신기술과 도시계획의 가장 근본적인 성격의 차이는 '공간제약'에서 찾을 수 있다. 즉 도시발전은 공간제약의 극복과정에서 찾을 수 있는 반면, 정보통신발달은 공간제약과 무관하다. 그러나 공간에 제약적인 도시계획도 정보통신의 초연결 · 초지능사회의 요구에 대응하기 위해서는 시스템의 다양한 관계, 즉 상향식 VS 하향식, 정량적 VS 정성적, 물리적 VS 비물리적 관계를 총괄하기 위한 총체적 접근(holistic approach)이 필요하다.

이에 따라 도시계획 분야에서도 총체적인 접근이 이루어지고 있는데, 그 대표적인 것이 도시시스템(Wegener, 1994)이다. 도시시스템은 복잡한 도시를 하나의 시스템으로 여기고, 그에 속한 토지이용 · 교통 · 거주 · 근로 · 주택 · 직장 · 환경 등의 세부 분야 간의 인과관계를 규명하는 개념이다(이승일, 2019:2~14).

3. 스마트도시종합계획

정부는 도시경쟁력과 삶의 질 향상을 위하여 행정 · 교통 · 안전 등 시간과 장소에 관계없이 서비스를 제공하는 U-City(유비쿼터스 도시) 조성을 추진하였다. 2008년에는 세계 최초로 「유비쿼터스 도시의 건설 등에 관한 법률」을 제정하고 종합계획 수립의 법적 근거를 마련하였다.

제1차 종합계획(2009~2013)에서는 '시민의 삶의 질과 도시경쟁력을 제고하고 첨단정보도시 구현'이라는 비전 아래 4대 추진전략(제도마련, 기술개발, U-City 산업육성, 국민체감 서비스)과 22개 과제를 수립하였고, 제2차 종합계획(2014~2017)에서는 '안전하고 행복한 첨단 창조도시 구현'이라는 비전 아래 4대 추진전략(국민안전망 구축, U-City 확산 및 기술개발, 민간업체지원, 해외진출)과 10대 실천과제를 제시하였다. 이어서 2017년에는 8대 혁신성장동력(스마트시티, 드론, 미래자동차, 스마트팜, 스마트공장, 핀테크, 에너지산업, 바이오헬스)을 선정하는 한편 「U-City 법」도 「스마트도시법」으로 개편하였다.

이에 따라 제3차 스마트도시종합계획(2018~)에서는 스마트시티 조성을 본격화하기 위하여 글로벌 동향과 시사점, 국내 스마트시티 사업의 평가와 반성을 바탕으로 하여 향후 정책추진을 위한 '스마트시티 7대 혁신변화'를 도출하였다. 그리고 이의 실현을 위한 ①도시성장단계별 차별화된 접근(국가시범도시, 기존도시, 노후도시) ②도시가치를 높이는 맞춤형 기술접목(상용기술, 미래기술) ③주체별 역할(민간투자, 시민참여, 정부지원 강화) 등 3가지 전략을 마련하였다.

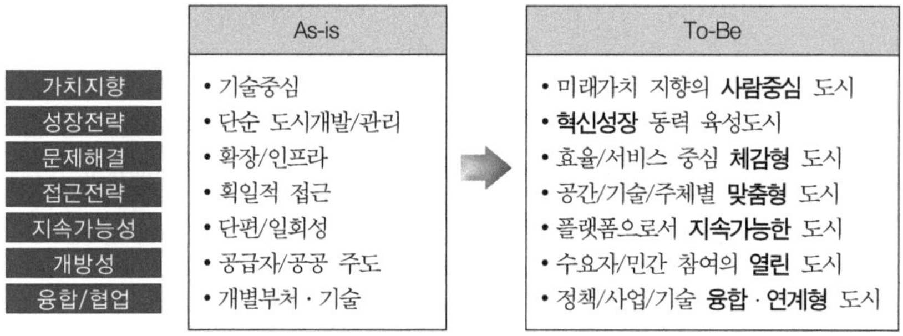

(출처 : 국토교통부, 제3차 스마트시티 종합계획, 2018:7)

그림 16-8 스마트시티 7대 혁신변화

4. 스마트도시계획 및 건설사업

스마트도시계획은 「스마트도시 조성 및 산업진흥 등에 관한 법률(제2조)」에 의하여 국토종합계획 · 스마트도시종합계획 등 상위계획을 토대로 특별시 · 광역시 · 시 · 군이 추진해야 할 구체적인 스마트도시상을 제시하는 법정 계획으로써 「국토의 계획 및 이용에 관한 법률」에 따른 도시 · 군 기본계획과 조화를 이루고 스마트도시 건설의 기본방침과 추진전략, 스마트기반시설구축 및 효율적인 운영전략 등을 제시하며, 하위계획인 스마트도시건설사업 실시계획의 기본이 되는 계획이다.

스마트도시건설사업은 스마트도시계획에 따라 스마트도시서비스를 제공하기 위하여 행정 · 교통 · 복지 · 환경 · 방재 등 도시의 주요 기능별 정보를 수집한 후 그 정보를 서로 연계하여 서비스를 제공하기 위하여 도로 · 공원 · 상수도 등의 기반시설 및 공공시설에 건설 · 정보통신 융합기술을 적용하여 지능화된 시설을 설치 · 정비 또는 개량하는 사업을 말한다. 스마트도시건설사업은 사업구역의 범위가 30만㎡ 이상인 택지개발사업, 도시개발사업, 도시재생사업, 주택건설사업 및 대지조성사업, 도시정비사업, 도시재정비촉진사업, 산업단지개발사업, 친수구역조성사업, 역세권개발사업, 관광단지조성사업 등을 대상으로 한다.

5. 스마트도시의 건설동향

스마트도시 조성 초기에는 특별 · 광역시 등의 신도시와 택지개발사업을 중심으로 스마트인프라 구축사업을 접목하면서 지자체 간의 수준 격차가 발생하였다. 그러나 최근에는 첨단통신기술(ICT) 등 융 · 복합기술을 활용하여 도시문제를 해결하기 위한 수단으로 전담조직을 만들어 스마트시티 정책을 추진하는 지자체가 2014년 10개에서 2019년 78개로 크게 증가하였고, 총 67개 지자체가 정부지원으로 스마트시티 조성사업을 추진하고 있다.

국가시범도시로 추진하고 있는 대표적인 스마트도시로는 계획인구 19,000명의 세종5-1생활권(274만㎡)과 계획인구 8,500명의 부산시 강서구 일원의 부산에코델타시티(219만㎡)를 들 수 있는데, 부산에코델타시티의 주요 건설계획내용은 다음과 같다.

- 콘셉트 : 로봇 등 산업육성으로 혁신생태계가 조성되는 미래 수변도시
- 10대 콘텐츠 : 로봇 활용, 배움 · 일 · 놀이(LWP), 도시관리 지능화, 스마트시티, 제로에너지, 스마트교육 & 리빙, 헬스, 모빌리티, 스마트안전, 스마트공원
- 공간구상 : 4차 산업혁명에 대응하고 산업육성을 위한 5대 클러스터 조성
- 추진전략 : 로봇 · 디지털 등과 같은 새로운 플랫폼을 구축하여 개인 · 사회 · 공공 · 도시 분야에 혁신적인 변화 창출

(출처 : 국토교통부, 제3차스마트도시종합계획, 2018:29)

그림 16-9 부산에코델타시티 건설계획

6. 스마트도시의 교통서비스

스마트도시는 빅데이터 · 자율주행차 · 공간정보 · 드론 등 4차 산업혁명 시대의 혁신기술들을 도시공간에서 실제로 구현함으로써 도시를 안전하고 효율적으로 관리하고 다양한 서비스를 제공한다. 스마트도시의 교통서비스에 있어서는 퍼스널 모빌리티와 자율주행셔틀 서비스 등에 관심이 높다.

퍼스널 모빌리티(Personal Mobility) 서비스는 전기 등의 친환경 연료를 사용하거나 1~2인승의 소형 이동수단을 의미하며, 중 · 저속 전기차, 1인용 전기자동차 및 전기자전거 등을 포함한다. 퍼스널 모빌리티 서비스는 초소형 개인이동수단의 도입을 통해 도시의 환경문제 해결, 물류효율 증대, 관광 · 지역발전 등의 다양한 효과를 기대할 수 있어서 최근 여러 나라에서 도입 · 활용하고 있다.

자율주행셔틀은 차량에 운전자가 탑승하지 않은 자율주행자동차의 플랫폼에 승객을 이동시키기 위한 대중교통 목적의 차체디자인과 시스템구성이 결합된 소형 자율주행 셔틀버스이다. 이는 6~12인승의 단거리 위주의 수요응답형으로, 정해진 노선에 따라 순환하는 모빌리티 형태이다. 국가시범 스마트도시로 조성 중에 있는 세종5-1 생활권과 부산에코델타시티에도 자율주행 셔틀서비스를 도입할 계획이다.

16.2.7 저성장시대의 도시계획

1. 저성장시대의 도시계획 패러다임

우리나라의 모든 도시들은 1970년대부터 인구와 산업의 고도성장시대를 경험했다. 당시에는 증가하는 인구·주택·인프라의 요구에 맞추어 새로운 주택을 건설하고 도로·상하수·공원 등 도시기반시설을 공급하는 것이 도시계획 분야의 요구였다. 그러나 반세기가 지난 오늘날 탈산업화와 정보화사회가 도래하면서 인구·산업의 저성장 시대를 맞이하게 됨에 따라 도시계획 분야에 더욱 다양한 방식의 대응을 요구하고 있다.

최근 도시계획 패러다임의 변화에 대응하는 흐름은 상징적으로 '양적 축소'와 '질적 다양화'로 대변할 수 있다. 먼저 양적 축소의 흐름은 인구와 경제구조의 변화에 따른 저성장시대, 저출산·고령화사회의 도래에 의한 것으로서, 상주인구의 감소에 따른 과소지역의 문제와 특히 중소도시를 비롯해 농촌지역에서의 양적 축소문제가 첨예하게 대두되고 있다. 한편 다양화의 흐름은 탈산업화사회를 맞이하면서 소위 과거 소품종·대량생산의 시대에서 다품종·소량생산 및 맞춤형 주문생산의 시대로 전환되는 추세와 비슷하다고 할 수 있다. 즉 도시계획도 이와 마찬가지로 도시마다 고유한 특성에 따라 서로 다른 목표와 주제를 다양한 형태로 수립하는 '맞춤형 도시계획'으로 전환되는 추세를 의미한다.

저성장시대는 한편으로 성숙의 시대라고 할 수 있다. 기존의 도시가 더욱 성장하고 확장하는 것은 아니지만 노후화된 시가지의 정비와 새로운 기능의 융·복합, 그리고 지속가능하고 환경친화적 도시조성 등을 통한 보다 수준 높고 품격 있는 도시공간환경을 요구하고 있다.

2. 맞춤형 도시계획의 기본 방향

도시는 그 유형이 다양한 만큼 각양각색의 지역적 특성과 사람들, 그리고 여러 도시문제들을 가지고 있다. 그동안은 급격한 도시화의 물결 속에서 일정 수준 이상의 도시환경과 주거의 질을 확보하기 위한 표준화된 도시계획이 이루어졌다. 그러나 이

제 어느 정도 도시의 모습은 갖추어졌고, 따라서 앞으로의 도시계획은 그에 맞는 도시의 매력과 정체성(local identity)을 추구하는 것이 중요해졌다. 여기에서 맞춤형이란 저성장 시대에 대응하기 위한 도시계획의 새로운 접근방식인 바, 맞춤형 도시계획의 기본방향은 다음과 같다.(이희정, 2020)

첫째, 맞춤형 도시기본계획의 수립이다. 과거 도시기본계획은 주로 인구증가와 도시확장에 대응한 계획이었고 국가차원의 관리를 받았지만, 이제는 저성장 시대에 대응하기 위한 도시 나름의 비전과 전략을 담는 계획이어야 한다. 이를 위해서는 중앙정부는 도시기본계획 수립의 방향성, 국가계획과의 관련성, 광역권 계획과의 연계성 등 도시기본계획의 기본방침을 제시하고, 각 지방자치단체들은 세부사항과 내용 등에 대하여 독창적으로 수립할 수 있어야 한다.

둘째, 맞춤형 생활권계획의 검토이다. 도시가 더 이상 확장되지 않는다는 것은 정주공간으로서의 주택과 커뮤니티의 의미와 가치가 중요해졌음을 의미한다. 기존 시가지는 기본적으로 도로 · 공원 · 학교 등 근린생활시설들이 갖추어져 있다. 따라서 도시 마을단위의 종합관리계획으로서 생활권계획은 주민의 적극적인 참여를 통해 도시관리에 대한 수요를 반영하고 지속가능한 마을의 유지 · 발전의 차원에서 생활밀착형으로 검토되어야 한다.

셋째, 맞춤형 용도지역제의 도입이다. 이를 위해서는 우선 기존의 용도지역제 관리 · 운영방식의 인식전환이 필요하다. 즉 토지이용의 효율성을 달성하기 위해서가 아니라 인구구조의 변화, 산업경제의 변화 등 다양한 사회적 여건변화에 유연하게 대응하기 위한 것이어야 한다. 따라서 용도지역지구의 결정권한을 지방정부로 이양하여 지역특성에 맞추어 관리하는 방식으로 전환하는 것이 필요하다.

넷째, 주민참여형 도시계획으로의 전환이다. 과거 도시계획은 주로 특정 전문가집단에 의해 추진되었다면, 앞으로는 그 도시에 살고 있는 시민들의 기대와 희망을 담을 수 있는 계획체제로 바뀌어야 한다. 이는 도시계획이 생활밀착형으로 변화하고, 수립 과정부터 주민들의 실질적인 참여가 보장될 때 비로소 실현가능하다는 것을 의미한다. 최근 서울특별시 · 대구광역시 · 수원시 · 청주시 등의 지방정부에서는 도시기본계획 수립 초기단계부터 시민참여단을 구성하여 계획의 목표와 비전, 전략, 사업을 도출하는 절차를 밟았다.

끝으로, 도시의 유형에 맞는 도시계획 수립이다. 도시는 인구규모에 따라 지역의 이슈나 문제가 다르기 마련이다. 또한 같은 인구규모를 가지고 있는 도시라고 하더라도 수도권도시와 지방도시라는 입지특성, 성장도시 · 안정도시 · 침체도시 등의 도시성장패턴, 도시형도시 · 일반형도시 · 농촌형도시 등의 도시형태 등 여러 유형으로 구분된다. 따라서 도시유형에 따라 차별화할 계획요소를 찾아내고, 이에 따라 인구 추정방식, 부문별 계획의 항목, 특성화계획 등을 검토해야 한다. 이는 개별 도시의 자연환경, 역사와 문화, 장소성, 그리고 주민구성의 특성에 따라 도시계획의 내용과 해법이 달라질 수 있기 때문이다.

16.3 미래 도시정책의 과제와 방향

16.3.1 21세기 도시정책 이념과 방향

도시정책은 미래지향적이어서 국가나 지역의 사회 · 경제적 여건변화에 융통성 있게 대응하면서 도시민의 다양한 가치관을 반영해야 하는 바, 21세기의 도시정책의 과제와 방향은 다음과 같이 설정하고 있다.

첫째, 도시경쟁력 향상을 위한 산업육성이다. 도시의 경쟁력을 확보하기 위해서는 도시의 경제기반을 효율적으로 확대하는 것이 중요한 요소가 된다. 이것은 도시에 내재되어 있는 자원과 재원 등 잠재력이 최대한 발휘될 수 있는 전략산업을 어떻게 선정 · 육성하는가 하는 문제로 연결된다. 미래 도시의 전략산업 선정과 관련하여 고려해야 할 가장 중요한 화두로는 지식정보 · 문화산업 · 신재생에너지관련산업이기 때문이다.

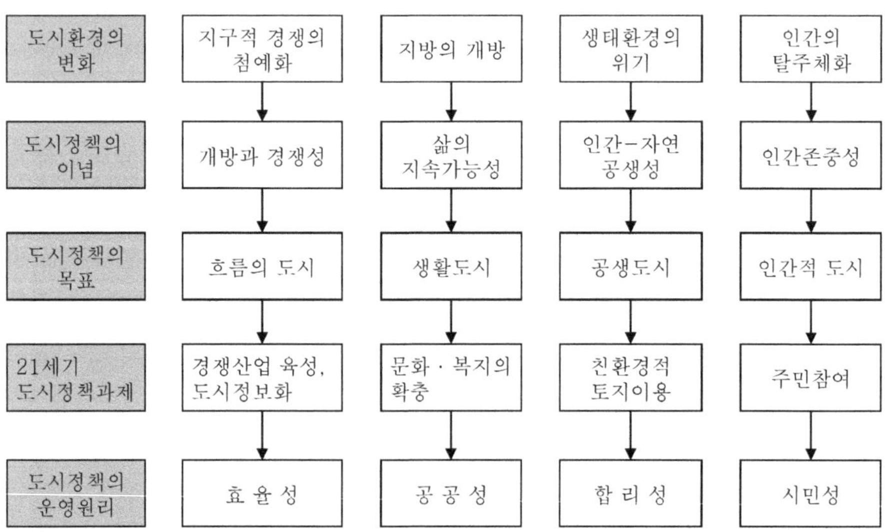

(출처 : 건설교통부, 21세기 도시정책 방향, 2002 : 47)

그림 16-10 21세기 도시정책의 이념과 가치체계

둘째, 환경친화적 도시개발이다. 미래도시는 자연과 인간 모두를 위한 진정한 자연친화적 공간이 되도록 하여야 한다. 도시 내의 녹지를 확충하고 단절된 녹지체계를 연결하여 야생동식물의 서식공간을 제공함으로써 생물다양성을 제고하여야 한다.

셋째, 인간중심적 교통이다. 교통정책이 인간중심으로 전환되기 위해서는 도시계획 · 교통 · 환경부문의 행정추진체계가 우선 통합되어야 하며, 이를 토대로 환경친화를 가장 중요한 가치로 인식하는 바탕에서의 보행환경의 획기적 개선이 필요하고, 대중교통체계의 공급 차원에서 도시철도의 확충이 우선되어야 한다.

넷째, 인본주의적 문화 · 복지이다. 인간적인 삶의 기회와 장소를 제공하는 도시를 만들기 위해서는 산업주의 발전의 폐해로부터 도시의 역사와 문화를 복원하고, 빈곤층 · 노인층 · 장애인 등 소외계층이나 취약계층을 위한 삶의 공간과 기회를 확대하는 정책이 필요하다.

다섯째, 종합적 · 광역적 도시관리이다. 앞으로 자동화교통의 발달에 따라 도시적 토지이용면적도 더욱 늘어날 것으로 전망되며, 고속교통망의 발달에 따라 전국이 반나절 생활권으로 될 것이 분명하다. 따라서 도시의 교외화 · 광역화 진행에 따른 지자체 간의 이해관계 조정과 갈등을 관리하기 위한 광역대도시권 차원의 도시성장관리체계의 획기적 구축이 필요하다.

끝으로, 주민참여형 계획과정이다. 주민참여를 활성화하기 위한 제도적 장치는 지역주민 주체의 원칙, 파트너십의 원칙, 종합성의 원칙, 다양성의 원칙이 반영되어야 하며, 전자매체를 이용한 방안을 적극적으로 수용하고, 민원 · 청원 · 위원회 등을 통한 주민참여가 실효성 있게 이루어져야 한다.

16.3.2 환경친화적 도시교통정책

1. 지속가능한 도시교통체계(CIVITAS, EST)

지속가능성(sustainability)이란 현재 세대의 필요를 충족시키기 위해 미래 세대가 사용할 경제 · 사회 · 환경 · 교통 등의 자원을 낭비하거나 여건을 저하시키지 않고 서로 조화와 균형을 이루는 것을 말하며, 지속가능 교통물류체계는 이를 기초로 사람과 화물 등의 이동성과 접근성 향상 등을 이루는 교통물류체계를 의미한다.

정부가 발표한 지속가능 교통물류발전 수정계획(2018)에서는 '효율적인 친환경 교통체계 구축을 통한 글로벌 선도국가 구현'을 비전으로 삼아 5개 분야의 세부과제를 제시하였는데, 세부 실천과제는 대중교통 운영활성화, 교통수요관리 강화, 비동력·무탄소 교통수단 활성화, 저탄소 교통물류체계 구축, 친환경 교통물류기술 개발 및 보급으로 되어 있다.

세계적으로 지속가능한 교통으로써 각광받는 모델로는 유럽의 CIVITAS와 일본의 EST를 들 수 있다. 유럽위원회(EC : European Commission)에서는 2002년부터 교통정책과 도시재생 분야에서 선도적인 역할을 하는 도시에 CIVITAS(CIty VITAlity Sustainability)를 시행하고 있다. 이 교통정책프로그램의 목적은 지속가능한 녹색성장과 에너지 효율적인 도시교통정책 실시 등을 위한 관련기술은 물론 ①대체연료와 에너지 효율적인 친환경차량 ②대중교통서비스와 연계체계 ③교통수요 관리 ④여행정보 제공 ⑤모든 사람의 안전한 이동성 보장 ⑥혁신적인 교통서비스 ⑦물류교통 ⑧교통정보통신의 활용 등 총 8개 분야로 이루어져 있다. 현재 세계의 100개 이상의 도시가 이 프로젝트에 참여하고 있으며, 이를 벤치마킹해 도입하고자 하는 도시와의 정보를 교환하는 플랫폼이 되고 있다.

환경적으로 지속가능한 교통(EST : Environmentally Sustainable Transport)은 1990년대 후반에 경제협력개발기구(OECD)가 지구온난화 방지를 위해 유럽을 중심으로 널리 보급되기 시작하였다. 일본에서는 EST 실현을 목표로 하는 선도적인 도시를 모집하여 모델사업을 진행하고 있다. 이 모델사업은 CO_2 배출량 저감 등 도시환경의 개선을 목적으로 하고 있으며, 공공교통기관의 이용촉진, 자동자교통류의 활성화, 보행자·자전거 대책, 저공해 자동차의 도입·보급·개발 등을 목표로 한다.

2. 친환경 교통수단

국토교통부는 지난 2018년 발표한 「지속가능 국가교통물류 발전 수정 기본계획」에서 2030년 교통부문 온실가스 배출 전망치에 대비하여 24.6%를 감축하는 것을 목표로 추진전략을 제시하였다. 이 전략에 따라 에너지소비효율이 우수하고 무공해·저공해 기준을 충족하는 배터리 전기자동차(EV)·하이브리드자동차·수소 연료전지 자동차 등 친환경자동차의 공급을 확대하기 위해 친환경자동차를 구매할 때 구매보조금을 지원해 주고 있으며, 그 외에도 각종 세금의 감경 및 공영주차장 이용요금 할인, 고속도로통행료 50% 감면 등 혜택을 받는다.

3. 교통수요관리(TDM)

교통수요관리(Transport Demand Management)는 교통정체의 주요 원인이 되는 자동차의 통행을 줄이거나 통행유형을 시간적·공간적으로 분산하고 다른 교통수단으로 전환하여 교통혼잡을 완화시키는 것을 말한다. 특히 교통부문 온실가스의 감축을 위해서는 무엇보다도 자동차 통행을 줄이는 것이 중요하다. 싱가포르는 오래전부터 차량의 총량규제, 전자요금징수(ERP), 혼잡통행료 부과 등 다양한 교통수요관리 정책에 성공하여 세계로부터 주목을 받고 있다.

우리나라에서는 「도시교통정비촉진법 33조」에 근거하여 도시교통의 소통을 원활하게 하고 대기오염을 개선하며 교통시설을 효율적으로 운영하기 위해 관할지역 안의 일정한 지역에서 자동차의 운행 제한, 승용차부제 및 혼잡통행료 부과 등의 교통수요관리제도를 시행하고 있다. 한편, 지속가능 국가교통물류발전 수정계획(2018)에서는 교통수요관리 강화를 위해 다음과 같은 세부 추진과제를 제시하고 있다.

- 자동차 공동이용제도(car sharing)의 확대 시행
- 주차장 위치 및 주차연수의 실시간 검색이 가능한 스마트주차시스템 구축
- 대규모 교통유발 시설물의 교통유발부담금의 상향 조정
- 도심 교통혼잡의 완화를 위한 혼잡통행료 대상지역의 단계적 확대 추진
- IT를 기반으로 재택 근무 또는 스마트워크센터 근무 등 원격근무 방식을 확산

4. 모빌리티 매니지먼트(MM)

모빌리티 매니지먼트(Mobility Management)란 해당 도시나 지역이 과도하게 자동차에 의지하는 상태로부터 대중교통 · 도보 · 자전거 등을 포함한 다양한 교통수단을 적당히 이용하는 상태로 조금씩 바꾸어주는 일련의 대처방안을 의미한다. 이 시책의 목표는 교통수요관리와 똑같지만, 도시환경이나 주민의 건강 등을 배려한 교통행동을 대규모이면서도 개별적으로 커뮤니케이션을 중심으로 개인 및 세대, 직장이나 학교 등의 조직, 특정 수단이나 노선이용자 등이 특정 대상이 될 수 있으며, 제의에 의해 자발적인 행동전환을 유도해 나간다는 점이 특징이다.

- 사회심리적 접근을 통한 교통의식 전환
- 승용차 이용자의 자발적인 대중교통이용 유도
- 직장 내 인센티브 및 다양한 대중교통옵션 제공

16.3.3 스마트 도시성장관리

1. 성장관리의 개념과 필요성

일반적으로 도시의 성장관리(growth management)란 도시개발의 시기 · 위치 · 규모 · 성격 등에 대한 규제로 정의된다. 1970년대에 처음 등장한 성장관리 개념은 도시의 성장을 관리하고 유도할 뿐만 아니라 성장을 제한한다는 의미가 함축되어 있

다. 성장관리의 필요성은 인구 증가에 따른 대도시 교외의 무질서한 팽창(sprawl)을 방지하는 데 있는 바, 유잉(R, Ewing)은 무절제한 팽창 지표로서 다음 현상을 제시하고 있다.

- 개구리 뜀뛰기식(leapfrog)의 개발이나 산발적인 개발
- 상업가로(commercial strip)의 형성
- 저밀도 또는 단일용도(교외 주거지역) 개발의 남발

성장관리정책의 도입배경은 무질서한 도시팽창에 의한 자연환경을 보호하고 새로운 도시개발에 따른 기반시설을 확보하여 지속가능한 도시성장을 유도하는 데 있다. 즉 장래의 도시의 기능과 구조에 부응할 수 있도록 도시개발의 규모와 시기, 비용부담을 조절하는 성장관리프로그램이 필요하게 된 것이다.

2. 스마트 도시성장관리

현대 도시계획에 있어서 가장 기본적인 목표는 도시의 자연자원과 사회경제적 요소를 고려하며 공공 기반시설의 비용을 최소화할 수 있는 지속가능한 도시환경을 조성하는 것이다.

1990년대 후반부터 미국에서는 스마트도시성장(Smart Urban growth)이 지속가능한 도시개발 · 관리를 위한 새로운 패러다임으로 자리잡게 되었다. 스마트 도시성장 정책은 다양한 지리학적 규모로 시행할 수 있는데, 1997년 처음으로 시작된 메릴랜드 주에서는 다음 3가지를 스마트 도시성장 관리의 기본목표로 설정하고 있다.

- 공기 · 물 · 녹지 등 귀중한 자연자원의 보호
- 기존 지역사회와 근린지역(neighbourhood)의 지원
- 도시 확산에 따라 소요되는 불필요한 기반시설 건설에 따른 세금의 감면

16.3.4 창조적 도시재생

1. 도시재생 개념의 변천

도시재개발(urban renewal)이 도시의 노후 · 불량한 지역을 주로 토지이용 · 기반시설 등 물리적 환경을 개선하는 것이 목적이라면, 도시재생(urban regeneration)은 대도시지역의 무분별한 외부 확산을 억제하고 도심부 쇠퇴현상을 방지함으로써 도심지역에서의 인구 및 산업의 회귀를 촉진하고 재활성화하는 것을 목적으로 한다.

도새재생은 쇠퇴지역의 문제를 종합적인 시각에서 접근하여 해당 지역의 경제적 · 사회적 · 문화적 · 환경적 상태를 지속적으로 개선함으로써 주민생활의 수준을

향상하고 도시의 매력과 활력을 창출하여 도시경쟁력을 제고하기 위한 정책적 노력을 의미한다. 즉 도시재개발에 의해 훨씬 광범위한 개념이라 할 수 있다. 즉, 도시재생은 단순히 노후화된 일부 지역을 대상으로 건물·기반시설 등 물리적 환경을 개선하는 도시재개발에 비해 경제·생활의 재생을 통하여 도시의 활력과 매력을 창출하는 훨씬 광범위한 개념이라 할 수 있다.

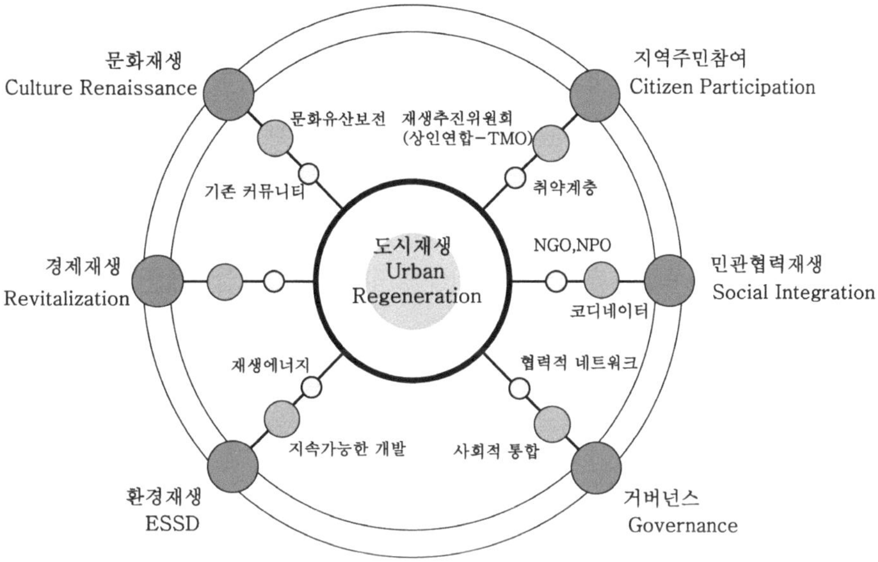

(출처 : 건설교통부, 지방중소도시의 도시재생 추진방안〈2007도시재생추계포럼〉, p.35)

그림 16-11 도시재생의 개념과 목표

표 16-5 도시재개발과 도시재생 비교

구 분	도시재개발	도시재생
동기/목표	• 토지이용도 제고, 노후한 물리적 환경 정비	• 기반산업 사양화로 쇠퇴한 도시지역의 경제 사회적 재생
개발주체	• 토지소유자, 주민조합 주도	• 지자체·공공기관·비영리단체·민간개발자·토지소유자 간 네트워크 협력체제
개발단위	• 사업단위 개발	• 계획단위 개발
개발형태	• 주로 업무와 상업시설 중심 개발·수요 충족형	• 문화와 휴식공간이 복합된 상업공간 수요 창출형
공공지원방식	• 일률적인 지원, 민간투자와 공공지원의 연계 미흡	• 경쟁의 기제를 통해 공적 지원 • 정부재원을 지렛대로 민간투자 유발
지원프로그램	• 한 사업지구에 단일 프로그램 적용	• 한 사업지구에 대해서도 다양한 프로그램을 복수로 운용

2. 도시재생정책 아젠다

역사가 오래된 대도시들은 한 때 정치 · 경제 · 문화의 중심으로 국가 경제성장의 원동력이었다. 그러나 새로운 산업화와 정보화 흐름에 적응하지 못한 도시들은 인구감소, 도심공동화, 가족해체 등 도시침체를 경험하고 있다. 특히 제조업 같은 전통적인 산업기반을 가진 도시가 지식기반산업도시로 성공적으로 변모하기 위해서는 다양한 도시재생정책이 요구되고 있다. 베이(Jennifer S. Vey)는 미국의 여러 쇠퇴도시들이 재생사업을 통해 새로운 건물이 들어서고, 일부 가로와 그 주변이 활성화 되고, 부동산 가치과 상승하기도 하였지만, 보다 수준 높은 도시개조(urban reform)를 위해서는 보다 장기적인 도시재생 목표와 전략이 필요하다고 강조하면서 다음과 같은 도시재생정책 아젠다를 제시하고 있다(국토연구원, 2010 : 35~59).

첫째, 기본적인 조건들을 조성하라. 기업 투자에 유리한 환경을 조성하기 위해서는 교육시설을 개선하고, 범죄를 방지하며, 거주민들에게 제공하는 생활서비스 수준을 높여주어야 한다.

둘째, 경제적 측면의 강점을 구축하라. 도심재생을 위한 특정 투자를 유치하고, 다른 도시에 비교우위를 가질 수 있는 산업부문을 지원하며, 도시와 지역간의 경제적, 물리적 연계성을 강화해야 한다.

셋째, 물리적 도시경관을 탈바꿈시켜라. 쇠퇴지역의 기반시설을 개선하는데 재원을 집중하고, 도시재생에 촉매제가 될 수 있는 대형 프로젝트에 투자하며, 개성있는 지역자산을 이용한 시장성 있는 장소를 창출해야 한다.

넷째, 중산층을 성장시켜라. 수준 높은 교육환경을 조성하고, 최고급 일자리를 창출하고 고소득 주민을 위한 매력 있는 어메니티시설을 확충하며, 동시에 빈곤지역에 거주하는 가구들에게 비용부담을 줄여주어야 한다.

끝으로, 선택하고 싶은 지역을 형성하라. 빈곤층이 집중되어 있는 지역을 다양한 소득계층 사람들이 거주하기를 원하는 양질의 커뮤니티로 탈바꿈하는데 목적을 둔 주택재개발에 초점을 맞출 필요가 있다. 한편으로는 역사적으로 의미가 있는 노후주택이나 전통상업지역은 건물소유주나 개발사업자에게 재정적 혜택을 줄 수 있는 프로그램을 만들어야 한다.

3. 창조적 도심주거 르네상스

도심(CBD)이 활기차게 유지되기 위해서는 그곳에 거주하는 사람들이 필요하다는 것이 오늘날 공통된 의견이다. 과거에는 도심 발전의 우선순위가 대부분 산업 · 업무기능의 강화에 있었으며, 그 결과 주거기능이 축출되고 인구감소로 나타났다. 도심지역의 일부 공간에서는 보행자전용도로 조성에 따라 주거이용이 축출되었고, 기존 주택 들은 대부분 시대에 뒤떨어진 규모와 설비의 특징을 보였기 때문이다. 따라서 현재까지 번창해온 대도시들에서는 혼합용도의 유지와 도심주거의 안정 등이 도심 발전을 위한 도시정책으로 자주 거론되고 있다.

도심주거는 이러한 기능적 측면과 더불어 장소마케팅(place marketing)의 측면에서 논의된다. 도심은 다른 도시지역들보다 일종의 상징적 장소가 밀집해 있으므로 '특별한 장소의 르네상스'로서의 탁월한 역할을 수행하며, 이렇게 높아진 관심은 도심이 주거지로서 가지고 있는 잠재력을 강하게 인지하게 한다. 도시에서 주거환경의 질은 공공공간(public space)의 가치 향상, 교통완화, 그리고 환경오염의 감소를 위한 대책을 통하여 향상되며, 도심에서의 주거발전을 다음과 같은 도시계획, 교통정책, 정체성 정책, 그리고 기초자치단체의 사회정책(주택정책) 분야의 전략적 과제 실현을 통해 가능해진다(이상규 · 박문숙, 2013:144~145).

첫째, 이미지와 정체성의 강화이다. 도심이 활기찬 이미지를 유지하기 위해서는 주거기능이 유지되고 지속적인 발전이 이루어져야 하며, 특히 단지 보충기능으로서 소매업 · 여가산업 · 산업기능들만 고려되지 않아야 성공될 수 있다. 따라서 도심주거에서 지역공동체의 형성, 정체성 정책과 이미지 형성은 도심르네상스에 대한 중요한 가치를 부여한다.

둘째, 생존부양에서 공급정책으로의 전환이다. 도심주택정책의 기본개념은 생존부양을 넘어서 기초자치단체의 정책적 과제로 수행되어야 한다. 거기에는 주택정책이 도시건축적 측면에 관심을 가져야 함과 동시에 새로운 주거집단의 형성을 위한 추가적인 대안을 발전시키는 것도 포함된다.

셋째, 효율적인 주거밀도와 주택형태이다. 촘촘한 사회적 연결망과 짧은 거리, 그리고 사회기반시설의 집중은 도심의 효율적인 토지이용을 요구한다. 따라서 새로운 주택을 공급할 때 개발밀도를 낮추어 도심의 질을 약화시키지 말아야 한다. 대도시의 연립주택은 도시적 주택행태는 아니다.

넷째, 건축부지에 대한 정책과 지구단위계획이다. 주택공급제안의 확대와 차별화를 위해서는 도심의 잠재적 부지의 활성화를 위한 혁신적인 평가와 체계적인 분석이 필요하다. 또한 도심주거의 전제조건들은 지구단위계획의 범위 내에서 도시건축적 목표 실현을 통하여 이루어질 수 있다.

다섯째, 주거환경에 대한 개선대책이다. 도심주거기능 강화를 위한 주거환경의 개선은 우선적으로 교통접근성 향상과 환경오염 경감이 중요하다. 특히 대중교통수단을 위한 개인교통수단의 축소는 주요관심의 대상이다.

끝으로, 주택시장 관련자들과의 협력강화이다. 지역의 주택건설회사와 주택조합 등 개별적인 주택공급주체와의 협력은 다양하고 효과적인 활동들을 수반하며, 또 주택공급과 도시발전정책상의 목표달성을 이루는 데 반드시 필요한 요인이기 때문이다.

4. 도시재생정책의 과제와 방향

최근 우리 도시는 인구감소 시대, 고령화사회, 전통적 제조업 중심에서 지식기반 경제구조로의 전환, 소득양극화 등 경제사회적 여건변화에 대응하기 위해서는 단순한 물리적 도시재생이 아니라 주민의 역량강화, 일자리 창출, 공동체의 활력 증진을 위한 도시재생으로 정책방향이 요구되고 있다. 이에 따라 정부에서는 도시의 물리적 공간환경과 경제 · 사회 · 문화환경의 통합적 정비를 통한 도시경쟁력 향상을 위한 도시재생(urban revitalization, urban renaissance)을 적극 추진하고 있는 바, 이의 효과적 실천을 위한 기본방향은 다음과 같다.

첫째, 도시재생 실태조사 및 지원시스템 개발이다. 쇠퇴의 실상에 대한 자료가 미비하여 체계적인 도시재생사업의 추진 및 지원이 어렵다. 따라서 전국 및 도시단위별로 각종 건축 · 도시시설물의 노후도 평가기법을 개선하고, 이를 토대로 한 쇠퇴지구의 지정과 재생사업지원체계의 운영이 요구된다.

둘째, 쇠퇴지역 유형별 접근방법의 개발이다. 도시경쟁력 제고를 위해서는 대도시 도심의 경우 새로운 산업경제활동의 창출에 우선순위를 두고, 특히 고부가가치의 신산업과 자본유치, 그리고 이를 위한 마케팅전략이 필요하다.

셋째, 주민주도형 근린재생 기반의 구축 및 운영기법의 개발이다. 정부의 한정된 예산으로는 전국 노후주거지의 정비에 한계가 있으므로 주민의 자발적 참여를 보다 조직화하여 활용할 필요가 있다. 주민참여는 주민합의의 형성을 위한 수단으로서도 매우 효과적이기 때문이다.

넷째, 지역의 자연적 · 공간적 · 역사문화적 · 사회적 · 경제적 고유자산(regional assets)의 적극 활용이다. 사업대상지와 주변지역이 가진 다양한 유 · 무형 자산들을 종합적으로 발굴하여 재생사업에 적극 활용해야 한다. 지역자산 활용형 도시재생은 지역의 자원을 절약하고 나아가 사업시행과정에서 발생하는 이해당사자 간의 갈등을 해소하는 데도 도움이 될뿐만 아니라 도시의 정체성을 높이는 가장 중요한 요소이기 때문이다.

끝으로, 도시의 규모 및 유형별로 특화된 도시재생전략이 중요하다. 예컨대, 대도시의 경우는 철도역세권 · 폐항만 · 노후산단에 경쟁력 있는 새로운 기능도입에 초점을 맞추고, 지방중소도시의 경우는 도시의 쇠퇴추세를 인정하고 '선택과 집중'을 통해 지역특성을 활용한 소규모 지역경제활성화 전략이 필요하다.

16.3.5 거버넌스시대의 도시정책

1. 거버넌스(Governance)의 개념

우리나라는 1990년대 이후 민주화 · 세계화 · 지방분권화 등으로 사회구조가 크게 변화하게 됨에 따라 정부(지자체) · 시장(market) · 시민사회가 협력하는 이른바, 거버넌스시대로 진입하였다. 과거 전체주의에 근거한 공동체에서 개인주의에 근거한 공동체로 변화하고 시민운동이 사회에 자리잡게 됨으로써 도시정책도 과거 공급자(지자체) 주도의 도시만들기에서 도시계획제도가 중심이 되는 수요자(시장 및 시민사회) 주도의 도시만들기로 변하게 됨에 따라 이러한 거버넌스시대의 요구에 부합하는 도시정책방향 및 수행체제의 변화가 필요하게 되었다.

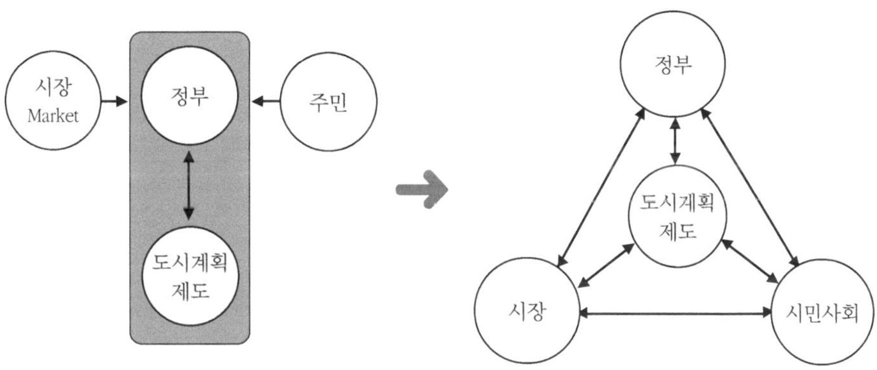

(출처 : 대한국토 · 도시계획학회 편저, 도시계획론, 보성각, 2016 : 114)

그림 16-12 거버넌스시대의 도시계획제도

2. 거버넌스시대의 도시정책

영국의 피터 홀(Hall, P) 교수는 지속가능한 도시개발 달성이라는 중심과제와 이의 달성을 위한 방법에 대한 다양한 측면의 이해가 필요하다고 강조하였다. 그는 지방정부 · 시민사회 · 민간부문의 협력으로 이루어야 할 바람직한 거버넌스 요소를 다음과 같이 제안하고 있다.

- 도시민주주의(시민권의 강화)
- 도시경제(직업과 복지)
- 도시사회(사회적 융합과 결속)

• 도시주거(모든 계층을 위한 적정 주택)
• 도시환경(도시생태계의 보전)
• 도시교통(자원절약적 이용)
• 도시의 삶(살 만한 도시 건설)

거버넌스시대의 도시정책 방향 및 과제로는 대규모 인프라와 시민중심의 새로운 전자거버넌스(e-Governance) 체계의 구축, 중앙정부와 지방정부의 파트너십 형성, 예산과 연계되는 시행계획의 제도화, 지자체와 시민 간의 협력 및 지원체계 구축 등을 들 수 있다. 또한 도시계획의 수행체계도 종전의 도시기본계획 → 도시관리계획(지구단위계획) → 도시계획사업계획이라는 하향적 수직체계에서 부문별 · 지역별 계획을 도시기본계획에 환류하는 삼각의 수평체계로 바꾸어야 하며, 정부와 전문가의 역할도 종래의 시민 위에 군림하는 자세에서 시민과 함께 하는 자세로 전환해야 한다.

참고문헌

국 내

1. 강병기, 삶의 문화와 도시계획, 나남, 1993.
2. 건설교통부, 국토의계획및이용에관한법률 하위규정, 2005.
3. ______, 지방중소도시의 도시재생 추진방안(2007도시재생추계포럼), 2007.
4. ______, 21세기 도시정책의 방향, 2002.
5. 경실련도시개혁센터, 도시계획의 새로운 패러다임(제2판), 보성각, 2001.
6. 국토교통부, 도시 · 군기본계획 수립지침, 2018.
7. ______, 제3차 스마트도시종합계획(2019~2023)
8. 국토연구원, 산업단지개발편람연구, 2005.
9. 권용우 외, 도시의 이해, 박영사, 2016.
10. 권원용, 도시계획가, 커뮤니케이션북스, 2020.
11. 김귀곤, 생태도시계획론, 대한교과서주식회사, 1993.
12. 김대웅, 가로계획, 형설출판사, 2005.
13. 김수봉 외, 친환경도시계획, 문운당, 2006.
14. ______, 환경정책 및 계획론, 문운당, 2005.
15. 김안제, 환경과 국토, 박영사, 1986.
16. 김철수, 단지계획, 기문당, 2016.
17. ______, 도시공간계획사, 기문당, 2016.
18. ______, 도시공간의 이해, 기문당, 2006.
19. 김철수 외, 공간과 생활, 계명대학교출판부, 2013.
20. 노융희, 환경과 도시, 녹원출판사, 1984.
21. 노춘희 · 김일태, 도시학개론, 형설출판사. 2008.
22. 대한국토 · 도시계획학회, 국토 · 지역계획론, 보성각, 2018.
23. ______, 대한국토 · 도시계획학회지, 2019(54권 2호)
24. ______, 단지계획, 보성각, 1997.
25. ______, 도시개발론, 보성각, 2002.
26. ______, 도시계획론, 보성각, 2004, 2016.
27. ______, 도시설계(이론편), 보성각, 2001.
28. ______, 도시재생, 보성각, 2018.
29. ______, 토지이용계획론, 보성각, 2010.
30. 대한민국정부, 제4차 국토종합계획 수정계획(2005~2020), 2005.
31. 도영준 · 박주원 편저, 도시계획학사전, 기문당, 2011.

32. 박병주 외, 도시계획, 형설, 2005.
33. 백기영, 핵심도시계획론, 보성각, 2020.
34. 서울시정개발연구원, 동양도시사속의 서울, 1994.
35. 서울학연구소, 서울 · 베이징 · 상하이 · 도쿄의 성장과정 비교연구(Ⅰ), 2006.
36. 성영준, 도시계획기술사, 예문사, 2007.
37. 손정목, 한국개항기 도시변화과정연구, 일지사, 1982.
38. 신행정수도건설추진기획단, 신행정수도건설과 외국사례가 주는 교훈, 2003.
39. 안태환, 계획이론, 대구대학교출판부, 2006.
40. 여홍구 외, 도시와 인간, 나남출판, 2005.
41. 원제무, 도시교통론, 박영사, 1999.
42. ______, 도시시설론, 보성각, 2003.
43. 윤정섭, 도시계획사 비교연구, 건우사, 1984.
44. 유완종, 도시경관계획의 이론과 실천, 아마존드림, 2017.
45. 이규인, 세계의 지속가능한 도시주거, 발언, 2002.
46. 이승원, 도시계획기사해설, 예문사, 2007.
47. 이승일, 스마트도시계획, 커뮤니케이션북스, 2019.
48. 이왕건 외, 지역자산활용형 도시재생전략에 관한 연구, 국토연구원, 2011.
49. 이정형 외, 친환경도시만들기, 구미서관, 2003.
50. 이희정, 맞춤형 도시계획, 커뮤니케이션북스, 2017.
51. 임승빈, 경관분석론, 서울대학교출판부, 1991.
52. ______, 조경이 만드는 도시, 서울대학교출판부, 1998.
53. 장재훈 외, 공간구조(지리학 입문서), 대학교재출판사, 1981.
54. 전상인, '계획이론의 탈근대적 전환에 대한 비판적 성찰', 「국토계획」 Vol.42
55. 정병두, 도시와 교통, 크레파스북, 2020.
56. ______, 지구교통계획, 청문각, 2015.
57. 지역발전위원회, 지역발전정책의 성과와 과제, 2008.
58. 하성규 외, 주택 · 도시 · 공공성, 박영사, 2000.
59. ______, 지속가능한 도시개발론, 보성각, 2007.
60. 한광야, 도시의 진화체계, 커뮤니케이션북스, 2018.
61. 한국도시설계학회, 지구단위계획의 이해, 2001 · 2005.
62. 한국도시지리학회, 한국의 도시, 법문사, 1999.
63. 한국토지공사, 단지계획 · 설계실무편람(설계편), 2004.
64. ______, 생태환경도시개발편람, 2005.
65. ______, 세계의 혁신도시를 가다, 2005.
66. 행정중심복합도시건설청, 행정중심복합도시건설사업개발계획, 2006.
67. 황명찬, 지역개발론, 경영문화원, 1988.
68. 황희연 외, 도시생태학과 도시공간구조, 보성각, 2002.

국 외

1. Andrea Dittrich-wesbuer(이상규 · 박문숙 옮김), 탈교회화와 도심르네상스, 국토연구원, 2013.
2. Bourne L. S., Internal Stucture of the City : Reading on Space and Environment
3. Bruce Katz and Jennifer Bradly(이왕건 · 황성남 역), 메트로폴리탄 혁명, 국토연구원, 2014.
4. Calthorpe P., (이왕건 외 옮김), 기후변화시대의 어바니즘, 국토연구원, 2011.
5. Catanese A. J. & Synder J. C., Urban Planning, McGraw-hill Book Co., 1988. Oxford University Press, 1978.
6. Congress for the New Urbanism(안건혁 외 역), 뉴어바니즘헌장, 한울아카데미, 2003.
7. Corbusier L. The City of Tomorrow, The MIT Press, 1975.
8. Doxiadis C. A., Architecture in Transition, Hutchinson & Co. 1963.
9. ______, EKISTICS, Hutchin of London, 1969.
10. Faludi A., Planning Theory, Pergamon Press, 1973.
11. Gehl J. & Lars Gemzoe, New City Space, Copenhagen : The Danish Architectural Press, 2003.
12. Gibberd F., Town Design(Fifth Edition), N. Y. : Praeger. Publisher, Inc., 1967.
13. Giedeon S., Space, Time and Architecture(5th Edtion), Harvard University Press, 1973.
14. Golany G., New Town Planning, N. Y. : John Wiley Sons Inc., 1976.
15. Hall K. B. & Porterfield, Community by Design : New Urbanism for Suburs and Small Community, McGraw-hill Inc., 2001.
16. Hall P. & Pfeiffer U., (임창호 외 역), 미래의 도시21, 한울 아카데미, 2005.
17. Halprin L., Cities, The MIT Press, 1973.
18. Hartshorn T. A., (안재학 역), 도시학개론, 도서출판 새날, 1997.
19. Haworth L., The Good City, Indiana University Press, 1966.
20. Hough M., (신용석 역), 도시경관 · 생태론, 기문당, 1996.
21. Jacobs J., The Death and Life of Great American Cities, Vintage Books Edition, 1992.
22. Krier R., Town Spaces, Birkhäuser(Germany), 2003.
23. Lexy, Jone M. (서충원 · 변창흠 옮김), 현대도시계획의 이해, 한울아카데미, 2013.
24. Lynch K., The Image of the City, The MIT Press, 1960.
25. Morris A. E. J., History of Urban From, John Wiley & Sons, Inc., 1988.
26. Mumford L., The City in History, H. B. & World Inc., 1961.
27. Northam R. M., Urban Geography(2nd Edition), John Wiley & Sons, Inc., 1979.
28. Spreiregen P. D., Urban Design : The Architecture of Towns and Cities, McGraw -Hill Book Co., 1965.
29. Trancik R., Finding Lost Space, Van Nostrand Reinhold Company, 1986.

30. Tuan, Yi Fu., Space and place : The perspective of Experience, University of Minnesota Press, 1977.
31. Whittick A. Encyclopedia of Urban Planning, McGraw-hill Book Co., 1974.
32. McGahey, Richard M. & Vey, Jennifer S. (이왕건 외 옮김), 신성장을 위한 도시재생전략, 국토연구원, 2008.
33. 今野博, (이양재 역), 도시조성과 보행공간, 기문당, 1987.
34. 都市計劃教育研究會, 都市計劃教科書, 彰國社, 1988.
35. 佐佐木雅幸, 創造都市の展望, 學藝出版社, 2007.
36. 石水照雄, 都市の空間構造理論, 大明堂, 1980.
37. 日笠端, 都市計劃手法考察, 東京 ; 共立出版, 1985.
38. ______, (한정섭 역), 도시계획, 집문사, 1988.
39. 佐佐木雅幸, 創造都市 の展望, 學藝出版社, 2007.
40. 秋山政經, 図說都市構造, 鹿島出版會, 1990.
41. 樋口節夫, 都市の內部構造, 古今書院, 1979.

현대도시계획

2008년 2월 15일 1판 1쇄 발행
2019년 12월 5일 2판 3쇄 발행
2024년 8월 30일 3판 2쇄 발행

저 자 김철수
발행처 기문당
주 소 서울시 성동구 무학봉 28길 4-1
전 화 02) 2295-6171~2
팩 스 02) 6971-8188
홈페이지 http : // www.kimoondang.com
ISBN 978-89-6225-890-5 93540